STATISTIQUE MONUMENTALE

DU

DÉPARTEMENT DE L'AUBE

PAR

CH. FICHOT

ARTISTE DESSINATEUR, LAURÉAT DE L'INSTITUT

Membre de la Société de l'histoire de Paris,

Correspondant de la Société académique du département de l'Aube.

TROYES

SES MONUMENTS CIVILS ET RELIGIEUX

TOME QUATRIÈME

PARIS — PUBLIÉ PAR L'AUTEUR, 39, RUE DE SÈVRES

TROYES

Chez CH. GRIS, Succr de LACROIX et DUFÊY-ROBERT, libraires

RUE NOTRE-DAME, 83

1900

LA

VILLE DE TROYES

ET SES MONUMENTS

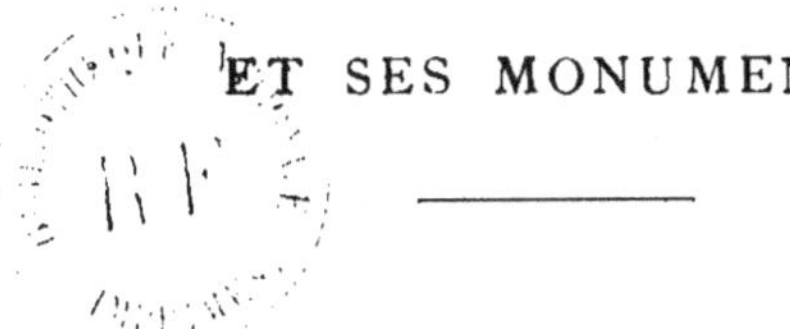

ÉGLISE SAINT-REMI

L'église Saint-Remi est une des plus anciennes églises de Troyes. Suivant les chroniqueurs, elle était autrefois un monastère de religieux de Saint-Claude. Il est certain que, déjà au xe siècle, elle existait à l'état de paroisse, qu'elle était située en dehors des murs de la ville pour la population disséminée, et qu'elle était desservie par les chanoines de la cathédrale.

Troyes s'étant progressivement agrandie, les murs de la cité furent reculés, et l'église se trouva comprise dans la nouvelle enceinte.

Plus tard, vers le milieu du XIVe siècle, Saint-Remi fut entièrement reconstruite, et sa tour bâtie en 1386. Depuis cette époque, l'église est agrandie et modifiée de nouveau, et, après des transformations successives, elle est devenue ce que nous la voyons aujourd'hui.

Portail. — L'entrée principale de l'église Saint-Remi est couverte par un porche, construit en 1594, mais actuellement sans intérêt. Jadis les fenêtres de ce porche étaient ornées de remarquables verrières exécutées par Linard Gonthier et leur devaient une certaine renommée. De ces vitraux il ne reste plus rien, et le délabrement où se trouve le porche appelle aujourd'hui sa destruction, dans l'intérêt même du monument, qui vient de subir une habile restauration exécutée par M. Selmersheim, inspecteur général des édifices diocésains. Cet architecte a su rendre à l'édifice sa splendeur primitive[1].

On monte à ce vestibule par quatre marches, pour pénétrer à l'intérieur par une porte cintrée, accompagnée de deux pilastres doriques supportant un entablement, sur la frise duquel on lit ces mots : PER · ANGVSTAM · PORTAM · OPORTET · INTRARE · REGNVM · CŒLORVM · 1593 · Date de la pose de la première pierre.

Des deux côtés de ce portail, deux fenêtres cintrées éclairent l'intérieur. Une autre fenêtre, qui existait au-dessus de l'entablement, est aujourd'hui murée.

L'intérieur de ce porche additionnel se divise en deux travées cintrées, dont les nervures reposent sur des colonnes engagées dans les murs de clôture.

Quatre fenêtres, en plus des deux déjà signalées, éclairent l'intérieur; elles sont en partie masquées par des tableaux dans un état pitoyable de délabrement, dont l'un représente saint Augustin écrivant sous l'inspiration divine, et l'autre une abbesse bénédictine tenant sa crosse de la main droite. Sur l'arc formeret de la voûte, au-dessus de la porte ogivale de la grande nef, on lit la date de 1594, date d'achèvement de la voûte du porche.

Façade principale. — L'entrée principale de la grande nef date du milieu du XIVe siècle. Elle est à linteau droit, profilé de fines moulures en retour sur les jambages de la porte, ceux-ci ornés de légères colonnettes. Deux consoles, avec figures de prophètes tenant des phylactères, portent les extrémités du linteau (1 et 2) sur lequel s'élève le tympan décoré de trois niches vides, celle du centre plus élevée que les deux autres. Un simple trilobe détermine leur hauteur, et leurs bases reposent sur la saillie du linteau.

La voussure peu saillante du tympan se recommande par la pureté de son style et la simplicité de ses moulures, qui reposent sur les colonnettes de l'ébrasement de la porte d'entrée. Cependant la

1. Nous savons que l'administration municipale s'occupe très sérieusement de ce vestibule et que, d'ici peu de temps, ses ruines disparaîtront, pour nous laisser voir cette belle façade et la rosace qui décore son pignon.

Stat. Monu[le] de l'Aube

ÉGLISE SAINT PANTALÉON

CH. FICHOT del et aqua

Imp par Porcabeuf

ASPECT GÉNÉRAL DE LA NEF ET DU SANCTUAIRE

forme géométrique, qui domine dans cette composition, donne un peu de sécheresse et de maigreur à l'ensemble.

A droite et à gauche, deux pinacles, posés sur l'angle, servent d'appui à une archivolte en contre-courbes, avec crochets, qui se développe au-dessus de l'arc ogival de la voussure du tympan, pour se réunir et se terminer en pointe à une console portant un fleuron de couronnement.

1.

2.

Sur les côtés de cette belle porte, deux niches ogivales se composent de colonnettes portant, sur le pourtour de l'ogive, des trilobes ajourés qui ont été brisés; les rampants de l'archivolte sont décorés de crochets jusqu'au fleuron central. A leur point de départ, ces archivoltes s'appuient sur des animaux fantastiques; l'un d'eux représente un escargot ayant une tête de chien (3).

3.

Une seule statue de ces deux niches a échappé à la destruction. Elle représente une sainte lisant dans un livre, qu'elle tient de la main gauche. Le geste de la main droite et l'inflexion du corps indiquent la surprise. Les draperies de cette statue, du XIVe siècle, sont parfaitement rendues. Malgré l'absence d'attributs, nous sommes porté à penser que cette intéressante statue pourrait bien être sainte Savine.

Au-dessous de ces deux niches étaient autrefois deux bénitiers, encastrés dans la muraille, dont les formes saillantes ont laissé leurs profils sur le nu du mur.

Les saillies de ces cuves étaient supportées par une base à trois faces, avec profils et socles reposant sur le sol.

Les vantaux en chêne sculpté de cette porte sont de la même

époque et divisés en trois panneaux en forme de fenestrages trilobés. Le cœur de chaque panneau est taillé triangulairement dans la masse du bois, pour offrir plus de résistance aux coups. Ils sont divisés horizontalement par une plate-bande profilée en larmier. Le vantail de droite s'ouvre par une petite porte donnant passage sur la nef. Tous ces panneaux sont réunis en tête par une frise feuillagée (4).

4.

Le couvre-joint se compose d'un faisceau de colonnettes dont le tailloir du chapiteau porte une petite statuette du Sauveur; les bras sont cassés. Jésus-Christ devait tenir le livre des Évangiles et bénir de la main droite. La tête du Christ est abritée par un petit trilobe surmonté d'un pignon à crochets[1].

Au-dessus du portail et derrière la toiture du porche, à droite et à gauche, on aperçoit la rosace qui éclaire la grande nef; elle se compose de plusieurs rayons en ogives trilobées, qui se réunissent au point central par une petite rosace à trilobe. Puis s'élève le pignon de la nef, surmonté d'une croix toute récente, d'autant plus intéres-

1. M. Mercier, curé de l'église Saint-Remi, très zélé pour la restauration de son église, est tout disposé, après la démolition du vieux porche, à faire réparer toutes les parties brisées de ce joli portail, pour rendre à ce monument toute la richesse qu'il comporte.

sante qu'elle provient d'une copie faite sur des fragments anciens, que l'on ne pouvait pas remettre en place (5).

Sur les côtés de cette façade se prolongent les murs des bas côtés; ils sont percés de deux petites fenêtres du XIVe siècle, divisées en deux jours. Les murs sont surmontés de pignons. Celui qui est à droite s'appuie et se perd dans le contrefort de la tour. Sur le pignon de gauche, complètement dégagé, s'élève une petite croix qui est une réduction de celle du grand pignon de la nef.

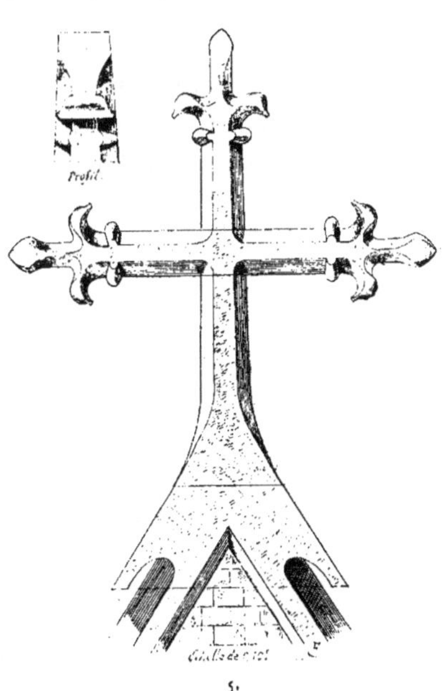

5.

Tour. — A droite, longeant le mur de la première travée du bas côté méridional, s'élève la tour de l'église. Sur un plan carré, elle est à quatre étages, se divisant par un bandeau en larmier. Le dernier étage est percé sur ses quatre faces de trois lancettes jumelles plein cintre. Au-dessus est la corniche du couronnement, décorée d'une succession de modillons en quart de cercle; aux angles sont accroupies dans différentes postures des folies à la mine égrillarde. Cette tour renferme une belle cloche provenant de l'abbaye de Saint-Loup et fondue en 1529. L'inscription latine qui la couvre indique qu'elle a été faite par les ordres de Nicolas Prunel, abbé de Saint-Loup, et par les soins de Nicolas de Longchamp, fondeur.

L'abbé Prunel succéda à Nicolas Forjot; celui-ci, se sentant près de sa fin, se démit de son abbaye en faveur de Nicolas Prunel, profès de cette maison et prieur de Laines-aux-Bois. Il mourut en 1533.

Voici le fac-similé de cette inscription :

> Nicolaus Prunel abbas me restitui curavit Mariaq; ut olim anno Dni 1529 per Nicolaum de longo capo artis fusorie peritum noïnavit me et illum Ihūs XPS tueatur qui Mariā matrem suam culpe expertem fecit. Cantate Dno.

Au-dessous de cette inscription se trouvent quatre sujets en relief.

Le premier représente le baiser donné par Jésus-Christ à saint François d'Assise. Jésus est en croix, mais le bras en est détaché pour embrasser le saint, dont les traits sont effacés. Au-dessous on lit : propitiator.

Le deuxième sujet représente la Vierge Marie tenant l'enfant Jésus dans ses bras. Au-dessous on lit : protectrix.

Le troisième représente saint Loup terrassant un dragon; au-dessous on lit : Defensor.

Le quatrième représente un évêque, probablement saint Nicolas, patron de l'abbé Prunel, la crosse en main, bénissant un groupe à genoux à sa droite. Au-dessous : Suffragator.

Entre chaque sujet, il y a un blason, le même partout. Ce sont les armoiries de l'abbé de saint Loup, d'azur à une étoile d'or à huit pointes, surmontées d'une crosse brochant sur le tout. (Voyez IIe vol., p. 376.)

Dans sa simplicité, cette belle tour ne manque pas d'un certain caractère: mais ce qui lui donne plus de force imposante et plus d'intérêt, c'est qu'au niveau de la corniche s'élève une flèche octogonale en charpente qui, depuis plus de six cents ans, élégante et légère, se joue des efforts des vents et des tempêtes. Cependant, avec le temps, les effets de l'atmosphère finissent toujours par fatiguer un point plus faible que les autres. Pour la flèche de Saint-Remi, il en est résulté un mouvement de rotation dans l'ensemble de la charpente, assez sensible surtout sur la face sud-est, qui reçoit toute la poussée des vents nord-ouest. Elle n'en a pas moins conservé son assiette et son équilibre.

Les angles saillants de la base du carré de la tour sont surmontés de petites flèches faisant corps avec la pyramide pour donner moins de prise aux vents et lui assurer plus de stabilité à son point de

✠ lan·de·grace·mil·trois·cens·
quatre·vingt·six·de·leal·cens· 1.
2. diex·jour·dapvril·fut·cōmancee·
ceste·jolly·tour·quarree·
par·les·marguilliers·de·leglise·
dieu·leurz·doint·grace·&·franchise·

6.

départ. Les petites flèches se détachent, pour la plus grande partie, de la ligne verticale, de manière à laisser la lumière du ciel passer entre elles.

La tour ainsi que cette belle flèche mesurent 61^{m},65, du sol jusqu'au pied de la croix. Ces dimensions se décomposent ainsi :

Tour. — Depuis le sol jusqu'à la corniche, 28^{m},65.

Flèche. — Depuis le dessus de la tour jusqu'au pied de la croix, 33 mètres.

Croix. — Hauteur totale, 2^{m},60.

Sur la face méridionale de cette tour, un cadran peint dans de grandes dimensions nous montre, sur les côtés, à droite, saint Remi, archevêque de Reims, tenant la sainte ampoule; à gauche, sainte Célinie, sa mère. Dans les écoinçons, deux anges, dont l'un tient un flambeau; devant l'autre est une colombe; entre eux, au-dessus du

1. Loyal cent. (bien compter). — 2. Deuxième jour.

cadran, on voit la sainte ampoule avec les dates 1772-1886. Au bas du cadran, dans les angles, l'écu de France et les armes de Mgr Cortet, évêque actuel de Troyes, sous l'épiscopat duquel la tour et les flèches ont été restaurées. Peinture assez médiocre du XVIIIe siècle, qui a été entièrement repeinte par Jean Andréazzi, pendant la restauration de la tour.

Au bas de la tour est pratiquée une petite lucarne pour éclairer l'intérieur du rez-de-chaussée; au-dessous, l'inscription de construction de cette tour portant la date de 1386.

Voir plus haut le fac-similé de cette inscription (6).

La dédicace de cette église se célébrait anciennement le dimanche le plus proche de la Conception de la Vierge; mais, comme les vêpres de cette dernière fête coïncidaient souvent avec celles de la Dédicace, le curé et les marguilliers consultèrent l'évêque Hennequin. Celui-ci, en 1537, la transféra au dimanche après la fête de saint Pierre et saint Paul.

Porte méridionale. — En retraite sur la tour et accolée au mur à l'est, la loge du sacristain, dont l'entrée se trouve près de la petite porte latérale des bas côtés. L'ébrasement de cette porte est formé de trois colonnettes aux chapiteaux fleuris avec bases. Le linteau en anse de panier pénètre le tympan, qui, à cause de sa forme, finit par se réduire à de très faibles proportions; il offrait, avant sa mutilation, une représentation du couronnement de la Vierge par Jésus-Christ : deux anges encensaient le groupe divin. Cette sculpture, en ronde bosse, a été grattée pendant l'époque révolutionnaire; mais, comme pour tout ce qui s'est fait à Troyes avec beaucoup de soin, la silhouette du sujet est restée empreinte sur la pierre du tympan, de telle sorte que le sculpteur appelé à rétablir le sujet n'aura plus qu'à en suivre les contours.

A droite de cette porte, une fenêtre du XIVe siècle; à côté, dans l'encoignure du transept, la tourelle des combles. Sur le mur du transept, quelques substructions indiquant qu'avant l'agrandissement de cette partie de l'édifice existait sur cet emplacement un transept ou une chapelle plus élevée que les bas côtés.

De cette partie latérale de l'édifice, les murs de la nef et ceux des bas côtés apparaissent couronnés de belles corniches à modillons, charmant motif de décoration qui se rencontre, du XIIe au XVIe siècle, dans un grand nombre d'églises de la Champagne et de la Bourgogne.

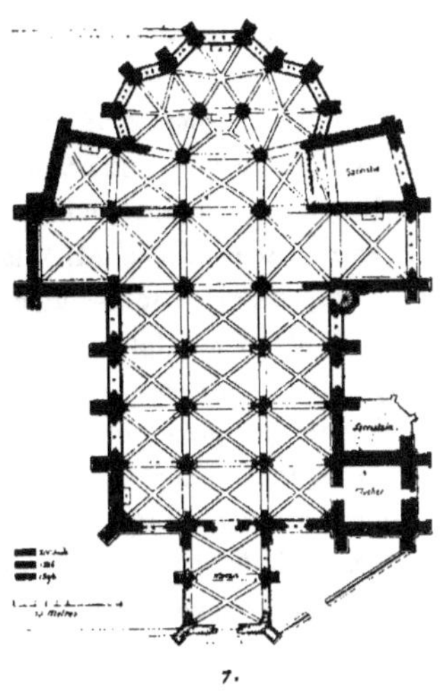

7.

Le côté nord de l'église ne présente aucun détail particulier. Des restaurations en cours d'exécution rendront aux fenêtres du XIVe siècle leur décoration primitive. La porte du nord, ouverte sur les dépendances de l'ancien presbytère, est restée inachevée et n'offre aucun intérêt.

Le plan de l'église Saint-Remi est curieux à examiner, à cause de la configuration des transepts et de l'exiguïté des chapelles rayonnantes de l'abside, limitées, comme celles de l'église Saint-Nizier, par la rue Gambey, et au nord par toutes les propriétés qui l'enserrent et qui ont été la cause de sa ruine (7).

INTÉRIEUR. — LA GRANDE NEF

Il y a quelques années, l'intérieur de cette église était dans le plus triste état. Ce n'est pas sans appréhension que les fidèles y entraient, et les étrangers n'en dépassaient guère le seuil, tant son aspect avait quelque chose de misérable. Les murs suintaient l'humidité, les piliers étaient crevassés et écrasés sous la pression des voûtes, et les nervures de celles-ci n'avaient plus de formes architecturales. Les chapiteaux, rongés par le salpêtre, tombaient en poussière; les bases avaient été coupées pour y placer des bancs de bois blanc, qui étaient tout vermoulus.

Cependant cette église est intéressante par son architecture et par les objets précieux qu'elle renferme.

En 1889, à la suite d'un ouragan qui découronna de ses ardoises une partie de la flèche, les habitants d'alentour s'alarmèrent, l'administration s'émut et le Conseil municipal, après une séance orageuse, vota la démolition de l'église dans l'intérêt de la sécurité publique.

L'État intervint immédiatement, en mettant à la disposition de la Fabrique les sommes nécessaires pour recouvrir la flèche et pour la consolidation et la restauration de l'édifice.

Les travaux furent remis à la direction de M. Selmersheim, et leur entreprise confiée à M. Vital, qui réalisa des prodiges d'exécution en reprenant en sous-œuvre les piliers des deux premières travées de la nef. La sculpture des chapiteaux fut confiée à MM. Ernest George et E. Clérisseau, des ateliers du château de Pierrefonds.

La nef comprend quatre travées ogivales, dont les arcs diagonaux retombent sur les chapiteaux des piliers; ceux-ci, ornés de bouquets, accusent le style du XIVe siècle.

Les clefs de voûte étaient autrefois décorées de blasons, aujourd'hui mutilés. La voûte de la troisième travée est percée d'un œil-de-bœuf décoré de feuilles de chou profondément fouillées. Cette ouverture était sans doute destinée au passage de matériaux pour l'entretien des voûtes et des combles.

Les fenêtres ogivales de la nef se divisent en trois jours, avec meneaux variés, disposés en trèfles dans la partie ogivale. La première fenêtre à droite fait exception; elle est murée et sans meneaux, comme celle qui lui fait face; sa décoration consiste en une suite de trilobes contournant l'arc ogival. La quatrième fenêtre à droite est à trois meneaux plein cintre, sans aucune décoration. La plus grande partie de ces fenêtres ont conservé leur style du XVIe siècle.

Les bas côtés de la nef appartiennent au style du XIVe siècle. Depuis la restauration du monument, les chapiteaux des bas côtés, ainsi que ceux des colonnes adossées au mur occidental, ont été refaits avec une souplesse de ciseau très remarquable.

BAS COTÉ SEPTENTRIONAL

Il se compose de quatre travées ogivales un peu déformées par la poussée des voûtes de la grande nef; des arcs diagonaux reposent sur de petites colonnes engagées dans les piliers de la nef et sur une colonne pénétrant dans les murs de clôture.

La première travée est occupée par la chapelle des fonts, limitée sur le passage par une grille en bois.

Cette chapelle, d'une grande simplicité, est décorée d'une boiserie formant retable surélevé au centre par un fronton triangulaire. Au milieu, un médaillon sculpté en ronde bosse représente le baptême de Clovis par saint Remi, archevêque de Reims. Aux extrémités, deux pilastres portant des vases fleuris. Au centre de la chapelle, la cuve baptismale en marbre veiné noir et blanc.

La clef de voûte de cette première travée représente le baptême de Jésus-Christ par le précurseur saint Jean-Baptiste.

Une petite fenêtre à deux jours éclaire cette chapelle à l'occident. La verrière moderne qui la décore représente dans le tympan le Labarum apparaissant à Constantin. Dans la lancette gauche, le baptême de Constantin par le pape saint Sylvestre. Dans la lancette droite, Constantin à cheval voyant le Labarum : IN HOC SIGNO VINCES.

Cette verrière, comme les trois autres qui vont suivre, ont été exécutées dans le style du XIVe siècle par M. Ed. Didron, peintre verrier, à Paris.

Nous croyons que, en ce qui concerne spécialement les médaillons, l'artiste, prenant en considération que ces vitraux devaient être fort rapprochés de l'œil du spectateur, a pensé qu'il lui était permis d'écarter l'excès d'archaïsme qui ne devait pas contribuer à l'effet décoratif dans ces circonstances. Cependant il a retenu du style toutes ses qualités essentielles.

Tous les sujets historiques qui occupent le centre des fenêtres sont établis sur un fond de grisaille, avec filets de couleurs variées, d'un bel effet.

Les clefs de voûte des trois dernières travées étaient sculptées aux armes des bienfaiteurs. La troisième voûte porte encore son blason, à une bande accompagnée de deux raisins. Sur la quatrième voûte, ces armoiries nous sont connues. Ce sont les armes de la famille Cochot, alliée à celle des Mesgrigny et des Colbert, de gueules à une bande d'argent soutenant un oiseau d'or.

La deuxième travée s'éclaire par une fenêtre ogivale à deux lancettes. Elle est garnie d'une verrière moderne représentant, dans la lancette gauche, sainte Anne instruisant la Vierge Marie enfant. Dans la lancette droite, l'intérieur de la maison de Nazareth; l'enfant Jésus fabrique une croix en présence de la Vierge et de saint Joseph.

Dans le tympan de la fenêtre, un ange tenant un encensoir.

La troisième travée est occupée par la porte de l'ancien presbytère. Elle n'a point de fenêtre. Au-dessus de la porte, un tableau représentant la Crèche.

La fenêtre de la quatrième travée est dissimulée sous un tableau sans valeur qui représente la Résurrection de Lazare.

Actuellement, toutes les ouvertures bouchées sont sur le point d'être restaurées et rendues à la lumière.

BAS COTÉ MÉRIDIONAL

Ce bas côté présente la même disposition que celui du nord.

A droite, une petite fenêtre du XIVe siècle. Sa verrière moderne représente Jésus chassant les marchands du Temple. Dans le tympan, une femme déposant son obole dans le tronc du Temple. Jésus la bénit.

La première travée sert de passage à l'entrée du rez-de-chaussée de la tour. Au-dessus de cette grande porte, un tableau représentant la Chananéenne, se prosternant aux pieds de Jésus et le priant de guérir sa fille.

La deuxième travée est occupée par la petite porte de l'escalier de la tour. Au-dessus de cette porte, aujourd'hui murée, une Notre-Dame de Pitié portant sur ses genoux le corps de Jésus; près de la Vierge, sainte Madeleine et saint Jean. Au bas du tableau, à gauche, sont les armoiries de la famille Denis de La Noue et Le Tartier.

Sur les côtés de la porte, deux jolies peintures sur panneaux provenant d'une clôture de triptyque, montées sur charnière, ce qui permet aux visiteurs de voir les deux côtés des volets. Ces peintures, qui datent du XVIe siècle, ont été données par testament à l'église par M. Hatot, ancien propriétaire et peintre amateur.

Le premier volet de gauche représente l'ange Gabriel annonçant à Marie le mystère de l'Incarnation; peinture en grisaille.

Au revers du tableau, en haut, les trois vertus théologales : la Foi, l'Espérance et la Charité. Au milieu du tableau, une foule innombrable représentant le peuple juif et les patriarches de l'Ancien Testament, agenouillés, priant, le regard élevé vers le ciel. Au premier plan, Adam et Ève et leur fils Abel. C'est le symbole de l'Ancien Testament.

A droite, le deuxième volet, où est représentée la sainte Vierge agenouillée en prière sur son prie-Dieu; près de sa tête, le Saint-Esprit, peinture en grisaille, correspondant au volet où est représenté l'ange Gabriel.

Au revers de cette peinture, en haut, trois vertus : la Miséricorde, la Charité et la Justice. Au milieu du tableau, les peuples de la nouvelle loi en prière, accompagnés des dignitaires de l'Église catholique : le pape, les cardinaux et les évêques; puis les dignitaires civils, les empereurs, les rois et les princes, tous dans la même attitude et le même recueillement. Au bas et au premier plan, les deux convertis saint Paul et saint Thomas, tous deux avec leurs attributs posés à terre, l'épée et l'équerre. C'est le symbole du Nouveau Testament.

La troisième travée est consacrée à l'entrée de l'église, et la quatrième est percée d'une petite fenêtre ogivale dont la verrière nous montre dans le tympan la résurrection de Lazare. Dans les lancettes : 1° Jésus chez Marthe et Marie; 2° apostolat de sainte Marthe, sainte Madeleine et saint Lazare en Provence.

Près de cette fenêtre, dans l'encoignure du mur de refend du transept, est pratiquée la petite porte des combles des bas côtés.

TRANSEPT. — COTÉ NORD

Ce transept est une construction du XVIe siècle, établie sur des substructions du XIVe siècle, dont les anciens contreforts extérieurs et les murs de refend offrent encore leurs contours dans les dispositions de la nouvelle construction.

Ce transept, dans son ensemble, ne présente aucun intérêt. A droite, une grande ouverture ogivale donne accès à une chapelle, dite de saint Joseph. Il est éclairé au nord par un œil-de-bœuf de petite dimension; à l'est, au-dessus du passage des bas côtés du chœur, par une fenêtre en ogive, à trois meneaux tréflés et surmontés de formes ovoïdes; en face, à l'occident, par une fenêtre de même forme, sans meneaux.

En entrant dans le transept, à droite, devant le mur de refend du bas côté du chœur, était probablement la sépulture de Nicolas Girardon et d'Anne Saingevin, père et mère de François Girardon, le célèbre sculpteur, né à Troyes, le 17 mars 1628.

Une inscription de donation fixée au mur de refend relate les générosités de ce grand artiste à l'église Saint-Remi, sa paroisse. Ces bienfaits consistent : 1° en un crucifix de bronze avec sa croix; 2° deux colombes de bronze doré qui étaient sur la principale porte du chœur de l'église.

Selon la chronique, cette grille avait été exécutée sur les dessins de l'éminent artiste, aux frais de la fabrique.

Depuis la Révolution, la grille n'existe plus et les colombes ont disparu. Elle fut remplacée par une simple grille en bois, où le Christ en bronze avait repris sa place. A la hauteur qu'il occupait, il était difficile de se rendre compte de sa merveilleuse exécution. Depuis une quarantaine d'années, époque où l'on fit dans cette église une nouvelle décoration fantaisiste, on supprima la grille et l'on plaça le chef-d'œuvre de Girardon sur le tabernacle du sanctuaire, où il échappe presque entièrement à l'admiration des visiteurs.

Grosley nous rapporte que, dans une assemblée tenue *ad hoc* le 3 avril 1690, époque où le grand sculpteur plaça le médaillon de Louis XIV à l'hôtel de ville de Troyes, M. Louis Paillot, alors curé de Saint-Remi, proposa à la fabrique de témoigner sa reconnaissance à Noble F. Girardon *du présent inestimable qu'il venait de lui faire du Christ de bronze, qui était le chef-d'œuvre de ses mains et qui serait à jamais le plus riche ornement de l'église de Saint-Remi,* en faisant chanter à perpétuité, *dans la nef, devant le Christ, à l'issue des vêpres de chaque dimanche, une hymne de la Croix, suivant le temps de l'Année*, ensuite le *De profundis, Collecte et Oremus accoutumés, pour le repos de l'âme de Noble François Girardon, premier sculpteur du Roi et Recteur de son Académie Royale, à commencer dimanche lors prochain.*

L'inscription de la donation de Girardon se complète par une fondation à perpétuité d'une messe basse, pour être célébrée tous les vendredis de l'année à l'autel de la Croix, pour le repos de l'âme de Nicolas Girardon, bourgeois de cette ville, et d'Anne Saingevin, ses père et mère, inhumés dans cette église; suivant acte passé devant Serqueil et Cligny, notaires à Troyes, le 5 juillet 1691.

Cette inscription est surmontée d'un joli médaillon en marbre blanc entouré d'une couronne de chêne et accompagné de deux lampes funéraires, représentant la figure de la Mort, en buste, la tête à demi couverte d'un linceul, les mains jointes, le mouvement du corps et de la tête dans une attitude d'extase. Au-dessous de l'inscription sont des ossements attachés par un ruban, et une sonnette au milieu.

Ce médaillon est encastré dans un cadre en contre-courbes, sur fond de marbre rosé, veiné de blanc. Cet ensemble de marbres de différentes couleurs, réunis aux accessoires qui accompagnent la donation, en font un véritable monument, composé et exécuté par Girardon lui-même (planche 3).

Au-dessous de ce monument est une seconde fondation, aussi sur marbre blanc, par laquelle Girardon consacre une rente de *trente-cinq livres,* constituée sur l'Hôtel de Ville de Paris, pour être distribuée aux pauvres honteux de la paroisse, deux fois l'année, le 15 juillet et le 15 novembre, suivant acte passé devant Lambon et Moufle, notaires à Paris, le 28 février 1701 [1].

Enfin, par acte passé devant Doyen le Jeune, notaire à Paris, le 7 mai 1706, le donateur augmente cette fondation de *150 livres* de rente, de même sur l'Hôtel de Ville de Paris, au principal de 3,000 livres, pour être les arrérages perçus et appliqués avec la première fondation.

1. Époque choisie, sans doute, pour faciliter le payement de leur terme de loyer.

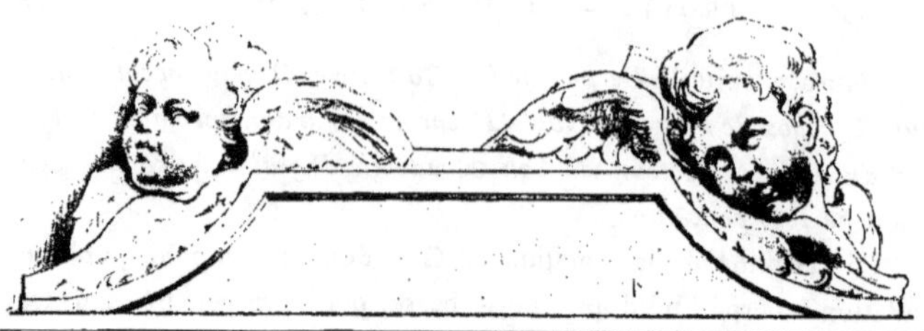

A LA GLOIRE DE DIEU

FRANÇOIS GIRARDON SCULPTEUR ORDINAIRE DU ROY, CHANCELIER ET RECTEUR DE SON ACADEMIE ROYALE DE PEINTURE ET SCULPTURE, ETANT PERSUADÉ QUE LE PLUS SEUR MOYEN POUR OBTENIR LA MISERICORDE DE DIEU EST DE RACHETER SES PECHÉS PAR L'AUMONE, VOULANT AUSSY MARQUER LA RECONNOISSANCE QU'IL CONSERUE POUR LA VILLE DE TROYES, OU DIEU L'A FAIT NAITRE, A DONNÉ A LA FABRIQUE DE CETTE PAROISSE DE ST. REMY VNE RENTE DE TROIS CENT TRENTE CINQ LIURES CONSTITUÉE SUR L'HOTEL DE VILLE DE PARIS, POUR ESTRE LES ARRERAGES DE LA DITTE RENTE DISTRIBUÉS AUX PAUURES HONTEUX DE CETTE PAROISSE, EN PRESENCE ET DE L'AVIS DE MONSR. LE CURÉ DE CETTE EGLISE, DU MARGUILLER QUI SERA EN RECEPTE, DU R. PERE SUPERIEUR DU COLLEGE DE CETTE VILLE, COMME AUSSY DE NOBLE HOMME MONSR. EDMOND MICHELIN CONSEILLER DU ROY AU BAILLAGE ET SIEGE PRESIDIAL DE TROYES GENDRE DUDIT SR GIRARDON ET DE DAME CATHERINE GIRARDON SA FEMME ET APRES LEUR MORT, DU PLUS PROCHE PARENT DUDIT FONDATEUR. LAQUELLE DISTRIBUTION SERA FAITE SUR DES ROLLES DRESSÉS ET ARRESTÉS PAR LES NOMMÉS CY DESSUS DEUX FOIS L'ANNÉE, LE XV · JUILLET, ET LE XV · NOVEMBRE · LE TOUT COMME IL EST PORTÉ PLUS AMPLEMENT DAN LE CONTRAT PASSÉ PARDEVANT LAMBON ET MOUFLE NOTAIRES A PARIS, LE · XXVIII · FEUVRIER · M · DCCI ·

ET PAR UN AUTRE CONTRAT PASSÉ DT. DOYEN · LEJEUNE NORE. A PARIS ET SON CONFRERE LE VII · MAI MDCCVI · LE DIT SR. GIRARDON POUR FORTIFIER LA DONATION CI DESSUS, A A, POUR LES MÊMES MOTIFS Y INSERÉS, DONNÉ ENCORE A LAD· FABRIQUE 150tt. DE RENTE SUR L'HÔTEL DE VILLE DE PARIS AU PRINCIPAL DE 3000tt. POUR EN ÊTRE LES ARRÉRAGES PERÇUS DISTRIBUÉS ET APLIQUÉS, AUX TERMES DE LA PREMIÈRE DONATION ·

FRANCOIS GIRARDON SCVLPTEVR ORD.RE DV ROY RECTEVR DE L'ACADEMIE
ROYALLE DE PEINTVRE ET SCVLPTVRE A DONNÉ LE CRVCIFIX DE BRONZE
AVEC SA CROIX ET LES DEVX COLOMBES DE BRONZE DORÉE QVI SONT
SVR LA PRINCIPALLE PORTE DV CHŒVR DE CETTE EGLISE, ET A FONDE
A PERPETVITÉ POVR LE REPOS DE L'AME DE NICOLAS GIRARDON
BOVRGEOIS DE CETTE VILLE, ET D'ANNE SAINGEVIN SES PERE ET
MERE INHVMEZ EN CETTE EGLISE VNE MESSE BASSE POVR ESTRE
CELEBRÉE TOVS LES VENDREDIS DE L'ANNÉE ENTRE DIX ET ONZE
HEVRES A L'AVTEL DEDIÉ A LA S.TE CROIX APRES QVELLE AVRA ESTE
SONNÉE ET TINTÉE L'ESPACE D'VN QVART D'HEVRE SVIVANT LE
CONTRACT DE LA DITTE FONDATION PASSÉ PARDEVANT
SERQVEIL ET CLIGNY NOTAIRES A TROYES LE 5.E IVILLET 1698.
M.RS LES MARGVILLIERS DE CETTE PARROISSE PRESENS ET A VENIR SONT AVSSY
OBLIGÉZ DE FAIRE CHANTER DEVANT LE DIT CRVCIFIX TOVS LES
DIMANCHES A L'ISSVE DE VESPRES PAR LES PRESTRES HABITVÉ DE CETTE
EGLISE VNE HYMME A L'HONNEVR DE LA SAINTE CROIX SELON LE TEMPS
DE L'ANNÉE EN SVITTE LE de profondis COLECTES ET ORAISONS
ACCOVTVMÉES POVR LE REPOS DE L'AME DVDIT BIENFAICTEVR DE SA
FEMME ET DE LEVRS ENFANS APRES LEVR DECEDS.
observaueris domine
domine quis sustinebit

Ces deux dernières donations sont gravées sur une table de marbre blanc à filets avec encadrement. Le cadre de l'épitaphe, qui n'existe plus, était surmonté d'un fronton accompagné de deux petites têtes de chérubins, sculptées par Girardon. Ce fronton et les deux petites figures, chefs-d'œuvre du maître, ont été, depuis les changements apportés à la décoration générale du monument, déplacés, pour orner une inscription moderne qui fut établie au transept sud, afin de servir de pendant et pour correspondre avec le monument commémoratif de Girardon. Nous ne pouvons que regretter une pareille profanation à l'égard de l'intention des morts, d'autant plus répréhensible que l'illustre Troyen, dont la main avait sculpté ces deux charmantes figures, les avait créées sous l'inspiration d'un sentiment religieux, et pour décorer la nouvelle fondation de ses actions généreuses et charitables[1].

Girardon mourut à Paris le 1er septembre 1715; il fut inhumé près de sa femme, Catherine Duchemin, dans la petite église de Saint-Landry, qui était située dans la cité sur le bord de la Seine, aujourd'hui quai aux Fleurs, dans un riche tombeau qu'il avait fait élever à la mémoire de la compagne de sa vie et dont il avait lui-même composé le modèle; il le fit exécuter par Nourisson et Le Lorrain, ses deux élèves[2].

L'église Saint-Landry fut supprimée à la Révolution et ses monuments funéraires saccagés. On recueillit les débris, qui furent transportés au musée des Petits-Augustins. Plus tard, en 1817, on les abandonna à l'église Sainte-Marguerite, de la rue Saint-Antoine, pour en faire un calvaire qui se voit encore aujourd'hui derrière le maître-autel[3].

Les murs de clôture de ce transept sont décorés de diverses peintures en grisaille, provenant de quelques triptyques qui devaient appartenir à une des chapelles de l'église Saint-Remi.

1. Tout ce vandalisme se fit sous nos yeux, il y a environ quarante-cinq ans. On a eu soin, pour faire oublier cette fâcheuse mutilation, de supprimer le cadre en marbre de l'inscription et de remonter la Fondation jusqu'au-dessous de la première, pour combler le vide que laissait l'absence de ces deux petites figures.

2. Piganiol de La Force.

3. De Guilhermy, *Itinéraire archéologique de Paris.*

Les panneaux peints des deux côtés, sur la face et sur le revers, ont été sciés dans leur épaisseur avec autant de soin que d'adresse par M. Valtat, sculpteur, qui contribua pour sa part à la nouvelle décoration de cette église. Orner les murs du transept avec ces pan-

8.

neaux dédoublés était la seule manière de les utiliser. M. Valtat réussit complètement dans son travail, ce dont on doit le féliciter.

Onze panneaux, encastrés dans un lambris en bois de chêne, forment aujourd'hui un revêtement des plus intéressants. Ils rappellent l'histoire de la Vierge, la création d'Ève et la légende de saint Remi, patron de l'église.

Le premier panneau, à gauche, représente la *Visitation.*

2. L'*Annonciation.*

3. La *Création d'Ève.* Dieu, accompagné de trois anges, apparaît dans le ciel. De la main droite, il bénit; de la gauche, il porte le

9.

globe terrestre, surmonté de la croix. Ève sort du côté d'Adam. Derrière elle, l'apôtre saint Jean écrit son Évangile. Dans le lointain. Ève porte la main au fruit défendu et en donne au premier homme.

4. Saint Remi, une croix à la main droite, reçoit de la main gauche la sainte ampoule venue du ciel.

5. Un ange apparaît à saint Génebaud, évêque de Laon, neveu

par alliance de saint Remi, dans la cellule où il fut enfermé pendant sept ans; il lui annonce que son péché lui est pardonné. Mais Génebaud ayant répondu qu'il ne sortirait point sans la permission de saint Remi, le saint évêque, averti par l'ange, vient à la cellule du prisonnier et lui dit d'y demeurer jusqu'à sa mort.

6. Clovis, partant pour une expédition guerrière dans les Gaules, rencontre saint Remi, qui lui offre une gourde de vin bénit pour son usage, en lui prédisant qu'il serait victorieux tant que durerait ce vin (8).

Par un miracle remarquable, ce vin ne diminua point dans la gourde jusqu'au retour du roi. La légende omet de nous dire si ce vin était originaire du pays de Champagne.

7. Saint Remi, agenouillé devant un autel, dans son oratoire. A droite et à gauche, au premier plan du tableau, saint Pierre et saint Paul.

8. Saint Remi et le meunier. Il circonscrivit l'incendie d'un moulin qui menaçait la ville de Reims d'une ruine complète. A peine parut-il devant les flammes que celles-ci s'enfuirent devant lui, aussi vite qu'il put les poursuivre.

9. A Cernay, près de Reims, saint Remi remplit de vin, par un simple signe de croix, des muids presque vides, pour reconnaître la charité de Celse, une de ses cousines, qui l'avait reçu dans son logis avec beaucoup de dévotion (9).

10. Un personnage agenouillé, les mains jointes, son chapeau à terre devant lui, les coudes appuyés sur un prie-Dieu. Sur la face de ce meuble, un blason d'argent à une couronne royale d'or, accompagnée d'une navette de tisserand aussi d'or (10). Contrairement à l'usage, ce donateur n'est pas assisté de son patron, et aucun accessoire religieux n'est représenté dans le fond du tableau [1].

1. Ce n'est pas sans une certaine hésitation que nous allons nous prononcer sur le type particulier et sur le costume de ce singulier personnage.

Pour nous éclairer, nous avons consulté la traduction en français de l'histoire des Juifs par Flavius, Josèphe, manuscrit de la Bibliothèque nationale, N° 247, où nous trouvons dans ces riches miniatures le même costume et la même coiffure portés par des prêtres juifs. Le chapeau pointu avec une huppe

11. La donatrice, agenouillée devant son prie-Dieu, les mains

10.

jointes, la tête couverte de sa coiffe noire, robe à corsage et à traîne, qui est le costume des dames du milieu du XVIe siècle. Sur la tapis-

sur la forme est la coiffure indispensable aux cérémonies du culte israélite; dans cette peinture, il est posé à terre avec certaine intention. Nous avons un exemple de ce costume sur la peinture du transept sud, Jésus présenté au peuple par Ponce Pilate.

Un prêtre juif au pied d'un autel chrétien nous semble une anomalie excessive, qui ne se comprendrait que par une abjuration. Alors ne serait-il pas admissible que ce personnage, après la renonciation solennelle de son culte et de ses croyances, ait fait don à l'église de sa paroisse d'un diptyque sur lequel il se fait représenter avec son costume de prêtre juif pour consacrer aux yeux de tous l'abandon de sa foi religieuse.

A la suite de cette abjuration, il fut sans doute nommé prévôt des marchands, ainsi que pourrait le faire penser la composition de son blason.

serie du petit meuble, un blason de gueules à une bande d'or soutenant un oiseau d'or. En chef, un lambel de sinople. De la famille Cochot, seigneur de Villacerf (11).

11.

Devant la donatrice et sur un plan plus éloigné, ses quatre filles portent le même costume dans un égal recueillement.

Comme leur père, la mère et les filles sont simplement représentées sur un fond de teintes neutres.

Au-dessus du blason, cette peinture porte la date de Mil v^c lii · et, au-dessous, le quantième du mois de l'exécution de cette peinture, Aouet vi.

N'oublions pas que la famille Cochot contribua de ses deniers à la construction des voûtes du bas côté nord.

Au-dessus de ces intéressantes grisailles, deux tableaux couvrent toute la surface du mur de clôture. Ils représentent l'Annonciation et l'Assomption de la Vierge, peintures d'égale exécution de l'école du XVIIe siècle, remarquablement belles, la dernière signée L. DE LETIN FECIT.

Contre le mur occidental, saint Dominique recevant le rosaire des mains de la sainte Vierge, du même peintre, mais traitée d'une façon décorative. Puis Jésus, Marthe et Marie-Madeleine, une des plus intéressantes et des plus belles peintures que possède l'église.

TRANSEPT. — COTÉ SUD.

Sur plan, le transept sud est exactement conçu suivant les mêmes dispositions que celles du transept nord; mais il n'a pas d'ouverture à l'orient, limité qu'il est de ce côté par la sacristie. Le mur de l'occident laisse voir, dans sa construction, les traces apparentes d'anciennes substructions du XIVe siècle.

Ce transept est éclairé, au sud, par une grande fenêtre ogivale à meneaux flamboyants, qui occupe à peu près toute la surface du mur. Elle est simplement vitrée en verre blanc lozangé.

Le mur de refend, en saillie sur le passage du bas côté du chœur, porte une table de pierre sur laquelle on lit une inscription en quatre vers latins rappelant une fondation faite par M. Retournat; suivant un vœu qu'il fit à la Vierge, il a voulu établir dans cette église le chemin de la croix et y fonder deux messes chaque année.

Au-dessus, encastrés dans la pierre, deux médaillons en marbre blanc représentant, en buste, Jésus et la Vierge, exécutés par François Girardon. Ces médaillons décoraient jadis le retable du maître-autel. C'est sur l'épaisseur de cette même pierre commémorative que l'on a placé les deux têtes de chérubins provenant de la dernière fondation de Girardon placée au transept nord.

Contre le mur de la sacristie, à gauche, est un autel consacré à saint Frobert, en souvenir de l'ancienne église Saint-Frobert, deuxième succursale de l'église Saint-Remi. Le tombeau en bois de l'autel est décoré, au centre, du monogramme du Christ disposé au centre d'une croix. Sur les côtés, séparés par des colonnettes chargées de feuillages, les deux apôtres saint Pierre et saint Paul.

Au-dessus des gradins de l'autel, à gauche, une intéressante peinture sur bois du XVIe siècle, représentant Jésus chargé de sa croix, rencontrant sa mère, accompagnée des saintes femmes. Des lèvres de la Vierge sort un phylactère qui se développe au-dessus de la tête du Sauveur; on y lit ces mots :

VADIS PROPICIATOR AD IMMOLANDVM PRO O̅NIBVS
QVI ME CASTAM CONSERVASTI FILIVS ET DEVS MEVS.

Vous allez, ô victime de propitiation, vous immoler pour nous tous, vous qui m'avez conservée vierge, ô mon Fils et mon Dieu!

Dans le haut de ce panneau est une pancarte où on lit :

SICVT OVIS AD OCCISIONEM
DVCETVR ET QVASI AGNVS
CORAM TONDENTE OBMVTESCET
ET NON APERIET OS SVVM
ESA. 53.

Des deux côtés de cette peinture sont placés deux médaillons en bronze doré, représentant les bustes de Jésus et de Marie, sa mère. Ces deux bronzes pourraient bien avoir fait partie de la grille du chœur détruite à la Révolution.

Au-dessus du retable de l'autel, une console dans le style du XVe siècle porte une jolie statue de saint Frobert du XIIIe siècle, abritée par un dais du XVe siècle, celui-ci et la console provenant des démolitions du couvent des Cordeliers.

Rien n'est plus joli que la décoration de cette chapelle, toute couverte de lambris encadrant diverses peintures du XVIe siècle, représentant des scènes de la Passion de Jésus-Christ et de la vie de saint Jean-Baptiste. Toutes ces peintures décoraient, depuis la Révolution seulement, la clôture de la sacristie, sur le bas côté du chœur.

Dans la partie de la boiserie qui est à gauche de l'autel Saint-Frobert, il y a deux panneaux peints ayant en hauteur $1^{m},95$ et en largeur $0^{m},65$. Le premier représente le baiser de Judas au Jardin des Oliviers. Jésus est environné d'une multitude de soldats couverts de riches armures, les uns avec des épées nues, d'autres avec des lances ou des hallebardes, d'autres avec des lanternes et des fanaux. Judas embrasse Jésus au milieu de la foule. Au bas du tableau, saint Pierre, d'un coup de sabre, tranche l'oreille à Malchus. Dans le haut, en dehors du jardin, on voit saint Jean qui se sauve en laissant sa tunique aux mains du soldat qui le poursuit. Toute cette scène est merveilleusement rendue et remarquable dans l'ensemble de sa composition.

2e *panneau.* — Jésus est en haut de l'escalier du prétoire, les mains liées, les épaules couvertes d'un manteau de poupre, une couronne d'épines sur la tête et un roseau dans la main droite. Deux bourreaux le frappent de verges. Dans cet état, il est présenté au peuple. Au fond, à l'angle d'une rue, des soldats amènent Barabbas. Pilate est appuyé sur la rampe en bois du perron; derrière lui, un serviteur apporte de l'eau pour lui laver les mains. Pilate demande au peuple assemblé s'il doit délivrer Jésus ou Barabbas, et la foule des scribes et des pharisiens menace et apostrophe Jésus, en demandant qu'il soit crucifié. Au fond du tableau, de splendides monuments

donnent à l'ensemble de cette conception un grand effet décoratif et magistral.

De l'autre côté de l'autel, à droite, deux autres peintures de même dimension et de la même main.

La première représente l'Ascension. Une montagne à pic, au centre du tableau; Jésus-Christ, portant l'étendard de la rédemption, quitte la terre et s'élève vers le ciel.

Au bas de la montagne, les apôtres étonnés, les regards au ciel et les bras étendus. Au milieu d'eux, la Mère de Dieu regardant aussi, montrant aux apôtres le Christ qui s'élève. Une foule de gens de toutes conditions les entourent.

2e *panneau. — La Descente du Saint-Esprit.* Les apôtres, la vierge Marie et les saintes femmes, réunis en cercle dans le cénacle. Dans le haut de la voûte, des rayons lumineux d'où s'échappent de nombreuses langues de feu qui descendent sur les apôtres et la Vierge; tous parleront désormais les langues les plus diverses.

En retour et sur le mur de soubassement de la grande fenêtre du fond sont assemblés et réunis dans une boiserie quatre panneaux peints du commencement du XVIIe siècle. Ces panneaux comprennent deux sujets.

1er et 4e. — L'Annonciation. La Vierge, à genoux, devant un prie-Dieu, la tête et le corps un peu tournés en arrière. Derrière elle, l'ange Gabriel tenant un lis; de sa bouche s'échappe une banderole avec ces mots : AVE, GRĀ PLENA, DOMINVS TECVM. L'Esprit-Saint, sous forme de colombe dans un rayon lumineux, se dirige vers la tête de la Vierge.

Au bas du prie-Dieu se lit la date de 1622.

2e *panneau.* — Saint Jean-Baptiste prêchant dans le désert aux soldats, aux pharisiens et au peuple.

3e *panneau.* — Le Précurseur vient d'être décapité, son corps est étendu à terre. Le bourreau, tenant la tête du saint par les cheveux, le dépose sur le plateau d'or que lui présente Salomé, richement parée.

Entre les colonnes du palais d'Hérode, dans le fond du tableau, le festin royal; Hérode et Hérodiade en habits royaux, assis au milieu de la table, près de laquelle plusieurs musiciens donnent un concert instrumental; devant eux, la jeune fille apporte la tête du Précurseur.

Toutes ces riches peintures se complètent par trois grands tableaux suspendus au mur.

Sur le mur oriental, à gauche de l'autel, un tableau représente le Christ à Emmaüs, à table avec les deux disciples, qui le reconnaissent à la fraction du pain. L'hôte est assis au premier plan, dans un grand fauteuil, regardant majestueusement le Sauveur. Derrière lui, plusieurs femmes s'occupent de la cuisine.

A droite de l'autel, une curieuse peinture sur bois représente la mort de la Vierge au milieu des apôtres.

Au-dessus du tableau, un blason palé de gueules et de sable de huit pièces, au lion d'or brochant sur le tout. De la famille Clérey, de Troyes, seigneur en partie de Vaubercey[1].

Sur le mur occidental, au-dessus du confessionnal, un grand tableau signé L. DE LETIN FE., représente les bergers dans l'étable de Bethléem. Ils se découvrent et s'agenouillent devant l'Enfant Jésus. Cette peinture décorative, d'une grande dimension, porte au bas le blason d'un abbé, d'azur à un massacre de cerf d'or posé de front, surmonté d'une mître et d'une crosse. Famille Nivelle, de Troyes, seigneur de La Motte, donateur de ce tableau.

CHŒUR ET SANCTUAIRE.

Le chœur se composait jadis d'une seule travée. Vers la fin du XVIe siècle, on agrandit cette partie de l'édifice, en occupant toute la travée centrale du transept, que l'on entoura de dix-huit stalles et d'une grille en fer sur son pourtour.

Cette partie de l'ancien transept a conservé sa vieille construction, comme il est facile de s'en rendre compte par les chapiteaux des piliers qui forment les quatre angles du carré du transept, à l'exception d'un pilier à l'est, qui fut entièrement reconstruit au XVIe siècle, dans des conditions vraiment regrettables : cylindrique en

1. Roserot, *Armorial du département de l'Aube.*

plan, il est divisé en huit parties et largement évidé en autant de cannelures. Le chapiteau, qui n'est qu'un simple tailloir d'une légère saillie, est formé de moulures en quart de cercle et de légers filets [1].

Sanctuaire. — Le sanctuaire se compose de trois travées à pans formant la partie absidale. Elles sont soutenues par des colonnes cylindriques. Les arcs ogives des voûtes reposent sur des moulures à retraits peu saillants sur le nu du mur.

La voûte de la travée du chœur est composée d'arcs diagonaux; celles du sanctuaire établissent deux triangles, reliés par un bandeau sur lequel on a peint la date de 1526, époque de la reconstruction du chœur, des bas côtés et des chapelles rayonnantes.

Les deux clefs de voûte de la jonction triangulaire des nervures portent les monogrammes du Christ et de Marie. Quelques traces de peinture sont encore visibles.

VERRIÈRES DU CHŒUR ET DU SANCTUAIRE.

Les arcades ogivales des travées sont larges et leurs profils vigoureusement traités. Elles s'appuient et se perdent dans la masse cylindrique des piliers. Au-dessus de ces arcatures s'élèvent cinq fenêtres ogivales trilobées et à contre-courbes, avec quelques variétés dans leur disposition. Ces fenêtres, qui ne possédaient aucune verrière depuis nombre d'années, viennent d'en recevoir de nouvelles, par suite d'un legs de 6,000 francs fait par Mlle Élisa Damoiseau, pour l'exécution d'une partie de ce travail, et 4,000 francs venus d'autre part.

Confiées au talent de M. Didron, ces verrières ont été posées en 1891.

Dans les lancettes sont principalement représentés les apôtres, et dans les trilobes les blasons des anciennes familles nobles de la

1. Cette bizarrerie, contraire à l'ensemble architectural de l'édifice, n'indiquerait-elle pas le pilier d'honneur marquant la reprise des travaux? Nous avons remarqué le même fait à Ervy, à la reprise des travaux du transept, et à la cathédrale de Troyes, pour la reprise des travaux de la tour Saint-Pierre.

paroisse et celles qui ont généreusement contribué de tout temps aux charges de la fabrique.

Fenêtre centrale du sanctuaire. — Au milieu, le Bon Pasteur; à gauche, la sainte Vierge, les mains jointes; à droite, l'apôtre saint Pierre.

Dans le trilobe du haut, le Père Éternel, et, au-dessous, le Saint-Esprit descendant sur la tête du Sauveur. Dans les trilobes du tympan, les armoiries du pape Léon XIII et celles de l'évêque de Troyes, Mgr Cortet.

Côté gauche, 1re fenêtre. — Saint Matthieu, saint Barthélemy et saint Philippe. Le blason du chapitre de la cathédrale de Troyes, duquel relevait autrefois l'église Saint-Remi, et celui de l'évêque Pierre de Villiers, né à Villiers-Herbisse (Aube), souvenir de M. l'abbé Mercier, curé actuel de l'église Saint-Remi, né dans ce même village. Ce blason est d'argent à une bande de sable chargée de trois fleurs de lis d'or.

2e fenêtre. — Saint André, saint Jean et saint Paul. Blasons des familles Thiesset et Mitantier. Celui de la famille Thiesset est de gueules à 3 fasces ondées d'argent en chef, et un croissant du même en pointe. Celui de la famille Mitantier est écartelé au 1 et 4 d'azur au chevron d'argent[1] accompagné de 3 étoiles du même, 2 en chef, 1 en pointe; au 2 et 3 d'argent au chevron de gueules, accompagné de 3 glands du même, 2 en chef, 1 en pointe.

Côté droit, 1re fenêtre. — Saint Simon, saint Thaddée et saint Mathias. Blasons des familles Camusat et Pithou. Blason Camusat : d'azur, à 3 têtes de béliers d'argent, 2 et 1. Blason Pithou : de vair, à une bande d'argent accompagnée de deux cotices du même.

2e fenêtre. — Saint Jacques le Mineur, saint Thomas, saint Jacques le Majeur. Blasons des de Mauroy et Huez. Celui de Mauroy est d'azur au chevron d'or, accompagné de 3 couronnes d'or. Celui de Huez est d'azur, à un oiseau sur une terrasse, accompagné de 3 étoiles, le tout d'or.

Le maître-autel. — L'autel du sanctuaire est en marbre blanc,

1. Le peintre-verrier a mis un chevron d'argent; pour être exact, il aurait dû mettre un chevron d'or et 3 étoiles d'argent.

sans style reconnu. Aux extrémités du tombeau, deux niches abritent deux petites statuettes de saint Remi et de saint Frobert.

Au centre, sous l'autel, une châsse gothique moderne, renfermant des reliques de saint Remi, de saint Parres, de saint Savinien, de sainte Savine, de saint Bernard et de saint Malachie.

Au-dessus de l'autel, une exposition en bois, style gothique du XIIIe siècle, exécutée par Valtat, sur laquelle s'élève le merveilleux Christ en bronze de François Girardon. Notons aussi deux petits génies en bronze, portant des flambeaux.

BAS COTÉ DU CHŒUR (COTÉ NORD).

Chapelle Saint-Joseph. — En entrant dans le bas côté septentrional du chœur, on trouve une chapelle récemment consacrée à saint Joseph. On y accède par deux entrées : une sur le transept, comme nous l'avons déjà fait remarquer, et une sur le bas côté.

Un autel gothique en pierre, sculpté par Valtat, n'indique pas un style bien déterminé. Il est surmonté d'une statue de saint Joseph tenant l'enfant Jésus par la main.

Deux fenêtres éclairent cette chapelle : l'une derrière l'autel, à l'est, et une autre récemment ouverte, au nord, pour y recevoir une verrière de M. Vincent-Larcher, qui représente Pie IX proclamant, le 8 décembre 1870, en présence d'une foule immense, composée d'hommes de toutes les nations et de toutes les classes de la société, saint Joseph patron de l'Église universelle.

Cette verrière a été donnée à l'église par M. Noël Audiffred.

Au-dessous de cette fenêtre, un revêtement de menuiserie encadre cinq panneaux, peintures de la fin du XVIe siècle, qui représentent, en commençant par la droite : 1° *la Naissance de la Vierge;* 2° *la Crèche :* saint Joseph lit la Bible, la Vierge est en adoration devant l'enfant Jésus couché sur la paille, un ange est agenouillé, des bergers et une femme portant un enfant, les uns à genoux, les autres debout, regardent avec recueillement et surprise ; 3° *les Rois mages portant leurs présents;* 4° *la Fuite en Égypte :* la Vierge est assise sur un âne, avec l'enfant Jésus sur ses genoux ; de ses lèvres s'échappe une banderole avec ces mots : EX EGIPTO VOCAVI FILIVM MEVM. OSEE II.; en perspective, un ange apparaît en songe à saint Joseph et lui adresse ces mots, écrits sur une pancarte :

> **Eccipe[1] et accipe puerum**
> **et matrem ejus, et**
> **fuge in egiptum. mat. 2.**

5° *la Présentation de la Vierge au temple.* Saint Joachim est en costume d'un seigneur du XVIe siècle. Derrière la Vierge, un personnage tenant sa toque à la main et regardant les spectateurs : serait-ce l'artiste auteur du tableau?

A droite en entrant, sur le mur de refend de cette chapelle, une jolie peinture sur toile, représentant le *Mariage de la Vierge,* par Linet de Létin, et portant les armoiries des donateurs, Denis de la Noue et Le Tartier. Au-dessous du tableau, les fondations de Nicolas Hérard (1823) et d'Angélique Gérard (1825), gravées sur cuivre en 1833 par Barbié, à Troyes.

En face, un autre tableau du même peintre, de valeur artistique moindre, représente *la Vierge tenant sur ses genoux l'enfant Jésus* auquel elle présente une petite croix. Au-dessous de ce tableau, la fondation Camusat de Vaugourdon, un homme de bien, mort le 18 avril 1871, qui aimait les arts et encourageait noblement et généreusement les jeunes artistes.

CHAPELLES DU POURTOUR DU CHŒUR.

La première chapelle (côté nord) se compose de trois travées à pans et de forme rayonnante, dont les nervures des voûtes s'appuient sur les contreforts extérieurs et sur les piliers cylindriques du sanctuaire.

Les trois travées sont éclairées chacune par une fenêtre à trois jours, avec meneaux de style flamboyant.

Les deux premières fenêtres n'ont pas de verrières colorées; la

1. L'inscription porte bien *Eccipe.* Dans le texte évangélique, il y a *Surge.*

troisième, qui se trouve dans l'axe du bas côté nord, est décorée d'une verrière sortant des ateliers de M. Ed. Didron, de Paris, composition intéressante dont cet artiste est l'auteur, *la Vierge du Rosaire protectrice.*

Au centre de la fenêtre. — *La Vierge portant son Fils et tenant le saint Rosaire :* elle est environnée d'une gloire lumineuse entourée de têtes de chérubins.

Au bas de la lancette sont *les Affligés ;* soldat blessé, mère présentant son enfant malade, pèlerin et vieillards infirmes.

A gauche.— 1° *Les Arts,* représentés par la Peinture, la Sculpture, l'Architecture et la Musique ;

2° Des *Marins,* dans un navire à toutes voiles, partant pour un voyage à long cours ; deux riches marins, à genoux, prient la sainte Vierge.

A droite. — 1° *L'Enseignement,* représenté par un moine dominicain, s'adressant à un groupe d'auditeurs des deux sexes ;

2° *L'Agriculture ;* vigneron, moissonneuse, berger, cultivateur, femme filant de la laine.

Au bas du panneau de gauche, sur la coque du navire, la signature de l'auteur et la date de 1892.

Chapelle (côté sud). — Cette chapelle est semblable à la chapelle du nord, par son plan comme par la division et la décoration de ses fenêtres. La troisième fenêtre, dans le milieu de ce bas côté, est décorée d'une verrière moderne, exécutée par le même peintre-verrier et la même année que celle de la chapelle du Nord.

Elle nous montre *Notre-Dame des Victoires,* confrérie établie à Paris, le 24 avril 1838, et à Troyes, le 24 juillet 1840.

Au centre du vitrail. — *Notre-Dame des Victoires,* refuge des pécheurs.

1. A gauche. — Anges vainqueurs du démon.

2. A droite. — Les saints pénitents : David, saint Pierre, sainte Madeleine, saint Augustin présenté par sa mère sainte Monique, sainte Marie Égyptienne et saint Ignace de Loyola.

3. A gauche. — La France blessée et humiliée, implorant la Vierge et foulant aux pieds la coupe des plaisirs ; près d'elle, le paon,

emblème de l'orgueil. L'ancien curé de Saint-Remi, l'abbé Marion, présente à la Vierge son église, dans laquelle il a institué l'archiconfrérie de Notre-Dame-des-Victoires, affiliée à celle de Paris.

4. A droite. — Le pape Grégoire XVI institue l'archiconfrérie de Notre-Dame-des-Victoires. L'abbé Dufriche-Desgenettes, curé de Notre-Dame-des-Victoires, à Paris, est agenouillé, portant son église et recevant du pape la bulle d'approbation, en présence de cardinaux et d'évêques.

5. Au-dessous de la Vierge. — Adam et Ève, après avoir été chassés du Paradis terrestre, reçoivent la promesse de la Rédemption par la Maternité divine; Isaïe tient un phylactère portant ces mots : ECCE VIRGO CONCIPIET ET PARIET FILIVM.

Dans les lobes du tympan ogival, quatre anges avec divers attributs de la Vierge : la tour de David, la tour d'ivoire, la lune et la fontaine scellée. Deux d'entre eux portent des banderoles sur lesquelles on lit : CONSOLATRIX AFFLICTORVM, REFVGIVM PECCATORVM.

CHAPELLE CENTRALE DE L'ABSIDE.

Cette chapelle, dite de l'Archiconfrérie de Notre-Dame, comprend, elle aussi, trois travées à pans circulaires; les fenêtres sont à trois lancettes et de même style. Celle de la travée centrale se distingue par une fleur de lis ajourée, qui occupe le tympan de la partie ogivale, au-dessus des trilobes des lancettes.

Les verrières de ces trois fenêtres ont été exécutées par M. Vincent Larcher; celles des fenêtres de côté ont un cachet d'archaïsme qui attire l'attention, ainsi que les effets lumineux de nouveaux procédés qui offrent et inspirent de l'intérêt. Ce sont incontestablement les meilleures verrières qu'ait exécutées notre habile peintre-verrier.

Première fenêtre à gauche. — Elle comprend deux rangées de panneaux horizontaux, représentant les épisodes de la vie de la Vierge.

1re *rangée.* — La Naissance de la Vierge, la Présentation au Temple, le Mariage de Marie et de Joseph.

2e *rangée.* — L'Annonciation, la Visitation, la Nativité.

Dans les trilobes des lancettes. — Les Rois mages en présence de la Vierge et de l'enfant Jésus.

Cette verrière a été posée dans le mois de décembre 1860.

Première fenêtre à droite. — Même disposition dans les meneaux et les panneaux.

1re *rangée.* — La Présentation de Jésus au temple, la Fuite en Égypte, Jésus devant les docteurs de la loi.

2e *rangée.* — Les Noces de Cana, le Cénacle, la Mort de la Vierge.

Dans les trilobes. — L'Assomption, avec les apôtres réunis autour du sépulcre vide de la Vierge.

Verrière posée le 24 mai 1861.

Fenêtre de l'abside. — Cette fenêtre comprend, comme les deux précédentes, deux rangées de panneaux, représentant la légende de saint Remi, évêque de Reims.

1re *rangée.* — Un ermite aveugle se présente devant le père et la mère de saint Remi et leur annonce la naissance d'un fils. Naissance de saint Remi; l'ermite recouvre la vue en oignant ses yeux du lait de sainte Célinie, mère du saint. Saint Remi, tout jeune encore, est proclamé évêque par les seigneurs et le peuple.

2e *rangée.* — Saint Remi sacré évêque de Reims. Clovis baptisé par saint Remi en présence de la reine sainte Clotilde et des seigneurs de sa cour. Mort de saint Remi; le saint, en rendant le dernier soupir, bénit les assistants.

Dans la fleur de lis du tympan de l'ogive, des anges portent la mître, la crosse et la sainte ampoule. Dans les écoinçons, des anges avec des phylactères.

Plus haut, dans les fleurons de la fleur de lis, la glorification du saint évêque, porté par des anges et entouré de chérubins.

Cette verrière a été posée le 24 mai 1861.

Cette fenêtre, exécutée par le même peintre-verrier, est beaucoup plus simple dans ses moyens d'exécution; elle n'atteint pas la même puissance de coloration que celles des fenêtres précédentes.

Autel moderne dans le style du XIIIe siècle, très bien exécuté par M. Valtat. La face du tombeau se divise en trois arcatures tréflées, portées par des colonnettes, au milieu desquelles une statuette de la Vierge. Dans l'arcature de gauche, saint Joseph, et, dans celle de droite, saint Jean l'Évangéliste.

Un petit retable accompagne le tabernacle; sculpté en ronde

12.

bosse, il nous montre l'Annonciation et la Visitation. Au-dessus et derrière le tabernacle s'élève une petite colonne avec chapiteau, sur le tailloir duquel est posée une jolie statue de la sainte Vierge. Des flambeaux du même style complètent cette décoration.

Ce petit sanctuaire est entouré d'une grille en fer forgé.

Le chevet de cette église se développe sur la rue Gambey, et, à quelques pas de distance, dans la rue Passerat, on jouit de l'aspect pittoresque des chapelles et de la forme élégante de la flèche (12).

LA SACRISTIE.

La sacristie occupe la première chapelle du bas côté du chœur, côté sud.

Elle est fermée sur ce bas côté par une boiserie de style Louis XIII, très bien exécutée, se divisant par des pilastres cannelés avec chapiteaux et entablement corinthiens, surmontée d'un attique, lequel se termine par un petit groupe représentant le baptême de Clovis.

L'entrée de la sacristie est surmontée de deux bustes de chérubins, dont les corps se terminent par des feuillages qui se contournent en forme de volute. Ils tiennent une couronne de chêne reliée à la frise par un ruban.

Cette vigoureuse sculpture et cette menuiserie sont un assemblage de morceaux épars, réunis avec beaucoup de goût, de soin et d'art par M. Valtat, et provenant, dit-on, du couvent de la Visitation.

L'intérieur de cette sacristie n'offre rien de bien intéressant. Sur le meuble du chapier, on voit, rangées avec symétrie, les têtes des douze apôtres, qui ont été découpées d'une ancienne broderie. Signalons, en même temps, une remarquable épreuve d'une merveilleuse gravure au burin, tirée sur soie et représentant le buste reliquaire d'un saint évêque martyr. Sur le devant du reliquaire, on voit un évêque que le juge condamne et que le bourreau décapite. Au-dessus de la gravure, on lit ces deux vers :

SIDERA SINT ALIIS PROGNOSTICA CERTA FVTVRI :
SANGVINE TV SIDVS, TV CYNOSVRA TVIS ·

Que les astres soient pour d'autres des pronostics certains de l'avenir : toi, par ton sang, tu es un astre, une constellation brillante pour les tiens.

A côté de ce buste reliquaire, qui représente peut-être saint Denis, on voit une espèce d'autel, avec la statue d'un évêque, probablement saint Remi, et, tout au-dessus, dans une gloire, entourée de deux anges, une petite fiole qui paraît être la sainte ampoule.

On voit aussi, à la sacristie, un bénitier en cuivre, du XVe siècle, sur lequel sont représentés, autant que la couche de vert-de-gris permet d'en juger, une sainte face, un petit ange et une Vierge portant l'enfant Jésus.

ÉPITAPHES ET DALLES TUMULAIRES.

Dans le bas côté nord du chœur, à l'entrée de la chapelle Saint-Joseph, une grande pierre porte pour toute décoration un cartouche sur lequel est un blason composé d'un calice et accompagné de deux épis de blé sur les côtés. Cette tombe, qui a dû être déplacée à l'époque du renouvellement du dallage du chœur, devait appartenir à la sépulture d'un curé de cette église. Elle peut dater de la fin du XVIIe siècle.

13.

Près du deuxième pilier du sanctuaire, un fragment de pierre porte un blason d'azur à 3 compas, avec un bâton de pèlerin sur le tout, auquel est suspendue une coquille (13). Ce sont là probablement les armoiries de la famille Denize, de Troyes, dont un membre aura fait le pèlerinage de Saint-Jacques de Compostelle.

En poursuivant notre recherche près de la porte latérale du chœur, au nord, une pierre carrée nous semble porter une image de sainte ampoule, avec la date de 1727.

14.

Une autre à peu près semblable se trouve contre la chapelle centrale de l'abside, à gauche; celle-ci porte la date de 1774, avec plusieurs initiales (14).

Divers fragments sont dispersés dans les bas côtés de l'église; en les rapprochant, on peut lire cette inscription :

> Cy gisent honora...... nt substitud de mosieur le procu....... mil cccc..... priez dieu por son ame. amen.

Gilles Milon, *seigneur de Sainte-Maure, et sa femme.*

Derrière le sanctuaire, au pied de la grille de clôture de la chapelle de la Vierge, dans le passage à droite, une dalle tumulaire du plus haut intérêt; malheureusement, le frottement des pieds de la foule a effacé en grande partie la décoration qui y était gravée.

15. — Haut., 1^{m},10; Larg., 1^{m},13.

Le dessin que nous mettons sous les yeux de nos lecteurs est une reproduction exécutée d'après un estampage que nous avons relevé en 1848. A cette époque, la pierre était encore assez bien conservée; mais depuis quarante-cinq ans, comme on peut en juger, elle a perdu la moitié de son riche dessin (15).

L'encadrement d'architecture appartient au style de la période gothique du XVe siècle. Il se compose de deux arcatures en contre-courbes qui abritent les effigies, celle du mari, à droite, et celle de la femme, à gauche.

Le mari a pour vêtement une longue soutanelle à larges manches, serrée à la taille par une ceinture en cuir; la femme, la tête couverte d'une coiffe, est vêtue d'une robe à corsage; à la ceinture est suspendu un rosaire.

La famille des défunts figure aux pieds des parents, elle se composait de quatre fils et deux filles; les profils de ces dernières sont presque effacés.

Les pieds-droits de l'encadrement se composent de huit petites niches abritant les apôtres; quelques-uns sont encore reconnaissables à leurs attributs. En haut, saint Pierre et saint Paul; au milieu, à droite, saint Jacques le Majeur; au bas, du même côté, saint Simon avec une scie à la main.

Au-dessus de l'arcature existait un riche entablement, dont il ne reste plus rien; on y voyait des figures qui, avec les huit figures des pieds-droits, formaient tout le collège apostolique.

Nonobstant l'usure par le frottement des pieds, on lit encore une grande partie de l'inscription funéraire, qui commence à droite, en haut de la tombe, où nous lisons :

> Cy gist noble hōme Gille milon seigneur de
> saincte Maure qui trespassa le vingties^e jour.....

Le bas de la pierre, en partie brisée, se trouvant engagé sous le marche-pied de la grille de communion, la date du décès de Gilles Milon nous échappe.

A gauche, en regardant la pierre, l'inscription se poursuit, et nous lisons très distinctement :

> muet (ou Le Muet) jadis sa fēme trespassa le xvij^e
> jour doctobre lan mil · cccc · iiii^xx · et dixneuf · Priez
> dieu pour eulx · Amen ·

Gilles Milon était d'une famille de Troyes. La famille Muet ou

Le Muet était aussi de Troyes; un sieur Michel Muet fut inquiété comme ligueur[1].

Telle qu'elle est encore, cette pierre mériterait d'être relevée et dressée contre le mur, dans un des transepts, quand bien même la partie engagée sous la marche n'existerait plus.

C'est à Troyes la seule tombe de cette date qui représente tout une famille aux pieds des défunts.

Simon de Barry, *maître charpentier, et son fils.*

En sortant du bas côté sud, nous trouvons, dans l'axe des transepts, deux fragments d'épitaphes, qui appartiennent à la même pierre et à la même sculpture. Cette tombe fut coupée en deux parties, pour être employée dans l'ensemble du carrelage; elle n'a rien perdu de la composition de son texte.

CY · DESSOVBS · REPOSSE
LE · CORPS · D'HONNORABLE
HOMME · SIMON · DE · BARRY
VIVANT · ME CHARPANTER
A · TROYES · QVI · DECEDA
LE · 22 · NOVEMBRE · 1670 ·
PRIEZ · DIEU · POVR · SON · AME ·
ET · HONORABLE · HOMME
SIMON · DE · BARRY · SON
FILS · MARCHAND · HVILLIER
A · TROYES · QVI · DECEDA
LE

De tout temps, la corporation des charpentiers fut considérée comme étant une réunion d'hommes remarquables par leur science et leur talent dans l'exécution de leurs travaux, et d'artisans ayant conservé une certaine distinction dans leur tenue et dans leurs rapports de confraternité entre compagnons.

« Dès le XIVe siècle, ils étaient qualifiés de charpentiers royaux,

1. Boutiot, *Histoire de Troyes*, t. IV, p. 177.

et, comme les officiers du roi, ils recevaient leurs *robes* d'hiver et d'été à la Toussaint et à Pâques.

« Le prix des robes était alors fixé à 5 et 6 livres[1]. »

Nous avons vu, sur une tombe de Saint-Nizier, que noble homme Henri Bérauld était qualifié de charpentier du roi, et, comme Simon de Barry, il avait bénéficié d'un titre de noblesse. La tombe de ce dernier charpentier fut posée du vivant de son fils, et, à la mort du marchand huilier, la date de son décès ne fut pas gravée.

« En 1572, un Nicolas de Barry, dit le jeune, fut chargé avec Michel et Abraham Villotte d'édifier le beffroi de la tour neuve de l'église Saint-Pierre.

« Par un acte du 19 juillet 1584, il s'engagea envers les marguilliers de Sainte-Savine à construire un jubé pour leur église.

« Jean et Claude de Barry, sans doute les fils de Simon, exerçaient à Troyes la profession de charpentier en 1622[2].

« En 1626, Laurent Boudrot et Jean de Barry se sont transportés en la maison de Beugnot, située en la rue du Temple et attenante à la rue de la Pie, pour y faire le plan du nouveau presbytère, dont la construction fut commencée, en 1628, sur l'emplacement incendié en 1524.

« Pendant la Révolution, le presbytère ne fut pas vendu, il s'y établit un pensionnat de jeunes demoiselles; enfin il fut rendu à sa première destination en vertu de l'article 72 de la loi du 18 germinal an X[3].

« Actuellement, cette maison est occupée par M. Laurent, chanoine honoraire, curé de Saint-Jean, et avec lui ses trois vicaires. »

CHAIRE A PRÊCHER.

Cette chaire, qui provient de l'ancien couvent de la Visitation, n'est pas une œuvre bien remarquable; mais elle porte franchement son style Louis XIII.

1. Boutiot, *Histoire de la ville de Troyes*, t. II, p. 72.
2. Jacquot, *Mémoires de la Société académique de l'Aube*, année 1869.
3. X. ..., *Notice sur la paroisse de Saint-Jean*, 1834.

Son garde-corps est maintenu aux angles par des pilastres cannelés. Sur la face principale est représentée la Visitation. Sur le panneau de gauche, saint François de Sales donne la règle de la Visitation à sainte Jeanne Françoise Frémiot de Chantal, fondatrice de cette congrégation.

Les profils du garde-corps se composent de guirlandes de chêne, et le cul-de-lampe de feuillages et d'une pomme de pin.

Le panneau du dossier développe une ingénieuse allégorie : le soleil et, au-dessus, des rouleaux de parchemin entourés de deux couleuvres ou deux serpents, qui l'étreignent. *La lumière de l'Évangile attaquée par le venin meurtrier des mauvais esprits.*

L'abat-voix est décoré d'une corniche saillante, ornée d'oves et de feuilles sur les moulures qui se développent sur les trois faces de la chaire, dont les angles sont abattus. Une bordure de draperie déchiquetée et pendante contourne toutes les faces du meuble.

Sur le couronnement de l'abat-voix, l'aigle de saint Jean, aux ailes éployées, tenant dans ses serres les Évangiles et le flambeau de la vérité éclairant le monde.

La sculpture de cette chaire est beaucoup mieux traitée que les bas-reliefs à personnages, qui semblent avoir été exécutés après coup, probablement à la suite de la canonisation de Mme de Chantal.

Le buffet de l'orgue, qui occupe la première travée en entrant, ne mérite guère, à cause de sa nudité, que l'on s'y arrête un instant.

ÉGLISE SAINT-JEAN

Nous ne savons absolument rien de certain sur la fondation de l'église Saint-Jean-l'Évangéliste, aujourd'hui Saint-Jean-Baptiste.

Il est à supposer que la nouvelle ville qui s'élevait vers le IXe siècle, à l'occident des murs de la vieille cité de Troyes, devait avoir ses monuments civils et religieux.

La colonie se forma, les marchés s'y constituèrent, les marchands s'y établirent et l'on érigea une paroisse sous l'invocation de saint Jean l'Évangéliste.

Le territoire de la paroisse Saint-Jean devint rapidement le centre de tous les marchés de la ville, principalement en ce qui concerne les denrées alimentaires de toute nature et de toute provenance. Les maraîchers s'installèrent dans les rues, en plein vent. Puis la boulangerie, la charcuterie, la poissonnerie, le beurre, le fromage, vinrent s'étaler sur les places et dans les rues voisines.

Les boutiques des maisons furent envahies par les chaudronniers, les potiers et les épiciers, les commerçants en rouennerie et en mercerie, les fripiers et les chiffonniers, enfin les changeurs, les bijoutiers, et tout ce qui concernait la parure et la toilette. De là le nom de Saint-Jean-au-Marché que cette église portait sur les anciens titres [1].

Cette église n'eut d'autres fondateurs que ces riches marchands et bourgeois, ses paroissiens, qui se sont toujours montrés généreux pour édifier, agrandir et réparer leur église.

L'édifice actuel n'a plus rien de son origine. Cette église, en effet, a essuyé trois incendies depuis sa fondation, d'abord au IXe siècle, lors des ravages des Normands, ensuite en 1188, et enfin en 1524, époque où la moitié du quartier haut de la ville fut consumée par les flammes.

L'église que nous voyons aujourd'hui fut construite dans la seconde moitié du XIVe siècle. Une grande partie de ce monument est

1. Voir la vue de ces marchés, dans notre *Album de l'Aube*, p. 17 et 33.

composée de différents styles qui se succédèrent jusqu'à la fin du XVIIe siècle. Tout ce que nous savons, d'après Courtalon et Grosley, c'est que l'ancien maître-autel fut construit pendant le carême de 1392, en même temps que les autels du saint Ciboire, de la Vierge et de saint Éloi. L'année suivante l'on fit cinq voûtes, près du chœur, avec plusieurs vitrages. Jean Costenitz était alors curé, et de son temps les religieux de Montier-la-Celle vendirent aux marguilliers de Saint-Jean une maison pour agrandir l'église.

En 1395, on fit des gargouilles en pierre, au-dessous des nouvelles voûtes du chœur, pour remplacer celles qui étaient en bois; on fit encore deux grandes verrières et plusieurs peintures, de la libéralité des paroissiens et autres fidèles.

Ces petits détails de construction établissent clairement que le nouveau sanctuaire de saint Jean, commencé au milieu du XIVe siècle, ne fut complètement terminé qu'à la fin de ce même siècle.

FAÇADE DE L'ÉGLISE.

Il est difficile de se rendre compte de ce qu'étaient, au XIVe siècle, la façade et l'entrée principale de ce monument.

Un porche, construit vers la fin du XVe siècle, constitue depuis cette époque la façade qui existe encore aujourd'hui. Nous croyons qu'un portail monumental existait dès le XIVe siècle, qu'il fut démoli avec les deux premières travées de la nef pour établir la vieille tour et pour donner plus de profondeur au porche, disposition nécessaire pour la sortie des fidèles aux jours des grandes fêtes, le passage par la rue Mignard étant des plus étroits.

Cependant nous devons faire remarquer que du XVe au XVIe siècle, les porches des églises de Troyes prenaient une importance considérable. Nous en avons un exemple sous les yeux dans celui de l'église Saint-Remi et surtout dans celui de l'ancienne église de Saint-Jacques-aux-Nonnains, dont la façade, d'une grande richesse de sculpture, s'élevait comme à Saint-Jean jusqu'à la hauteur des fenêtres de la grande nef[1].

1. Voyez notre *Album de l'Aube*, page 41.

L'entrée principale de l'église Saint-Jean présente dans son ensemble un aspect misérable de délabrement.

Deux niches gothiques de la fin du xve siècle occupent les pieds-droits de la porte d'entrée du porche. Les dais qui les abritent sont formés d'un arc en contre-courbe trilobé dans lequel est représentée l'image de l'*Agnus Dei;* la bordure du couronnement se termine par un arc légèrement cintré surmonté d'une succession de trilobes (1).

Dans l'une des niches, occupant le côté gauche de la porte, est un petit socle armorié, posé quelques années plus tard pour surélever une statue que les donateurs avaient fait exécuter après l'incendie de 1524.

1. ENTRÉE DU PORCHE.

Le blason porte les armes de la famille Jehan Largentier, marchand mercier, demeurant à Troyes, près de l'église Saint-Jean, probablement dans une des maisons attenantes au porche[1].

Ces armoiries se complètent par celles de sa femme. Écartelé : au 1 d'azur à trois chandeliers d'or (Largentier); au 2 d'azur à un chevron d'or surmonté d'un croissant d'argent en chef accompagné de 3 raisins de même, (Bareton) ; au 3 et 4, Largentier-Bareton (2). Au-dessus de l'arc surbaissé de l'entrée du porche, une large corniche sert de démarcation entre le rez-de-chaussée et le premier étage. Celui-ci est construit en bois et recouvert de plâtre; il est décoré de pilastres ioniques à ses extrémités; au centre, un œil de bœuf de grande dimension éclaire l'intérieur d'une grande salle servant actuellement de débarras, et correspondant au niveau de la plate-forme du buffet de l'orgue. Au bas de cette ouverture circulaire, l'aigle de saint Jean l'Évangéliste et

1. *Archives de l'Aube.* Registre 7, H, 154.

2.

l'agneau divin de saint Jean-Baptiste, les deux patrons de l'église.

En haut, le triangle qui représente la Sainte Trinité, entouré de nuages et de rayons lumineux.

L'intérieur du porche se divise en deux travées par un pilastre corinthien portant l'arc surbaissé des deux voûtes, lesquelles sont chargées de nervures plates, déterminant des formes carrées et triangulaires, en guise de caissons.

A gauche de la seconde travée est une cavité profonde sur une assez grande surface pour contenir un groupe de personnages; au-dessus de cet enfoncement, trois cintres mutilés présentant la forme de trois dais gothiques semblables à ceux de la porte d'entrée.

En face, la porte de la vieille tour, dite des sonneurs.

L'ouverture servant d'entrée à la nef médiane est décorée de deux colonnes corinthiennes portant un entablement du même ordre, dont la frise est ornée de palmettes courantes. Cette décoration décrit un arc surbaissé en prenant son point de départ sur la ligne des pieds-droits et en suivant le contour de la voûte en berceau du porche.

Cette sculpture, assez maigre d'exécution, nous rappelle la décadence de la belle architecture de la Renaissance, vers les premières années du XVIIe siècle.

COTÉ SEPTENTRIONAL.

Au début de sa construction, le porche devait être isolé par le cimetière qui se prolongeait de l'ouest à l'est.

Les marguilliers de Saint-Jean vendirent les terrains libres pour se procurer les fonds nécessaires à la reconstruction totale de leur église. Deux maisons s'élèvent à gauche du porche; la deuxième, sur l'angle de la rue Molé, comprend trois étages avec son pignon. Sept autres maisons font suite à cette dernière sur toute la longueur du

3. ASPECT DE L'ÉGLISE SAINT-JEAN SUR LA RUE MOLÉ.

bas-côté; elles se composent d'un rez-de-chaussée et d'un seul étage. Une seule s'est élevée d'un deuxième étage depuis peu de temps (3).

Les bas côtés nord de la nef datent du XIVe au XVe siècle; leurs travées extérieures s'accusent par la saillie des contreforts des maîtresses voûtes. Elles se composent de fenêtres ogivales quelque peu variées, et leurs toitures à un seul versant reposent sur une corniche à modillons au quart de cercle, comme à l'église Saint-Remi.

PORTE SEPTENTRIONALE.

Cette jolie petite porte a tout le caractère du XIVe siècle; encaissée

4. PORTE SEPTENTRIONALE.

par deux petites maisonnettes, elle s'ouvre sur la rue Molé et fait face à la rue Paillot-de-Montabert.

Elle se compose d'une voussure ogivale aux profils fins et multipliés, se divise en deux parties par un trumeau qui s'élève presque à la pointe de l'ogive où il s'isole complètement. Il est formé de trois petites colonnes en faisceau avec leurs chapiteaux chargés de bouquets de fleurs et de feuillages, disposés en deux rangées dans lesquelles se voient de petits oiseaux becquetant les feuilles. Son tailloir à pan est surmonté d'une console profilée et décorée de choux-fleurs; sur celle-ci est un groupe de nuages où s'élevait jadis la statue de la Vierge mère, comme nous le font pressentir les verrières du tympan qui sont consacrées à sa mort (4).

Cette statue est remplacée aujourd'hui par un moine ou abbé, agenouillé, les mains jointes, avec un bâton de crosse rompu dans ses bras ; au pied du bâton abbatial est un phylactère brisé, sans inscription, contournant la hampe de la crosse.

Ce petit moine pourrait bien être saint Bernard, agenouillé, en présence d'une statue de la Vierge qui lui faisait face. Cette figure ne fait qu'un avec son socle, sur lequel est une charmante sculpture du XVe siècle, un ange accroupi, aux ailes éployées, tenant de ses deux mains un écusson, dont les lanières s'enroulent en spirale derrière lui, sur la corbeille de la console.

L'écusson du donateur porte un pal accompagné, à dextre, de deux étoiles; et à sénestre, d'une fleur de lis brisée (5).

Le tympan de cette porte est complètement à jour et vitré; il se compose de deux ogives aiguës, renfermant à leur base deux arcatures trilobées, dont les jambages, coupés sur le linteau, reposent sur deux culs-de-lampe; le linteau est supporté à ses extrémités sur deux consoles, dont l'une présente un lion et l'autre un singe à face humaine.

Un joli petit dais gothique en saillie sur ses trois faces, au sommet du trumeau, abritait la statue qui n'existe plus.

Un bandeau, pénétrant dans l'archivolte de l'ogive, détermine la petite pièce qui est au-dessus. Le mur percé d'une lucarne en éclaire l'intérieur; il présente aussi les traces d'un ancien porche qui a complètement disparu.

En suivant : deux petites maisons et la place d'une troisième qui n'existe plus cachaient, d'une extrémité à l'autre, tous les murs et les fenêtres de ce bas côté. Ce sont en grande partie toutes ces maisons qui ont compromis la solidité de l'édifice par leurs caves mal établies et l'écoulement des eaux.

TRANSEPT ET BAS COTÉ DU CHŒUR

CÔTÉ NORD.

Le transept de l'ancienne église du XIVe siècle, dont nous atteignons la limite dans cette description, n'avait pas beaucoup d'apparence à l'extérieur du monument. Vers 1555, des architectes de la brillante et savante école de la Renaissance, Martin et Jehan Devaux, père et fils, entreprirent de reconstruire les transepts, la grande nef et les bas côtés dans les mêmes proportions que celles du chœur et du sanctuaire, suivant les murs qu'ils établirent pour affermir et souder leur nouvelle construction avec l'ancienne.

5.

Ce qui nous étonne le plus dans ce nouveau projet de reconstruction, c'est que les chapelles des bas côtés de la nef ne devaient pas avoir les mêmes dispositions que celles des bas côtés du chœur, à en juger par la construction de la première chapelle, dont la fenètre est plus basse que celles des bas côtés.

Extérieurement, l'établissement de cette nouvelle architecture est franchement démontré : par la fenètre moins élevée, les meneaux en portique, par la corniche et par la balustrade, qui ont tout le caractère de la

Renaissance et sont le point de départ de la nouvelle construction.

Le premier contrefort des chapelles du pourtour du chœur est de niveau avec les murs de clôture; sa largeur est de $1^{m},45$, c'est-à-dire le double des murs de refend des chapelles suivantes.

A l'ouest, le mur de clôture laisse voir des assises en arrachement, ainsi que la naissance des sommiers qui devaient recevoir les arcs-doubleaux et les nervures du nouveau transept. On se demande si ce mur de refend, d'une très grande force et de puissante résistance, n'était pas destiné à contre-buter la poussée d'une flèche centrale que comportait le plan de cette nouvelle église.

6.

Le contrefort est formé d'un pilastre dorique, surmonté de son entablement, avec une forte console portant une gargouille figurant un animal féroce.

Sur la face principale de ce mur de refend est une petite niche, qui nous fait connaître à elle seule le goût et le génie des deux architectes, la valeur et le mérite des sculpteurs qui ont été chargés de l'exécution.

Le cintre de cette niche est surmonté d'un entablement porté par deux consoles où deux anges, accroupis, semblent faiblir sous le poids du fardeau qu'ils sont chargés de supporter. Ces deux petites figures sont un chef-d'œuvre de modelage.

Au-dessus de l'entablement est une tablette destinée à une date ou une sentence; elle est accompagnée de rubans qui se développent et s'enroulent gracieusement pour servir de support à deux anges placés sur les côtés.

Au-dessus de la tablette, un croissant, symbole d'Henri II, accompagné de deux branches de laurier (6).

L'artiste a creusé la pierre carrément derrière cette charmante composition, pour donner plus de relief et d'effet à sa sculpture. Ce

7.

joli motif fut établi en saillie sur des consoles pour abriter une statue qui n'a pas été posée.

La première travée se compose d'une fenêtre plein cintre en contre-bas des autres ouvertures, avec meneaux à deux étages disposés en forme de portique. Elle est surmontée de l'entablement du contrefort qui se prolonge en petite retraite sur toute la largeur de la travée. Au-dessus, la balustrade du chéneau représente une suite de petites arcatures cintrées.

Telle est, dans son ensemble, cette première travée.

Les chapelles suivantes, au nombre de quatre, appartiennent au style du XVe siècle. Les fenêtres, de forme ogivale, sont divisées par des meneaux flamboyants et surmontées d'archivoltes en contre-courbes, dont les lignes traversent la balustrade pour finir à son appui. Au-dessus de cet appui était la tige du fleuron qui en faisait le couronnement. Cette balustrade est divisée par de petits pilastres, entre lesquels alternent des fleurs de lis couronnées et des trilobes posés sur la diagonale du carré (7).

Les écoinçons des grandes fenêtres sont décorés, sur le nu du mur, d'arcatures tréflées; dans celles de ces arcatures qui sont le plus rapprochées des contreforts, l'*Agnus Dei* porte l'oriflamme de la Rédemption.

Les contreforts des murs de refend de ces quatre chapelles sont décorés d'élégantes niches, avec de riches pinacles en saillie, composés de contre-courbes et de fenestrages qui s'élèvent graduellement en pyramide jusqu'au larmier qui sert de base à deux autres clochetons, lesquels s'élèvent jusqu'à la hauteur de la corniche en se heurtant à la gargouille, masse grossière en forme de béliers et de monstres fantastiques. L'une de ces gargouilles est surchargée de deux enfants, à cheval sur les cuisses saillantes de l'animal, n'ayant pour tout vêtement qu'un capuchon de folie.

Au-dessus, deux autres pilastres sont retournés sur l'angle en suivant la ligne verticale, pour se terminer, par un dernier pilastre fleuronné, à la tête du contrefort, où prennent leur point d'appui les arcs-boutants des grandes voûtes.

Les grandes fenêtres du chœur sont décorées d'archivoltes en contre-courbes qui s'arrêtent sur l'appui de la balustrade, laquelle répète presque exactement les dispositions de la décoration des galeries des bas côtés.

Les trumeaux des fenêtres sont maintenus par des arcs-boutants d'une portée considérable. Ils franchissent les doubles bas côtés, surélevés d'une arcature à claire-voie, et portent un étai incliné, véritable aqueduc qui étrévillonne les murs, tout en déversant les eaux des chéneaux sur la voie publique.

Au XVIe siècle, probablement après l'incendie, on crut nécessaire, pour conserver l'arc-boutant dans toute sa rigidité, d'élever sur la pile des bas côtés du chœur un pilastre à pans, muni de deux arcs de cercle soutenant la pureté des lignes de l'arc-boutant, tout en empêchant sa rupture.

CHEVET DES CHAPELLES
DU POURTOUR DU CHŒUR ET ANCIEN CIMETIÈRE.

Le chevet de l'église Saint-Jean se termine extérieurement par un mur plein jusqu'à la hauteur des fenêtres des chapelles. Il

8. VUE PRISE DE LA PLACE DE L'HOTEL-DE-VILLE.
Entrée de l'ancien cimetière.

donne sur une rue très étroite, appelée rue du Petit-Cimetière-Saint-Jean, ouverte du nord au midi et longue de 27 mètres et demi (8).

Le 22 septembre 1876, par suite de travaux de voirie, on mit à découvert, dans la partie nord de cette rue, un caveau qui contenait environ cent cinquante cercueils, la plupart renfermant des corps d'enfants. Ces cercueils étaient entassés les uns sur les autres, sans être couverts de terre, afin de ménager la place.

En 1506, il y eut un tel encombrement dans les caveaux de l'église Saint-Jean, que le curé, Nicolas Dorigny, et les marguilliers passèrent, avec l'abbesse de Notre-Dame-aux-Nonnains, une transaction par laquelle les paroissiens de l'église Saint-Jean auraient droit d'inhumation devant le beau portail et dans le cimetière de l'église Saint-Jacques-aux-Nonnains, situé sur l'emplacement de la halle actuelle et la place de la Préfecture.

A partir de cette époque, le grand cimetière de Saint-Jean fut tout à la fois dans les caveaux de l'intérieur de l'église et dans le cimetière de Saint-Jacques-aux-Nonnains, ainsi que le constate l'inscription suivante, gravée en 1627 à l'angle extérieur sud-est de l'église Saint-Jean :

LA SEPVLTVRE DES PAROISSIENS
DE CETTE EGLISE EST EN ICELLE
ET AV BEAV PORTAIL ET CIMITIE[RE]
NOSTRE DAME AVX NONAINS
DE CETTE VILLE PAR TRĀSACTIŌ
DU 17[E] APVRIL 1506.

Cette inscription se répète textuellement au nord, sur la rue Molé, au-dessus de la grande fenêtre de la première chapelle des bas côtés du chœur.

Plus tard, les paroissiens abandonnèrent cette nouvelle sépulture, qui leur occasionnait de trop grands frais. Il en résulta qu'en 1597, les marguilliers de Saint-Jean se virent dans la nécessité de créer un nouveau cimetière, parce que les caveaux de l'église étaient devenus insuffisants; à cet effet, on utilisa une bande de terrain longeant le mur droit qui forme le chevet de l'église.

C'est ce caveau qui fut découvert le 22 septembre 1876.

La bénédiction de ce petit cimetière se fit le 13 avril 1597, suivant l'inscription gravée au milieu du mur, au-dessous de la grande fenêtre de l'autel de la communion :

LAN MIL CINQ CENS QVATRE VINGTZ
DIX SEPT LE 13[E] APVRIL CE CEMETIERE
A ESTE BENIST · PAR REVEREND PERE
EN DIEV MESSIRE IEHAN LE MEIGNEN[1]
EVESQVE DE DIGNES

Ce nouveau cimetière était, sans doute, peu respecté par les maraîchers et les habitants des lieux circonvoisins les jours de marché. Aussi la municipalité intervint-elle pour faire graver aux deux extrémités du chevet de l'église, pour être vues des deux rues, deux ordonnances de police ainsi conçues :

ORDONNANCE DE POLICE
DV 13 MARS 1706 QVI FAIT
DEFENSE A TOUTES PERSONNES
DE FAIRE AUCUNE ORDURE DANS
CE CIMETIERE ET L'ENCEINTE
DE CETTE EGLISE A PEINE DE
100 # D'AMANDE DELAQUELLE
LES PERES ET MERES SERONT
RESPONSABLES.

Au bas de ces deux inscriptions, du côté de la place de l'Hôtel-de-Ville et sur la rue Urbain IV, ancienne rue Moyenne, où se tenait le grand marché, on lit une inscription peinte sur le mur. C'est une défense contre les gens qui pourraient compromettre la solidité des voûtes des caveaux :

DEFENSE
DE PASSER AVEC
VOITURES ET BROUETTES
SOUS PEINE D'AMENDE.

1. Ce prélat est nommé Le Maignan dans des actes qui sont à la suite de la transaction de 1506. Il était encore curé de Saint-Jean en 1597, et il avait été doyen de Saint-Étienne. Il assista comme tel à l'assemblée tenue dans la chambre de l'Échevinage, le mardi 5 avril 1594, pour la reddition de la ville à Henri IV. Il fut aussi l'un des députés choisis pour aller assurer le Roi de la résolution des habitants et de leur soumission. (Courtalon, *Topogr. troyenne*, IIe vol., p. 204.)

En 1736, la police voulut interdire l'inhumation dans les caveaux à cause des émanations fétides qu'exhalaient tant de corps entassés sans être recouverts de terre.

Le 25 février 1737, une sentence du bailliage autorisa la fabrique à continuer les inhumations selon l'usage; mais les caveaux étant devenus insuffisants, les marguilliers, sur la proposition du sieur Camusat, décidèrent, le 23 mars 1739, que l'on creuserait, à partir de l'entrée de l'église jusqu'à l'entrée du chœur, c'est-à-dire tout le long de la nef, des caveaux destinés aux sépultures.

C'est dans ce caveau qu'au mois de novembre 1865, on établit le calorifère, et, pour cette opération, on dut remuer plus de dix mètres cubes d'ossements [1].

Enfin, conformément à l'édit des sépultures, l'évêque de Troyes, le 23 décembre 1776, lança une ordonnance interdisant les inhumations dans le cimetière de Saint-Jacques-aux-Nonnains. La fabrique fut donc obligée de se pourvoir d'un autre cimetière; le curé et la fabrique se résignèrent à acheter un terrain destiné aux sépultures, au lieu dit Champ-Rameau, vis-à-vis la porte de la Madeleine.

La bénédiction de ce cimetière, qui a servi pendant quatre-vingt-treize ans pour les paroisses du quartier haut, eut lieu le 1er septembre 1778 [2].

Le nouveau cimetière, qui sert aujourd'hui à toute la ville, fut bénit par Mgr Ravinet, évêque de Troyes, le 16 avril 1871.

COTÉ MÉRIDIONAL.

A droite du porche de l'entrée principale de l'église Saint-Jean, s'élève une maison à trois étages, adossée au porche et à la grosse tour de Saint-Jean.

Il y a quelques années, elle avait encore conservé son caractère architectural, en bois profilé, têtes humaines et têtes de monstres sur

1. L'abbé Lalore, *l'Ancien Cimetière de l'église Saint-Jean de Troyes.*

2. L'abbé Lalore dit, par erreur, 1788. Courtalon, dont l'ouvrage a été imprimé en 1783, mentionne la bénédiction de ce cimetière comme ayant eu lieu en 1778.

les poutres, un petit encorbellement au deuxième étage, des images religieuses au rez-de-chaussée. Des sculptures, provenant des poteaux corniers, ont été trouvées cachées dans l'épaisseur des murs du deuxième étage, pendant les travaux de réparation. Cette découverte nous prouve une fois de plus que, suivant les avis de la municipalité, les propriétaires faisaient disparaître les images religieuses de leurs maisons.

10.

9.

Ces sculptures représentaient saint Jean l'Évangéliste, patron de l'église, auquel la maison était consacrée. L'apôtre tient une coupe ou sorte de calice surmonté d'un petit dragon. C'est la traduction d'un fait de sa légende [1]. (Voyez IIIe vol., p. 334.)

Au-dessous de la niche, le sculpteur a tracé les paroles que le saint prononça en bénissant la coupe empoisonnée : AV NOM DE DIEV, et la date de la construction de cette maison, en l'année 1598 (9).

11.

Saint Nicolas (10), patron de Nicolas Le Bé, propriétaire de la maison, et sainte Marie, patronne de Marie Dacolle, sa femme.

Au-dessous des deux patrons, les blasons des deux conjoints. Le premier à trois compas, surmonté d'une étoile ; le second à un char-

1. « Le saint ayant été mis au défi de boire du poison pour prouver la vérité de sa doctrine, on fit d'abord l'épreuve du breuvage sur deux condamnés qui en

don, accompagné en chef de deux étoiles (11). (Voyez IIIe vol., p. 73.) Ces trois panneaux sont aujourd'hui la propriété de M. Rothier-Pillost.

On a cru rajeunir cette maison en la traitant à la façon économique moderne, c'est-à-dire en faisant disparaître tous les ornements qui donnaient de l'intérêt et de la valeur aux charpentes et en les couvrant de plâtre du haut en bas.

La grosse tour. — La grosse tour fut construite cinq mois après l'incendie de 1524. Elle occupe une partie de la première travée du bas côté sud, pour former un carré avec le mur mitoyen du porche et son mur de clôture sur la rue Urbain IV.

Le rez-de-chaussée de la tour, aujourd'hui occupé par une grande salle voûtée en ogive, succursale de la sacristie des messes, est éclairé par une seule fenêtre ogivale, donnant sur la rue; il a pour tout meuble un chapier.

Cette tour, d'un noble caractère et d'un beau style, échappe aux regards des passants, à cause de l'étroitesse des rues, qui ne permet pas de la juger dans toute son importance.

On y monte par l'escalier d'une tourelle construite à l'angle sud de la tour, et dont la base occupe une partie du mur de la première travée du bas côté sud.

La tour s'élève à la hauteur du pignon des combles de l'ancienne nef. Son étage supérieur était éclairé, sur chacune de ses quatre faces, par trois lancettes ogivales, en partie murées. Au-dessus de la corniche, formée de modillons en quart de cercle, s'élève le beffroi construit en charpente et complètement couvert en ardoises. Il prend ses jours par quatre ouvertures ogivales. Sur ses quatre faces, les ouvertures d'angles sont plus larges que les autres. Toutes sont enveloppées de deux ceintures d'auvents. Une toiture aiguë à quatre versants couronne le tout ; elle est percée d'une lucarne à pignon au midi, pour éclairer et aérer les combles (12).

Avant la Révolution, la tour contenait deux fortes cloches qui

moururent à l'instant. L'apôtre prenant ensuite la coupe, sur laquelle il fit le signe de la croix, la but sans rien éprouver, et ressuscita ensuite les deux hommes ». (R. P. Cahier. Caractéristiques des saints, Ie vol., p. 172.)

avaient été fondues le vendredi 11 novembre 1524, six mois après l'incendie, le jour de la Saint-Martin ; ce jour-là, on paya, pour le repas qu'on donnait aux fondeurs, 48 sols 8 deniers. Une partie du

12.

métal provenait du Beffroi, qui était à la porte de ce nom, et qui avait été fondu dans l'incendie de cette année. Une seule des cloches d'avant la Révolution existe encore : c'est probablement la plus grosse, d'après le poids indiqué par Courtalon.

Sur le bandeau du cerveau on lit, en caractères gothiques carrés, l'inscription que voici :

Telle que voyez ie fus faicte Lan mil cinq cens et vingt quatre·
Appellee suis Vuillemette · pesans neuf mille · sans rien rabatre·

Depuis quelque temps, cette cloche ne sonne plus, des doutes s'étant élevés sur la solidité de la tour.

Porte du midi. — Le bas côté méridional de la nef n'a aucunement souffert de l'incendie. Les travées qui suivent la tour ont conservé leurs meneaux et l'une d'elles sa verrière, qui date de 1502. Entre la troisième et la quatrième fenêtre, un petit bas-relief a été complètement martelé à la Révolution. Des formes indécises de cette sculpture mutilée, nous devons tenir pour certain qu'elle représentait *l'Annonciation.*

Ce petit sujet est abrité par un dais en accolade, orné de crochets et de petits jours. Sa base a la forme d'un simple larmier.

La sixième travée, servant de passage pour entrer dans l'église, fait face à la porte du nord. La porte d'entrée de cette travée devait être d'une grande richesse de sculpture ; malheureusement il n'en reste rien qu'un semblant de décoration, qui a été martelé avec rage, mais qui laisse encore voir quelle merveille devait être ce travail.

Le trumeau et le tympan de la porte ont complètement disparu. A droite et à gauche, des formes indécises pourraient établir que la décoration de cette porte, qui date du XIVe siècle, s'accompagnait de statues. Les nervures des pieds-droits et celles de la voussure sont d'une extrême finesse, ainsi que les feuillages des moulures concaves.

En étudiant ce fouillis d'ornements sculptés, on ne déplore que plus vivement le vandalisme de certaines époques.

Les vantaux de la porte ont conservé une faible partie de leur décoration ; ce sont des arcatures tréflées, surmontées d'un quatre-feuilles, réunies par une archivolte surmontée d'un galbe.

Actuellement, cette porte d'entrée est protégée par une cloison en bois laissant deux passages au rez-de-chaussée. Au-dessus des combles des bas côtés est la salle des délibérations du conseil de fabrique.

Les deux travées suivantes sont assez bien conservées. Au-dessus des voûtes, on a édifié des constructions en charpente, d'aspect au moins bizarre, qui défigurent cette belle partie de l'édifice et qui ont eu pour objet d'agrandir le logement du sacristain de l'église Saint-Jean.

Nous devons reconnaître, cependant, que toutes ces vieilles constructions disparaissent en partie sous des feuillages et des fleurs qui contribuent à l'aspect pittoresque de l'église.

Nous arrivons à la neuvième travée de ce bas côté, travée complètement démolie par les architectes Martin et Jehan Devaux, dans le but de faciliter leurs travaux de reconstruction, qui se poursuivirent lentement, si même ils ne furent pas suspendus pendant les guerres religieuses.

Ces travaux furent abandonnés pour une cause inconnue, probablement faute de fonds, puisque nous voyons déjà qu'en 1522, les officiers municipaux prêtèrent à la fabrique de Saint-Jean plusieurs blocs de pierre de Tonnerre qui mesuraient cent cinquante-trois pieds cubes [1].

On ferma alors cette travée par une construction en charpente à deux étages et on établit un passage au rez-de-chaussée pour conduire directement à l'entrée du chœur. Peu de temps après, cette porte était condamnée, et cette travée transformée en chapelle.

Du premier étage, on fit le logement du sacristain; il s'arrête à la hauteur de la corniche des bas côtés et sert en même temps de passage à la tour de l'horloge et aux galeries du pourtour du chœur et des chapelles des bas côtés.

TOUR DE L'HORLOGE
ET CHAPELLES DU POURTOUR DU CHŒUR.

La circonscription paroissiale de l'église Saint-Jean est devenue, depuis trois siècles, la plus riche et la plus peuplée de Troyes. Il lui fallait donc un édifice proportionné à son importance.

C'est à partir de la première travée des bas côtés du chœur que

1. Courtalon, 2e vol., p. 193.

commencèrent les grands travaux qui devaient faire de l'église un monument de premier ordre.

Le contrefort méridional de cette première travée répète exactement celui des bas côtés nord, à l'exception que le pilastre du midi est percé de trois lucarnes destinées à éclairer l'escalier de la tour de l'horloge dont le contrefort est la base et le soutien.

Deux de ces ouvertures sont surmontées de frontons, l'un cintré, l'autre triangulaire ; ces frontons sont soutenus par le cadre de l'ouverture et à leur base par une console en demi-relief.

La frise de l'entablement est, comme celle du nord, occupée par une console destinée à supporter une gargouille qui n'existe plus.

La première chapelle des bas côtés du chœur s'éclaire par une fenêtre cintrée avec meneaux de même forme sur deux étages. Au-dessus de la fenêtre, l'entablement du contrefort se poursuit en légère retraite sur toute la largeur de la travée de cette chapelle, puis au-dessus s'élève la balustrade du chéneau, se divisant par de petits pilastres, encadrement d'une suite continue de petites arcatures comme à la travée du nord.

Sur la ligne verticale du contrefort s'élève en prolongement la tour dite de l'Horloge, espèce de minaret construit en 1555, formé à l'est d'une portion d'octogone dans toute sa hauteur, et divisé, jusqu'à la hauteur de son entablement, en trois parties par des larmiers ; au-dessus de l'entablement, une galerie contourne les faces de la tour pour reprendre et se continuer sur une passerelle qui conduit à la balustrade des grands combles du chœur.

La corniche de l'entablement repose sur de fortes consoles et les intervalles qui les séparent sont décorés d'ornements circonscrits dans des carrés sur tout le développement de la frise.

A l'angle sud-ouest, une gargouille s'échappe des moulures extrêmes de la corniche qui, dans le prolongement de cette construction inachevée, devait occuper l'angle du transept.

Sur la galerie de ce premier étage s'élève un deuxième étage divisé en deux parties par un larmier. La première partie était, sans doute, réservée au guetteur de nuit, qui annonçait l'heure aux habitants et les avertissait des incendies qui se déclaraient dans la ville ou la banlieue. A l'intérieur, on suit un escalier très étroit qui conduit à une planche mobile donnant passage à la galerie, et au deuxième étage du cadran où se trouve le mouvement de l'horloge, posé sur des barres de fer et des madriers. Puis une échelle appuyée au mur donne accès à la trappe de la plate-forme où se trouve la sonnerie. Elle est composée d'un gros timbre, pesant environ 2,500 kilogrammes, pour les heures, et de petites cloches pour les demi-heures et les quarts. Ce n'est qu'à grand'peine que nous avons pu déchiffrer : **Lan mil cinq cens... de notre délivrance.** On ne peut pas trourner autour de la cloche, et nous n'avons pu lire la suite.

Sur les deux petites cloches qui servent de timbres à l'horloge, il est facile de lire cette inscription en gothique minuscule : **Sancte Johannes baptista ora pro nobis. Lan mil cccce et xxiv.** Sur l'une un dessin représente deux clés en sautoir; sur l'autre une vierge-mère.

Sur la passerelle qui conduit de la tour de l'horloge aux voûtes du chœur, il y a une petite cloche des messes. Elle porte : † TRECARUM PRÆFECTO D^O NICOLAO PIOT DE COURCELLE, I^A DIE JULII ANNO DOMINI 1815. La marque du fondeur est une petite cloche, entourée de son nom JEAN COCHOIS. Cette cloche vient de l'ancien collège de Troyes, elle occupait le petit campanile de la porte d'entrée. La ville en fit don à l'église Saint-Jean, après la démolition des bâtiments de l'ancien collège.

« En 1789, le 27 avril, le conseil de fabrique décida que l'horloge, construite en 1524 par Pierre Vinot pour la grosse tour et occupant le minaret de l'horloge, étant en mauvais état, serait remplacée par une autre marchant quarante-huit heures, que la construction en serait confiée à M. Lesvier, horloger à Troyes, et que les roues seraient en cuivre avec pignons trempés et polis, pivots en acier également trempés et polis, d'une force proportionnée à la grosseur du timbre qui couronne la tour; et que l'ouvrage serait reçu par des experts, moyennant treize cents livres, avec l'abandon de l'ancienne horloge [1]. »

C'est cette horloge de 1789 qui marche encore aujourd'hui.

1. Morlot, *Notice sur la paroisse Saint-Jean*, 1884.

Sur la face des murs du sud, de l'est et de l'ouest, sont peints de grands cadrans marquant les heures, et, dans les écoinçons du cercle, on voit représenté l'*Agnus Dei*.

On arrive à cet étage par l'escalier de la tour, pratiqué dans le mur de refend de la première chapelle et faisant fonction de contrefort.

Une sortie existe sur la plate-forme de la galerie ou passerelle qui dessert tout le pourtour du chœur et qui devait se prolonger sur tous les murs de la grande nef.

Cette passerelle n'est autre que la galerie du transept, comme peut le faire supposer l'arc ogival qui lui sert de support et qui n'est lui-même que l'ouverture inachevée de la première fenêtre du transept.

Le mur du deuxième étage de la tour, à l'ouest, est celui qui devait être inaccessible aux regards du public, en faisant face par sa situation aux combles du transept. Seul, le second étage devait s'élever isolément dans l'espace, tandis que le premier étage devait se confondre avec le mur, la décoration et le prolongement du transept sud.

Au pied de la tour de l'Horloge, les architectes creusèrent un puits très profond pour les besoins de leur construction. Les fondations de ce puits, réunies à celles de la tour, ne pouvaient nuire en rien à la solidité du monument, mais ce fait révèle l'audace de l'entreprise. Ce puits existe encore ; il a été fermé par une dalle lors de l'établissement des trottoirs de la chaussée.

La deuxième fenêtre du bas-côté du chœur est formée, comme à la façade du nord, d'une ouverture ogivale décorée dans le même goût et avec la même richesse. Les meneaux ont été restaurés en 1555 ; ils sont disposés en cinq lancettes plein cintre, du style de la Renaissance, jusqu'à la hauteur du bandeau. La seconde partie, qui occupe le tympan de la fenêtre, est composée de trilobes ovoïdes superposés sur trois rangs et appartenant à l'architecture de la fin du XVe siècle.

Les contreforts sont décorés dans le même style que ceux du nord, avec des niches qui en rappellent la richesse et l'ordonnance.

ANCIEN CARRELAGE ÉMAILLÉ

DE LA CHAPELLE DU CALVAIRE (1552)

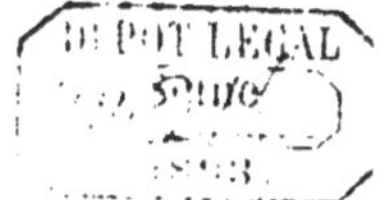
DÉPOT LÉGAL

Il en est de même du mur, de l'archivolte de la fenêtre, de la corniche et de la balustrade du couronnement.

A partir de cette deuxième travée, le plan de l'église s'incline fortement à l'est ; l'observation a démontré qu'il n'y a dans ce mouvement nulle intention emblématique ni de symbolisme religieux. Les architectes suivirent simplement la disposition du terrain qu'ils pouvaient occuper sur la rue Urbain IV, pour l'agrandissement de l'église, et qui ne leur permettait pas d'éviter cette inclinaison.

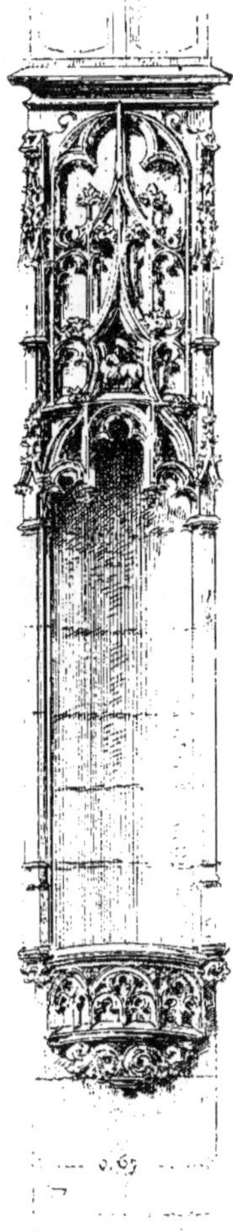

13.

Au nord, l'inclinaison des murs suit parallèlement celle du midi, mais elle part de la première travée.

La troisième fenêtre est de même forme et presque de même dimension que la seconde ; elle comprend, dans la disposition de ses meneaux, cinq lancettes plein cintre au-dessus desquelles s'élèvent trois rangées de trilobes ovoïdes.

La quatrième fenêtre a conservé toute la pureté de son style du xve siècle ; ses quatre lancettes se couronnent, dans le tympan de la fenêtre, par des trilobes flamboyants d'une grande finesse d'exécution. Cette quatrième fenêtre ne doit sa conservation qu'à sa situation en face de la rue de la Clef-d'Or, qui facilitait les secours contre les ravages de l'incendie de 1524.

Les contreforts des murs de refend de ces trois dernières chapelles ont conservé leurs richesses sculpturales (13) ; il en est de même de la décoration supérieure des fenêtres et de la balustrade des chêneaux.

Tous les meneaux des fenêtres précédentes ont dû être brisés par l'incendie des combles du chœur, des bas côtés latéraux et la chute des voûtes.

Sur les cinq gargouilles des contreforts, une seule a été brisée; les quatre autres qui sont encore en place représentent un dragon à tête humaine, un porc, l'agneau de saint Jean tenant une croix, sur son dos deux étourneaux dits sansonnets picotent la laine pour y chercher des insectes, et un griffon à tête de lion, sur l'angle du petit cimetière. Ce sont ces gargouilles qui ont été posées en 1595.

D'autres gargouilles, placées à la rencontre des arcs-boutants et des contreforts des bas côtés, déversent leurs eaux dans les chéneaux qui contournent les chapelles du pourtour du chœur. Elles représentent des pièces de canon sculptées en ronde bosse sur la face des contreforts à l'est. Sur les trois pièces représentées, une seule n'a pas reçu d'avaries, et sa conservation est complète; l'âme de la pièce est décorée d'une tête de chérubin de la hiérarchie infernale (14).

14.

Ce qu'il y a de particulier dans la pose de ces pièces de canon, c'est que l'architecte les a placées dans l'axe de la rue Urbain IV, comme si elles devaient être de quelque utilité dans un combat.

Plusieurs des contreforts placés en regard des grandes rues, de l'ouest à l'est, portent les traces d'un grand nombre de balles d'armes à feu.

INTÉRIEUR. — LA GRANDE NEF.

En passant par le porche de la façade principale et en sortant de l'obscurité de ce passage pour entrer dans la nef, on est surpris et saisi de l'effet et de la profondeur de ce sanctuaire, mais bien vite attristé par la vue des tableaux du chemin de croix qui vous détournent de votre religieuse impression. Cet étalage de tableaux en relief, de proportions outre mesure pour la hauteur des colonnes de la nef, coupe les lignes architecturales du monument et en détruit l'effet général.

Le mur occidental de l'entrée est décoré du même ordre d'architecture que la face principale de l'entrée de la nef. Deux pilastres corinthiens supportent un entablement coupé et rompu par le cintre surélevé de la porte d'entrée.

Une grande fenêtre ogivale occupe la surface du mur, elle éclairait la nef avant la construction du porche et l'établissement du buffet de l'orgue.

15.

Cette fenêtre se compose de quatre lancettes cintrées, surmontées de lobes circulaires, en partie murés, sauf les derniers du haut de la fenêtre.

A droite, en entrant, est encastrée dans la muraille une cuve baptismale qui remplit l'office de bénitier ; la forme en est belle, quatre têtes de chérubin décorent les moulures de l'ouverture, et la cuve est ornée d'oves qui en suivent les contours. Cette cuve baptismale appartient à la fin du XVIe siècle. Elle pourrait bien être celle que Jean Thévignon, chanoine de Saint-Étienne, donna à l'église Saint-Jean en 1594, et qui était placée dans la chapelle de Notre-Dame-des-Vertus, aujourd'hui chapelle des Fonts.

La nef comprend huit travées, construites en partie au XIVe siècle. Les quatre premières sont du XVe siècle, elles datent de l'agrandissement qui se fit quelques années avant l'incendie.

Aux deux premières travées, les arcs-doubleaux et les nervures diagonales des voûtes, ainsi que les grandes ouvertures des travées, se perdent à leur naissance sur la masse des piliers. Le chapiteau est placé plus bas ; celui du premier pilier de gauche, et ceux des deux piliers à droite, se composent de ceps de vigne, de branches d'épines et de feuilles de choux. L'astragale du premier pilier de gauche renferme dans ses moulures de petits animaux amphibies à queue de poisson (15).

Le chapiteau du second pilier est occupé par des dragons furieux qui se montrent les dents avant de se dévorer (16). Ces sculptures sont renfermées entre l'astragale et le simple plateau qui leur sert de tailloir.

16.

Les bases de ces piliers portant les arcs doubleaux des voûtes de la grande nef et celles des trois colonnes, sans chapiteau, des arcs ogives des basses voûtes sont exécutées et composées avec un talent remarquable (17). En plan, les angles du carré ont été taillés en arc de cercle pour faciliter le passage étroit des bas côtés, voyez le plan (18).

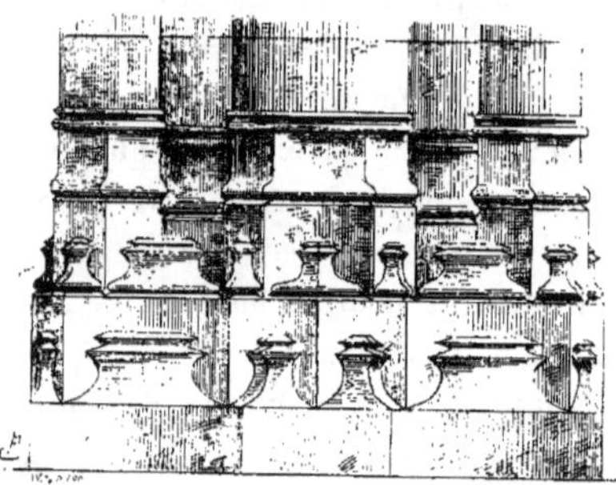

17.

L'effet général de ces bases, à l'intérieur, est aujourd'hui détruit par des amas de bancs encombrants.

Nonobstant cette différence architecturale entre les travées, les architectes ont donné à leur œuvre une certaine homogénéité avec l'ensemble de la vieille nef.

Les arcs-doubleaux, ainsi que les nervures des anciennes voûtes, s'appuient franchement sur leurs chapiteaux, composés de simples feuilles à crochets (19); ils sont surmontés d'un tailloir, selon l'usage très répandu du XIIIe au XIVe siècle.

Plusieurs clefs de voûtes ont un certain intérêt historique, parce qu'elles nous font connaître les nobles familles qui ont contribué à l'édification de la nouvelle église, construite au XIVe siècle.

La seconde clef de voûte de la nef représente la tête de saint Jean-Baptiste dans un plateau, avec ornements à jour merveilleusement exécutés.

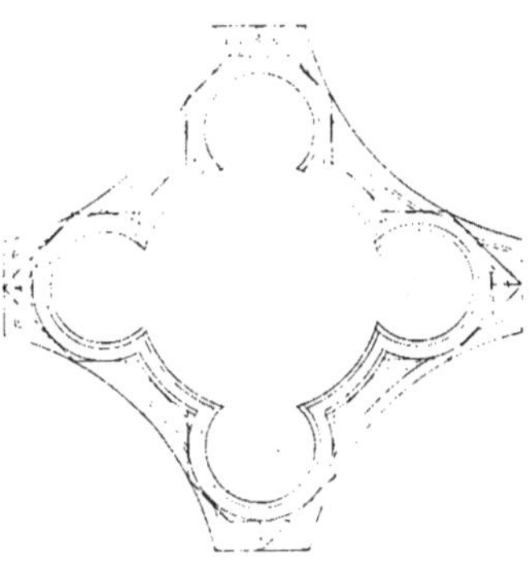

18.

La troisième représente l'*Agnus Dei*.

La quatrième, une Vierge mère.

La cinquième, un blason, à un chevron accompagné de trois étoiles, avec un lambel à cinq pendants en chef, et surmonté d'un heaume à lambrequin (20).

La sixième voûte est percée d'un œil-de-bœuf, ouverture pratiquée pour les travaux de la couverture des combles.

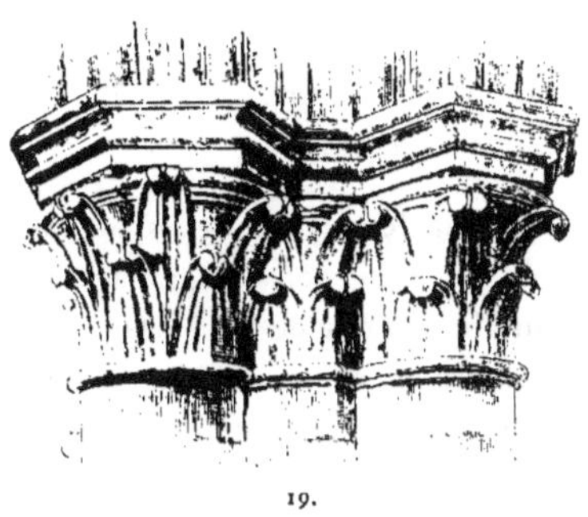

19.

La septième clef de voûte représente un blason meublé d'un coq, surmonté d'un heaume de face avec lambrequin. Famille Aubry, de Troyes (21).

La huitième porte un blason à trois oiseaux posés l'un sur l'autre; famille Mérille de Troyes [1]; autour du cercle de la clé, le cordon de saint François d'Assise (22). Au-dessus des arcades de la nef, un léger bandeau sert d'appui à la naissance des fenêtres ogivales qui occupent toute la hauteur de la travée.

1. Roserot, *Armorial du département de l'Aube.*

Elles se composent de trois lancettes trilobées, celle du milieu plus haute que les deux autres; elles sont accompagnées dans leurs tympans de trilobes en contre-courbes et de trilobes renversés.

Les fenêtres du nord répètent le même arrangement, mais avec quelques différences dans la disposition des trilobes du tympan.

Toutes les fenêtres de la nef sont vitrées en verre blanc, à l'excep-

20.

21.

22.

tion d'une seule qui conservait, avant 1871, des restes très importants de la cérémonie du sacre de Louis le Bègue, peinture sur verre exécutée vers le milieu du XVIe siècle. Un pareil sujet ne devait pas être ménagé à la Révolution ; ce vitrail fut lapidé, et la partie allégorique du tympan complètement détruite.

VERRIÈRE DE LA CÉRÉMONIE
DU SACRE DE LOUIS LE BÈGUE.

Cette verrière était primitivement placée près des orgues, au côté droit de l'église. Elle fut reportée, en 1722, lors du grattage des voûtes, vis-à-vis de l'œuvre, aujourd'hui en face de la chaire [1].

L'auteur de la notice que nous venons de citer, ajoute qu'elle fut restaurée si parfaitement en 1872, par M. Ch. Levêque, peintre-verrier à Beauvais, qu'il est très difficile de distinguer les pièces neuves parmi les anciennes. Nous ajoutons, de notre côté, que s'il en est ainsi, c'est par la raison bien simple qu'il n'y a pas une seule pièce ancienne, et que toute la verrière est complètement neuve. Voici, en effet, l'historique de cette restauration.

Vers la fin de l'année 1850, nous appelions l'attention du

1. Morlot, curé de Saint-Jean, *Notice sur la paroisse Saint-Jean*, 1884.

DNS CONSERVET EVM
ET VIVIFICET EVM

conseil de fabrique de l'église Saint-Jean sur une verrière historique, ignorée et oubliée depuis trois siècles, qui représentait le sacre de Louis II, dit le Bègue, roi de France, lequel fut sacré dans cette église, le 7 septembre 878, par le pape Jean VIII, qui se trouvait à Troyes, où il tint un concile.

Sur nos instances, la fabrique nous autorisa à faire descendre cette verrière, pour la calquer et nous rendre compte de la possibilité d'une restauration.

M. Vincent-Larcher voulut bien se joindre à nos efforts, en faisant les frais de la descente des panneaux, et M. l'abbé Tridon, notre collègue de l'Académie de l'Aube, fut prié de faire le rapport à la fabrique de Saint-Jean, sur la dépense que comporterait une restauration faite avec le plus grand soin, et avec une religieuse conservation des parties anciennes.

Une fois les panneaux de cette verrière entre nos mains, nous fûmes effrayés du peu de suite dans l'ensemble du sujet et des frais où pouvait nous conduire un semblable projet.

Cependant, ce vitrail étant des plus intéressants pour notre histoire locale, notre hésitation ne fut pas de longue durée; nous nous mîmes à l'œuvre: M. l'abbé Tridon, pour la description historique et archéologique, M. Vincent pour le calque de la verrière grandeur d'exécution, et nous-même pour le dessin complémentaire qui devait servir à sa restauration.

Notre tâche commune terminée, une réunion du conseil de la fabrique eut lieu, le rapport fut lu, le calque et le dessin examinés et approuvés, et, séance tenante, le conseil décida que l'on adresserait une demande à M. le ministre de l'instruction publique, à l'effet d'obtenir une subvention destinée à la restauration du vitrail. Comme membre correspondant du Comité des arts et monuments, nous fûmes chargé d'adresser nous-même cette supplique à M. le ministre, en la faisant passer et appuyer par le Comité des arts et monuments au ministère de l'instruction publique, ce qui eut lieu le 4 février 1851, et, le 10 du même mois, M. le ministre des cultes renvoyait cette demande à la préfecture de l'Aube, avec un non-lieu, faute de fonds disponibles.

Notre départ de Troyes, après la publication de l'*Album pittoresque et monumental du département de l'Aube*, et les événements de 1852 paralysèrent nos efforts, et ce projet tomba dans l'oubli pendant plusieurs années.

Quelle fut notre surprise, en entrant dans l'église Saint-Jean, vers les premiers jours de juillet 1873, de voir une verrière complètement neuve, remplaçant l'ancien vitrail, qui pouvait parfaitement se restaurer avec des additions et des changements, sans avoir tenu compte des efforts faits en 1851 pour arriver à la conservation de cette intéressante verrière !

Rentrés à Paris, nous nous empressâmes de réclamer à M. le ministre de l'instruction publique notre dessin et le calque de M. Vincent-Larcher.

Le calque nous fut rendu, après une vingtaine d'années de séjour dans les cartons du ministère ; quant à notre dessin, il fut répondu que le rapport de M. l'abbé Tridon et le dessin avaient été renvoyés à la préfecture de l'Aube, le 10 février 1851.

A la préfecture, nous n'avons rien obtenu ; on ne sait rien, et l'on suppose que le tout avait été envoyé à la fabrique de Saint-Jean.

Nous donnons, en regard de la description de l'ancienne verrière, la reproduction photographique du calque relevé sur la verrière originale par M. Vincent-Larcher. Ce calque servira à vérifier les changements introduits et les erreurs commises dans la représentation de cette cérémonie royale. En même temps, nous mettons sous les yeux du lecteur un dessin complet de la verrière moderne pour en faciliter l'étude et la comparaison.

DESCRIPTION DE L'ANCIENNE VERRIÈRE
DU SACRE DE LOUIS II, DIT LE BÈGUE.

Le sujet principal est partagé en deux parties par une frise horizontale. Au bas, sont les pairs laïcs, en haut, les pairs ecclésiastiques, chacun portant un des insignes de la royauté et de la chevalerie ; chacun des pairs laïcs porte, en outre, le blason de sa province, et les évêques celui de leur siège épiscopal.

Première rangée, 1re *Lancette.* — En commençant par le bas, de gauche à droite, on distingue, au premier rang, le duc de Guyenne, portant son blason sur le dos, de gueules au léopard d'or, armé et lampassé de gueules. Il tient de la main droite l'oriflamme écarlate damassée (23). Dans la nouvelle verrière, le blason est à l'envers, et l'oriflamme a été remplacée par un fanon d'azur à trois fleurs de lys d'or [1].

A droite, dans le même panneau, le duc de Normandie, tenant le guidon royal, d'azur à trois fleurs de lys d'or, et portant son blason suspendu à son épée, de gueules à deux léopards d'or [2] (23).

23. GUYENNE. — NORMANDIE.

2e *Lancette.* — Elle représente le comte de Champagne, couvert d'un luxueux costume, portant la bannière royale, d'azur aux fleurs de lys sans nombre. Il a la main gauche appuyée sur la garde de son épée et sur son blason d'azur à la bande d'argent, accompagnée de deux doubles cotices potencées et contre-potencées d'or de treize pièces (24).

Dans la nouvelle verrière, sur un cartouche placé aux pieds du comte de Champagne, on a ajouté cette légende, en caractères modernes :

1. L'oriflamme était rouge; le fragment resté entre les mains du duc de Guyenne indique bien sa forme et sa couleur. Un vitrail de Notre-Dame de Chartres nous en donne un exemple; on voit Henri, seigneur du Mez, maréchal de France, recevant l'oriflamme des mains de saint Denis. « Cette bannière était une espèce de gonfanon de taffetas rouge, couleur de feu, sans broderie ni figure, fendu par le bas comme trois queues et suspendu au bout d'une lance dorée; ce qui, selon Ducange, lui fit donner le nom d'oriflamme, c'est l'or de la lance et la couleur du taffetas. » *Dictionnaire des Origines,* t. III, p. 174.

2. Il y a, dans la nouvelle verrière, une double transposition : le blason a été retourné à l'envers, et les personnages ont changé de place.

HIC LVDOVIC · II · FRANCOR · REX · A · JOHANNE · VIII ·
PONT · MAX · VNCTVS · EST · A · 878 ·

3e *Lancette.* — Elle représentait, à gauche, à en juger par ce qu'il en restait, le connétable, comte de Flandre, l'épée royale à la main gauche ; il portait pour armes d'or au lion de sable, armé et lampassé de gueules (25).

A droite, dans le même panneau, le comte de Toulouse, portant

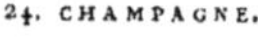

24. CHAMPAGNE.

25. FLANDRE. — TOULOUSE.

les éperons et les gants ; son blason est suspendu à son bras gauche, de gueules à la croix tréflée d'argent bordée d'or [1] (25).

Ce panneau est celui qui a été le plus maltraité par le temps ; heureusement que les attributs étaient encore visibles.

Deuxième rangée, 1re *Lancette.* — Dans la partie supérieure du vitrail, de gauche à droite, le premier panneau représente l'évêque comte de Beauvais, tenant, de la main gauche, une crosse dont on voit encore la volute, ayant le manteau royal sur le bras droit et portant son blason, suspendu au bras par une courroie, d'or à la croix

1. Sur la nouvelle verrière, la croix est de gueules bordée d'or, et les deux personnages ont encore été changés de place.

de gueules, cantonnée de quatre clés de même posées en pal (26).

Près de lui, l'évêque duc de Langres, tenant le sceptre de la main droite, et de la main gauche une croix avec son écu d'azur semé de fleurs de lys d'or et un sautoir de gueules [1] (26).

2e *Lancette.* — Scène principale au centre de la verrière. Le roi Louis II, à genoux devant l'archevêque de Reims, doyen des pairs ecclésiastiques, pour recevoir la consécration royale; l'archevêque tient sa croix de la main gauche. Près de lui, à sa gauche, l'évêque

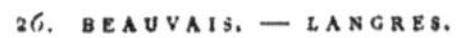

26. BEAUVAIS. — LANGRES.

27. REIMS. — LAON. — BOURGOGNE.

duc de Laon, portant la Sainte-Ampoule, avec la croix passée dans son bras, sur laquelle est suspendu son blason d'azur semé de fleurs de lys d'or, à une croix d'argent posée sur le tout, chargée d'une crosse de gueules mise en pal [2] (27).

Devant l'évêque de Laon, est placé, au premier plan, le duc de Bourgogne, doyen des pairs séculiers, avec une couronne ducale sur

1. Dans la verrière neuve, on a remplacé la croix de l'évêque de Langres par une crosse.

2. Nous avons remarqué que, dans l'ancienne verrière, l'archevêque de Reims et les évêques ducs de Laon et de Langres, qui remplissaient les fonctions de diacre et de sous-diacre, portaient tous les trois une grande croix au lieu de crosse. Le peintre-verrier moderne, qui n'a pas compris cette distinction, a supprimé les croix et les a remplacées par des crosses.

la tête ; de ses deux mains couvertes d'un linge blanc, il porte la couronne royale et son blason suspendu à son bras gauche ; d'or à trois bandes d'azur, bordé de gueules (27).

Dans cette grande cérémonie du sacre des rois de France, les six pairs laïcs et ecclésiastiques étaient appelés par leurs dignités à concourir à cette belle cérémonie. Un des évêques a disparu de la scène centrale, c'est l'évêque duc de Laon, remplacé par l'archevêque de Reims, dont le pape Jean VIII a pris la place comme officiant.

Il y a donc, dans la scène principale de cette nouvelle verrière, une modification qui détruit tout l'intérêt de cette belle page historique.

Il est vrai que l'histoire nous apprend qu'en 878, le pape Jean VIII sacra empereur, dans l'église Saint-Jean de Troyes, Louis le Bègue, fils de Charles le Chauve.

Mais ce que n'aurait pas dû oublier le peintre-verrier de Beauvais, c'est qu'à partir du moyen âge jusqu'à la Renaissance, les sujets anciens, comme toutes les cérémonies religieuses et civiles, se représentaient tels qu'ils se pratiquaient alors.

Ici, nous sommes en face d'un vitrail exécuté sur la fin du règne de François Ier. L'imposante cérémonie du sacre royal a été représentée à Saint-Jean avec les costumes et les usages du temps, et telle qu'elle se pratiquait à Reims à cette époque.

Faire des changements, pour le plaisir d'en faire, même dans l'intérêt de la vérité historique, c'est supprimer un autre fait historique et, de plus, archéologique, qui se rattache à l'histoire et aux coutumes de chaque époque [1].

3e *Lancette.* — L'évêque comte de Châlons, portant l'anneau, qui se voit près de sa crosse, et son blason à son bras, d'azur à la

1. Le blason suspendu à la croix de l'archevêque de Reims n'appartient à aucun des pairs ecclésiastiques ; le véritable blason de l'archevêque porte : d'azur semé de fleurs de lys d'or à la croix d'argent sur le tout (27). Ici cette transformation s'accentue, le blason de l'évêque de Laon passe dans les mains de l'évêque de Châlons, et les armoiries de celui-ci dans le bras gauche du pape.

Il est bon de remarquer aussi que le pape Jean VIII est représenté tenant cette prétendue croix papale à triple branche, qui n'a jamais existé.

croix d'or, accompagné de quatre fleurs de lys de même (28), et le dernier, l'évêque de Noyon, tenant le baudrier, et portant sa crosse de la main droite et au bras son blason d'azur, semé de fleurs de lys d'or, à deux crosses adossées de même [1] (28).

Il est à observer que toutes ces figures ont été transposées de gauche à droite. Chacun des pairs avait sa place marquée par l'objet qu'il était chargé de présenter à l'officiant. C'est ce qui nous fait dire que toute cette verrière est une accumulation d'erreurs de toutes sortes qui compromettent la valeur archéologique du sujet.

28. CHALONS. — NOYON.

Ajoutons que par suite du déplacement de la plupart des personnages, l'ensemble du vitrail présente un aspect tout à fait extraordinaire. Tandis que, dans l'ancienne verrière, tous les personnages dirigent leur attention sur la cérémonie du sacre, dans la verrière moderne, au contraire, presque tous ont l'air non seulement de n'y prendre aucun intérêt, mais de vouloir quitter l'église. Dans le bas, les ducs de Guyenne et de Normandie, les comtes de Flandre et de Toulouse; dans le haut, les évêques de Châlons et de Noyon tournent le dos à l'autel et au roi et se dirigent vers la porte. Cette disposition est aussi fâcheuse que possible au point de vue de la composition du vitrail.

L'exécution de l'ancien vitrail, dont nous mettons les panneaux sous les yeux du lecteur, avait un remarquable intérêt comme peinture sur verre.

Elle se composait, en grande partie, de peinture émail sur verre blanc. Les têtes, les mitres des évêques, les mains, les crosses et une grande partie des vêtements d'or et d'argent étaient rendus au moyen de ce procédé si difficile à conduire à la cuisson.

1. Dans la verrière moderne, le baudrier que portait l'évêque de Noyon a été supprimé.

Ce genre de peinture qui appartenait exclusivement à l'école de Troyes, donnait à l'ensemble du vitrail une tonalité douce et agréable à la vue, qui se mariait parfaitement avec la brillante coloration des chapes et des riches vêtements des pairs laïcs.

Comment se fait-il que la fabrique de Saint-Jean n'ait pas fait les réserves nécessaires pour rentrer en possession de tous ces panneaux dont on ne s'est pas servi, et qui avaient une valeur relative inestimable? Faudrait-il penser qu'un jour nous les retrouverons dans quelques musées étrangers?

Comme nous l'avons déjà dit, en 1851, il ne restait rien dans les meneaux flamboyants de l'amortissement de la fenêtre. Aujourd'hui, on y voit un pinacle richement orné, couronnement du maître-autel où se passe la cérémonie du sacre. Dans les lobes, à droite et à gauche, deux anges tenant un phylactère avec ces mots :

DN̄S CONSERVET EVM — ET VIVIFICET EVM.

Plus haut, deux anges en adoration, et à la pointe de l'ogive la main de Dieu bénissant.

La partie supérieure d'un vitrail était le plus souvent ornée par la représentation du ciel ou du triomphe des saints.

Pour les représentations historiques ou allégoriques, quelques sujets tirés de la Bible symbolisaient le sujet principal. C'est pourquoi nous avions proposé comme composition complémentaire le sacre de David par Samuël. Au-dessus, Dieu le Père bénissant, au milieu d'un concert céleste, composé d'anges jouant de divers instruments.

Si nous nous sommes attaché à développer les erreurs commises dans la reproduction d'un sujet historique, si intéressant pour notre pays, c'est avec l'espoir que MM. les membres du Conseil de fabrique voudront bien, d'ici peu de temps, faire rectifier les changements apportés à la verrière originale, sans profit pour l'histoire et encore moins pour la composition de la nouvelle verrière. D'autant plus que le tout peut se régulariser à peu de frais et sans grand déplacement.

Nous concluons cependant, en reconnaissant le talent et le mérite du dessinateur qui a exécuté cette nouvelle verrière, malgré la préférence qu'il avait pour la manière allemande. Ne serait-il pas lui-même de cette école?

BAS COTÉ SEPTENTRIONAL.

Huit travées occupent toute la longueur de ce bas côté, séparées par les colonnes des arcs doubleaux et accolées au mur de clôture.

Les fenêtres de ce bas côté sont très peu élevées, probablement à cause du terrain et des maisons qui occupent toute la partie nord, sur la rue Molé. Nous n'avons pas pu, à cause de ces constructions, nous rendre compte si ces fenêtres ont été primitivement ouvertes dans des proportions aussi restreintes.

Première travée. — Cette travée est occupée par la chapelle des Fonts. La cuve baptismale, en marbre gris, est placée à l'intérieur de la chapelle. Une simple clé de voûte porte pour toute décoration le soleil, la lune et cinq étoiles.

L'autel est de construction récente et sans intérêt. Sur les gradins, un tabernacle circulaire style Louis XV, en bois peint et doré, sculpté et décoré d'attributs du culte.

Aux extrémités de l'autel, deux petits anges adorateurs, sculpture en pierre du commencement du XVIIe siècle, provenant sans doute de quelques clés de voûte.

Au-dessus du tabernacle, un tableau, servant de retable, n'est qu'une copie assez médiocre de la Cène de Léonard de Vinci. Ce tableau, placé devant la fenêtre, obstrue la lumière du jour et plonge cette chapelle dans une obscurité profonde dans les mauvais jours de l'année.

Contre le mur occidental de cette chapelle est suspendu un grand tableau provenant de la Trinité-Saint-Jacques, à Troyes, où étaient établis les religieux trinitaires, appelés communément Mathurins.

Ce tableau symbolique nous semble représenter les deux fondateurs de l'ordre de la Sainte-Trinité pour la rédemption des captifs, saint Jean de Matha et saint Félix de Valois, bien que le peintre ne leur ait pas donné le nimbe des saints. Le premier est à genoux, en surplis à longues ailes, l'aumusse sur le bras gauche, le bonnet carré à la main droite. Le second est debout, en robe blanche, la croix rouge et bleue de l'ordre sur la poitrine, revêtu d'une sorte de pardessus noir, tenant une bourse à la main gauche, le regard élevé vers le ciel [1].

Dans le haut du tableau est la sainte Trinité environnée d'une gloire céleste et de têtes de chérubins; le Père et le Fils sont représentés sous la forme humaine; entre eux on voit le Saint-Esprit en forme de colombe. A gauche, la sainte Vierge faisant distribuer par de petits anges des scapulaires marqués de la croix rouge et bleue des Trinitaires.

Près des saints fondateurs, un peu en retraite, sont plusieurs prisonniers enchaînés, à demi nus, implorant leur délivrance. Dans le lointain, à gauche, un navire se balance à toutes voiles sur l'Océan.

Ce tableau porte la signature du peintre P. Le Clors ou le Clers, et la date de 1783. Ce fut cette année, le 30 mars, qu'eut lieu la bénédiction de la nouvelle église de la Trinité-Saint-Jacques.

Deuxième travée. — Celle-ci sert de passage de la nef aux deux bas côtés et n'offre rien d'intéressant, si ce n'est la belle sculpture de la clé de voûte, qui nous rappelle un passage bien connu de la légende de saint Julien l'Hospitalier.

Le saint s'était imposé de faire traverser un fleuve dangereux à tous ceux qui réclameraient son aide, pour se punir d'un meurtre qu'il avait commis par inadvertance. On rapporte que, par une nuit de rude gelée, le saint entendit des cris plaintifs qui imploraient du secours. Quittant son lit pour se rendre à son bateau, il trouva un malheureux perclus par le froid (quelques-uns disent que c'était un lépreux), qui demandait à être transporté sur l'autre rive. Le saint le porta dans son lit pour le réchauffer, et, le matin, quand il se leva

1. Si l'absence de nimbe autour de la tête des deux personnages faisait conclure qu'ils ne sont pas les deux saints fondateurs, il faudrait dire que le peintre a voulu représenter les Trinitaires en la personne de deux religieux, l'un prêtre, voué à la prière, l'autre allant racheter les chrétiens prisonniers des Maures. En tout cas, la *Notice de la paroisse Saint-Jean* se trompe quand elle croit y reconnaître saint Pierre Nolasque, qui n'a pas été le fondateur des Trinitaires, mais bien des Pères de la Merci.

pour lui porter d'autres secours, le pauvre homme se montra tout environné de lumière et disparut en lui disant que Dieu agréait son repentir et ses bonnes œuvres et qu'il le couronnerait bientôt par une sainte mort.

La clef de voûte représente le saint dans son bateau, maniant la rame et faisant traverser le fleuve au pauvre passager (29).

La fenètre de cette travée n'a conservé aucune de ses peintures sur verre. Plusieurs panneaux de cette légende ont servi à boucher les trous de la grande fenètre de la chapelle du saint Ciboire, au chevet de l'église.

29.

Troisième travée. — La fenètre se fait remarquer par les meneaux de son tympan, qui prennent la forme d'une fleur de lis. Il ne reste que des fragments de l'ancienne verrière. Cependant, il est aisé de voir qu'elle était consacrée à la Sainte Vierge.

Dans le haut de la fleur de lis, au milieu d'une couronne de séraphins, les trois personnes de la Sainte Trinité présentent au monde la Sainte Vierge, à genoux devant elles, avec cette légende : **Ante secula**, *j'ai été créée avant tous les siècles.*

Au-dessous, dans la partie droite de la fleur de lis, Moïse, désigné par son nom, est à genoux devant le buisson ardent, au fond duquel on aperçoit la figure du Christ. La banderole porte : **rubu incobuftu marie partu**, *le buisson qui brûle sans se consumer figure l'enfantement de Marie.*

Vis-à-vis, dans la partie gauche de la fleur de lis, Gédéon, aussi désigné par son nom, revêtu d'une armure dorée richement damasquinée, le casque en tête, la toison mystérieuse étendue devant lui, lève les yeux et les mains vers l'ange qui lui apparaît; sur la banderole on lit : **Dominus tecu virorū fortissime**, *le Seigneur est avec toi, ô le plus vaillant des hommes!*

Du même côté, dans le lobe extérieur de la fenêtre, saint Joachim, gardant ses troupeaux, voit un ange lui apparaître et lui annoncer la naissance de la Sainte Vierge. .....**dñs orationem tuam**, *le Seigneur a écouté votre prière.* Au-dessous de ce lobe et dans la partie supérieure de la première lancette de gauche, ces inscriptions : **Anna concipiet filiam, Maria vocabitur**, *Anne concevra une fille, qui sera nommée Marie.*

30. 31.

De l'autre côté, faisant pendant à la vision de saint Joachim, la nuit de Noël. Les bergers gardent leurs troupeaux et un ange leur apparaît, en chantant : **Gloria in excelsis deo**, *gloire à Dieu au plus haut des cieux.* Au-dessous et dans la partie supérieure de la dernière lancette de droite, on voit une petite maisonnette, qui pourrait être la sainte maison de Nazareth.

Entre les deux lobes que nous venons de décrire et la fleur de lis se trouvent, à droite et à gauche, deux lobes plus petits, où sont représentés les patrons et les armes du donateur.

32.

A gauche saint Edme, **S. edmūd.** et près de lui un blason d'azur au coq d'or, crêté et patté de gueules (Boucherat) (30).

A droite, saint Jean-Baptiste, avec son vêtement de poil de chameau, portant l'agneau sur ses bras, et, devant lui, le blason des Boucherat, avec celui de la donatrice, d'azur au chef de gueules chargé de trois..... d'argent (31).

Dans deux autres lobes, un petit médaillon circulaire renferme le monogramme du donateur. 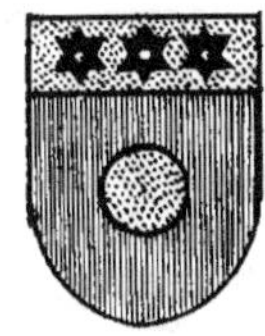 Cette lettre, deux fois représentée dans ce vitrail, ainsi que les blasons que nous venons de décrire, nous permettent de conjecturer que cette verrière est due à la générosité de la famille Boucherat, de Troyes.

Enfin, dans l'anneau de la fleur de lis, on voit la date, malheureusement tronquée, de la pose de cette verrière : M.CCCC.IIII...

La clef de voûte représente, en gothique fleurie, le monogramme du Christ, entouré de redans fleurdelisés.

31.

Le chapiteau de la colonne qui sépare la troisième travée de la quatrième a été complètement refait pendant la reconstruction des premières travées de la nef. Il se compose de branches de vigne divisées en deux parties par un léger filet; sur l'un des rinceaux un escargot rampant (32).

Quatrième travée. — Dans deux écoinçons de la fenêtre il reste encore des armes de la famille Le Tartier, de Troyes. De gueules à un besant d'or; au chef d'or chargé de trois molettes d'éperon de sable (33)[1].

Clef de voûte décorée d'un simple quatre-feuilles.

Cinquième travée. — Il ne reste absolument rien de la verrière de cette fenêtre; seulement, dans un écoinçon, à gauche, on lit cette devise **Sauoyr veu... quo me fist.**

34.

Dans l'écoinçon de droite, sur une banderole, cette date intéressante **mil · cccc · nonāte deux** (1492), avec le monogramme de la famille Le Tartier (34).

1. En 1424, Jean Le Tartier, ancien marguillier, laisse sa robe, après son décès, à la fabrique de Saint-Jean, *laquelle a été vendue à l'église au plus offrant et dernier enchereur.*

Une dame Collin, femme de Nicolas Tartier le jeune, Nicolas Tartier l'aîné, bourgeois de Troyes, et dame Claude Félix, sa femme, figurent dans les comptes de la fabrique et sont cités parmi les bienfaiteurs de l'église.

Alex. Assier, *les Comptes de la fabrique de Saint-Jean.*

Au XVIe siècle, cette famille habitait rue du Temple, 1, et rue du Palais-de-Justice, 1 (voyez IIIe vol., pages 46, 61 et suivantes).

Une branche de chêne repliée et croisée décore la clef de voûte de cette travée.

SIXIÈME TRAVÉE. — Cette travée de l'édifice est celle qui sert de passage à l'entrée de la porte septentrionale sur la rue Molé.

La verrière de la fenêtre qui forme le tympan de la porte est, avec la précédente, la plus ancienne de cette église.

Nous commençons la description de cette verrière intéressante par les petites ogives trilobées qui occupent la longueur du linteau de la porte.

35.

36.

1er *trilobe.* — Saint Claude, évêque, désigné par son nom ; à ses pieds le blason du donateur : d'or à un sautoir de sable, chargé d'une coquille d'argent, cantonné de quatre perdrix de sable, de la famille Raguier (35). Ici ces perdrix ressemblent plutôt à des corbeaux.

2e *trilobe.* — Saint Roch en pèlerin portant deux clefs en sautoir sur le collet de sa houppelande. Un ange touche et guérit la plaie de sa cuisse.

3e *trilobe.* — Un saint évêque, tenant de ses deux mains une épée de combat, qu'un soldat arrache de ses mains, mais sans réussir. La scène se passe au pied d'une tourelle établie à l'angle d'une prison.

4e *trilobe.* — Saint Nicolas, patron de la donatrice, ressuscitant les enfants dans la cuve. A droite, le blason de Nicole Ménisson portant : au 1, Raguier ; au 2, à une croix ancrée de sable, chargée d'un croissant d'argent (36)[1].

Ce sont les mêmes armes que nous avons rencontrées à Saint-Nizier (3e vol., p. 482).

Au-dessus de cette arcature, deux trilobes ovoïdes terminent la

1. Roserot, *Armorial de l'Aube.*

décoration du tympan. Dans le premier, à gauche, est représentée la mort de la Vierge. Marie tient un cierge entre les mains. Saint Jean, à son chevet, porte la palme verte envoyée du ciel. Saint Pierre, en chape, tient un goupillon et la bénit. Au pied du lit, un des apôtres porte la croix processionnelle. Les autres apôtres encensent ou lisent les dernières prières.

Dans le haut, Jésus-Christ apparaît et bénit sa mère.

Dans le deuxième trilobe, à droite, la glorification de la Vierge Mère. Le Père et le Fils posent sur la tête de la Sainte Vierge une couronne d'or enrichie de pierres précieuses. Entre le Père et le Fils, l'Esprit-Saint, en forme de colombe, est dans une gloire resplendissante.

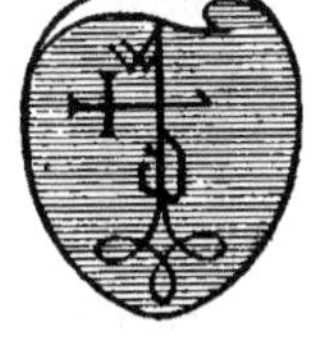

37.

Au-dessus de la pointe de l'ogive du tympan, des anges chantant et priant sous une galerie à portiques. Des esprits célestes portent des phylactères avec des notes de musique, au-dessous desquelles sont écrites des invocations en lettres de forme quasi hébraïque.

Dans les écoinçons qui se trouvent au centre du tympan, on voit deux monogrammes et cette devise : **En luy en est.** L'un des deux monogrammes est placé la tête en bas, et tous les deux portent les initiales a · d · (37).

A la clef de voûte, un masque à feuillage ; la tige part de la bouche.

Septième travée. — La fenêtre est occupée par du simple verre blanc taillé en losange. La clef de voûte présente une simple rosace.

Huitième et dernière travée. — Fenêtre ogivale vitrée de la même manière. Clef de voûte intéressante, difficile à dessiner à cause de l'obscurité de cette travée. Elle représente le pèsement des âmes par l'archange saint Michel.

Au mur de clôture, un tableau intéressant représente une sainte qu'un bourreau suspend au gibet, en la tirant au moyen d'une chaîne, tandis qu'un autre s'apprête à la frapper d'un coup de massue.

BAS COTÉ MÉRIDIONAL.

Ce bas côté présente les mêmes dispositions que celles du bas côté nord. Cependant il est bon de faire remarquer que les colonnes des huit travées s'appuient sur des murs de refend beaucoup plus saillants que dans le bas côté septentrional.

Les fenêtres sont de bonnes dimensions; donnant sur la rue Urbain IV, rien n'a pu en diminuer les proportions. Les deux premières travées, comme celles du nord, ont été reconstruites à la fin du xve siècle et au commencement du xvie et pendant la reconstruction de la tour après l'incendie.

Première travée. — Cette travée est coupée par la grosse tour, dont le rez-de-chaussée sert de sacristie, et par la tourelle de l'escalier de cette tour.

La porte de cette sacristie est décorée sur ses pieds-droits de fines moulures, qui se prolongent et se réunissent à l'archivolte à la hauteur du linteau. Cette archivolte en contre-courbe, aux moulures saillantes, se termine par une console feuillagée. Elle repose à son point de départ sur deux consoles à fleurons.

Le petit tympan de cette porte est décoré d'un blason lisse.

A gauche, sur l'un des pans coupés de la tourelle de l'escalier de la tour, est une armoire ménagée dans l'épaisseur de la muraille, surmontée d'un joli dais à trois faces sculptées avec finesse.

Ce petit réduit était destiné à renfermer les objets nécessaires au service de la messe, ou simplement pour y resserrer les clefs des deux portes voisines.

Au-dessus de l'ouverture, une console destinée à recevoir un petit motif religieux. Depuis des années, le vantail de la porte a été arraché de ses gonds (38).

Ce charmant réduit, abandonné dans un coin de l'église, ne manque pas d'un certain intérêt, bien rare dans nos monuments de cette époque. Complété, ce petit meuble à demeure serait un spécimen précieux, qui témoignerait incontestablement que les architectes ne négligeaient pas même les plus petites choses pour manifester leur talent et leur bon goût.

A gauche de ce petit meuble est la porte de la tour, qui s'ouvre carrément, avec jambages profilés qui se prolongent sur son linteau.

Au-dessus de l'entrée de la sacristie est un passage construit en bois, avec balustre, conduisant au buffet de l'orgue et à l'ancienne salle des séances du conseil de fabrique, située au-dessus du porche de l'entrée principale.

DEUXIÈME TRAVÉE. — La fenêtre comprend dans ses dispositions trois lancettes trilobées, celle du milieu plus élevée que les deux autres.

1re *lancette*. — La crèche. La Sainte Vierge priant et saint Joseph contemplant l'enfant Jésus couché sur son berceau. Au-dessus, deux anges descendent du ciel, portant un phylactère où est écrit ce chant d'allégresse : **Te deum laudamus**...

Au-dessus, l'étoile des mages; à la pointe de l'ogive, un diable affreux avec un visage au bas de l'échine.

38.

2e *lancette*. — Le baptème de Jésus par saint Jean; deux anges à droite portent les vêtements du Christ. Au-dessus, un ciel aux brillantes étoiles.

A la pointe de l'ogive, Dieu en pape bénissant et portant le monde; sur sa poitrine, le Saint-Esprit posé sur des nuages et descendant sur le Sauveur. Au-dessus, une banderole avec ces mots : **hic est filius meus dilectus.**

3e *lancette*. — La dame donatrice agenouillée les mains jointes, devant son prie-Dieu, sur lequel est son livre d'heures. Elle est vêtue d'une robe écarlate, la tête couverte d'une coiffe noire. De ses mains s'échappe une banderole avec ces mots : **Dne Jesu respice in me et mi-**

ferere mei. Le tapis couvrant son prie-Dieu porte un blason d'azur, à une tête de léopard d'or, posée de face. Ce sont les armoiries de Catherine Léguisé, famille qui habitait la rue Champeaux. (Voyez Ier vol., p. 55.)

Derrière la donatrice, sainte Catherine, sa patronne, richement vêtue, un livre ouvert à la main droite, une palme à la main gauche, une roue derrière elle, instrument préparé pour son supplice, mais qui fut brisé par la foudre; alors, sur les ordres de l'empereur Maximin son père, on lui trancha la tête.

39.

Dans le tympan de la fenêtre, des bandes transversales vertes, servant de cadre à des losanges rouges, renferment des soleils d'or. Au croisement de cette bordure, des petites étoiles d'argent. Le tout forme un joli damier d'un excellent effet.

L'inscription de donation de cette verrière, qui occupait toute la largeur de la fenêtre, a disparu; elle est remplacée par des fragments en grisaille, sans suite. Au milieu de cette confusion, un blason, au 1. d'azur au chevron d'or accompagné de trois couronnes royales d'or, deux en chef et une en pointe (39)[1]. Au-dessus de celle-ci, une étoile d'or à quatre branches. Au 2. d'or à un raisin au naturel. Ce dernier quartier est brisé en deux parties; seule la partie basse du blason est conservée et ne laisse aucun doute sur sa composition. Il est certain que ce blason n'appartient pas à cette verrière. Ce sont les armoiries de Sébastien Mauroy, seigneur de Fyé-les-Chablis, échevin de Troyes en 1527, marié à Marguerite Pinot, fille de Jean Pinot, écuyer, seigneur de Fyé, Ramaux et Montvalon, bailli, élu du roi et garde des sceaux de la prévôté de Tonnerre, et de Guillemette Pinette, qui firent construire la chapelle Saint-Sébastien, dont nous parlerons plus loin, dans la chapelle de la septième travée du même bas côté.

1. Le blason de la famille de Mauroy a été, depuis cent cinquante ans, assez mal décrit par tous les héraldistes; les uns indiquent trois couronnes de comte et d'autres citent simplement trois couronnes d'or. Les armes des Mauroy se blasonnent ainsi : d'azur au chevron d'or accompagné de *trois couronnes royales de France*. Marguerite Pinot portait d'or à trois grappes de raisin.

Quatre curieux petits médaillons en grisaille, au bas de la troisième lancette, portent deux figures d'hommes et deux de femmes.

TROISIÈME TRAVÉE. — La verrière de la fenêtre de cette travée est en grisaille, consacrée à la vie de saint Jean-Baptiste. Elle fut restaurée, il y a quelques années, par M. Vincent-Larcher [1].

Même disposition dans les lancettes de cette fenêtre.

Première rangée, 1re lancette. — En commençant par la gauche, saint Jean-Baptiste prêchant dans le désert, sur le bord du Jourdain. Une foule d'hommes et de femmes écoute sa parole. Dans le fond de la forêt, Jésus apparaît avec deux disciples, André et Jean.

2e lancette. — Saint Jean-Baptiste interrogé par les envoyés des pharisiens qui lui demandent : « Qui êtes-vous? êtes-vous Élie ou Jérémie, ou quelqu'un des autres prophètes? Que dites-vous de vous-même? »

3e lancette. — Tourelle où est renfermé le précurseur; la fenêtre grillée est élevée de manière que le prisonnier ne puisse voir ni être vu.

Au pied de la tour, des vieillards gémissent sur l'emprisonnement du saint.

2e rangée, 1re lancette. — Saint Jean agenouillé, les mains liées derrière le dos, la tête tournée vers le bourreau, qui s'apprête à le frapper en tirant son sabre du fourreau. Devant le martyr, la belle Salomé, la fille d'Hérodiade, tient un grand plat d'or sur son bras gauche. Elle attend la fin de l'exécution pour recevoir des mains du bourreau la tête sanglante du précurseur. Une femme qui l'accompagne porte un faucon sur le poing. A l'horizon, une tour aux murs de la ville, où le saint fut renfermé.

2e lancette. — Le festin d'Hérode-Antipas. Hérode, Hérodiade en habits royaux, assis devant une table chargée d'un riche service;

1. A l'heure où nous écrivons ces lignes, nous apprenons la mort de M. Vincent-Larcher, décédé en son domicile à Troyes, place Saint-Pierre, n° 12, dans sa soixante-dix-neuvième année. Il n'était au début de sa carrière qu'un simple ouvrier peintre en bâtiments; sans avoir suivi les cours de dessin, encore moins de peinture, il est devenu, par son travail opiniâtre et sans relâche, un peintre-verrier qui a laissé d'importants travaux et des œuvres intéressantes.

devant eux Salomé apporte dans son plat la tête du précurseur, pour prouver au roi que ses ordres ont été exécutés. A gauche, un serviteur tenant une aiguière, prêt à les servir. Dans le fond du palais, sur une terrasse, des musiciens sonnent de la trompe. Sous la table, deux chiens rongent les os.

3e *lancette.* — Le corps du précurseur renfermé dans un sac par trois de ses disciples ; de malheureux estropiés arrivent pour prier et pour obtenir leur guérison.

Au bas du vitrail on lit cette inscription :

> **Jehan..... parcheminier et..... sa femme ont donne ceste verrière En lan de grace mil cinq cēs trente six. Priez dieu pour eulx et pour les trepasses.**

La clef de voûte de cette travée porte les armes du Dauphin de France, fils aîné de François Ier (voyez 3e v., p. 12).

Quatrième travée. — La verrière admirable qui décore la fenêtre représente le jugement de Salomon.

Rien n'est comparable à l'arrangement intérieur, à la distribution décorative de ce palais et à l'imposante et magistrale mise en scène de ce jugement.

La variété et la richesse des costumes des personnages répondent par leurs couleurs si bien distribuées à l'effet général de la verrière.

A droite et à gauche du tribunal sont les grands seigneurs de la cour du roi, qui admirent la sagesse de Salomon.

La balustrade qui sépare les spectateurs est formée de différentes couleurs genre camaïeu ; les pieds des poteaux sont décorés de figurines et de médaillons.

Au milieu de la salle d'audience est un joli petit socle de la Renaissance sur lequel est exposé le cadavre de l'enfant mort. A droite, la vraie mère, un genou à terre, les mains jointes en suppliante, réclame la justice du roi. A gauche, l'autre femme est debout, dans une attitude audacieuse, couverte de bandeaux et de colliers de perles.

On lit, au bas de la première lancette :

Deux femes allaitoient chacune
un enfent en une mesme nuict
Lun estant mort par Infortune
Les deux veullent celui qui vit.

A gauche, au premier plan du tableau, un soldat s'avance devant le tribunal en portant la main gauche à son chapeau, et tendant, de la main droite, son épée nue à un autre personnage placé à droite, qui tient par la main l'enfant que les deux femmes se disputent; ce dernier, pris de peur, cherche à se sauver.

Après avoir entendu la déposition des deux femmes, le roi dit à un de ses gardes : « Tirez votre épée, prenez l'enfant vivant, coupez-le en deux et donnez-en la moitié à chacune de ces femmes.

Au bas de la deuxième lancette cette inscription :

Quant salomō eut entendu
Le debat de lenfent vivant
Ordonā quē deux soit fendu
pour que les deux en aint autan.

« Soit, dit la femme qui est à gauche. — Oh non! s'écria la seconde; ne tuez pas l'enfant! Qu'il lui appartienne, mais qu'il vive! » Voici la vraie mère! qu'on lui donne l'enfant, telle fut la sentence de Salomon.

On lit au bas de la troisième lancette :

En entendant larrest du Roy
La vraie mere a fond est navree
prie qua lautre le vif ottroy
pour elle en estre separee.

A la pointe de la lancette centrale, le roi Salomon assis sur son trône et dominant toute l'assemblée, la couronne royale en tête, tenant son sceptre de la main gauche, la main droite levée; son geste indique qu'il parle et prononce son jugement.

Au-dessus de sa tête, dans le trilobe, cette inscription :

Tantost salomō ordonā
Lenfēt vif luy estre rendu
Chascū louenge a dieu donā
Pour leur Roy si biē entēdu.

Au-dessus de cette inscription, un blason d'or à la croix ancrée de sable, chargée en abîme d'un croissant d'or; ce sont les armoiries de Menisson, bourgeois de Troyes, seigneur de Saint-Pouange et autres lieux, donateur de cette verrière (40).

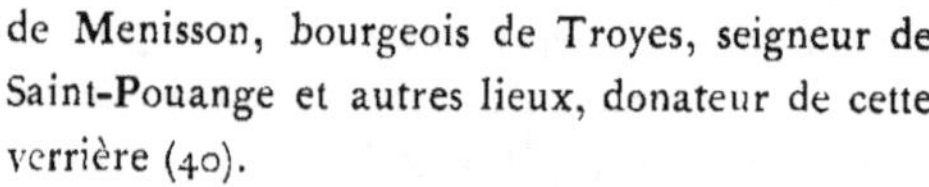

40.

Le cadavre de l'enfant et la tête de la mauvaise mère ont été rétablis par Vincent-Larcher, chargé de la remise en plomb de cette verrière.

Dans les trilobes du tympan de la fenêtre est représenté un autre jugement de Salomon; nous ne connaissons aucune légende qui s'y rattache. Cependant elle doit exister quelque part, car nos peintres-verriers n'avaient pas qualité pour créer une légende susceptible d'être représentée sur leurs verrières.

Un deuxième exemple de ce jugement de Salomon existe dans l'église de Sainte-Maure, dans la chapelle Sainte-Barbe, deuxième du pourtour du chœur, à droite. Verrière malheureusement compromise par suite de son abandon (vol. Ier, p. 63).

Dans le haut du tympan, le roi Salomon, assis sur son trône, tenant son sceptre. A droite, un large phylactère dont il ne reste que ces mots :

Vous le. . . . . ment
Par vi. . . . . . . turelle

A gauche du roi, son nom écrit en lettres onciales : SALOMON.

Dans le trilobe à gauche, un jeune enfant tenant une pomme ou une boule dans sa main ; derrière lui, plusieurs personnages richement vêtus.

Dans le trilobe à droite, un autre enfant se prépare à lancer la pomme qu'il tient de ses deux mains sur d'autres qui sont disposées sur le parquet, mais auparavant il lève la tête et regarde l'un des personnages placés près de lui, sans doute pour lui demander conseil sur ce qu'il doit faire pour vaincre son partenaire.

Les deux enfants portent exactement le même costume : chausses rouges, robe verte, avec manches de dessous jaunes, toque rouge.

En haut, dans le trilobe de gauche, on lit :

Sire Jugez
Lequel est.............

Dans le trilobe de droite :

Sa sapiance est supernelle
Il mettra tout en bon arroy.

Dans les écoinçons, le blason du donateur, qui se répète deux fois. On remarque dans la croix de sable du blason de gauche, gravée à la pointe, la date 1822, et dans la croix du blason de droite le nom du curé Dret, qui fit consolider les verrières de son église après les événements de la Révolution de 1789. Il avait prêté serment à la constitution civile du clergé, et il mourut curé de Saint-Jean, le 29 décembre 1815.

Le blason du donateur est suspendu par deux cordons bleu et or et entouré d'un phylactère portant la date de la pose de la verrière.

fus faict	fois six
et assis lan	cens et deux
mil	cinq (1512)

Cinquième travée. — Fenêtre entièrement vitrée en verre blanc.

Sixième travée. — Cette travée est consacrée au passage de la porte méridionale.

Septième travée. — La travée comprend une chapelle construite entre deux murs de refend et fondée à la fin du xve siècle par Marguerite Pinot, veuve de Sébastien Mauroy, dont nous avons parlé plus haut.

A cet effet, on occupa pour son établissement les terrains libres sur l'ancienne rue Moyenne, en se mettant à l'alignement du vieux porche et du transept.

Cette chapelle est sous l'invocation de saint Sébastien, et la verrière de la fenêtre est naturellement consacrée au patron et à sa légende.

1re *lancette.* — Saint Claude, évêque de Besançon. Quittant son siège épiscopal, il se retira dans le Jura, où il fonda une abbaye célèbre qui prit son nom. Il tient une crosse, la tête nue, les épaules couvertes d'une chape galonnée d'or, par-dessus son habit de religieux.

Il est représenté ici comme étant le patron de Claude Mauroy, fils de Sébastien, docteur en théologie en 1556, gardien des cordeliers de Troyes en 1572, mort en 1574.

La partie des jambes de ce personnage est occupée par différents morceaux de verre de couleur tout à fait insignifiants et complètement étrangers au sujet qui nous occupe.

Dans cet emplacement étaient représentés les deux fils du donateur, agenouillés, les mains jointes. Devant, un prie-Dieu décoré de leurs armes.

Dans le trilobe de cette lancette, un petit ange jouant de la rote ou du violon.

2e *lancette.* — Saint Sébastien complètement nu et attaché à une colonne, couvert de flèches qui ont pénétré dans la chair. Le saint est représenté sur un fond de tapisserie bleue ouvrée.

3e *lancette.* — Saint Henri, empereur d'Allemagne, l'épée à la main, couvert d'une riche armure de guerre, portant de la main gauche son heaume de bataille posé sur un socle d'or.

Il était le patron de Henri Mauroy, fils aîné de Sébastien, docteur en théologie en 1550, religieux cordelier, gardien du couvent des Cordeliers de Reims, de Beauvais et de Châlons, et custode de la custodie de Champagne. Il mourut le 19 novembre 1570 et fut inhumé avec son frère Claude, au couvent des Cordeliers de Troyes[1].

Au bas des jambes de l'empereur, on aperçoit à gauche une tête de femme, les mains jointes. C'est la donatrice Marguerite Pinot, mère d'Henri et Claude Mauroy, dont le blason se trouve actuellement dans la fenêtre de la 2e travée.

Les panneaux de cette fenêtre ont dû être enlevés pour donner plus de jour à cette chapelle.

Dans les trilobes de la partie ogivale de la fenêtre sont représentés les principaux passages de la légende de saint Sébastien, malheureusement mutilés.

1er *trilobe.* — Saint Sébastien conduit par deux bourreaux en présence de l'empereur Dioclétien.

2e *trilobe.* — Ici comme à la verrière de Saint-Nizier (vol. III, p. 514), le saint devait être précipité dans un cloaque infect, à en juger par les fragments restants.

3e *trilobe.* — Ce trilobe, placé au centre du tympan de la fenêtre, représente saint Sébastien retiré encore vivant de la citerne par saint Castule et sainte Irène sa femme.

Dans la tête du trilobe de la pointe de l'ogive, un petit médaillon en grisaille, posé à l'envers, représente la stigmatisation de saint François d'Assise. Petit sujet d'oratoire qui n'appartient pas à cette fenêtre ni à l'église.

La verrière de cette chapelle appartient au commencement du XVIe siècle.

HUITIÈME TRAVÉE. — Chapelle sans intérêt. Fenêtre divisée en trois parties et composée de trilobes variés, le tout vitré en verre blanc.

TRANSEPTS.

Les deux transepts de l'église Saint-Jean n'offrent pas, dans leur plan, de disposition particulière. Ils font suite aux deux bas côtés dont ils sont le prolongement, sans dépasser la largeur du monument.

1. Albert de Mauroy, *Généalogie historique de la famille de Mauroy.*

Au nord, le transept est simplement fermé par un mur provisoire depuis les grands travaux de 1555; de même au midi, par une porte en bois et une cloison vitrée.

Cette porte servit pendant plusieurs années de passage aux fidèles; mais depuis 1810 elle fut condamnée, et la travée de ce bas côté transformée en chapelle et divisée dans sa hauteur par un plafond qui correspond avec le logement du sacristain.

Les vitres de la cloison, qui éclairent cette chapelle, se divisent en cinq parties et se composent de petits panneaux provenant d'ailleurs et représentant la vie et la passion de Jésus-Christ.

1re *lancette.* — En commençant par la gauche nous voyons : l'Adoration des Mages, la Visitation et les Noces de Cana.

2e *lancette.* — La Présentation du Sauveur au Temple. Au-dessus, les prophètes Isaïe et David, tenant de larges phylactères sur lesquels on lit :

pour Isaïe, Ecce virgo cōcipiet et pariet filium,
et pour David, Dn̄s dixit ad me filius meus es tu.

Ces deux prophètes annoncent ainsi, le premier la naissance humaine de Jésus-Christ, le second sa naissance divine.

3e *lancette.* — Le Christ en croix sur le calvaire, accompagné de sa mère, de sainte Madeleine et de saint Jean. En haut de la croix, le pélican symbolique. De chaque côté, les deux larrons crucifiés.

4e *lancette.* — Jésus, monté sur une ânesse, entre à Jérusalem. Un personnage, monté sur un arbre, rappelle l'action de Zachée lors de l'entrée de Jésus à Jéricho.

Au-dessus, la crèche, mauvaise peinture rapportée.

5e *lancette.* — Le panneau du bas est la suite de l'entrée de Jésus à Jérusalem. Les apôtres suivent leur maître, avec le petit de l'ânesse; sur une banderole on lit : hosanna filio david. Au-dessus, la Résurrection. Enfin le panneau du haut représente la tentation de Jésus dans le désert. Le diable en vieillard, mais avec des cornes au front, dit au Sauveur : hec oīa tibi dabo si cadans (*sic*) adoraveris me; *je te donnerai tout cela si tu te prosternes devant moi pour m'adorer.*

Tous ces panneaux ont été en partie restaurés par des ignorants. Verrières de la seconde moitié du XVIe siècle.

Contre les murs de refends de cette chapelle sont deux peintures historiques exécutées par Linet de Letin, mais déshonorées par une épouvantable restauration qui révolte le sens commun. Actuellement ces peintures ne sont plus que deux misérables tableaux sans intérêt, si ce n'est la belle conception de l'auteur que le pinceau du barbouilleur n'a pu détruire. C'est à ce point de vue seulement que nous nous décidons à en donner la description.

Contre le mur de refend, à gauche, saint François de Sales, en rochet, à genoux, vient de passer son examen pour l'épiscopat devant le pape Clément VIII, qui se baisse pour le relever et l'embrasser. Le pape porte la tiare, et sur les orfrois historiés de sa chape on voit saint Pierre avec ses clefs et saint Jean tenant un livre ouvert. Plusieurs cardinaux, en manteau rouge, coiffés du chapeau cardinalice, sont derrière le saint; ce sont les cardinaux Frédéric Borromée, Baronius et Borghèse, qui viennent de prendre part à l'examen. Devant le pape deux évêques, l'un en mitre rouge, l'autre en mitre blanche, et un ecclésiastique en costume de la première moitié du XVIIe siècle.

La prétendue croix papale à triple branche figure dans ce tableau.

En face, un autre tableau, de la même dimension et de la même facture, représente le sacre de saint François de Sales; le saint est assis revêtu d'une chape dont les orfrois historiés représentent la Nativité et l'Assomption. Il ne porte encore ni la crosse ni la mitre, que lui apportent deux petits anges représentés dans le haut du tableau. Le saint a les mains jointes et les yeux levés au ciel, d'où s'échappent des rayons de lumière, souvenir de la vision divine dont il fut favorisé le jour de son sacre. En face de lui sont assis les trois évêques qui ont pris part à son sacre; le prélat consécrateur Vespasien Gribaldi, ancien archevêque de Vienne, en mitre rouge; les deux autres, Thomas Pobel, évêque de Saint-Paul-trois-Châteaux, et Jacques Maistret, évêque de Damas, en mitre blanche.

Sur la chape du premier, l'orfroi représente sainte Marie-Madeleine en prière devant un crucifix et une tête de mort. Les évêques ont le large col rabattu du XVIIe siècle; il semble bien que leurs figures étaient des portraits.

Au commencement du XVIe siècle, on reconstruit la travée centrale du transept, les chapiteaux sont sculptés en demi-relief sur un bloc de pierre, sans délicatesse et sans grâce (41); les fenêtres jumelles des travées sont construites sous une forme plus résistante, et les bases des colonnes se développent en largeur et en hauteur pour recevoir le poids central d'une flèche en charpente, couverte en plomb, qui s'élevait jadis au-dessus des combles de cette travée.

Toute cette construction, d'un style tout particulier, ne ressemble en rien au style de la nef, encore moins à celui du sanctuaire; c'est une œuvre de transition architecturale, qui appartient plutôt au XVe siècle qu'au XVIe.

41.

Ce qui vient à l'appui de notre jugement, c'est que, vers 1510, les fabriciens de l'église Saint-Jean font appel aux maîtres maçons du portail de la cathédrale, pour examiner et pour contrôler les travaux en cours d'exécution. Ce sont : Huguenin Bailly, Grand Jean, Jean Bailly et Oudot. Puis nous voyons que, le 24 juillet 1511, l'on paye « à Jehan de Soissons, oncle de Jehançon, maçon, et Jehan Bailly, Jean Oudot, Pierre de la Caille et Simon Mauroy, charpentiers, pour avoir visité l'église, tant haut que bas, à cause que le dit maistre Grand Jehan, maçon, disoit que besoin y estoit dabatre le petit clocher, les haultes et basses voûtes, pour ce à chacun diceulz, pour leurs peines et salaires, cinq solz, et pour le disner diceulx en *hostel de l'homme sauvaige*, II s. 3 d., qui est en somme XXXII s. III d.[1]. »

Tous ces travaux se bornèrent à l'entière reconstruction de la travée centrale et à la restauration de la flèche qui avait été édifiée en mémoire du mariage du roi d'Angleterre, Henri V, avec Catherine de France, de si triste souvenir. En outre, l'on fit placer aux

1. Alex. Assier, *les Comptes de la fabrique de l'église Saint-Jean.*

deux tiers de sa hauteur une couronne royale, que l'on voyait encore en 1783, dit Courtalon.

L'église reçut des témoignages de la libéralité des nouveaux époux. Henri V donna sa couronne, dont on fit la base d'un reliquaire de la vraie croix qu'on exposait sur le bureau des marguilliers aux fêtes solennelles. Cette couronne était de cuivre rouge doré d'or moulu, ouverte à charnière et couverte de fleurons. Cette description de Courtalon est parfaitement conforme aux couronnes que portaient les rois d'Angleterre au XVe siècle.

Henri V donna aussi son manteau royal de brocart d'or, que l'on convertit par la suite en un ornement complet.

CHAPELLES LATÉRALES ET BAS COTÉS DU CHŒUR.

CÔTÉ NORD.

Le bas côté septentrional du chœur se compose de trois chapelles et d'un double bas côté; le premier, très étroit, sert uniquement de passage aux chapelles latérales.

Le deuxième bas côté, beaucoup plus large, comprend trois travées voûtées en arcs diagonaux, reposant sur les piliers isolés du petit bas côté et sur le pilier du chœur. Ceux-ci sont de forme ondée sans chapiteau, avec base en façon de revêtement tout autour de la pile.

Contrairement à toutes les voûtes du chœur, du bas côté méridional et des chapelles du chevet, ces bas côtés à voûte simple nous font penser que ces voûtes pourraient bien avoir été reconstruites pendant la reprise des piliers du chœur. Car nous lisons dans les comptes de la fabrique de 1511 :

« Payé à Jehan Bailly, maçon, et son compagnon, pour avoir visité les quatre piliers attenant des chaires des prestres et les voltes, tant bas que haut, X sous. »

Plus tard on lit : « Me Martin (de Vaux) et Jean Bailly visitent l'église, les ouvriers travaillent aux vostes. »

Première chapelle, Saint-Pierre. — Toutes ces chapelles sont séparées par un mur de refend. Celle-ci a subi une transformation en 1555. Le raccord de l'ancienne voûte avec l'arc formeret de la la fenêtre se fit par une section de cercle en berceau, dissimulé par un cartouche accompagné à ses extrémités de deux anges portant des couronnes et des guirlandes de fleurs et de fruits. Sur la tablette étaient peintes les armoiries des fondateurs. Courtalon nous dit que cette chapelle fut fondée en 1556, par Pierre de Mauroy, seigneur de Colaverdey et de Vauchassis, maire de Troyes en 1566. Il avait épousé Marie Legras, fille de Simon Legras, seigneur de Bercenay-en-Othe, et de Étiennette Tresnard.

Pierre de Mauroy obtint, pour lui et sa postérité, cette chapelle, qu'il fit décorer sous le vocable de saint Pierre, son patron. Aussi voyons-nous, dans les verrières de la fenêtre, une remarquable peinture sur verre de Jean Macadré, malheureusement mutilée et massacrée, qui représente deux scènes de la vie de saint Pierre. Le sujet de cette verrière occupait seulement les deux lancettes centrales de la fenêtre.

Dans la première lancette, on voit saint Pierre et saint Jean, les mains liées de cordes, arrêtés et emmenés par un soldat, après avoir guéri le boiteux de naissance qui se tenait chaque jour à la belle porte du temple. Cet infirme est derrière les apôtres, ses béquilles à la main. Dans le haut, un ange descend du ciel, et les soldats le regardent d'un air stupéfait.

Au-dessous de ce panneau, un fragment en grisaille très intéressant représente quatre têtes de vieillards juifs qui s'entretiennent avec une extrême vivacité. Ce fragment ne se rapporte pas à cette verrière.

Dans la deuxième lancette, on reconnaît saint Pierre tenant un livre, le bras et le regard élevés vers les cieux.

A ses pieds Simon le Magicien, coiffé d'un bonnet de spirite. Ce passage représente probablement l'entrevue où Simon veut acheter à saint Pierre le pouvoir de faire des miracles : « Que ton argent périsse avec toi, » répond l'apôtre; et Simon tombe à terre, laissant son livre de magie lui échapper des mains. Au-dessus de lui, on voit un jeune homme lisant dans un livre où sont écrits ces mots, qui font allusion à la puissance toute divine que s'attribuait Simon le Magicien :

LE DIEV
LE FOR (T)
LE TER (RIBLE)
PA (RACLET)
ET. . . . .
H . . . . [1]

Les inscriptions de ces deux sujets sont tellement incomplètes qu'on ne peut les rétablir. On voit seulement, en rapprochant certains fragments, qu'il s'agit de *boiteux* assis à *la porte* du temple et *demandant à saint Pierre l'aumône.*

A gauche, contre le mur de refend du transept, une peinture sur toile d'une très grande dimension, très belle copie de l'école italienne représentant la Cène.

Ce tableau a été donné à l'église en 1838, par M. Jean-Baptiste Roblin, ancien apprêteur de drap, qui l'avait acheté dans une vente publique après décès.

Deuxième chapelle, Saint-Bernard. — La voûte de cette chapelle est une simple combinaison de menuiserie, formée de nervures diagonales et d'une suite de losanges.

La fenêtre, de style ogival, avec meneaux de la Renaissance, est disposée en portique, et divisée en trois parties par deux plates-bandes, pour se terminer dans le tympan par un ovale maintenu par des contre-courbes.

Cette fenêtre se compose de quatre lancettes renfermant quelques panneaux de verrières passablement mutilées, qui représentent la vie de saint Jean-Baptiste.

La rangée du bas de la fenêtre a été supprimée pour donner plus de jour à la chapelle.

DEUXIÈME RANGÉE. — 1er *panneau.* — La Visitation. Ce pan-

1. « Je suis, disait Simon, la parole de Dieu, je suis la beauté de Dieu, je suis le Paraclet, je suis le Tout-Puissant, je suis tout ce qui est en Dieu. » Migne, *Dict. des hérésies*, t. II, col. 111. Il s'était associé une courtisane nommée Hélène, qu'il prétendait être l'intelligence supérieure, mère de tous les Eons. Peut-être la lettre H qui commence la dernière ligne de l'inscription ci-dessus est-elle la première lettre du nom de cette Hélène.

neau ne devrait être placé qu'après le suivant; il y a eu interversion de la part du vitrier qui a rétabli la fenêtre.

2e *panneau.* — La vision de Zacharie, père de saint Jean-Baptiste, lorqu'un ange lui apparaît, dans le temple, pour lui annoncer que sainte Elisabeth, son épouse, jusque-là stérile, lui donnerait un fils. Zacharie est vêtu en grand-prêtre et tient un encensoir à la main.

Au-dessous de lui, dans un petit panneau de verre, on lit :

CESTE
VISTRE A ESTE RETA
BLIE PAR LES M^{TRES}
DE LA COMMVNAVTE
DES TANEVRS. 1678.

3e *panneau.* — Naissance de saint Jean-Baptiste. Sur un meuble du premier plan, auquel s'appuie saint Zacharie pour écrire sur une tablette le nom qu'il faut donner à son fils, on lit la date de 1536.

Dans la bordure de l'angle inférieur, à gauche, on voit le chiffre suivant, sur fond de grisaille (42) :

42.

4e *panneau.* — Saint Jean-Baptiste, tout jeune encore, près de partir pour le désert, s'agenouille devant son père, qui le bénit. Sa mère, assise derrière lui, le contemple avec recueillement.

DEUXIÈME RANGÉE. — 1er *panneau.* — Saint Jean-Baptiste prêchant dans le désert le baptême de la pénitence. Foule d'hommes et de femmes, celles-ci portant dans leurs bras des petits enfants.

2e *panneau.* — Jésus baptisé par saint Jean. Dans le haut, le Père éternel, portant un globe surmonté d'une longue croix.

A l'angle inférieur de droite, on lit cette devise :

PLVS PĒSER QVE DIRE.

3e *panneau.* — Le Précurseur arrêté par des soldats.

4e *panneau.* — Saint Jean-Baptiste, conduit devant Hérode, lui fait des reproches de sa conduite à l'égard de son frère Philippe.

Un fragment de grisaille, qui se trouve rapporté dans ce panneau, représente un vieillard qui donne des explications très animées à un jeune homme. On peut rapprocher ce fragment de celui qui se trouve à la chapelle précédente.

Au-dessus de la plate-bande de la première division, plusieurs fragments de panneaux provenant du bas de la fenêtre.

1er *panneau.* — La donatrice de cette verrière, assistée d'un saint évêque, tenant une croix (saint Claude). Derrière elle, ses six filles, comme elle agenouillées, les mains jointes.

2e *panneau.* — Une sainte femme, tenant une palme.

3e *panneau.* — Un geôlier portant ses clefs à sa ceinture.

4e *panneau.* — Saint Sébastien, martyr.

A droite, contre le mur de refend, un petit autel moderne exécuté dans le style du XIIIe siècle, par M. Guillemin, sculpteur à Troyes. Au-dessus, posée sur une console, une charmante statue de saint Bernard du XVIIe siècle, abritée sous un petit dais moderne, à tourelles couronnées de créneaux. Le saint tient sa crosse de la main gauche, et de la main droite un livre entr'ouvert.

En face, sur le mur de gauche, un tableau représentant saint Liguori, favorisé d'une apparition de la Vierge [1].

Troisième chapelle, Sainte-Barbe. — La fenêtre comprend cinq lancettes plein cintre. Au-dessus de cette arcature, un bandeau sépare la partie architecturale du XVe siècle de celle du XVIe. Le tympan se compose de cinq trilobes gothiques et de trois ovales trilobés surmontés d'une forme ovoïde dans la pointe de l'ogive.

Cette fenêtre est complètement vitrée de verre blanc.

La voûte présente les mêmes figures géométriques que celle qui la précède.

Sur le mur de refend, à droite, est un petit autel, œuvre du sculpteur Guillemin, dans le style du XIIIe siècle. La table de l'autel repose sur deux consoles feuillagées. Au centre du tombeau est une croix tréflée sur un fond de tapisserie en losanges.

1. L'auteur de la Notice de Saint-Jean avait la faiblesse de décorer son église avec des tableaux bons ou mauvais, qu'il recueillait de tous côtés.

Au-dessus de l'autel, une belle statue de sainte Barbe tenant une palme et un livre. A sa gauche, la tour légendaire où elle fut renfermée par son père. Au-dessus de sa tête, un petit dais moderne, mais plus ancien[1].

En face, au-dessus du confessionnal, un tableau représentant saint Augustin.

CHAPELLES LATÉRALES ET BAS COTÉS DU CHŒUR.

CÔTÉ DU MIDI.

Première chapelle. — Le mur de refend de cette chapelle, du côté du transept, fait partie de la base de la tour de l'horloge, entièrement occupée par l'escalier desservant les galeries extérieures et la plate-forme de la tour.

A droite, en entrant dans cette chapelle, on trouve la porte de cet escalier qui se développe en encorbellement dans l'angle du mur de clôture.

La fenêtre plein cintre occupe toute la surface du mur; trois meneaux la divisent pour former quatre jours.

Au-dessus de cette arcature est une plate-bande qui la divise aussi tranversalement sur sa hauteur, pour se prolonger de nouveau jusqu'au cintre de la fenêtre. Les panneaux en grisaille qui la décorent appartiennent à la deuxième moitié du XVIe siècle.

Après la reconstruction des nouvelles chapelles des bas côtés du chœur, entièrement terminée vers 1556, la veuve Sébastien Mauroy et ses enfants abandonnèrent leur ancienne chapelle du bas côté sud de la nef, pour s'installer dans les nouvelles constructions du bas côté du chœur, qui offraient un aspect plus grandiose et plus confortable : Pierre de Mauroy, son neveu, au nord, et la veuve Sébastien Mauroy, au midi; chacun fit des frais considérables pour orner ces nouvelles chapelles. On fit faire de nouvelles verrières à la mode du temps et on répéta de nouveau la légende de saint Sébastien, patron de Sébastien Mauroy.

1. Il est bon de noter que dans la décoration de toutes ces chapelles, malgré tout le mérite de l'exécution, il n'y a aucune unité de principe architectural.

Malgré de maladroites réparations, ces peintures sont intéressantes à étudier. Elles représentent la légende de saint Sébastien et de saint Polycarpe, son compagnon.

Le déplacement de ces panneaux mis au hasard rend bien difficile la mise en ordre de cette légende et l'étude de leurs sujets.

1re *lancette.* — 1er *panneau.* — Un personnage nu, attaché à un poteau, une flèche fichée dans le corps, représente saint Sébastien; un maladroit vitrier lui a mis une tête qui ne lui appartient pas. Près de lui, mais faisant certainement partie d'un autre panneau, un personnage nimbé représente le même saint Sébastien, jeune encore, avec le costume et la coiffure du temps de Henri II.

2e *panneau.* — Saint Sébastien revêtu du même costume et saint Polycarpe en surplis en présence du peuple assemblé. Sébastien rend l'usage de la parole à Zoé, femme de Nicotraste. Celui-ci, surpris d'un pareil prodige, tombe à genoux près de sa femme pour recevoir tous deux le baptême des mains de Polycarpe.

3e *panneau.* — Saint Sébastien, toujours avec le même costume, est conduit devant l'empereur Dioclétien par des soldats.

La seconde et la troisième lancette sont tout entières en verre blanc.

4e *lancette.* — 1er *panneau.* — Un donateur assisté de son patron, peut-être saint Jean l'évangéliste. Derrière eux, six frères. Le premier personnage serait Jean Mauroy, écuyer, seigneur de Charley et du Mesnil-les-Granges, qui continua la descendance.

Viennent ensuite :

Henri Mauroy, cordelier.

Claude Mauroy, aussi cordelier.

Hugues, dit le capitaine.

Jacques, religieux de Saint-Loup.

Christophe, écuyer, seigneur de Beaulieu.

Nicolas, conseiller au bailliage de Troyes [1].

Le panneau qui devait représenter Marguerite Pinot, veuve de Sébastien Mauroy, leur père, n'existe plus.

Devant cette chapelle, sous un marbre noir, est l'ancien caveau

1. Albert de Mauroy, *Généalogie de la famille.*

de cette famille et de leurs descendants ; les armoiries et les épitaphes s'y lisaient encore au commencement de ce siècle.

2e *panneau.* — L'empereur entouré de toute sa cour, devant lui un saint personnage. La tête qu'il porte sur ses épaules ne lui appartient pas. (C'est une restitution maladroite.)

3e *panneau.* — Sainte Lucine et saint Polycarpe retirent les flèches du corps de saint Sébastien.

Au-dessus des arcatures, deux panneaux rapportés.

Celui de gauche est composé de fragments insignifiants. Celui de droite, en grisaille, nous semble représenter sainte Geneviève recevant la bénédiction de saint Germain d'Auxerre et de saint Loup de Troyes. Derrière elle, son père semble l'offrir aux deux saints, et, dans le fond, sa mère se détourne comme pour dissimuler sa douleur de voir sa fille se consacrer à Dieu.

A gauche, sur le mur de refend, un tableau nous paraît représenter saint Blaise, évêque et martyr, en chape et en mitre, comparaissant devant un gouverneur romain. Deux soldats sont derrière lui. A ses pieds une femme lui présente un enfant qu'il guérit en lui posant la main sur le cou, probablement pour le délivrer de l'arête qui s'était arrêtée dans le gosier de l'enfant et qui le réduisait à l'extrémité. Dans le lointain, on voit un bourreau qui tranche d'un coup d'épée la tête du saint, et une femme, peut-être la mère de l'enfant guéri, qu'un soldat arrête pour l'empêcher d'aller rejoindre le saint martyr. Cette femme fut sans doute une de celles qui furent martyrisées avec saint Blaise.

Deuxième chapelle. — Cette travée est beaucoup plus large que la précédente. La fenêtre a été reconstruite en 1555.

Elle se compose de cinq lancettes cintrées. Au-dessus, un bandeau sépare la partie moderne de celle du xve siècle, qui occupe tout le tympan de la fenêtre, composé des ogives trilobées des anciennes lancettes, surmontées de trilobes flamboyants.

La voûte se divise simplement par des arcs diagonaux.

La fenêtre a perdu toutes ses verrières de couleur, sauf un médaillon qui représente le nom de Jésus, entouré de rayons, au centre d'une couronne d'épines entrelacées.

A gauche, suspendue au mur de refend, une peinture assez médiocre représente saint Augustin.

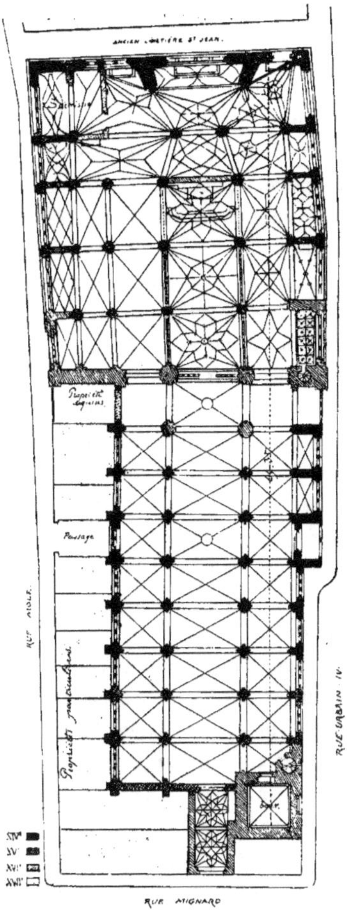

Troisième chapelle. — C'est à partir de cette chapelle que l'inclinaison du monument se porte carrément vers le nord (voir le plan 43). La fenêtre se divise en cinq lancettes représentant le même système de construction que la fenêtre précédente.

Les verrières sont très intéressantes; ce sont des grisailles d'une composition et d'une exécution remarquables, que l'on peut faire remonter de 1530 à 1550.

Ces panneaux, comme ceux de la deuxième travée, devaient être accompagnés d'accessoires ou bordures décoratives qui ont été supprimés. Les meneaux de ces fenêtres ayant été conçus dans un autre style en 1555, il a fallu, pour les remettre en place, supprimer ce qui gênait.

Tous ces panneaux sont consacrés à la légende de sainte Agathe, vierge et martyre de Catane.

43.

PREMIÈRE RANGÉE. — 1er *panneau.* — Un personnage barbu, coiffé d'un turban, sans doute, Quincien, consul de Sicile, qui, n'ayant pu se rendre maître d'Agathe, devint son juge et son bourreau. En face de lui, la sainte

en bergère. Dans le fond, une autre bergère, dont on ne voit plus guère que les bras portant une panetière, garde un troupeau de moutons. Entre la sainte et le troupeau il y a une espèce de petit dragon volant, qui indiquerait une guérison miraculeuse. A droite une maison de campagne entourée de palissade à claire-voie, et, dans le lointain, une ferme ou un petit château.

2e *panneau.* — Sainte Agathe, la poitrine nue, est attachée à une colonne; deux bourreaux lui arrachent les seins avec de fortes tenailles en présence de Quincien, qui semble étonné de l'insensibilité de la martyre.

3e *panneau.* — Sainte Agathe, la poitrine nue, semble prendre à témoin de sa guérison miraculeuse le consul Quincien et plusieurs autres personnages qui la considèrent curieusement.

De ces trois panneaux il ne reste que la moitié, la partie basse ayant été coupée pour donner plus de jour à la chapelle.

DEUXIÈME RANGÉE. — 1er *panneau.* — Quincien fait lui-même l'office de bourreau. Sainte Agathe est agenouillée à terre, les mains jointes. En présence des soldats, Quincien la saisit par les cheveux et tire son sabre de la main droite pour lui trancher la tête. Dans le lointain un tremblement de terre ébranle la ville, les pierres volent de toutes parts. Quincien et un de ses compagnons sont renversés, d'autres sont écrasés.

2e *panneau.* — Sainte Agathe, nue jusqu'à la ceinture, est amenée devant son juge, puis frappée à coups de bâton par deux bourreaux.

3e *panneau.* — Sainte Agathe, accompagnée d'un soldat, debout devant le consul, lui présente ses deux seins dans un plat, en lui disant : « Méchant, cruel et pervers tyran, n'es-tu pas confus d'avoir fait couper à une femme ce que toi-même tu as sucé de ta mère [1]? »

Le vitrier chargé de la remise en plomb de ces panneaux a rendu incompréhensible ce passage de la légende, en mutilant le plat que la sainte portait entre ses mains, et dans lequel étaient ses deux seins.

Dans le fond du tribunal, des spectateurs sous une galerie

1. *La Légende dorée.*

antique; à droite du juge, un docteur consultant le livre des lois ou la prescription émanant de l'autorité souveraine.

Ces derniers panneaux que nous venons de décrire sont complets, mal distribués et pas à leur place. La troisième rangée complémentaire de cette légende et les inscriptions de cette belle et intéressante légende n'existent plus.

Contre le mur de refend, à gauche, un petit autel simple, sculpté par M. Valtat dans le goût du XVIe siècle.

Au-dessus de l'autel, une large console moderne à rinceaux courants supporte un des plus beaux et des plus admirables groupes de la sculpture française au commencement du XVIe siècle, représentant la Visitation de la Mère de Dieu à sainte Élisabeth. Ce groupe, presque grandeur naturelle, est un véritable chef-d'œuvre de goût et de distinction.

Les deux statues sont richement vêtues. La sainte Vierge porte une coiffure brodée de perles et de pierres précieuses; les bandeaux de sa belle chevelure se déroulent en spirales jusqu'à mi-corps; son manteau est fixé sur ses épaules par une cordelière ornée de pierreries, et la bordure est décorée d'arabesques empruntées à la Renaissance italienne, qui nous rappellent la décoration des pilastres du tombeau de Louis XII à Saint-Denis et ceux des jubés de l'église Sainte-Madeleine et de Villemaur. Cette bordure du manteau porte un blason à peine visible, sur lequel on distingue un marteau au milieu de deux ciseaux. A sa riche ceinture est suspendu un rosaire qui se termine par un riche médaillon. Elle tient un livre de la main gauche.

Sainte Élisabeth est vêtue d'un costume plus sévère, qui répond à son âge. Elle est coiffée d'un bourrelet fixé par deux barbes qui se réunissent sur la poitrine par une fibule antique. Sur le devant de cette coiffure et sur le fond sont de riches cabochons de pierres précieuses.

La bordure des manches de dessus porte en lettres onciales quelques mots du *Magnificat*. On lit : ANIMA MEA DOMINVM. Sur le côté gauche la robe est entr'ouverte et laisse apercevoir un trousseau de clefs et une très belle aumônière.

Il n'y a rien, dans toutes les églises de Troyes et du département, qui se rapproche de l'exécution de ce groupe en marbre, de la richesse des vêtements, des accessoires et du caractère de cette belle sculpture, œuvre unique, exécutée par un artiste français. Néanmoins, il y a dans l'ensemble de cette belle œuvre une influence flamande, qui prit un certain essor dans nos contrées vers la fin du xve siècle, par suite des rapports constants que Troyes avait avec la Flandre pour l'écoulement de ses produits.

La coiffure de la Vierge nous rappelle exactement celle que porte Anne de Bretagne dans les beaux manuscrits de cette époque, 1500 à 1510 (44).

En face sur le mur de refend de la chapelle, un grand tableau représentant saint Jacques le Majeur, un bourdon de pèlerin à la main, une épée à ses pieds. Derrière lui, un vaisseau vogue sur les flots.

CHŒUR ET SANCTUAIRE.

Le chœur de l'église Saint-Jean est d'une belle grandeur, il mesure vingt et un mètres d'élévation, neuf mètres de moins que la hauteur des voûtes de la cathédrale.

Les voûtes, comme celles des bas côtés méridionaux et des chapelles latérales, sont chargées de liernes et de tiercerons produisant des figures géométriques de convention. (Voir le plan.)

Cet assemblage de nervures, très répandu dans nos églises vers la fin du xve siècle, n'est qu'une simple décoration qui n'ajoute rien à la solidité des voûtes, dit Viollet-le-Duc « et il y a plus d'art dans nos voûtes d'apparence plus simple, qu'on n'en saurait trouver dans ce système purement géométrique [1]. »

Le chœur et le sanctuaire sont fermés dans leur pourtour par un mur d'appui qui les enveloppe de toutes parts. Le sanctuaire, avant la construction du maître-autel, était déjà formé par un mur, car nous voyons en 1570, dans les comptes de la fabrique, que Gustave Potier, peintre, reçoit VII livres « pour onze pourtraits du baptême de Notre-Seigneur, ensemble trois autres pourtraits pour remplir la cloison du cœur ».

1. *Dictionnaire raisonné d'architecture.*

Le chœur est actuellement meublé de trente-deux stalles, dont

44. LA VISITATION.

les six premières ferment l'entrée du chœur sur la nef. Elles proviennent de l'ancienne église de Saint-Jacques-aux-Nonnains. Cinq de ces stalles se composent de panneaux Renaissance qui nous rappellent les stalles de l'église des Noës. (Vol. I, p. 131.)

En 1744, le chœur fut pavé en marbre de différentes couleurs et par compartiments, et le sanctuaire de carreaux de marbre noir et blanc. Le sol du chœur se trouve de niveau avec la nef jusqu'au troisième pilier, ici le chœur s'élève de quatre marches, puis on monte deux gradins pour se rendre sur la plate-forme du maître-autel.

Les piliers du chœur sont d'une belle élévation ; les deux premiers, plus forts que les autres, étaient destinés à supporter la voûte centrale du transept et le poids de la flèche qui en était le couronnement. Ces piliers, de forme ondée, n'ont pour toute décoration qu'une base sans saillie, espèce de revêtement engagé dans les murs de clôture, dans les stalles et dans les bancs. Ces élégants piliers supportent les arcs-doubleaux des travées, les voûtes du chœur et celles des bas côtés.

Au-dessus des ogives, un bandeau contourne tout le chœur ; il est décoré de moulures et d'un cavet légèrement concave, sur lequel on a sculpté de distance en distance des animaux fantastiques, séparés par des feuilles, des nœuds de ronces et d'épines.

Au-dessus s'élèvent les grandes fenêtres du chœur, dont les meneaux, reconstruits de 1555 à 1560, sont disposés en portique à trois étages et divisés en cinq lancettes plein cintre. Un bandeau, ajouré de petites ouvertures circulaires, ferme la première partie. A la rencontre des points de départ de l'arc ogival de la fenêtre, qui date de la fin du xve siècle, un petit bandeau limite la deuxième partie du portique ainsi que la première et la cinquième lancette; les trois lancettes centrales s'élèvent à la hauteur de la pointe de l'ogive, pour se terminer par un entablement surmonté d'un fronton triangulaire au centre duquel est un cercle ajouré.

Les fenêtres du sanctuaire présentent les mêmes dispositions. Plus étroites, elles ne renferment que quatre lancettes. (Voir la vue du chevet, page 53.)

Le maître-autel. — Au mois de mars 1665, les marguilliers de Saint-Jean font une quête pour la construction du maître-autel. La recette des petites sommes s'élève à 3,000 francs; une dame Viguier donne 3,000 francs, les marguilliers empruntent 2,000 francs; c'est donc avec 8,000 francs que ces messieurs commencent les travaux.

Madain et Chabouillet jettent les fondements pour la construction du maître-autel et reçoivent, au mois de mars 1665, la somme de 451 livres 19 sous.

Les travaux, poussés avec activité, sont terminés le 10 décembre 1667. L'architecte Du Mary visite les travaux, fait retoucher quelques parties et déclare que les marguilliers peuvent recevoir le maître-autel. Madain et Chabouillet réclament 840 livres, qui leur sont comptées quelques jours après[1].

Pour décorer ce splendide retable, l'on eut recours au célèbre Pierre Mignard, peintre, né à Troyes, en 1610, sur la paroisse Saint-Jean, pour deux tableaux, un pour le retable de l'autel représentant le baptême de Jésus-Christ par saint Jean-Baptiste, l'autre le Père éternel, destiné à l'attique du couronnement.

Ces deux admirables peintures furent payées 1,500 livres. M. Alex. Assier a découvert aux *Archives de l'Aube* les quittances signées de la main de Mignard, et l'acte de réception par les marguilliers du Baptême de Jésus-Christ par saint Jean.

Nous soussignés, Jean Goujon et Louis Camusat, marchands à Troyes et marguilliers de la fabrique Saint-Jean du dit Troyes, confessons que M. Mignard, très excellent peintre, demeurant à Paris, nous a mis en main ce jourdhuy le grand tableau du baptême de saint Jean qu'il a esté prié de faire pour la dite église, et promettons au dit sieur Mignard lui payer la somme de mil livres restant à payer de la somme à lui remise, incontinent après qu'il nous aura encore fourny le petit tableau qui se doit mettre dans la dite église, au-dessus du dit grand tableau du baptesme, lequel petit tableau il fera suivant l'un des deux desseins qu'il nous a aussy baillez ce jourdhuy, lequel lui sera renvoyé dudit Troyes.

Fait à Paris, ce 14 juillet 1667.

JEAN GOUJON, LOUIS CAMUSAT.

1. Alex. Assier, *les Comptes de la fabrique Saint-Jean.*

Suivent les deux quittances de Mignard :

J'ay receu des sieurs Jean Goujon, Michel Taffignon, Jacques Tassin et Louis Camusat, marguilliers de leuvre et fabrique de l'église S.-Jean de Troyes, la somme de cinq cents livres à bon compte de deux tableaux que je fais pour la ditte église, laquelle somme de cinq cents livres je tiendray compte sur le pris fait des dits tableaux.

Fait à Paris, le 21 mars 1667.

P. Mignard.

Le registre de l'année 1667 constate cette dépense de 1,500 livres, plus 10 livres 12 sous 6 deniers « pour la boîte du grand tableau, l'emballage, le port et le renvoy des deux dessins par messager ».

Description du maitre-autel. — Le tombeau de l'autel, en marbre blanc, a été reconstruit en 1846, sans tenir compte des proportions et du style du retable. Il est divisé en trois parties par des pilastres cannelés qui séparent les compartiments.

Dans ce tombeau, fermé de glaces, se trouvent renfermés plusieurs reliquaires de différents styles, où sont conservées des reliques de saint Jean-Baptiste, des apôtres et d'autres saints.

Le retable, exécuté en marbre blanc, sur les dessins de Noblet, architecte à Paris, directeur-garde des fontaines de Paris, est un monument aux proportions colossales s'élevant au-dessus des grandes fenêtres du sanctuaire. Il est entièrement construit en marbre blanc et noir.

Deux avant-corps, composés de deux soubassements de marbre noir et blanc, portent deux colonnes corinthiennes de marbre noir avec chapiteaux en marbre blanc, supportant un riche entablement du même ordre, surmonté d'un fronton circulaire qui se coupe en retraite sur toute la largeur de l'autel.

Dans cette retraite est ménagé le cadre doré qui renferme le magnifique tableau de Pierre Mignard signé, et daté par lui-même :

P. MIGNARD PINXIT PARISIIS A^{NO} 1667.

La chronique nous apprend que, sous la figure des anges qui

soutiennent les vêtements du divin baptisé, le célèbre peintre a représenté sa femme et sa fille, l'une brune, l'autre blonde.

L'ordonnance de cette vaste exécution se termine par un attique d'amortissement composé de deux pilastres décorés de marbre noir et surélevés par deux socles aux panneaux de même couleur, portant une corniche surmontée d'un fronton triangulaire décoré au centre par une figure emblématique, le pélican se déchirant les entrailles pour nourrir ses petits.

A la pointe du fronton, une croix en marbre blanc et, sur les rampants, deux anges au repos, armés de trompettes.

Le milieu de l'attique est rempli par le deuxième tableau de Mignard, représentant le Père éternel sortant des nuées pour contempler le baptême de son fils, en disant : « Celui-ci est mon fils bien-aimé », paroles gravées en lettres d'or dans le tympan du fronton circulaire du grand ordre :

HIC EST FILIUS MEUS DILECTUS IN QUO
MIHI BENE COMPLACUI.

Dans l'axe des deux colonnes et posés sur le grand fronton, à la naissance de l'arc, sont deux socles décorés de panneaux en marbre noir qui ne portent rien. Avant la Révolution, ils étaient occupés par deux belles statues du XVIe siècle, celle de saint Jean-Baptiste et celle de saint Jean l'Évangéliste, les deux patrons de l'église, qui étaient, selon Grosley et Courtalon, de la main de Dominique et Gentil.

Le tabernacle. — Au centre de l'autel, entre les gradins, est le tabernacle, exécuté sur les dessins de Girardon, sculpteur du roi. Les cuivres, ciselés et dorés, d'or moulu, sont de la main du célèbre sculpteur.

Ce tabernacle, disposé en portique plein cintre, forme une niche d'exposition pour le Saint-Sacrement. Il est composé de marbre antique très rare, décoré de cuivres dorés ciselés avec art et accompagné de deux panneaux décoratifs formant supports à la décoration centrale. Ces panneaux représentent, à gauche, saint Jean-Baptiste montrant du doigt le tabernacle, où réside le Sauveur; à droite, saint Jean l'Évangéliste, écrivant sous la dictée d'un ange qui lui apparaît dans une gloire, la tête couronnée d'étoiles et les pieds posés sur le croissant de la lune.

Quatre colonnes ioniques, d'une brocatelle ou agate antique, très précieuse, portent la corniche et le cintre du portique, sur lesquels sont des petits trépieds antiques portant un vase flambant.

Entre les colonnes sont les médaillons du Christ et de la Vierge, en cuivre doré.

Dans la voussure circulaire de la niche, une gloire en cuivre doré, ainsi que les têtes des chérubins qui décorent l'arc de cercle de la niche.

Dans le soubassement de ce petit monument, au milieu et dans l'axe du portique, est placé le tabernacle qui renferme le saint ciboire.

La porte, dont le fronton circulaire ne dépasse que très peu la hauteur du socle, est décorée d'une charmante petite figure de saint Jean-Baptiste enfant, bénissant et portant le signe de la Rédemption. Cette figure d'enfant est un petit chef-d'œuvre de grâce et de modelé qui passe inaperçu dans l'ensemble de ce vaste retable.

Des deux côtés du tabernacle sont deux anges adorateurs en bronze doré, du même artiste, agenouillés et prosternés sur un socle de marbre et dans une attitude de recueillement.

Sur le plateau de la corniche de ce riche tabernacle, du côté gauche, on lit, gravé en creux sur le marbre :

FAICT · PAR · FRANCOIS · GIRARDON · TROYEN ·

Les gradins de l'autel sont occupés, à droite et à gauche, par de grands chandeliers modernes qui en complètent la décoration.

Des deux côtés de l'autel sont deux grands chandeliers en bois sculpté, mesurant en hauteur 1^m^,70. Le pied est formé de trois dauphins qui mordent la poussière et dont les queues se réunissent à la naissance de la tige. Trois autres dauphins forment le nœud du chandelier (45).

Donnés à l'église par Girardon, ces chandeliers nous rappellent ceux de la chapelle du château de Versailles. Leur forme

45.

élégante répond à la beauté et à la richesse de leur exécution.

Espérons que les nombreuses sollicitations des amateurs ne réussiront pas à nous priver de ce précieux souvenir du grand maître de la sculpture française à la fin du XVIIe siècle.

VERRIÈRES DU CHŒUR.

Suivant les comptes de la fabrique de Saint-Jean, en 1691, le tonnerre et la grêle brisèrent toutes les vitres du chœur, du côté nord de l'édifice.

La réparation de ce désastre coûta à la fabrique la somme de 1,200 francs. Ces anciennes verrières étaient du plus haut intérêt; elles représentaient, entre autres, l'histoire de saint Loup et d'Attila.

Au midi, deux fenêtres seulement sont restées intactes. D'une composition magistrale, elles méritent l'admiration des artistes et qu'on s'y attache avec une surveillance incessante. Ce sont des chefs-d'œuvre de peinture sur verre entièrement complets, malheureusement bouleversés par des réparations inhabiles et maladroites.

Les auteurs de tout ce désordre, non contents du déplacement des verres formant les plis et le dessin des vêtements des personnages, ont posé les panneaux dans le sens inverse.

Ce n'est pas une critique que nous formulons, ce sont des faits que nous mettons sous les yeux de qui de droit, par amour pour l'art et pour sauver les œuvres de nos ancêtres, si compromises et si délaissées.

Désirant avoir raison de tout ce gaspillage, nous avons fait faire une photographie par M. Gustave Lancelot, et nous avons dessiné sur place les verrières du chœur et celles du sanctuaire.

Pour arriver à un résultat complet, nous avons fait enlever un panneau à la fenêtre qui fait face à celle qui nous occupe. Puis, dans les chéneaux extérieurs de l'église, monté sur une chaise, armé d'un crayon et d'une jumelle, l'album sur le bras gauche, nous avons travaillé toute une journée en équilibre à étudier et à dessiner ces œuvres admirables, dont le dessin nous rappelle la simplicité antique, la forme gracieuse et l'élégance des œuvres de Dominique le Florentin[1].

DESCRIPTION DES VERRIÈRES DU CHŒUR.

COTÉ SUD.

DEUXIÈME FENÊTRE DU CHŒUR, *à droite*. — Cette fenêtre a conservé une grande partie de sa verrière, qui est, comme nous l'avons déjà dit, une des merveilles de la Renaissance, autant par la correction du style que par la brillante peinture émail ou grisaille qui transforma la peinture sur verre à cette époque (1580).

1. Il y a deux ans, lors de nos travaux sur l'église de Saint-Nizier, nous avons fait connaître l'état précaire de certaines verrières. Il nous fut répondu : « Nous n'avons pas d'argent. »

L'année dernière, la plus belle verrière du transept sud, celle qui représente la figure allégorique de la Religion, accompagnée des quatre évangélistes, vit tomber son armature, qui fut réduite en morceaux sur le pavé de l'église.

La description de cette verrière se trouve à la page 502 de notre troisième volume.

On dut trouver, cette fois, de l'argent pour faire réparer et remettre en plomb la verrière ; mais ce travail fut si mal exécuté qu'elle a perdu pour longtemps sa valeur artistique et archéologique.

Dans la sacristie de la même église, il y avait un petit médaillon représentant Henri IV, publié à la page 546 du même volume. Faute de trois francs disponibles dans la caisse de la fabrique, le roi perdit sa tête. Ce petit panneau ainsi mutilé est encore une perte irréparable dont le lecteur pourra comprendre l'importance en lisant la notice qui accompagne la planche.

Les verrières du chœur de Saint-Jean, ainsi que les meneaux, sont actuellement dans le même état que celles de Saint-Nizier. Il y a urgence de les visiter et de les surveiller, pour éviter un désastre des plus regrettables.

Au XVIe siècle, on n'attendait pas deux ou trois cents ans pour examiner l'état des verrières de l'église Saint-Jean, car nous voyons dans les comptes de la fabrique : *Payé à Lyénin, verrier, pour ses gages accoutumez pour an, d'avoir ouvert et fermé les verrières de l'église*, XV s. Ce Lyénin n'était pas un vulgaire verrier, c'était un artiste de talent qui fit, en 1518, l'une des plus riches verrières de la cathédrale, *l'Arbre de Jessé*.

Constatons en toute équité que M. l'abbé Morlot, curé de Saint-Jean, mort en 1886, avait commencé la restauration des verrières des bas côtés, avec l'intention de faire faire la même opération pour celles du chœur, quand la mort vint le frapper.

Toutes les figures qui occupent les lancettes sont représentées dans des niches à plein cintre, décorées dans la partie cintrée par des draperies qui leur servent d'abri. Elles représentent les quatre Pères de l'Église latine et, au centre du vitrail, le baptême de Jésus par saint Jean.

En voici la description :

1re *lancette, à gauche.* — Saint Grégoire le Grand, tenant une croix papale à trois branches[1].

De la main droite le pape tient un livre ouvert; vêtu d'une chape à riche chaperon, il est coiffé d'une tiare à triple couronne.

Le soubassement de la niche occupant le premier panneau d'en bas a été déplacé. Il est actuellement dans la deuxième lancette, où nous voyons une partie du nom de GRÉGOIRE et la place du blason du donateur, qui malheureusement a disparu. Il était circonscrit dans une couronne de chêne encore en place.

2e *lancette.* — Saint Jérôme, vêtu de la pourpre romaine, insigne du cardinalat, la tête couverte d'un chapeau rond de la même couleur, à glands ou fanons. Il tient de la main droite une croix à triple branche. De la main gauche il maintient son livre entr'ouvert. Cette belle figure est la mieux conservée.

3e *lancette.* — Cette lancette centrale est consacrée au Baptême de Jésus par saint Jean.

Jésus, en partie nu, les pieds au milieu du Jourdain, les épaules couvertes et les mains jointes, reçoit le baptême du Précurseur. Celui-ci, sur le bord du fleuve, tient une coquille avec laquelle il verse l'eau sur la tête du Sauveur. Sur la droite, un ange debout, avec respect, porte les vêtements de Jésus.

Saint Jean tenait dans sa main gauche le signe rédempteur, qui a disparu.

Dans le cintre de cette lancette, Dieu le Père, sur des nuages, entouré de rayons lumineux d'où s'échappent des têtes de chérubin, est vêtu d'une chape, la tiare en tête; il porte la boule du monde et bénit son fils.

1. Cette croix ainsi composée ne se rencontre qu'à partir du XVIe siècle.

Le quatrième panneau de ce sujet est renversé et dénature complètement la composition du tableau.

Cette gaucherie est d'autant plus regrettable que le sujet est complet dans toutes ses parties et qu'il suffit, pour réparer la faute, de retourner le panneau et de le remettre à la même place.

Ce motif, plus grand en hauteur que les quatre figures des Pères de l'Église, occupe une partie du premier panneau d'en bas et repose sur une console en forme de cul-de-lampe ornée d'anges tenant des guirlandes de fruits et de rinceaux mélangés de morceaux de verre insignifiants qui viennent jeter de la confusion dans cette décoration.

4e *lancette.* — Saint Ambroise, évêque de Milan, la mitre en tête, couverte de pierres précieuses, vêtu d'une chape aux riches galons chargés de petites figurines représentant les apôtres. Sa crosse, passée dans son bras gauche, lui permet de tenir des deux mains son livre ouvert. On lit sur les deux pages de ce livre, en caractère gothique très bien formé, ces passages des Psaumes : **Domine labia mea aperies et os meū anūciabit laudem tuā. Deus in adjutorium meum intende. Domine ad adjuvadū me festina. Gloria patri et.....**

La tunicelle qu'il porte sous sa chape est couverte d'ornements d'un goût exquis, d'un travail et d'une couleur remarquables à cause de l'extrême difficulté de la cuisson du verre, ce qui donne à cette verrière un prix inestimable (46).

Sous les pieds du saint, il est resté quelques lettres du nom de saint Ambroise, que nous avons rétabli et mis en place sur notre dessin.

Dans le panneau d'en bas est une partie de l'inscription de donation de cette verrière, qui, avec quelques fragments de la lancette suivante, donne ces mots :

.....**nt bourgeois de Troyes**
.....**ceste ville ont donne ceste vriere**
.....**pour les trespasses**

5e *lancette.* — Saint Augustin écrivant sur un livre appuyé sur son prie-Dieu, la tête couverte de sa mitre aux riches galons et pierreries. Belle et vénérable figure sur verre blanc, comme celles qui précèdent. Chape d'une grande richesse de décoration, brochée de ramages fleuronnés. Le saint tient sa crosse passée dans le bras droit. De sa main gauche il tient les plis relevés de sa chape et maintient son livre orné d'un riche fermoir. Sur son livre on lit : **Gloria Patri et Filio et Spiritui sancto sicut erat in principio et nūc et semper et in secula...** (47).

46.

Au-dessous du saint, on lit son nom : S. AVGVSTIN.

Au bas du panneau, les armoiries de la donatrice, difficiles à déchiffrer; elles sont accompagnées d'une couronne de verdure, comme celles de son mari, et entourées de débris d'inscriptions, mais trop incomplètes pour que l'on puisse reconnaître les noms et les qualités des donateurs, ni la date précise de l'exécution de cette merveilleuse peinture, qui nous montre les riches procédés qu'employèrent plus tard les Linard-Gontier.

TROISIEME FENÊTRE DU CHŒUR, à *droite*. — Un donateur est à genoux, en surplis, l'aumusse sur le bras gauche. Derrière lui, un saint évêque, son patron. Peinture fort remarquable et du même temps.

FENÊTRE CENTRALE DU SANCTUAIRE.

Le sanctuaire, en pan coupé, se compose de trois travées plus étroites que celle du chœur; conséquemment, les fenêtres se réduisent a quatre lancettes, mais elles conservent toutefois leurs dispositions en forme de portique couronné d'un fronton triangulaire.

La verrière de l'abside du sanctuaire est une grisaille de la fin du XVIe siècle, représentant le Calvaire, Jésus-Christ en croix entre deux larrons.

47.

Depuis la construction du retable du maître-autel, et à cause de son élévation, il est impossible de voir complètement ce vitrail et d'en donner une description détaillée.

De l'entrée de l'église, sa faible décoration ne permet pas d'en saisir le sujet d'une manière complète. En un mot, cette verrière n'est pas réussie et sans effet pour la place qu'elle occupe.

FENÊTRE DU COTÉ SUD.

L'inscription de donation de cette belle verrière se lisait autrefois dans les trois premiers panneaux qui se suivent au bas de la fenêtre; mais aujourd'hui elle est devenue complètement illisible par la transposition successive des caractères, qui n'offrent plus aucun sens. La date de 1576, époque de l'exécution de ce beau et magnifique chef-d'œuvre, a seule échappé à tout ce bouleversement. Cette date est précieuse, car elle s'applique également à la verrière des Pères de l'Église, qui est manifestement de la même époque.

On voit dans la première lancette :

1° La Foi, élevant un calice d'or d'où sort la sainte hostie environnée d'une lumineuse auréole (48);

48.

2° L'Espérance, portant une branche d'olivier, symbole de l'espérance (49);

3° La Charité, portant un enfant nu sur le bras droit; de la main gauche elle couvre de ses vêtements un enfant complètement nu, placé debout près d'elle;

4° La Justice, tenant une balance de la main droite et une épée de la main gauche.

Au bas de cette figure allégorique est le donateur de cette verrière: un prêtre aux cheveux blancs, vêtu de son aube à larges manches, agenouillé les mains jointes devant son prie-Dieu.

Plusieurs panneaux ont été renversés lors de la pose, ce qui donne aux visiteurs et surtout aux artistes la plus grande difficulté pour en saisir l'ensemble.

Dans le tympan de la fenêtre sont représentés Moïse et Aaron, célébrant dans le tabernacle; Moïse, avec sa baguette et les tables de la loi; Aaron, avec les habits sacerdotaux et une tiare sur la tête, tient d'une main l'encensoir d'or, et de l'autre la verge fleurie.

Au bas des premier et quatrième panneaux est le blason du curé donateur, qui se répète deux fois : d'azur à un cierge d'argent entouré de flammes de gueules, accompagné des initiales d'or J. M. C. Ce blason est renfermé dans un riche cartouche porté par deux génies. Il appartient à Jean le Meignen, curé de Saint-Jean en 1560, docteur en Sorbonne, puis évêque de Digne en 1584, où il mourut en 1598, le même qui bénit le petit cimetière le 13 avril 1597.

Dans les deux panneaux du milieu, au bas du tympan de la fenêtre, on lit encore, sur l'un, cet éloge que l'*Ecclésiastique* fait de Moïse : **Dilectus (Deo) et hominibus**, *Il fut cher à Dieu et aux hommes;* sur l'autre : **Dñs excelsum fecit Aaron**, *Dieu éleva Aaron en dignité,* paroles également tirées de l'*Ecclésiastique.*

49.

Cette grande page symbolique est admirable de conception ; on dirait la décoration d'un arc triomphal, comme Dominique le Florentin savait les composer pour l'entrée de nos rois dans leur bonne ville de Troyes. Il n'y aurait rien d'étonnant que ce grand artiste se fût livré, sur la fin de sa carrière, à ces sortes de travaux pour les peintres-verriers ses contemporains.

CHAPELLE
DU BAS COTÉ DU SANCTUAIRE.

COTÉ NORD.

Chapelle de Notre-Dame des Suffrages. — Cette chapelle servait autrefois de passage par une porte établie sur la rue Molé, vers 1767, pour les habitants de la rue et de la place de l'Hôtel-de-Ville.

En 1861, on supprima cette porte, et on rétablit une partie des meneaux de la fenêtre qui avaient été coupés.

Cette restauration terminée, on consacra cette chapelle sous l'invocation de la confrérie de Notre-Dame des Suffrages. Les sociétaires de cette nouvelle confrérie firent eux-mêmes les frais de cette installation, qui s'élevèrent à la somme de 8,458 francs.

Contre le mur de la sacristie fermant la chapelle de ce côté, on éleva un petit autel porté sur deux colonnes couvertes de feuilles de lierre.

Sur le gradin, un petit tabernacle néo-gothique, accompagné de deux bas-reliefs représentant la Résurrection de la fille de Jaïre et celle de Lazare, sculptures de M. Charton, de Dampierre.

Sous la table de l'autel se trouve placée une intéressante sculpture de la fin du XVe siècle, qui a bien tout le caractère de l'école française de cette époque. Malheureusement, cette sculpture n'a pas été faite pour la place qu'elle occupe actuellement. Il faut se mettre à genoux pour être à son point et la voir convenablement.

Ce haut-relief représente le corps du Christ couché à terre après avoir été descendu de la croix; le haut du corps est appuyé sur la jambe droite de saint Jean. La mère de Dieu, tout en pleurs, presse les mains meurtries de son fils. Elle se penche sur le corps inanimé du Christ pour l'embrasser; mais Jean la retient, en lui posant la main sur l'épaule. Marie-Madeleine, tout en larmes, essuie son visage avec son voile; de sa main droite elle tient un vase de parfums qu'elle verse sur les pieds du Sauveur (50).

Rien n'est plus simple et plus naturel que toutes ces figures empreintes d'une profonde tristesse et d'une douleur amère.

Au-dessus de l'autel, sur une console, est une Notre-Dame de Pitié; sur les côtés, deux nouvelles peintures murales représentant Nicodème et Joseph d'Arimathie.

A la même hauteur, sur la gauche, près de la fenêtre, un superbe tableau, copie de la mise du Christ au tombeau par le Titien, chef de l'école de Venise. Cette remarquable peinture pourrait soutenir la comparaison avec l'original. Elle est attribuée à son meilleur élève.

La fenêtre qui occupe toute la hauteur de la chapelle renferme, dans ses meneaux du XVe siècle, une verrière opaque sans précédent. Ce vitrage ténébreux rend toutes les qualités de la porcelaine, voire même tous ses défauts, ce qui ne détruit pas le mérite de l'habile dessinateur, auteur de cette nouvelle peinture.

Elle fut édifiée en 1879 et composée par M. Babouot, jeune peintre-verrier de l'école de Claudius Lavergne, à Paris.

La partie inférieure de cette grande peinture représente l'Église de la terre priant pour les âmes du Purgatoire. Un prêtre agenouillé, sous les traits du vénérable fondateur, M. l'abbé Morlot, ancien curé de Saint-Jean, prie et adore la victime du sacrifice. Derrière lui, les fidèles; sur les côtés, à gauche, saint Michel; à droite, un ange tenant un calice.

Le deuxième tableau représente le Purgatoire; les âmes, sous une

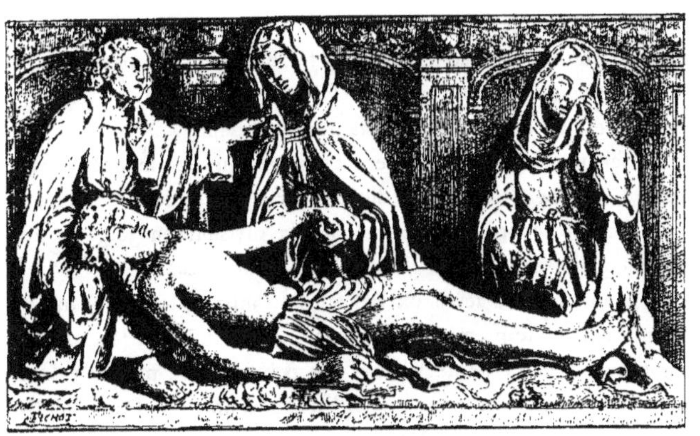

50.

figure humaine, au milieu des flammes dévorantes, élèvent leurs regards vers le ciel, d'où viennent des anges pour les délivrer. Sur les côtés, à gauche, la sainte Vierge; à droite, saint Jean-Baptiste implorant la miséricorde divine en faveur des pauvres âmes.

Le troisième tableau nous représente le ciel; la sainte Trinité, au milieu d'une gloire céleste, entourée de chérubins et d'étoiles sur un ciel d'azur.

Au bas de cette fenêtre, un *Ecce homo*, sculpture en pierre de la fin du XVe siècle, sans intérêt.

En face de l'autel, un tableau très médiocre représente un évêque assis, tenant un encrier de la main gauche et une plume de la main droite. Dans le haut, Dieu lui apparaît.

CHAPELLE DU BAS COTÉ DU SANCTUAIRE.

COTE SUD.

Chapelle Saint-Joseph. — Cette chapelle fut érigée en 1861. Le retable et la statue qui le décore sont de M. Valtat.

Il est composé en un style gothique de convention, adroitement et vigoureusement traité. La statue de saint Joseph repose sur une console feuillagée; elle est abritée par un pinacle pyramidal dans le goût de la fin du XVIe siècle; sur les côtés, des volets ou panneaux de même style complètent l'ensemble. En face de l'autel, sur le mur de refend, est un tableau représentant saint Joseph.

La fenêtre de cette chapelle a conservé tous ses meneaux, surmontés de trilobes flamboyants des dernières années du XVe siècle.

Les quatre lancettes trilobées qui la divisent en largeur sont simplement vitrées en verre blanc taillé en losanges.

Cependant, dans les deux lancettes du milieu, les panneaux du bas représentent, le premier, la naissance de saint Joseph; le second, son mariage avec la sainte Vierge. Ces peintures, de peu de valeur, seraient mieux placées dans une église de campagne. Dans l'église Saint-Jean, elles ont l'air d'une réclame faite par un fabricant de vitraux.

Les trilobes du tympan de la fenêtre ont conservé leurs anciennes verrières, aux éclatantes et merveilleuses couleurs, représentant la beauté du ciel, où une réunion d'esprits célestes chantent et jouent de divers instruments.

Dans le premier trilobe à gauche, un ange vêtu d'une robe blanche tient un phylactère qui se déroule avec ces mots : .....dieu — ET AMOVR.

A droite, dans le premier trilobe, un autre ange vêtu de la même manière porte aussi une banderole qui se développe avec ces mots : SOLA FIDES SVFFICIT — Paix et Amour. Ces deux derniers mots, d'un caractère différent, étaient peut-être la devise du donateur.

Dans le trilobe de la pointe de l'ogive, Dieu le Père, en pape, bénissant et portant le monde, accompagné de petits anges couleur de feu. Au-dessous, le Saint-Esprit, sous forme d'une colombe, nimbé d'or et enveloppé d'une auréole d'or aux rayons lumineux.

Telle est la composition du ciel glorieux qui accompagnait le sujet principal de cette verrière.

CHEVET DE L'ÉGLISE.

CHAPELLE CENTRALE, DITE DU SAINT-CIBOIRE.

Cette chapelle est circonscrite entre deux saillies formant des murs de refend; elle comprend en surface la largeur du sanctuaire.

Deux colonnes appliquées sur les contreforts portent le grand arc surbaissé de la voûte qui encadre et limite ce petit sanctuaire.

Vingt-deux ans après la construction du maître-autel, on se mit de nouveau en relation avec Girardon pour établir un nouvel autel du Saint-Ciboire, en rapport architectural avec celui du sanctuaire.

A cet effet, on démolit l'ancien autel de la Renaissance, qui datait de 1530, mais en conservant les bas-reliefs, que le grand sculpteur se proposait d'utiliser dans la composition de son nouveau retable.

Ce nouvel autel et son tabernacle furent inaugurés du temps de Jean Cappé, curé de Saint-Jean, ainsi que le constate l'inscription suivante gravée sur le socle du tabernacle :

CE · TABERNACLE · EST · FAICT · DU · TEMPS · DE · M ·
IEAN · CAPPE · CURE · DE · CEANS · ET · DES · SOIN
DE · GILB^T MEALLET · PR^E DE · SET · CONFRAÎRIE
LAN 1692 ·

A la Révolution, le 20 novembre 1793, cet autel fut démoli et transporté au musée de la ville, comme objet d'art. Le 9 fructidor an XI, sur la demande du citoyen Gravelle, administrateur de l'église Saint-Jean, un arrêté préfectoral autorisa la bibliothèque de l'École centrale à en faire la remise contre décharge, qui fut donnée par MM. Dret, curé, et Gravelle, marguillier.

Cet autel avait coûté 1,598 livres 9 sols 9 deniers, dont 1,200 payés à Girardon, et le surplus pour le transport et les ouvriers, plus 2 livres 8 sols au carillonneur le jour de la bénédiction.

Lorsqu'il fut rendu, au lieu de le reposer à sa place, faute de ressources suffisantes on le déposa dans les caves de l'église, où il finit par être oublié.

En 1868, M. le curé Morlot, étant descendu dans les caveaux de l'église, y remarqua plusieurs pièces de marbre et de sculpture dispersées çà et là. Il fit ramasser ces débris, et il se trouva qu'avec les bas-reliefs dont on s'était servi pour décorer la chapelle des Fonts, l'autel put être reconstruit tel qu'il avait été dans le principe et tel qu'on le voit encore aujourd'hui [1].

Description de l'autel. — Sur l'autel du Saint-Ciboire est un tabernacle en marbre blanc, en saillie, soutenu en avant par deux colonnes ioniques en agathe portant un entablement avec cette inscription : VENITE AD ME OMNES QVI LABORATIS. Quatre pilastres en marbre blanc soutiennent le tabernacle.

Sur la porte du tabernacle est un petit bas-relief en bronze doré et ciselé représentant Dieu le Père porté sur les nuages, soutenant sur ses genoux le corps inanimé de son Fils. Le nimbe de Dieu le Père est en forme de triangle. Au-dessus de cette porte, sous la voussure, dans un centre de rayons lumineux, le Saint-Esprit complète la Trinité divine.

Sur les côtés, formant retrait sur le tabernacle, sont deux médaillons en bronze doré et ciselé représentant en buste Jésus-Christ et la Vierge Marie [2].

Le retable de l'autel, appliqué au mur de clôture du chevet, sur lequel est adossé le tabernacle, se divise en trois parties par des pilastres ioniques, portant un entablement surmonté d'un fronton trian-

1. Morlot, *Notice de la paroisse Saint-Jean*. En 1851, M. l'abbé Tridon a publié, dans les *Mémoires de la Société académique de l'Aube*, un mémoire archéologique sur l'église paroissiale de Saint-Jean, où il donne le détail des sculptures qui étaient alors conservées à la chapelle des Fonts, et qui forment aujourd'hui le retable de l'autel du Saint-Ciboire.

2 Ces deux médaillons proviennent de l'église Saint-Remi et ont été exécutés par Girardon.

gulaire au milieu duquel est sculpté un triangle trinitaire entouré de rayons, de nuages et de têtes de chérubins. Dans la frise, on lit sur une plaque de marbre rouge : O SACRUM CONVIVIUM.

La partie supérieure de ce retable comprend trois bas-reliefs : *le Lavement des pieds, la Cène, Judas jetant sa bourse sur l'autel en présence du Grand Prêtre.*

La partie inférieure renferme quatre bas-reliefs ainsi disposés : 1° *Jésus conduit au Calvaire;* 2° *Jésus élevé sur la croix;* 3° *la Résurrection;* 4° *la Mise au tombeau.*

Notre première impression, quand nous avons dessiné pour la première fois les bas-reliefs qui étaient dans la chapelle des fonts, il y a déjà bien des années, hélas! était que ces magnifiques sculptures avaient été exécutées par différentes mains et que tous ces bas-reliefs n'avaient entre eux aucune similitude de conception.

N'oublions pas que des Italiens, des Allemands et des Flamands, artistes et colporteurs, se répandaient dans les foires ou les marchés, chargés de tableaux et de sculptures sortant des ateliers et des écoles de ces différentes nations.

Qu'y aurait-il d'étonnant que les riches bourgeois et marchands de Troyes se fussent rendus acquéreurs de ces œuvres artistiques, pour décorer les chapelles corporatives de leur paroisse?

Dans l'arrangement de ce retable, on a cherché la symétrie et distribué ces sculptures comme on a pu. Remarquons, pour mémoire, que le bas-relief de la Résurrection n'est pas à sa place, parce qu'il est plus grand d'un centimètre que les autres. Pourquoi cette différence?

Puis, il se pourrait bien que le citoyen Gravelle, quand il se rendit au magasin des œuvres d'art, ait pris sans discernement tout ce qui lui tombait sous la main, même les bas-reliefs qui n'appartenaient pas à son église.

Tout nous ramène à notre première impression, que le temps et de nouvelles études n'ont pu modifier.

Nous allons décrire tous ces bas-reliefs suivant l'ordre qu'ils occupent actuellement.

1. LE LAVEMENT DES PIEDS. — Intérieur d'un palais avec arca-

ture de la Renaissance, vestibules dans les angles surmontés d'une galerie où s'ébattent de petits personnages, tandis que d'autres regardent ce qui se passe dans la salle. Plusieurs de ces petites figures sont brisées. Ce genre de décoration architecturale porte bien la date de son style et de son époque, 1530 à 1550.

Au centre du tableau, un peu à droite, saint Pierre est assis sur un escabeau sculpté de petites figurines antiques; sous le pied du siège, un petit chien rongeant un os. Saint Pierre a le pied droit posé dans un bassin plein d'eau. Devant lui, le Christ agenouillé, ceint d'une serviette, lui prend le pied gauche pour le laver; le saint, la main sur la poitrine, semble protester contre l'abaissement du divin Maître.

Les autres apôtres assistent à cette scène avec surprise et admiration. Derrière saint Pierre, un des apôtres porte une aiguière. A gauche Judas s'enfuit; la main droite derrière son dos, il tient la bourse fatale; de la main gauche, il se tire la barbe et se met l'index dans la bouche. Il a l'attitude irritée d'un homme qui songe à faire un mauvais coup.

Ce bas-relief est d'une belle exécution, énergique; malgré l'étroitesse du cadre, les apôtres sont groupés avec goût. On reconnaît la figure imberbe de saint Jean, avec sa chevelure bouclée; trois têtes d'apôtres, qui avaient été brisées, ont été refaites, ce que nous désapprouvons complètement (51).

2. La dernière Cène. — Dans la composition de ce remarquable bas-relief, on sent que l'auteur avait des limites tracées à l'avance, qu'il ne pouvait dépasser. Les figures, serrées les unes contre les autres, pouvaient être paralysées dans leurs mouvements; l'habile sculpteur s'est admirablement tiré de cette énorme difficulté.

Jésus occupe le centre de la table; d'une physionomie noble et attristée, il annonce à ses apôtres qu'un de ses disciples le trahira. C'est le moment où tous sont sous l'impression de cette déclaration, *l'un de vous me trahira,* que l'artiste a choisi pour composer son sujet. Jésus a la main gauche levée; de la main droite, il tient un calice dont la coupe est entièrement brisée. Sur la table, l'Agneau pascal dans un plat; çà et là, des petits pains ronds. A droite de

Jésus, saint Pierre, particulièrement ému de cette déclaration, se retourne du côté de son maître et lui dit : *Est-ce moi, Seigneur?* L'apôtre tient dans sa main droite un large coutelas, d'une grandeur démesurée, destiné à découper l'agneau; serait-ce plutôt l'attribut caractéristique, le sabre qui coupa l'oreille à Malchus?

51. LE LAVEMENT DES PIEDS.
Marbre — Haut, $0^m,56$; larg., $0^m,63$.

A gauche de Jésus, saint Jean, les bras croisés sur sa poitrine. Atteint dans son amour pour son Maître, il lève les yeux au ciel. Les autres apôtres se regardent, quelques-uns d'un air soupçonneux. Ils se sentent troublés, s'étudient du regard et discutent avec une certaine surexcitation.

Telle est cette admirable composition, qui exprime si bien l'affection et les sentiments de fidélité des apôtres pour le Sauveur.

A droite de la table et à son extrémité, on reconnaît le traître

Judas ; audacieux et debout, il porte la main droite au plat; dans sa main gauche il tient la bourse.

A gauche de la table, un serviteur porte un panier d'oranges sur sa tête. Ce que l'on voit derrière lui est le rebord de son chapeau suspendu par un cordon à son cou, et tombant sur son dos. Sous la table du banquet sacré, un petit chien au repos; deux aiguières pour le service; à droite, le panier au pain.

Les pieds de la table sont d'une grande richesse, qui égale l'orfèvrerie, comme tous les meubles de la Renaissance italienne. Ils se composent d'un montant orné de figurines allégoriques, et ils se développent en contre-courbes servant de consoles à deux petits anges qui jouent de la flûte et du violon. Ce petit détail est d'une grande finesse d'exécution.

L'intérieur de la salle du festin comprend une suite de vestibules à colonnade avec riches chapiteaux composites, supportant l'entablement des galeries, dont les plafonds sont chargés de riches caissons.

Au centre du tableau est un riche vestibule à plein cintre, et au fond un meuble Renaissance, surmonté d'un fronton triangulaire surélevé d'une petite lanterne.

Tout cet ensemble, d'une admirable et merveilleuse exécution, nous rappelle la remarquable peinture, copie inspirée de Léonard de Vinci, qui occupe la chapelle des fonts de la cathédrale. C'est assurément de la même école et du même temps.

3. Judas regrette son crime. — Même architecture que le premier bas-relief, mais plus simple dans sa composition.

Néanmoins nous pensons que ces deux bas-reliefs doivent être de la même main et nous sommes tout disposé à en attribuer l'exécution à Jacques Juliot, dit le Jeune. Il y a dans l'exécution de cette œuvre une beauté de formes et un sentiment de force qui nous rappelle à la fois l'école italienne et l'école flamande. La grandeur des personnages de ce bas-relief, mise en rapport avec celle des personnages du lavement des pieds, ne s'accorde pas du tout; ces derniers sont plus petits. Pourquoi cette différence? Il est vrai que l'artiste n'a exhibé que onze personnages au lieu de treize représentés dans la scène de la sainte ablution, qu'il avait ici toute sa liberté d'action et qu'il en profita pour développer la puissance de son génie. Il n'en est pas moins résulté un désaccord complet avec le sujet qui lui sert de pendant.

Au premier plan, Judas vient en courant rejeter la bourse fatale sur l'autel, en présence du grand prêtre.

52. JUDA REGRETTE SON CRIME.

Marbre. — Haut., 0m,63; larg., 0m,70.

Son attitude exagérée est déterminée par l'entraînement de sa course et l'exaltation où il se trouve. De sa main droite, qui est brisée, il lançait sur l'autel la bourse, prix de son forfait; sur le poignet du bras cassé, une des houppes de la bourse est restée.

Sur sa tête est une coiffure en forme de diadème; les cheveux sont nattés avec une chaînette de perles; ses vêtements se composent d'une pèlerine et d'une robe ornée de boutons et de houppes formées de soie et or. Elle est fendue sur le côté et retenue par des boutons cerclés de perles.

Pour mieux courir, Judas tenait de la main gauche la houppe d'un des pans de sa robe ; il ne l'a pas quittée en se précipitant sur l'autel, où cette main s'appuie.

La face apparente de l'autel est décorée de petites niches, dans lesquelles sont de petites statuettes antiques d'une extrême finesse de rendu.

Le prince des prêtres est vêtu des insignes de sa dignité, la tête couverte d'une mitre épiscopale, ornée de perles et de pierres précieuses. Il reçoit le traître avec une bonhomie railleuse, en joignant les mains. Il en est de même de l'expression dédaigneuse des pharisiens et des gens du peuple qui l'entourent.

A droite de l'autel, derrière le grand prêtre, est un hallebardier qui l'accompagne. Par sa robuste attitude, ce personnage est à lui seul un sujet remarquable. Ce beau soldat est vigoureusement appuyé sur sa jambe gauche ; il porte la main gauche sur sa hanche ; son torse en avant lui donne une fierté d'allure admirable de forme et de puissance dans sa force. Il tient de la main droite sa hallebarde, aujourd'hui brisée. Sa tête est couverte d'un béret orné d'une plume en retour sur le fond du tableau.

A gauche, une jeune mère donne le sein à un charmant petit enfant qu'elle porte sur le bras gauche. D'une physionomie souriante, cette jeune femme regarde Judas d'un petit air malicieux et plein de finesse ; sa gracieuse attitude, son élégante coiffure, l'ajustement de son riche costume sont autant d'attraits qui captivent la pensée (52).

Cette sculpture est vraiment belle !...

Les quatre bas-reliefs en marbre qui occupent la seconde partie de ce retable sont placés au-dessous des trois bas-reliefs que nous venons de décrire. Ils contiennent l'histoire du Christ et n'offrent pas le même intérêt, parce qu'ils sont traités en mi-relief ou en façon d'esquisse de concours, avec moins de talent.

1. Le Portement de croix. — Ce bas-relief fait exception à ce que nous venons de dire, il est supérieur aux trois autres par la chaleur de sa composition et la grande facilité de son exécution.

Des soldats à pied, d'autres à cheval suivent le Christ portant sa croix, épuisé, tombé à terre, où il s'appuie d'une main ; les bourreaux le frappent avec des nerfs de bœuf et des massues. D'autres le tirent avec des cordes fixées à sa ceinture. A droite, devant Jésus, sainte Véronique, tenant un linge de ses deux mains. Plus avant, du même côté, les saintes femmes en pleurs et la Vierge s'évanouissant, retenue par saint Jean.

53. LE PORTEMENT DE CROIX.
Marbre. — Haut., $0^m,30$; larg., $0^m,56$.

Dans l'espace vide au-dessous du Christ abattu, deux enfants nus, dont un bat du tambour, l'autre montre du doigt l'image de la sainte face reproduite sur le linge de Véronique. C'est l'annonce miraculeuse publiée au son du tambour au milieu de cette scène de désolation et de douleur extrême. Ce petit groupe, qui passe inaperçu dans l'ensemble du tableau, est bien ce qui caractérise le plus l'école italienne, à laquelle appartient ce bas-relief.

Dans le haut du sujet, sur la montagne, les deux larrons enchaînés conduits par un soldat; sur la gauche, les tours de la ville de Jérusalem (53).

2. L'ÉRECTION DE LA CROIX. — Ce panneau pèche par une certaine timidité dans l'exécution.

Les bourreaux qui s'efforcent de dresser la croix ne manquent pas d'énergie, l'un d'eux se sert de sa lance pour aider les deux autres à la placer verticalement sur le sommet du Golgotha.

A gauche, les saintes femmes et saint Jean soutenant la Vierge près de défaillir à la vue des souffrances de son Fils.

Sur le haut de la montagne, des cavaliers aux formes antiques et deux bourreaux qui se préparent à mettre les deux larrons en croix.

Marbre. — Haut., $0^{m},30$; larg., $0^{m},59$.

3. LA RÉSURRECTION. — Nous avons déjà dit que ce panneau n'était pas à la place qu'il devait occuper. La mise au tombeau devait précéder la résurrection. A qui incombe cet anachronisme?

Le Christ, sortant de son tombeau, se dresse debout sur le couvercle placé en travers et au milieu du sarcophage. Il bénit de la main droite et porte le signe de la rédemption de la main gauche. Les soldats qui gardaient le tombeau s'éveillent et tombent à la renverse, effrayés d'un pareil prodige. Ceux-ci, avec leurs cuirasses, leurs casques et leurs boucliers, ont parfaitement le type romain; ce sont des réminiscences de l'antiquité qui se présentent dans tous ces bas-reliefs, avec une certaine exactitude et une certaine persévérance.

Dans le haut, sur la montagne, les saintes femmes se rendent au tombeau. A droite, un soldat, plus leste que ses camarades, se sauve à toutes jambes.

Marbre. — Haut., $0^{m},30$; larg., $0^{m},59$.

4. LA MISE AU TOMBEAU. — Ce panneau est le plus faible des quatre bas-reliefs; aucun sentiment artistique ne se révèle dans cette composition; ce n'est qu'une simple esquisse conçue avec la plus grande naïveté.

A droite du tombeau est l'ouverture d'une grotte à peine indiquée. Le corps du Christ est couché sur un linceul déployé, que le poids du corps fait fléchir. Ce linceul est maintenu à ses extrémités par Nicodème et Joseph d'Arimathie. En suivant sont les saintes femmes en pleurs, Marie Madeleine porte la myrrhe; viennent ensuite divers personnages en costume romain, qui discutent et parlent entre eux. A droite, se reconnaissent Pierre et Jean.

Marbre. — Haut., 0m,30; larg., 0m,56.

Ces deux derniers panneaux sont de la même main, mais ils diffèrent des deux autres par la simplicité de leur exécution.

Pour résumer cette longue description des bas-reliefs de la chapelle du Saint-Ciboire, nous pensons que le vieux retable édifié en 1530 par la corporation des tanneurs se composait simplement du bas-relief de la *Cène;* celui-ci devait être accompagné d'un encadrement architectural en rapport avec le style du sujet. Nous appuyons notre argument sur le mutisme des auteurs contemporains qui ne parlent que du bas-relief de la Cène, sans dire un seul mot des autres bas-reliefs qui l'accompagnent aujourd'hui et en sont le complément.

Tous les autres bas-reliefs nous semblent avoir été recueillis par Girardon pour accompagner son tabernacle; peut-être étaient-ils les débris de l'ancien autel du sanctuaire, démoli dans le même temps.

Nos historiens Grosley et Courtalon attribuent le bas-relief de la Cène à Dominique le Florentin et à François Gentil, nos deux grands sculpteurs de la Renaissance.

Il nous est impossible d'admettre que deux artistes de cette valeur se soient associés ensemble pour produire une œuvre de si petite dimension.

En 1530, Gentil était encore trop jeune homme pour exécuter une œuvre aussi remarquable, et Dominique n'eut de relations avec Troyes qu'à partir de 1544, époque où il travaillait au château de Polisy, avec son grand maître, le Primatice [1].

Sur les murs de refend de cette chapelle sont de médiocres peintures en grisaille, toutes modernes, représentant, à gauche, le pape Urbain IV instituant la fête du Saint-Sacrement, et, à droite, le même pontife approuvant l'office du Saint-Sacrement.

1. Albert Babeau, *Dominique le Florentin*, 1877.

De chaque côté de l'autel, on a placé en avant deux piédestaux, sur lesquels s'élèvent deux statues de la fin du XIVe siècle. A gauche, sainte Anne instruisant la vierge Marie. Elle tient un rouleau de parchemin que la petite Marie maintient aussi de la main gauche, et du doigt indicateur de la main droite elle maintient les plis de son manteau.

VERRIÈRE DU CHEVET DE L'AUTEL DU SAINT-CIBOIRE.

Au centre du chevet et au-dessus de l'autel du Saint-Ciboire est une grande fenêtre comprenant toute la largeur de l'autel.

Cette fenêtre, de forme cintrée, plus large que haute, se divise verticalement en sept lancettes, et la verrière se partage horizontalement en trois rangées de panneaux. Cette belle verrière a été exécutée vers 1630, par les frères Linard et Jean Gontier, peintres-verriers à Troyes. Elle représente la Cène et divers passages de la vie de Jésus avant sa passion.

Cette intéressante verrière a beaucoup souffert des ravages du temps; ce qu'il en reste se trouve actuellement noyé dans des panneaux qui ne lui appartiennent pas et dans des fragments de verre provenant de tous côtés ou de différentes églises détruites après la Révolution.

Tout ce replâtrage a été fait avec beaucoup de soin et avec symétrie par M. le curé Dret, qui a su consacrer son œuvre à la postérité en faisant mettre la date de 1819 et son nom au sommet de la lancette centrale de la fenêtre.

De toute cette confusion nous allons nous efforcer de dégager le sujet principal de la verrière, en commençant par la gauche et la première rangée d'en bas.

PREMIÈRE RANGÉE. — 1er *panneau.* — Celui-ci se compose de deux panneaux superposés qui se rapportent à la même légende.

Le premier représente saint Julien l'Hospitalier à cheval, accompagné de trois chiens, poursuivant un cerf à travers champs et bois. Le cerf, près d'être forcé, se retourne et lui dit : *Tu me poursuis, toi qui tueras ton père et ta mère.*

Le deuxième panneau, au-dessous, nous montre l'intérieur d'une chambre où se trouve un lit très confortable. Près de la porte d'entrée de cette chambre, la femme de saint Julien l'Hospitalier reçoit deux étrangers, qui sont le père et la mère de son mari, et leur donne son lit. Au bas du panneau on lit : receuz les parens sans varier fai.....

Ces panneaux proviennent de la deuxième travée du bas côté nord. Le dernier panneau de cette même rangée continue la légende de saint Julien.

54.

2e *panneau.* — Un donateur agenouillé, les mains jointes; il porte un costume en usage sous Louis XIII. Sur son épaule, un blason brodé en losange d'argent à quatre fleurs de lys couronnées d'or (54); peut-être la marque d'une fonction se rattachant au service royal; son prie-Dieu est décoré de ses armoiries, d'azur au chevron d'or accompagné de 3 croix... d'argent recroisettées et à pieds de trois pointes (55) : serait-ce Autruy, de Troyes, receveur des tailles?

Derrière lui, saint Laurent, son patron, tenant un gril de la main gauche et un livre ouvert de la main droite. Derrière le saint, deux autres personnages à genoux; le premier tient un livre ouvert sur lequel on lit, en petite gothique : **Domine labia meu aperies et os meum anonsiabit** (*sic*) **laudem tuam. Deus in.....** *Seigneur, vous ouvrirez mes lèvres et ma bouche annoncera votre gloire. O Dieu, venez à mon secours.*

55.

Sous ce panneau, un fragment d'inscription donne : **honorables personnes Laurant.....**

Ce panneau, qui date du XVIIe siècle, appartient au sujet principal de cette verrière.

3e *panneau.* — Un autre donateur agenouillé, tenant sa toque de ses deux mains. Devant lui, saint Laurent, son patron, tenant son gril et une palme de la main droite et un livre fermé de la main gauche. Derrière ce donateur se déroule un phylactère avec ces mots : **Sancte Laurenti ora pro nobis.**

Ce panneau, du XVIe siècle, est étranger au sujet principal.

4e *panneau.* — Un fragment de panneau des Noces de Cana,

Jésus changeant l'eau en vin, sur la demande de sa mère; figure du sujet principal. L'inscription qui devrait être sous ce panneau se trouve sous le panneau du premier donateur. On y lit : **Iesus estant a ung festin a mue leau en tres bon vin. St Jean.**

5ᵉ *panneau.* — Une donatrice, agenouillée, les mains jointes devant son prie-Dieu, femme du donateur du troisième panneau. Elle est accompagnée de saint Jean-Baptiste, son patron (XVIᵉ siècle).

6ᵉ *panneau.* — Autre donatrice du XVIIᵉ siècle, femme de Laurent d'Autruy, représenté dans le deuxième panneau. Cette dame est assistée par saint Pierre, son patron; derrière elle, sa fille, dont la tête a été remplacée par celle d'un homme. Sur le prie-Dieu de la donatrice, un blason mi-parti : au 1, d'Autruy; au 2, d'azur à trois grenades feuillées d'or, au chef d'or à trois roses de gueules. (56). Nous croyons voir ici les armoiries des Ludot ou des Gouault.

56.

Sous les troisième et sixième panneaux, on lit l'inscription suivante : **De la grande reverence de h..... En memoire et remebrece du Sacremet..... at cy. Affin de chun prendre exemple au...**

7ᵉ *panneau.* — Composé comme dans le premier panneau de sujets du XVIᵉ siècle. Dans celui qui occupe le bas de la fenêtre, nous reconnaissons la fameuse bataille de Constantin contre Maxence, panneau provenant de la légende de la croix qui était représentée dans la fenêtre du grand portail, derrière les orgues.

Dans le deuxième panneau, saint Julien l'Hospitalier, rentrant de voyage, trouve son lit occupé par un homme et une femme (son père et sa mère) et les tue dans un transport de fureur, s'imaginant frapper sa femme coupable et son complice. Au-dessous, on lit : **gisans en son lict home et fame troua Juliam et mist a mort.**

Comme le premier panneau, celui-ci appartenait à la deuxième fenêtre du bas côté nord.

DEUXIÈME RANGÉE. — Les trois premiers panneaux représentent le miracle de la multiplication des pains dans le désert, figure de l'Eucharistie. Une foule nombreuse, composée d'hommes, de femmes et d'enfants, a suivi Jésus, et beaucoup d'entre eux, n'ayant rien à manger, tombent d'inanition. Dans le premier et le troisième panneau, des femmes assises à terre tiennent dans leurs bras leurs enfants moribonds. Dans le second panneau, un jeune homme présente à Jésus deux poissons sur un plat; à ses pieds, une corbeille pleine de pain; une autre vide. Les apôtres remplissent ces trois panneaux, dont il faut rapprocher le panneau inférieur de la fenêtre du chevet du deuxième bas côté nord (voir plus loin). Au-dessous de ces panneaux et aux deux suivants, on lit des fragments d'inscriptions (en gothique) : **peuple..... quatre milliers.... voire tant seullement le h..... sans les femes et les enfans. St Jean.** On lit aussi, sous le premier panneau : **Laurant Dautruy..... cinq cens quatre vingt.....**

Ces trois panneaux sont du XVIIe siècle et appartiennent à la composition principale, qui devait occuper toute la fenêtre.

4e *panneau.* — Le saint ciboire, magnifique ostensoir, que deux anges soutiennent respectueusement par le pied (XVIe siècle).

5e *panneau.* — Manducation de l'Agneau pascal avant la sortie d'Égypte. Une table sur laquelle est un agneau. Moïse et les Hébreux qui mangent la Pâque avec lui sont en costume de voyageurs, le bâton à la main, prêts à partir.

6e *panneau.* — La manne tombe du ciel à flots; les Hébreux s'empressent de la recueillir. Cette peinture sur verre est fort intéressante. Ces deux panneaux, figuratif de la sainte Eucharistie, appartiennent au XVIe siècle.

7e *panneau.* — Les pains de proposition, autre figure de l'Eucharistie. Intérieur d'un temple avec colonnades, au centre; un autel d'or, le chandelier à sept branches et cinq pains sur le devant; à droite, le grand prêtre, un genou en terre, les bras croisés sur sa poitrine; en face de lui un guerrier agenouillé, l'épée au côté. Ces deux personnages représentent probablement David et Achimélech, à Nobé.

3e RANGÉE. — La Cène, magnifique peinture sur verre inspirée de l'œuvre magistrale de Léonard de Vinci, avec quelques changements dans la pose des personnages.

Jésus occupe toute la lancette centrale de la fenêtre et les apôtres les deux lancettes qui suivent, et de chaque côté. Jésus lève la main droite et, la figure attristée, annonce à ses disciples que l'un d'eux le trahira. Saint Pierre et saint Jean protestent de leur amour et de leur fidélité. Les autres apôtres échangent leurs impressions. Au bout de la table, Judas, serrant de la main gauche la bourse derrière son dos, avance hardiment la main sur la table, comme pour braver le Sauveur.

Devant la table, deux amphores; un chien est couché par terre. Un autre, caniche à moitié tondu, semble vouloir se précipiter sur Judas.

Dans la première et la septième lancette sont les armoiries d'un deuxième donateur qui appartient à la même famille d'Autruy. D'azur au chevron d'or accompagné de 3 croix d'argent tréflées, le pied se termine en pointe (57).

57.

58.

A droite, le blason de la donatrice porte : d'azur à un chevron d'or accompagné en chef de deux compas d'argent et en pointe d'un mouton d'argent. Famille Le Bé... (58).

Les panneaux exécutés pour la verrière de cette fenêtre sont faciles à reconnaître par le caractère artistique de leur époque (XVIIIe siècle).

Suivant les comptes de la fabrique, cette belle verrière aurait subi des avaries qui se succédèrent assez souvent, sans que nous en connaissions la cause. Ainsi les frères Gontier touchèrent plusieurs sommes d'argent pour cette verrière, qui se renouvelèrent pendant les années 1608, 1640, 1642 et 1648.

Ce qui établit la surveillance incessante apportée à la conservation des vitraux.

CHEVET. — PREMIÈRE CHAPELLE, AU NORD.

Aujourd'hui, la chapelle adossée au chevet de l'église, ou chapelle du premier bas côté nord, est occupée par la sacristie et par un mur qui l'enferme jusqu'à la hauteur des fenêtres.

Cette chapelle devait être d'une richesse toute particulière. La voûte, composée de liernes et de tiercerons, était en outre chargée de riches pendentifs qui ont disparu. Sur les murs, des restes de frises avec trilobes indiquent bien que cette partie de l'édifice était occupée par un autel avec retable sculpté.

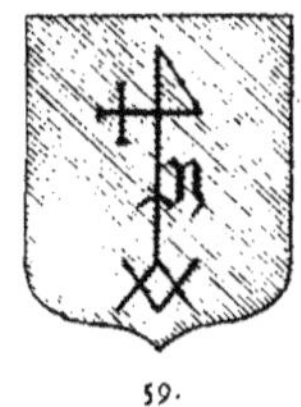

59.

Le chevet du premier bas côté du nord se ressent aussi de cette décoration par une frise à feuillages et à petits génies, actuellement obstruée par le plancher de la sacristie, construit au XVIIIe siècle.

La fenêtre du nord se compose de quatre lancettes, formant deux portiques, surmontés d'un lobe ovoïde.

La fenêtre de l'est est intéressante, parce qu'elle a conservé ses vieux vitraux. Elle se divise en deux jours et en deux parties transversales.

Première partie. — 1er *panneau.* — Un donateur à genoux devant un prie-Dieu, sur lequel est un blason de sinople au chiffre p. n. (Pierre Le Noble) (59). Derrière lui, saint Pierre, son patron, tenant une longue clef de la main droite et un livre de la main gauche. Au-dessus de la tête du saint, une banderole porte cette inscription : **Sancte Petre ora pro nobis.**

Derrière le donateur, sa femme et sa fille agenouillées, les mains jointes.

2e *panneau.* — Première apparition de Jésus-Christ à saint Pierre, après sa résurrection. Saint Pierre est à l'entrée d'une grotte où il s'était retiré pour pleurer son péché. Il est à genoux; Jésus, debout devant lui, tient une croix de la main gauche et le relève de la main droite; sur la banderole de la croix on lit : **Pax · tibi · oīa · pecta · tua · dimissa · sūt · tibi.** *La paix soit avec toi, tous tes péchés te sont remis.*

Deuxième partie. — 1er *panneau.* — Apparition de Jésus-Christ à sa mère. Sur une banderole partant de la bouche du Sauveur, on lit : **Salve sancta parens.** *Je vous salue, ô ma sainte Mère.*

2e *panneau.* — Jésus apparaît à Marie-Madeleine, sous la forme d'un jardinier, dans le jardin du sépulcre. Madeleine, agenouillée, tient un vase de parfum qu'elle ouvre. Agenouillée devant le Christ, elle lui demande à toucher ses pieds. Autour d'un arbre, sur une banderole, on lit : Noli me tangere. *Ne me touche pas.*

60.

Au-dessus de ces panneaux, une jolie frise décorée de six médaillons au type d'empereurs romains.

Dans les lobes des lancettes sont deux blasons : le premier, d'azur, à un oiseau d'or sur une terrasse, accompagné de 3 étoiles d'argent (60); Huez, de Troyes, seigneur de Vermoise. Dans un des lobes de ce blason, on lit sur un phylactère : Retorne a dieu.

Le deuxième, d'azur à 3 bandes d'or; au chef d'or chargé de 3 roses de gueules (61); Marguerite Marguenat, famille de Troyes, seigneur de Saint-Parres-les-Vaudes.

Au bas de la fenêtre on lit : Lan · mil · cinq · cens · et · trente · pierre · le · noble · marchant · et · margu... ...uenat · sa · femme · ont · donne · ceste · verriere ·

61.

Le blason de la famille Huez n'appartient pas à cette fenêtre. Il remplace probablement celui de la famille Le Noble, de Troyes, seigneur de Thennelières, portant d'azur à 3 molettes d'or, au chef d'or; quelquefois, le chef chargé d'un lambel de gueules brochant sur le champ[1].

D'ailleurs, l'inscription de donation est très claire, il n'y a pas de contradiction possible. Pierre Le Noble n'a pas mis son blason sur son prie-Dieu, parce qu'il le plaçait dans les lobes de la fenêtre, en regard de celui de sa femme.

CHAPELLE DU CHEVET DU DEUXIÈME BAS COTÉ NORD.

A gauche de l'autel du Saint-Ciboire est la chapelle du Sacré-Cœur, dont l'autel, nouvellement meublé, est décoré avec goût. Audessus du tabernacle s'élève une statue du Sacré-Cœur, produit artistique de la maison Nicot, de Vendeuvre.

1. Alph. Roserot, *Armorial de l'Aube.*

Les murs de refend de cette chapelle sont décorés de plusieurs peintures assez médiocres, représentant : à droite, le Sacré-Cœur apparaissant à Marguerite-Marie dans le jardin de la Visitation de Paray-le-Monial ; à gauche, l'apparition du Sacré-Cœur dans la chapelle du monastère.

Au-dessus de l'autel, une fenêtre, de style ogival du XVe siècle, se compose de trois lancettes, divisées horizontalement en quatre parties contenant de riches verrières de différentes époques.

PREMIÈRE RANGÉE. — 1er *panneau.* — Trois figures d'apôtres, et, agenouillée devant eux, une figure de femme. Il n'est pas douteux que ce panneau n'appartienne au grand sujet de la multiplication des pains, représenté sur la verrière de la chapelle du Saint-Ciboire.

2e *panneau.* — La sainte Vierge entourée de ses attributs symboliques.

Cette peinture est du XVe siècle. Au-dessus de la sainte Vierge, une banderole porte cette inscription : (*Tota pulchra*) es amica mea et macula non (*est in te*), *Vous êtes toute belle, ô ma bien-aimée, et il n'y a pas de tache en vous.*

Autour de la Vierge sont les inscriptions suivantes, à côté des emblèmes qu'elles désignent. A gauche : electa ut sol, *brillante comme le soleil ;* Stella maris, *étoile de la mer ;* porta celi, *porte du ciel ;* civitas dei, *cité de Dieu ;* Speculum iustitie, *miroir de justice ;* pute9 agrorum, *puits des champs ;* liliū iter spinas, *lis au milieu des épines.* A droite : pulchra ut luna, *belle comme la lune ;* turris de cupro, *tour de cuivre* (*ou d'airain*) ; plantatio rose, *plantation de roses :* fons ortorum (*sic*), *fontaine des jardins.*

3e *panneau.* — Deux apôtres, debout, levant la tête et les mains au ciel. Au-dessus d'eux, on voit le bas du corps d'un personnage agenouillé, probablement Élie à la Transfiguration (panneau du XVIIe siècle).

DEUXIÈME RANGÉE. — 1er *panneau.* — Saint Jean-Baptiste debout, tenant un livre à la main gauche, montre de la main droite l'Agneau portant la croix, qui est à ses pieds. Au-dessus de lui, une banderole porte ces mots : tout en paix, paix par tout.

2e *panneau.* — La Mise au tombeau. Nicodème et Joseph d'Arimathie déposent dans le tombeau le corps de Jésus, en présence de la sainte Vierge, de saint Jean et de sainte Madeleine.

3e *panneau.* — La Sainte Famille. Marie est assise sur un large siège en bois, à montants. Devant elle, saint Joseph lui présente l'Enfant Jésus, vêtu d'une robe violette. Saint Joseph porte une robe jaune à riches ramages, qui ne descend que jusqu'aux genoux; pardessus, un manteau vert. La tête de l'Enfant Jésus manque, mais on voit encore le nimbe crucifère.

Ces trois panneaux appartiennent au XVIIe siècle.

TROISIÈME RANGEE. — 1er *panneau.* — Le sacrifice d'Abraham. Isaac est à genoux, prêt à recevoir le coup mortel; mais l'ange saisit à deux mains le tranchant de l'épée que lève Abraham.

2e *panneau.* — Le Calvaire.

3e *panneau.* — Le Buisson ardent. Dieu le Père, en pape, portant la tiare et la chape, apparaît à Moïse au milieu du buisson en flammes. Moïse, les deux cornes au front, lève la main droite en signe d'étonnement; de la gauche, il se déchausse, suivant l'ordre qu'il avait reçu de Dieu. Sur une banderole on lit : **Ego sum deus pris tui deus Abrahan** (*sic*). *Je suis le Dieu de ton père, le Dieu d'Abraham.*

QUATRIÈME RANGEE. — 1er *panneau.* — Saint Jacques le Majeur, avec son bourdon de pèlerin.

2e *panneau.* — Sainte Catherine, tenant à la main droite une palme et un livre ouvert dont elle tourne une page de la main gauche, avec laquelle elle tient une épée abaissée. Sous ses pieds, l'empereur Maximien. A côté d'elle, sa roue brisée.

3e *panneau.* — Saint Blaise, évêque de Sébaste, en Arménie, tenant une crosse et un peigne en fer dont se servent les tondeurs, instrument qui servit à l'écorcher vif. Patron des cardeurs de laine à Troyes.

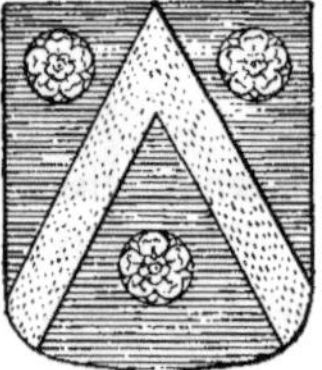
62.

63.

Dans les lobes de la 1re lancette, à gauche, un blason d'azur au chevron d'or accompagné de 3 roses d'argent (Doé) (62). A droite, un autre blason : écartelé au 1 d'or, à un chevron de gueules accompagné de 3 raisins au naturel (Pinot). Aux 2 et 3 d'argent, engrêlé de gueules, à 3 têtes d'épervier arrachées au naturel (Huyard). Au 4 d'azur, à un chevron d'or accompagné de 3 étoiles du même (Dufour) (63).

Saint Blaise étant le patron des cardeurs, saint Jacques et sainte Catherine pourraient bien être les patrons des donateurs membres de la corporation.

CHEVET DU BAS COTÉ SUD.

CHAPELLE DE LA VIERGE.

L'autel de la Sainte Vierge a été reconstruit en 1867-1868 par M. Valtat, sculpteur à Troyes.

La consécration en fut faite le 19 février par Mgr Ravinet, évêque de Troyes, qui y célébra la messe.

Cet autel est surmonté d'un riche retable gothique du XVIe siècle, mais avec une certaine convention qui s'écarte des principes de l'architecture de cette époque.

L'exécution de l'œuvre est d'une délicatesse de détails très habilement traités.

Au-dessus du tabernacle et au centre du retable est une statue de la Vierge-Mère, un peu longue de stature, portant l'Enfant Jésus sur le bras gauche, la tête couverte d'une riche couronne fleuronnée. Elle est couverte d'un dais pyramidal sculpté à jour et montant jusqu'à la voûte.

Les panneaux décoratifs qui accompagnent le motif central sont couverts de riches fenestrages et se terminent par un pignon surmonté d'une console où reposent des anges adorateurs aux ailes éployées.

La voûte de cette chapelle et celle des travées qui l'accompagnent sont chargées de nervures qui se multiplient et s'entre-croisent en tous sens pour former des figures géométriques et une couronne circulaire à pans dans l'axe de la chapelle de la Vierge et du bas côté.

A la rencontre du croisement des membrures et à la clef de ces voûtes, il y avait, suspendues dans le vide, des figures d'anges jouant de divers instruments; d'autres portaient des phylactères en chantant les louanges de la Vierge. Tous ces médaillons étaient reliés aux nervures des voûtes par des redents ajourés, d'un grand effet.

64. PIERRE DORIGNY.

La plupart de ces figures étaient d'une telle finesse de travail qu'elles étaient rapportées après coup et accrochées à la clef de voûte par une tige de fer et retenues par une clavette à l'extrados de la voûte. Malheureusement il ne reste plus rien de cette richesse de décoration.

Nous avions eu l'intention de publier un dessin de ces curieuses voûtes; mais, en présence d'une pareille profanation, nous y avons renoncé, notre dessin ne pouvant donner qu'une chose incomplète.

A droite de l'autel de la Vierge, le mur méridional du chevet se termine en angle aigu, à cause de l'inclinaison des deux premières chapelles précédentes. Il en résulte que la travée du chevet, ne présentant qu'un petit mur de clôture, ne permettait pas d'y établir une chapelle.

Au midi, le mur de clôture comprend une grande fenêtre,

divisée en cinq lancettes surmontées de trilobes flamboyants.

Une grande partie de cette fenêtre est occupée par des verres blancs taillés en losange. La couleur des vitraux qui la décorent n'en conserve pas moins sa valeur et son éclat.

Le sujet central de cette verrière représente l'ange Gabriel annonçant à Marie le mystère de l'Incarnation. Puis, sur les côtés, sont représentés les deux curés donateurs de cette intéressante verrière.

65. NICOLAS DORIGNY

Dans la 1re *lancette,* à gauche, est représenté Pierre Dorigny, Troyen, docteur en décret, curé de Saint-Jean de 1483 à 1503, agenouillé, les mains jointes et tenant sa calotte violette. Il est vêtu d'une soutane rouge, d'un surplis à larges manches et porte l'aumusse sur le bras gauche. Derrière lui, saint Pierre, son patron, tenant une clef double; le mouvement du bras droit en avant indique que le saint se dispose à porter la main sur l'épaule du prêtre en signe de protection (64). Ces deux figures sont renfermées dans une niche surmontée d'un dais à pans, porté par deux colonnes. Le tout repose sur une jolie console décorée d'un génie portant des flambeaux qui se réunissent à des cornes d'abondance d'un arrangement gracieux et des plus délicats.

Sous cette console, un rectangle bordé d'un filet rouge renferme cette inscription :

> mōseigneur maistre pierre dorigny licēn
> docteur en decret conseille[r] du roy en sa
> cour de parlement a Paris jadis
> cure de ceās et prieur de saīct sepulcre

2e *lancette.* — La Vierge, debout, tenant son livre entr'ouvert appuyé sur son prie-Dieu ; surprise, elle lève la main gauche devant l'apparition de l'ange Gabriel.

3e *lancette.* — Dans une niche aux brillantes couleurs, un joli vase d'or, orné avec la plus grande richesse, dans lequel s'épanouit une tige de lis odorante et d'une extrême blancheur, emblème de la virginité ; sur une banderole on lit : Ecce ancilla domini fiat michi secundū verbum tuum · LVCE PR.

4e *lancette.* — L'archange Gabriel annonçant à la Vierge qu'elle serait mère du Sauveur. L'ange tient à la main un sceptre fleurdelisé, de sa main droite se développe un phylactère avec ces mots : Ave gratia plena dominus tecum benedicta tu in mulieribus. La banderole et une grande partie de l'ange ont été restaurées.

5e *lancette.* — Nicolas Dorigny, probablement neveu [1] du pré-

1. Courtalon (t. II, p. 197) dit que Nicolas était l'oncle et Pierre le neveu. — M. Émile Socard *(Biographie)* en dit autant. — M. Tridon (*Mém. archéol. sur Saint-Jean,* dans les *Mém. de la Soc. acad.,* t. XVI, p. 44) dit que Pierre était l'oncle et Nicolas le neveu. — Grosley *(Troyens célèbres)* dit que Nicolas et Pierre étaient frères, et que Nicolas l'aîné eut pour successeur à Saint-Jean Pierre son frère cadet. — M. Morlot, dans sa liste des curés, met Nicolas avant Pierre.

Nous avons cru devoir rapporter ces diverses opinions. En somme, M. Tridon seul met Pierre avant Nicolas, et c'est évidemment lui qui a raison.

D'après Grosley, certains actes imprimés en 1629, dans le Règlement pour la paroisse Saint-Jean, constatent que Nicolas Dorigny était curé de Saint-Jean dès l'année 1506, et qu'il l'était encore en 1529. — Socard en dit autant, mais il est évident qu'il écrit d'après Grosley. — Courtalon (t. II, p. 198) cite une requête de Nicolas Dorigny, en 1503, adressée à l'évêque Jacques Raguier. Le même

cédent, curé de Saint-Jean de 1503 à 1532, conseiller au Parlement de Paris. Faisant face à son oncle, il est agenouillé, les mains jointes et tenant sa calotte violette; vêtu d'une soutane rouge et d'un surplis à larges manches, comme son oncle il porte son aumusse, doublée de fourrure, sur le bras gauche. Derrière lui, saint Nicolas, son patron, avec les trois petits enfants dans une cuve. Saint Nicolas tient une grande croix de la main gauche; de la main droite, il montre du doigt la scène de l'Annonciation qui occupe les trois lancettes centrales de la fenêtre (65).

De même que Pierre Dorigny, Nicolas et son patron sont représentés dans une niche, dont le dessin et les dispositions répètent celles de la première lancette. De plus, comme sous la première console, un petit rectangle porte cette inscription :

mōſeigneur maiſtre Nicole dorigny licen
en decret cōſeillr̄ de roy nrē ſ. en ſa cōr de
parlement cure de ceās chanoine et chā
celier de pis a baille ceſte vrie lā mil v^{c} xxii

Courtalon (p. 199) dit que l'évêque Odard Hennequin et le curé Nicole Dorigny avaient fondé, en 1532, une prière qui se disait tous les dimanches après l'offertoire de la grand'messe. La transaction de 1506 avec l'abbesse de Notre-Dame-aux-Nonnains fut faite par Nicolas Dorigny.

L'inscription du vitrail dit qu'il fit poser la verrière en 1522.

Nicolas aurait donc été curé en 1503, 1506, 1529, 1532, soit vingt-neuf ans.

Alors, Pierre Dorigny aurait été curé de Saint-Jean à partir de 1483 jusqu'en 1503, c'est-à-dire pendant vingt ans. Dans le Règlement de la paroisse Saint-Jean, on voit par une sentence de l'officialité de Troyes qu'il était curé en 1497.

Deux frères prêtres et curés, se succédant dans la même église, cela ne se voit pas souvent. Les Dorigny étaient-ils frères, ou seulement oncle et neveu? Il n'y aurait qu'un testament fait à l'avantage du second qui pourrait décider cette question. Comme nous ne l'avons pas et que nous n'avons rien trouvé à ce sujet dans les *Archives de l'Aube* et de la *Bibliothèque nationale*, nous croyons plus sage de nous en tenir à cette note, sans nous lancer dans des hypothèses qui ne donneraient aucun résultat. Ajoutons seulement que, d'après les *Registres de Léon X*, publiés par le cardinal Hergenroether (n° 7705), Nicolas Dorigny était, en 1514, chanoine de Troyes, et habitait Paris. Il fut chargé, avec l'évêque de Nevers et l'abbé de Sainte-Geneviève, d'informer sur les divisions survenues entre les Dominicains. Les *Archives de l'Aube* (G. 2091) nous apprennent qu'il était, en 1520, chanoine de Lirey.

Dans les lobes de la 2e et de la 4e lancette sont deux blasons : le premier, d'azur, à trois chandeliers d'or, accompagnés en chef d'une étoile du même (Dorigny) (66); le deuxième, écartelé au 1 Dorigny; au 2, d'or, à un chevron d'azur, au chef cousu de gueules, et trois feuilles ou un trèfle d'or en pointe; au 3, d'azur, à trois têtes de léopards d'or, lampassées de gueules (de Dormans); au 4, d'azur, à un chevron d'argent, accompagné de trois griffons d'or, les deux en chef affrontés (de Pleurs) (67).

Dans le trilobe du haut de la lancette centrale, Dieu le Père bénissant et portant le monde. Derrière le globe du monde, un rayon lumineux s'échappe, dans lequel se trouve le Saint-Esprit en forme de colombe : c'est l'Esprit-Saint descendant du Père et mis en communication avec Marie pendant l'Annonciation de l'ange Gabriel.

66.

67.

Dans la partie haute des trilobes flamboyants du tympan, la Présentation de la sainte Vierge au temple. Le grand-prêtre, debout à la porte, est revêtu de ses habits pontificaux. Il étend les bras pour recevoir la Vierge Marie, âgée de trois ans, qui monte les degrés de l'escalier devant lui.

Au bas de l'escalier, à gauche, saint Joachim; à droite, sainte Anne. Sur les galeries du temple, plusieurs personnages regardent monter cette jeune enfant.

Comme exécution, c'est une belle verrière du commencement du XVIe siècle; malheureusement la restauration laisse à désirer.

Les Dorigny appartenaient à une famille des plus nombreuses et des plus riches de la ville de Troyes. Nous ne serions pas surpris d'apprendre que ces deux curés contribuèrent pour une bonne part à l'agrandissement de l'église à la fin du XVe siècle et au commencement du XVIe.

INSCRIPTIONS ET DALLES TUMULAIRES.

Le sol de l'église Saint-Jean ayant été bouleversé à plusieurs reprises pour y établir des caveaux funéraires destinés aux riches habitants de la paroisse, il en résulta que tous les monuments épigraphiques antérieurs à ces travaux disparurent complètement pour faire place à de nouvelles inscriptions qui remontent tout au plus aux premières années du XVIIe siècle. Celles-ci, gravées la plupart sur marbre noir et placées dans le passage des bas côtés, ont été rapidement effacées par le frottement des pieds des passants.

GRANDE NEF.

Le Tartier, *Nicolas, de Troyes*, et Claude Félix sa femme. — Dans la grande nef, au-dessous de la tribune de l'orgue, on voit la pierre tombale de Nicolas Le Tartier l'aîné, bourgeois de Troyes, et de dame Claude Félix sa femme, bienfaiteurs de l'église Saint-Jean; on lit sur l'épitaphe :

CY DESOVBZ GISENT
NOBLES PERSONNES
NICOLAS LE TARTIER
BOVRGEOIS DE TROYES
QVI DECEDA LE 22
SEPTEMBRE 1623
ET CLAVDE FELIX
SA FEMME DECEDA
LE

Marbre noir. — Haut., 1m,20; larg., 1 mètre.

La date du décès de la dame Félix ne semble pas avoir été gravée.

Le cadre de cette inscription est surmonté d'un fronton triangulaire, au centre duquel se trouve un blason ovale qui donne les armoiries de Le Tartier : de gueules, à un besant d'or; au chef d'or chargé de 3 molettes d'éperon de sable.

BAS COTÉ NORD DE LA NEF.

Dans la première travée, chapelle des fonts, est la sépulture de Claude Huez, né à Troyes le 3 avril 1724. L'inscription est gravée en lettres d'or sur marbre noir :

L'AN 1789, LE 9 SEPTEMBRE
A ÉTÉ INHUMÉ
DEVANT L'AUTEL DE CETTE CHAPELLE
LE CORPS
DE Mr CLAUDE HUEZ
MAIRE DE TROYES
MORT LE MÊME JOUR!!

Claude Huez fut lâchement assassiné pendant les troubles de la Révolution, et son corps fut traîné dans les rues et livré à toutes les ignominies [1].

Symon X..., *marguillier de l'église Saint-Jean.* — Dans la cinquième travée est une dalle sur laquelle on lit encore ces quelques mots : Cy gist nobles persones Symō... marguillier et marchant...

Au bas de cette tombe, à gauche, est resté le blason de la femme de Symon, dont le second et le quatrième quartier nous rappellent les armoiries des familles Cochot et de Mesgrigny.

Marbre noir. — Haut., 1^m,98 ; larg., 1^m,29.

Sébastien de Gombault, *écuyer, seigneur de Croquan* (1551). — Dans la sixième travée est le marbre funéraire de la famille Gombault, dont l'un des membres fut maire de Troyes en 1574.

En tête de l'épitaphe sont les armes de Sébastien de Gombault, surmontées d'un heaume à lambrequin, posé de face. A gauche de l'écu, on distingue les armoiries du mari, au 1 d'azur à une tour

1. Émile Socard, *Biographie des personnages remarquables de Troyes.*

fermée d'argent, soutenue par deux lézards du même; au 2, de sa femme, dont il ne reste aucun vestige. Support : les traces de deux lions.

Nous donnons ici le dessin de cette tombe telle que nous l'avons trouvée en 1849 (68).

68.

Marbre noir. — Haut., 1m,90; larg., 0m,98.

Jeanne Collet. — Dans la huitième travée, un marbre noir très effacé. On lit seulement à la fin de la seconde ligne ce nom : Collet; serait-ce Jeanne Collet, la femme de Sébastien Gouault, bourgeois de Troyes en 1670, bienfaiteur de l'église?

Marbre noir. — Haut., 1m,70; larg., 0m,90

BAS COTÉ SUD DE LA NEF.

Marie Le Bé, *femme de Nicolas Dorieu.* — Dans la quatrième travée sud, la tombe de Marie Le Bé, veuve de Nicolas Dorieu.

Sur cette tombe, que nous reproduisons en fac-similé, sont : 1° le blason du mari surmonté d'un heaume à lambrequin : d'azur à une bande d'or, chargée de 3 molettes d'éperon de gueules dans le sens de la bande ; il est surmonté en chef d'un lambel de sable, et en pointe d'une main tournée à dextre[1] ; 2° le blason de Marie Le Bé, entouré d'un cordon de veuve, portant d'azur à un chevron d'or, accompagné de trois compas couronnés du même, au chef de gueules chargé d'un lion passant d'argent (69).

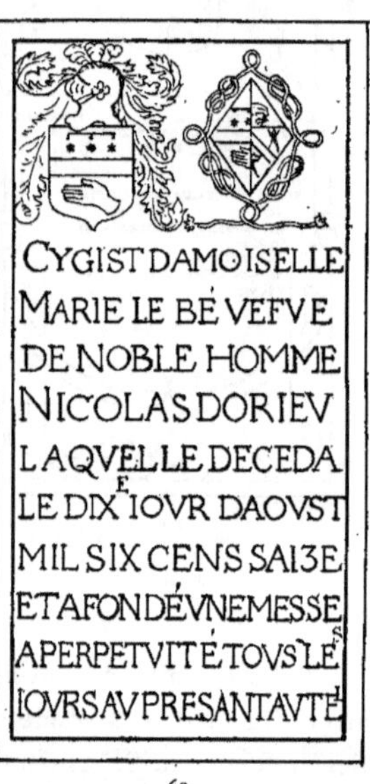

69.

Marbre noir. — Haut., 1m,92 ; larg., 0m,99.

Claude Perruchot, *marchand à Troyes.* — Cette dalle se trouve à la neuvième travée. Sur la liste des bienfaiteurs de l'église Saint-

1. Roserot, *Armorial du département de l'Aube.*

Jean, nous voyons Anne Nevelet, veuve de Claude Perruchot, marchand à Troyes, 1679 :

LA SEPVLTVRE DE
MONSIEVR CLAVDE
PERRVCHOT ET DE
MADAME ANNE DE
NEVELET SON EPOVZE
DE LE.... ES ET
DE LEVRS ENFANTS
POSEE EN 1707.
Requiescant in
pace.

Pierre. — Haut., 2 mètres; larg., 0m,92.

Les Nevelet portaient pour blason d'argent à un chevron d'azur accompagné de trois roses de gueules, au chef de gueules chargé d'un lion léopardé d'or. (Voyez 3e vol., p. 535.)

BAS COTÉ DU CHŒUR. — COTÉ NORD.

Nicolas Bourgeois, *apothicaire*, et Anne Mégard sa femme. — Dans le deuxième bas côté, deuxième travée, devant la chapelle Saint-Bernard, un marbre noir portant cette épitaphe :

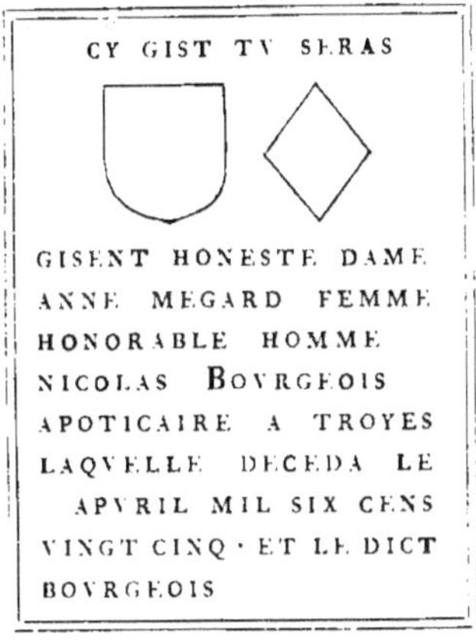

CY GIST TV SERAS
GISENT HONESTE DAME
ANNE MEGARD FEMME
HONORABLE HOMME
NICOLAS BOVRGEOIS
APOTICAIRE A TROYES
LAQVELLE DECEDA LE
APVRIL MIL SIX CENS
VINGT CINQ · ET LE DICT
BOVRGEOIS

Marbre noir. — Haut., 1m,16; larg., 0m,61.

Une sentence et les deux blasons en tête de l'inscription sont effacés par l'usure, et la date du décès du mari n'a pas été gravée.

Pierre de Villiers, *marchand libraire,* et Suzanne Béjard sa femme. — Dans le deuxième bas côté, troisième travée, devant la chapelle Sainte-Barbe, sur un marbre noir, nous lisons :

ICY REPOSENT LES CORPS
D'HONORABLES PERSONNES
PIERRE DE VILLIERS MARCH̄
LIBRAIRE A TROYES
ET
SVSANNE BEIARD SA FEMME
LAQVELLE DECEDA
LE XXIX SEPTEMBRE
1696
PRIEZ DIEV POVR LEVRS
AMES
REQVIESCANT IN PACE

Marbre noir. — Haut., 1m,02; larg., 0m,76.

BAS COTÉ SUD DU CHŒUR.

Moussey, *monnayeur du roi à Troyes, et Guillemette sa femme.* — Contre les bancs établis au pourtour du chœur, dans la deuxième travée, à gauche, se trouve placée une épitaphe qui, par son extrême petitesse, passe inaperçue aux yeux des visiteurs.

Cette pierre n'en a pas moins d'intérêt; elle se compose de dix lignes en caractères gothiques du XVIe siècle; les cinq dernières sont en partie usées par le frottement des pieds.

Avec un peu de patience on lit ce qui suit :

Soubz ce petit caveau
Repose honēste fēme guil
lemette Noel vivāt fēme
de honorable hōme...

Moussey monoyeur du
Roy en sa monoy...
du serment de fr...
Marchant en lad...
Laquelle decéda le...
iuillet...

La date du décès de Guillemette Noël n'existe plus.

Pierre. - Haut., 0m,56; larg., 0m,38.

CHAIRE A PRÊCHER.

Dans les comptes de la fabrique, nous lisons qu'en 1511, Pierre Prieur, huchier (menuisier), fit une chaire à prêcher élevée par personnages, assise et mise contre le pilier de l'autel de tous les saints; elle fut payée la somme de LX livres [1].

On en fit une autre en 1584. Celle-ci était d'un goût très estimé. Elle fut supprimée en 1741, pour y poser celle que nous voyons aujourd'hui à l'église de Sainte-Madeleine, exécutée par Edme Herluison, maître sculpteur-menuisier.

Nous reviendrons sur ce petit chef-d'œuvre de sculpture, malheureusement transformé et abîmé pendant la restauration de la nef de l'église en 1860-1870.

Dans notre jeunesse, nous nous rappelons avoir vu une chaire qui était d'une simplicité extrême et sans intérêt.

On la remplaça vers 1840 par une chaire monumentale, exécutée par Jeanson, sculpteur à Troyes, qui ne manquait pas de talent.

Cette chaire, dite gothique, s'élève isolément entre les deux piliers de la sixième travée de la grande nef.

De forme octogonale, elle s'appuie sur quatre colonnettes portant l'abat-voix, décoré sur toutes ses faces d'arcs en contre-courbes trilobés, accompagnés de galeries ajourées, maintenues sur les angles par de légers pinacles et surmontées d'un comble couronné d'un fleuron portant une croix.

1. Assier, *les Comptes de la fabrique Saint-Jean.*

Les deux escaliers qui lui servent d'appui se dissimulent par des panneaux triangulaires chargés d'un semis de losanges à quatre-feuilles. Ils s'appuient en même temps contre des tambours, sorte de bahuts dont la décoration répète celle de la cuve ou du garde-corps. Ils se composent d'arcatures renfermant sur leurs faces la figure des douze apôtres, qui n'ont rien de gothique.

Il en est de même pour le garde-corps, où sont représentées la Foi, l'Espérance et la Charité, et en retour, sur les côtés, les quatre Évangélistes.

Toutes ces figures sont représentées debout sur des espèces de torchères qui leur servent de base.

Sur le grand panneau du dossier de la chaire est sculptée en demi-relief la figure de saint Jean-Baptiste tenant le signe de la Rédemption ; à ses pieds, l'Agneau. On lit au-dessous en caractères gothiques : **Fuit Joannes in deserto prædicans.** Deux panneaux gothiques en retour établissent le fond du dossier.

Cette chaire est très bien exécutée; c'est de la bonne menuiserie, mais sans effet. Sa riche décoration, éclairée de face, passe inaperçue dans l'ensemble de ce vaste monument, faute de puissants reliefs distribués çà et là, où la lumière devrait jeter son éclat en opposition avec les ombres.

Cette façon de cacher l'escalier d'une chaire ne nous séduit pas. Les artistes du moyen âge savaient très bien faire valoir et tirer parti des accessoires indispensables à la construction d'un monument, ce qui aurait donné à cette chaire plus de légèreté à la masse, sans en compromettre la solidité.

Devant la chaire, sur le pilier qui lui fait face, était un Christ en bois d'une belle exécution, attribué suivant la chronique à François Gentil [1]. Remplacé en 1894 par un crucifix neuf de médiocre valeur, il est aujourd'hui à la sacristie, attendant d'être remis à la place d'honneur qu'il mérite.

1. Dans les *Comptes de la fabrique de l'église Saint-Jean*, publiés par M. Alexandre Assier, nous trouvons un passage qui pourrait établir que cette œuvre est bien de ce grand artiste. On lit, à la date de 1571 : *Payé à François Gentil pour un crucifix qui a faict, qui est au-dessus de l'eaubénistier,* VI *livres.*

LA SACRISTIE.

Anciennement, la sacristie de cette église était située au rez-de-chaussée sous la grosse tour.

Très restreinte et éloignée du sanctuaire, les marguilliers voulurent s'emparer de la chapelle Pierre de Mauroy, située dans la première travée des bas côtés du chœur, côté nord, pour y établir une sacristie plus vaste.

La famille de Mauroy mit opposition, et, sur l'examen des titres, les intéressés furent confirmés dans leur possession (Courtalon).

Alors les marguilliers, suivant la décision du conseil en date du 19 mars 1767, supprimèrent deux chapelles du chevet du même côté et y installèrent la sacristie, en construisant un mur de clôture surmonté d'une galerie à balustrade pour le premier étage.

La porte d'entrée fut décorée d'un fronton circulaire ayant pour support deux consoles établies sur les côtés du cadre des pieds-droits. Ce fronton est décoré d'une couronne et de palmes.

Avant la Révolution de 1789, cette sacristie était très riche en objets d'orfèvrerie. Tous les vases sacrés, tous les reliquaires et tous les ornements d'or et d'argent furent confisqués et réunis au domaine de la nation.

LES ORGUES.

Les premières orgues de cette église furent faites, en 1614, par les frères Vallerant. Elles furent réparées vers les premières années du XVIIIe siècle. Enfin, depuis 1758, elles ont été refaites à neuf et beaucoup augmentées par Cochu fils, facteur d'orgues, demeurant à Châlons, qui travailla avec tout le mérite qu'il avait acquis en ce genre, et acheva l'ouvrage en 1762.

L'orgue, réparé en 1849 par la maison Daublaine-Collinet, fut repris en 1877 par MM. Rollin. Il se compose aujourd'hui de vingt-cinq jeux et se trouve disposé de manière à en recevoir encore un certain nombre. Tel est cet instrument qui tient le premier rang parmi tous ceux du diocèse, après la cathédrale, mais qui ne brille pas par la richesse de son jeu et de son buffet.

VUE GÉNÉRALE DE LA CHAPELLE.

SAINT-GILLES

La petite église Saint-Gilles est une chapelle en bois située faubourg Croncels, construite au XVe siècle, agrandie et transformée jusqu'à nos jours.

Avant la Révolution, cette église était paroisse, et sa circonscription comprenait une partie du faubourg Croncels et quelques maisons de Saint-André.

Après les événements de 1789, la paroisse Saint-Gilles fut rétablie et desservie par un vicaire de Saint-Jean.

Par ordonnance royale du 20 mars 1844, elle fut attribuée et soumise à l'autorité du curé de Saint-Jean, sous l'administration de la fabrique.

Primitivement cette église n'était qu'une simple chapelle composée d'une abside octogonale et d'une seule nef.

Vers le milieu du XVIe siècle, le faubourg Croncels prenant de l'extension, on y ajouta les deux transepts, et à la fin du XVIe siècle on prolongea la nef d'une travée en supprimant le porche de l'entrée principale. Il faut reconnaître ici que les raccords de la nouvelle avec l'ancienne construction furent assez bien établis.

La nef. — La charpente des combles est une construction simple et intéressante. Les arbalétriers reposent sur des blochets. Les poutres transversales sont soutenues à leurs extrémités par des liens avec jambettes. Au centre de la ferme-maîtresse s'élèvent les poinçons, sortes de colonnes octogonales montant jusqu'à la hauteur du faîtage, dans lequel viennent s'assembler les extrémités des chevrons. Un second entrait à la hauteur des voûtes empêche l'écartement des arbalétriers.

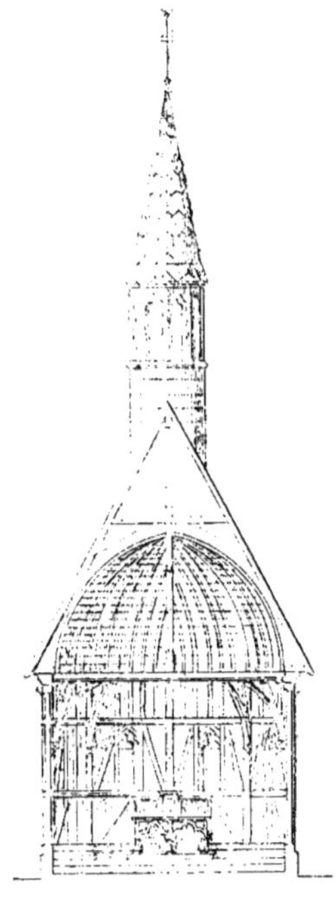

1. COUPE TRANSVERSALE.

Entre le premier et le deuxième entrait sont les courbes ogivales en tiers-points habilement assemblées et destinées à recevoir les feuillets de chêne qui forment le berceau de la voûte au droit de chaque ferme. La charpente est aussi légère que possible ; très bien équarrie et chanfreinée sur ses arêtes (1).

Cette ancienne église en bois mesure actuellement, de l'entrée occidentale à l'abside, 16 mètres.

La largeur de la nef est de 5^{m},10 et les transepts de 5^{m},015. (Voir le plan.) (2).

Non contents de l'altération de la forme primitive par l'adjonction des deux transepts, les marguilliers imaginèrent une retraite, à gauche, dans la nef, pour y placer leur banc-d'œuvre, passage couvert qui permettait à ces Messieurs de se rendre au chœur, où leur présence était nécessaire, par une sortie sur le transept. Une autre sortie, à gauche, conduisait à l'escalier de leur tribune situé à gauche de l'entrée principale.

Le dossier du banc des marguilliers, sculpté et décoré de panneaux aux feuilles ondées, sert aujourd'hui de revêtement au mur de la chapelle du transept sud, dite de la sainte Vierge.

Dans l'arrière-corps, dont nous parlons, on vient d'établir tout récemment un petit autel consacré à la Mère de douleur, en plaçant sur l'autel un petit groupe en pierre de la fin du XVIe siècle, de $0^{m},60$ de hauteur, représentant une Notre-Dame de Pitié.

Des deux côtés de la porte principale, sur le mur, sont deux mauvaises peintures sur bois représentant sainte Catherine et saint Joseph. Ce dernier porte l'Enfant Jésus dans ses bras et tient une branche de lis.

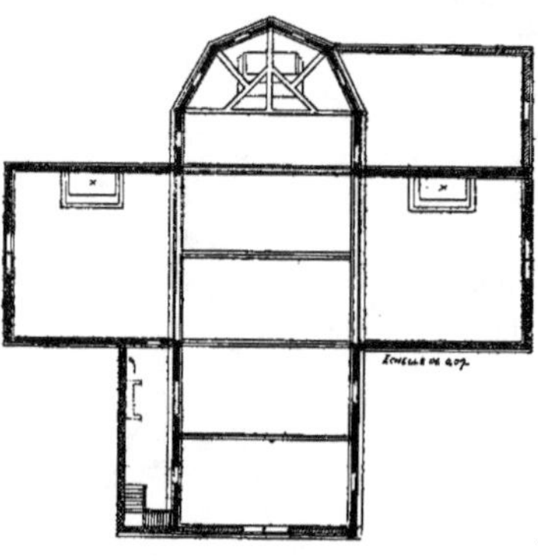

2. PLAN DE L'ÉTAT ACTUEL.

A gauche, sur le mur de la nef, est suspendu un ancien triptyque, peinture sur bois de la fin du XVIe siècle, assez médiocre. Le volet de gauche représente Jésus tombant sous le poids de la croix, suivi par les saintes femmes, et aidé par Simon le Cyrénéen. Au milieu est représenté le Calvaire, Jésus crucifié entre les deux larrons. A droite, sur le deuxième volet où est représentée la Résurrection, Jésus sort de son tombeau devant les gardiens terrifiés.

Au-dessus de la petite porte conduisant à la tribune, un panneau représente les saintes femmes au tombeau du Christ. Un ange, debout, déploie le linceul de Jésus ressuscité.

Sur un poteau qui lui sert de base, est une petite statuette en pierre — hauteur, $0^{m},64$ — représentant sainte Catherine, tenant une palme à la main droite, et un livre ouvert à la main gauche. Fin du XVIe siècle.

Plus loin, du même côté, un autre panneau sur bois représente Jésus-Christ apparaissant, sous la forme de jardinier, à Marie-Madeleine.

A droite, contre le mur de la nef, deux autres panneaux repré-

sentent, l'un, Pilate se lavant les mains en présence de Jésus; l'autre, Jésus montré au peuple après avoir subi la flagellation. Dans le premier de ces panneaux, on lit la date de 1569 sur le fauteuil de Pilate.

Entre ces deux panneaux, en face de la statuette de sainte Catherine, il y en a une autre de saint Sébastien, attaché avec des cordes à un tronc d'arbre; sa hauteur est de 0m,76. Cette statuette peut être du commencement du XVIIe siècle.

3.

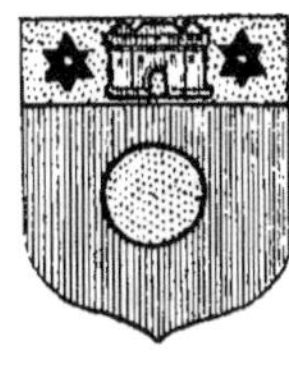

4.

Du même côté, dans la fenêtre méridionale, nous voyons sur le panneau de gauche un blason d'azur à trois casques d'argent, de profil, deux en chef et un en pointe (famille d'Avalus, seigneur d'Argentolles, commune de Creney [1]) (3).

Sur le panneau droit, un autre blason de gueules à un besant d'or, au chef d'or chargé d'une tour de gueules à la porte d'or, accompagnée de deux molettes d'éperon de sable (famille Le Tartier) (4).

Ces deux blasons sont entourés d'un cadre d'arabesques du XVIe siècle.

Le clocher. — A gauche de la nef, une petite porte donne entrée sur l'escalier qui conduit à la tribune, aux combles et au clocher. Celui-ci, de forme octogonale, est ouvert sur toutes ses faces par des fenêtres ogivales trilobées, qui ont conservé leur caractère ancien, sauf quelques restaurations maladroites. Ce clocher, couvert en plomb et en ardoises, s'élève entre et au-dessus du croisement des deux transepts, de la nef et du chœur.

Il renferme une petite cloche du XVIIe siècle portant cette simple inscription :

IHS · MARIA · M. PIERRE BOVILLEROT BOVRGEOIS PARAIN ET DAME ELISABETH MOREL EPOVSE DE M. DVFOVR CONER DV ROY ASSESSEVR EN L'HOTEL DE VILLE DE TROYES · 1698.

1. Roserot, *Armorial*.

Au-dessous, d'un côté, une croix processionnelle; de l'autre, une Vierge Mère.

Les transepts. — De nos jours, l'intérieur de l'église a subi une complète transformation ; on l'a recrépi, enduit d'un badigeon blanc comme neige, sans en excepter la belle charpente de la voûte et les jolies et intéressantes statues qui en faisaient le principal ornement. Ce blanchissage s'est fait depuis le sol jusqu'à la voûte et depuis l'entrée jusqu'au sanctuaire, si bien qu'il est difficile de reconnaître l'œuvre remarquable du maître que la chronique troyenne indique comme étant un charpentier du faubourg[1]; construction curieuse qui fit classer cette chapelle parmi les monuments historiques de la France.

Transept nord. — Ce transept n'a plus sa porte latérale. L'autel de sainte Anne, qui était placé à l'orient, suivant les règles de la liturgie romaine qui rappelle ainsi le lieu de la naissance du Sauveur, est actuellement contre la porte du nord, de manière à en fermer l'entrée. Il en résulte que toutes les peintures et les sculptures qui ornent l'autel sont placées à contre-jour et qu'il faut s'approcher tout contre l'autel pour pouvoir les décrire et les dessiner; pour les photographier, les difficultés sont encore plus grandes.

5.

Le retable de l'autel est un des plus beaux que possède cette petite église. Il se divise en trois panneaux, dont le premier, à gauche, représente saint Joachim venant offrir un agneau au temple et repoussé par le grand prêtre. A gauche du sujet, sur le même panneau, est agenouillé le donateur devant son prie-Dieu, portant pour armes, d'azur, au chevron d'or, accompagné en chef de deux roses et en pointe d'une croisette d'or; aux 1 et 3, d'un croissant; aux 2 et 4, d'une rose; le tout d'or (5).

Avec quelques petites différences, ces armoiries doivent appar-

1. Viollet-le-Duc, *Dictionnaire* (t. VII, p. 45). Aufauvre et Millet, *la Chapelle Saint-Gilles*.

tenir à la famille Le Page, dont descendait un Congniasse-Desjardins. (Voyez Fontvannes et Messon, IIe vol., p. 223 et suiv.)

Au bas du panneau on lit :

> Au temple offrir · le bon Joachin alloyt
> mais par le prestre · il se veid Refuse
> pour ce que point · hoir de son corps n'avoit
> dont fort honteux dū tel faict accuse.

Le deuxième tableau représente la rencontre de saint Joachim et de sainte Anne, sous la porte dorée. Dans le lointain, on aperçoit saint Joachim qui garde son troupeau, un ange lui apparaît et lui dit : IOACHIN VA TA PRIÈRE EST EXSAUSÉE.

On lit au bas du sujet :

> Ne tesbahis · luy fut-il dict par l'ange
> va rencōtrer a la porte doree
> ta conforte Anne et a elle te renge
> dont en auras lignee bienheuree.

Le troisième panneau représente la naissance de la Vierge Marie. Sainte Anne, dans son lit, est soignée par deux servantes. Devant la couchette, l'enfant est baignée dans une cuvette. A l'autre extrémité, une servante, à la cheminée, fait sécher des langes au feu.

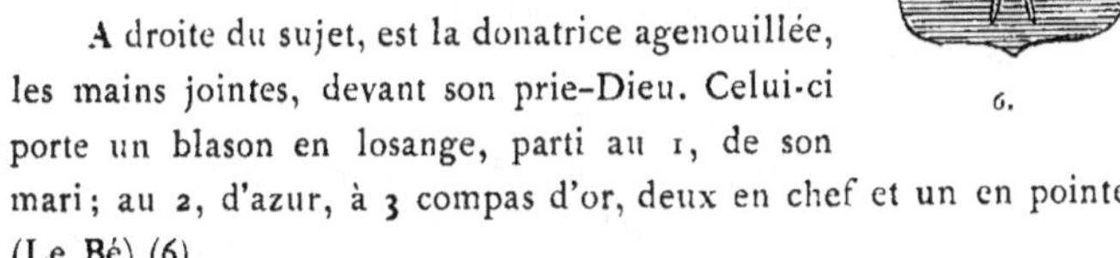

6.

A droite du sujet, est la donatrice agenouillée, les mains jointes, devant son prie-Dieu. Celui-ci porte un blason en losange, parti au 1, de son mari; au 2, d'azur, à 3 compas d'or, deux en chef et un en pointe (Le Bé) (6).

Nous lisons au bas du panneau :

> Ce quil auint car la dame cherye
> sentant le temps des neuf moys accōply
> enfanta lors la benoiste Marie
> dont Joachin fut tout de ioye remply.

Ce retable se termine par un fronton cintré surmonté d'une jolie statue de sainte Anne faisant lire la sainte Vierge, du XVIe siècle, mais que l'on ne voit pas du tout. Cette sculpture, comme toutes celles de l'église, est de petites dimensions. Elle mesure 0^m,90.

Ce transept est éclairé par deux fenêtres jumelles, à deux étages; l'étage inférieur, derrière l'autel, est vitré de couleur; le panneau de gauche représentait peut-être l'Annonciation; mais il n'en reste qu'une figure de femme; sur le panneau de droite, on distingue sainte Anne, instruisant la Vierge Marie. Au bas, dans tout ce fouillis de verres coloriés, on remarque encore le blason d'un Molé, allié à la famille Cochot, seigneur de Villacerf; au 1, de gueules à deux étoiles d'or en chef et un croissant d'argent en pointe (Molé); au 2, de gueules, à une bande d'argent soutenant un oiseau d'or (Cochot) (7).

7.

Au-dessus de sainte Anne, se voit un fragment d'inscription retourné à l'envers; on y lit :

lepriuier et Catherine lamie
donee 15.8 pries dieu pour

A gauche, contre le mur occidental, près de la fenêtre, une curieuse peinture sur toile représentant l'*Ecce homo,* accompagné de deux juifs et d'un soldat. Un autre tableau représente le Sacré-Cœur adoré par des anges, et, dans le bas, saint François de Sales et sainte Jeanne de Chantal.

Entre ces deux tableaux, sur un socle, est la statue la plus ancienne de saint Gilles, abbé, coiffé d'une mitre précieuse par sa richesse, vêtu de l'aube, de l'étole croisée et de la chape, et tenant une croix processionnelle de la main gauche et de la main droite un livre ouvert renversé devant lui (XVe siècle).

L'agrafe de la chape est tout à fait curieuse; c'est une tour à deux donjons avec une porte au milieu, comme celle que l'on voit dans les armoiries des Le Tartier à la fenêtre sud de la nef. (Hauteur de la statue, 1^m,17.)

A droite, contre le mur est, sont deux peintures sur toile représentant, l'une, l'Assomption et le couronnement de la Vierge; l'autre, sainte Anne faisant suivre une lecture à la Vierge Marie, jeune fille.

Au centre de la travée, sur un socle élevé, faisant face à saint Gilles, la statue de saint Roch, représenté en pèlerin parce qu'il parcourut l'Italie durant un temps de peste; près de lui un ange descendu du ciel touche la plaie de sa jambe. On ajoute, dit le P. Cahier, qu'un ange lui apporta du ciel la promesse écrite que la peste cesserait à son invocation.

8.

Saint Roch porte sur sa pèlerine, du côté droit, deux clefs en sautoir. Sur le rebord de son chapeau, qui lui retombe sur le dos, on voit une coquille accompagnée d'un bourdon, deux clefs en sautoir et une sainte Face; hauteur, 1m,12 (8).

Il n'est pas rare de rencontrer des statues de saint Roch, dans nos contrées, où la peste a souvent sévi du XVe au XVIe siècle.

Dans le Cloître Saint-Étienne, chez les sœurs de charité, il y a une remarquable statue de saint Roch, du même temps, mais de grandeur naturelle.

Cette dernière statue, comme celle de saint Gilles, avait conservé sa peinture du temps, sauf quelques avaries, auxquelles les bonnes sœurs ont voulu remédier; on n'a pas trouvé d'autre moyen de rajeunir saint Roch que de le faire barbouiller couleur chêne du haut en bas. A l'église Saint-Gilles, on a été plus sage, on a seulement brossé la statue d'une couche de blanc.

Ajoutons, en outre, que, pour faciliter le placement de ces deux statues, on a coupé les ailes de l'ange qui guérit saint Roch.

Dans ce même transept, par terre, au-dessous de la statue de saint Roch, est une statue de saint Gilles, en religieux. Le saint tient de la main droite une crosse dont la volute est brisée, mais dont la hampe est garnie d'un long *velum*. Une biche, qui se dresse de toute sa hauteur contre le corps du saint, rappelle un des faits les plus célèbres de sa vie.

9.

« Pendant une chasse que faisait Charles Martel, dans le Languedoc, aux environs de la cellule du saint homme, une biche vint se jeter à ses pieds; c'était une ressource pour le serviteur de Dieu, et elle se faisait traire par lui. Le roi voulant forcer la bête, ses chiens refusèrent d'avancer, un des veneurs tira dans un buisson, saint Gilles fut atteint à la main pendant qu'il caressait sa biche. Le roi pénétra jusqu'à lui, voulut faire panser cette plaie; le saint refusa, désirant garder sa blessure jusqu'à sa mort[1]. »

Souvent on représente saint Gilles avec une flèche pénétrant dans sa main et entrant profondément dans les flancs de l'animal. Une dégradation ancienne et un récent barbouillage ont fait disparaître la flèche et la blessure qui caractérisaient si bien cette curieuse légende (9).

La tête du saint anachorète a été décollée pendant les mauvais

1. R. P. Cahier, *Caractéristiques des saints*.

GRAND PORTAIL

jours, mais elle a été remise en place avec adresse. Cette douce physionomie exprime une certaine béatitude de bonheur qui charme. Cette statue mesure 0m,95 de hauteur.

Le transept sud. — L'autel du transept méridional se trouve placé dans les mêmes conditions que celui du nord ; il ferme actuellement la porte du sud, la plus fréquentée par les paroissiens.

Son retable est une peinture sur bois du commencement du XVIIe siècle, sans valeur artistique.

Il est disposé en trois parties. Le panneau de gauche représente la Salutation angélique. Celui du milieu, l'Adoration des anges et des bergers prosternés devant l'Enfant Jésus, dans l'étable de Bethléem ; dans le haut, un ange porte une banderole sur laquelle on lit : GLORIA IN EXCELSIS DEO.

Le panneau de droite nous montre les Rois mages offrant leurs trésors au divin Enfant.

Ce transept est éclairé, comme celui du nord, par deux fenêtres jumelles à deux étages. L'étage inférieur est à la hauteur de l'ancienne entrée.

Les vitraux de ces fenêtres sont dans un état déplorable ; cependant, en les étudiant avec attention, on découvre de-ci de-là des blasons et une date qui constatent que la bourgeoisie troyenne s'intéressait à embellir ce petit monument.

Dans la première fenêtre, à gauche, un blason d'azur, à trois compas d'argent (10), famille Pierre Le Bé, né à Troyes vers 1470 ; descendant d'une famille de ce nom qui tenait, dès le XIVe siècle, le premier rang parmi les papetiers jurés de l'Université, et qui possédait sur la Seine, tant en amont qu'en aval de Troyes, quarante moulins occupés à cette fabrication [1].

10.

Au-dessus de ce blason est une peinture en grisaille représentant le sacrifice d'Abraham.

Dans la seconde fenêtre, à droite, une famille de donateurs, le mari et la femme agenouillés, les mains jointes sur

1. Émile Socard.

un prie-Dieu à double face, de manière que les deux époux sont placés l'un devant l'autre. Derrière la donatrice on aperçoit sa fille à genoux. Le mari est assisté de saint Nicolas, son patron, et la femme est accompagnée de saint Simon, apôtre, reconnaissable par la scie, instrument de son martyre, qu'il tient de la main gauche.

11.

Entre eux, sur le prie-Dieu, sont leurs blasons. Au 1, d'azur au chevron d'or accompagné en chef d'un besant d'or, et en pointe d'une étoile du même. Au 2, d'azur à un oiseau accompagné d'une étoile, d'un croissant en pointe, le tout d'or, et en chef un lambel d'or de trois pièces (11).

Au bas du vitrail on lit :

> **Noble homme nicolas le pyat et ſymonne**
> **ſa fem̄e de ceſte paroyſſe ont donne ceſte**
> **verriere prie dieu pour les treſpaſſez.**

A l'étage supérieur de la fenêtre, à gauche, une grisaille représente Jésus crucifié entre les deux larrons.

Plus bas, dans cette même fenêtre, on remarque un blason d'argent, au dauphin d'azur, à la couronne royale d'or, armes du dauphin François de France, fils aîné de François Ier (12).

12.

A la même hauteur, dans la fenêtre à droite, saint Jean-Baptiste avec l'agneau de Dieu, sainte Marguerite ayant un dragon sous les pieds. Ces deux figures sont séparées par une colonne portant sur sa frise la date de 1572.

Dans le haut de cette fenêtre, un médaillon circulaire donne le chiffre de Jésus entouré de rayons d'or. Au-dessous de saint Jean-Baptiste et de sainte Marguerite, un autre médaillon circulaire contient un agneau de Dieu, tenant la croix, d'argent sur fond d'or.

A gauche, contre le mur, une autre petite statuette de saint Gilles, en religieux, tenant de la main droite une crosse d'abbé, dont la volute se termine par une tête de dragon, et de la main gauche un livre ouvert. A ses pieds une mitre, parce qu'il s'est dérobé à la charge pastorale; statue du XVIe siècle (haut., 0m,86).

Du même côté, en entrant dans le transept, une peinture du XIVe siècle du plus haut intérêt, peinture sur bois et sur fond d'or, de l'École française, représentant la Vierge Mère, assise sur un trône, tenant l'Enfant Jésus sur ses genoux.

Au bas de ce panneau, à gauche, sont les armoiries du donateur, d'azur, à trois têtes de cerf d'or, posées 2 et 1, surmontées d'un casque à lambrequin. Support : deux griffons d'or (De La Ferté) (13).

13.

14.

A droite, le blason de la donatrice, d'azur, à deux branches d'or, coupées et feuillées, posées en sautoir, accompagnées au 1, d'un croissant, aux 2, 3 et 4 de trois étoiles, le tout d'or (14).

A côté de la statue de saint Gilles, un cartouche en bois doré, fixé contre le mur, contient une épitaphe gravée sur marbre noir, ainsi conçue :

CY DEVANT REPOSE LE
CORPS DHONNESTE FEMME
IEANNE BAIOT VIVANTE
FEMME DHONORABLE
HOMME IEAN BONNARME
MARCHAND ET POVR LORS
MARGVILLIER DE CETTE
PAROISSE, LAQVELLE
DECEDA LE 10ME AOVST
1638 · AGEE DE 26 ANS
REQVIESCAT IN PACE.

Hauteur du cadre, 0m,88; largeur, 0m,52.

Au bas du cadre est un blason en losange, parti, au 1, à un cheval passant et à deux étoiles en chef; au 2, à un chevron accompagné de deux cœurs en chef et un en pointe (15).

A côté de cette épitaphe est un triptyque, peinture sur bois divisée en trois tableaux représentant : 1° la Présentation de Jésus au temple et le vieillard Siméon tendant les bras pour le recevoir; 2° le Massacre des Innocents; 3° Jésus retrouvé au milieu des docteurs.

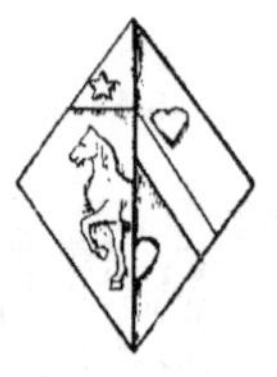
15.

Au revers du tableau sont des peintures en grisaille représentant trois personnages de l'Ancien Testament, et au-dessous de chacun d'eux une inscription intéressante.

Le premier personnage, à gauche, est Josué, casque en tête, le corps recouvert d'une cuirasse, les jambes nues, tenant de la main droite un bouclier appuyé à terre; au-dessous on lit :

> Jesus nave[1], autrement Josue, successeur de
> Moyse, vaincqueur des Amalechites et conducteur des hebreux
> en la terre de promition.
> Jesus filz de Dieu a surmôte le diable et mect les vrays croyans en la vie eternelle. IOSVE 1°.

Le second personnage, au milieu, est Jésus, fils de Josédech, vêtu en grand prêtre juif, ayant sur la poitrine le rational tenu par quatre chaînes d'or, et sur la tête une mitre en cône, garnie en bas de phylactères. La main droite est étendue; de la main gauche, il tient un livre fermé. Au-dessous, on lit :

> Jesus fils de Josedech pontife du peuple et mediateur
> dicelluy envers dieu, Restaurateur du sainct temple.
> Jesus filz de Dieu A basty Leglise Catholicque.
>
> I. ESDRAS.

Le troisième personnage, à droite, est Jésus, fils de Sirach. Tête nue; drapé dans un manteau, il tient un rouleau à la main droite.

1. Navé ou Nun est le nom du père de Josué.

Au-dessous, on lit :

Jesus filz de Sirach auteur du Livre de Leeclesiasticque docteur du peuple disrael. Jesus vray dieu sapience du pere A Illumine de sa saincte doctrine toute son Eglise.

ECCLESIASTICQVE.

Sur le mur occidental, à droite, un autre triptyque de la même époque, faisant pendant à ce dernier.

Le premier panneau, à gauche, représente sainte Anne, à genoux devant un autel ; derrière elle, trois personnages, en tête desquels est certainement saint Joachim. Un ange, qui apparaît au-dessus de l'autel, tient dans ses mains une tige de rosier avec trois roses. Ne serait-ce pas pour annoncer à sainte Anne que non seulement elle serait mère, mais qu'elle aurait pour filles les trois Maries ? Et les trois personnages qui figurent au tableau ne seraient-ils pas les trois époux successifs de sainte Anne, Joachim, Cléophas et Salomé ?

Le second panneau, au milieu, représente la Naissance de la sainte Vierge ; le troisième, à droite, sa Présentation au temple. Dans ce dernier panneau, sur la marche inférieure de l'escalier, on lit la date de 1610.

Dans le bord du cadre, au-dessous des trois panneaux, on lit le sujet de chacun : 1. **Comment anne oyit au temple.** 2. **Naissance de saincte marie.** 3. **Saincte marie est presentee au temple.** Mais ces inscriptions disparaissent sous une couche de peinture noire.

Au revers du tableau, saint Jacques avec son bourdon ; sainte Anne faisant lire la Vierge Marie ; et saint François d'Assise, tenant un crucifix à la main et portant les stigmates.

Ensuite nous voyons une remarquable sculpture en bois du XVIe siècle, œuvre unique, d'un caractère et d'un style merveilleux, représentant saint Jérôme retiré dans sa grotte près de Bethléem, le torse nu, tenant un Christ dans la main gauche, de l'autre main tenant une pierre et se frappant la poitrine avec un courage surhumain. Un lion couché est devant lui. Au-dessus du lion, un livre fermé, sur lequel un autre livre ouvert porte ces mots : COR

CŌTRITVM ET HVMILIATVM DEVS NON DESPICIES : *Vous ne mépriserez pas, ô mon Dieu, un cœur contrit et humilié.*

16.

SAINT JÉRÔME.

Derrière le saint, un arbre auquel sont suspendus un chapeau et un manteau de cardinal, attribution qui lui viendrait de ce qu'il avait été secrétaire du pape saint Damase.

Cette petite sculpture en bois est un véritable chef-d'œuvre d'exécution. Elle mesure en hauteur $0^m,74$ et en largeur $0^m,57$ (16).

Enfin, avant de sortir de ce transept, nous examinons une peinture sur toile, copie de l'École italienne, représentant la Vierge Mère.

Le sanctuaire. — Les trois fenêtres de l'abside ont été élargies pour donner plus de jour à l'intérieur; elles ont, en outre, perdu leurs ouvertures trilobées, bordées de moulures et de palmettes qui décoraient les écoinçons des trilobes. Une seule a conservé tout son caractère et encore n'est-elle visible que dans la sacristie.

L'autel du sanctuaire avait jadis son triptyque; il est aujourd'hui simplement meublé d'un tabernacle et d'une exposition accompagnée de six chandeliers. Sur le tabernacle, deux petits anges en bois doré.

Une grille de clôture de l'époque Louis XV ferme l'entrée du sanctuaire.

La tribune. — L'ancienne tribune des marguilliers est destinée aux chants religieux, un orgue d'accompagnement y a pris sa place. Contre la voûte, on a placé deux grands tableaux. Celui qui est à droite représente la vision de saint Jean l'Évangéliste. Le saint, déjà vieux, est à genoux, les bras et les yeux levés vers le ciel, où il voit sur une banderole ces mots : IN PRINCIPIO ERAT VERBVM ET VERBVM ERAT APVD DEVM ET DEVS ERAT VERBVM. Devant lui, le donateur, de grandeur naturelle, en dalmatique, est à genoux, les mains jointes. Près de saint Jean est un volume sur lequel est posée une écritoire où trempe une plume d'aigle.

17.

Le tableau de gauche représente saint Gilles dans sa grotte, avec sa biche blessée par le chasseur du roi, et gardant encore la flèche dans le corps.

Au bas du premier tableau sont les armoiries des donateurs portant au 1, de gueules à huit bandes d'or; au 2, d'azur à un chevron d'argent, au chef de gueules, chargé de trois besants d'or (17).

Ces armoiries sont surmontées d'un heaume de face, avec lambrequin.

A la tribune, plusieurs bancs portent des noms sur le dossier. L'un porte : GOMBAULT, 1686; un autre : P. MASSON; deux autres : L. LE. R. 1745; et FRANÇOIS HARMEY.

Sacristie. — La sacristie est une annexe du XVIIe siècle, établie dans l'angle du transept sud et enveloppant une grande partie de l'abside. Extérieurement, cette sacristie écrase tout le monument et en dénature la partie la plus intéressante.

L'intérieur ne contient rien à signaler, sauf peut-être un bâton de confrérie en bois doré où le Christ est assis, tenant un calice surmonté d'une hostie.

Tombe. — Au milieu de la nef est une dalle tumulaire en marbre noir, portant les armoiries des défunts, très effacées par l'usure, et avec l'inscription suivante :

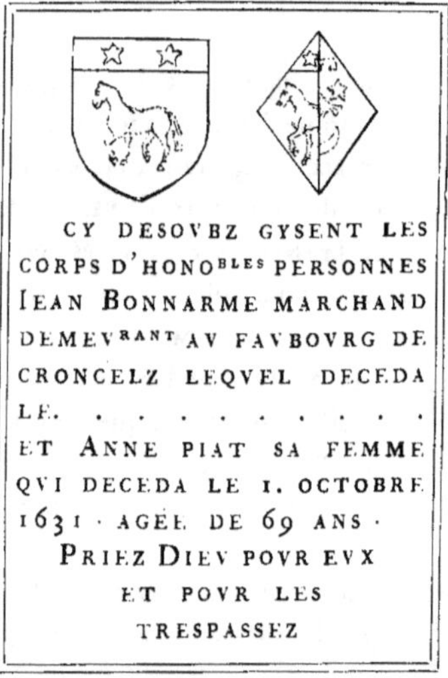

Marbre noir. — Haut., 1m,62; larg., 0m,92.

ÉGLISE SAINTE-MADELEINE

L'église de la Madeleine, qui fut édifiée vers le milieu du XIIe siècle, est actuellement le plus ancien des monuments religieux de la ville de Troyes.

Ce que nous voyons aujourd'hui de cette vieille basilique, c'est-à-dire la nef, les transepts et la première travée du chœur, nous rappelle, par la sévérité de ses grandes lignes architecturales et la richesse de ses chapiteaux, ce que pouvait être la grandeur et la beauté de cet édifice au début de sa construction.

En 1501, on rétablit à neuf tout le sanctuaire, qui menaçait ruine, et il résulta de cette reconstruction une transformation considérable, qui fit disparaître le vieux sanctuaire et les chapelles absidales de ce remarquable monument.

Plus tard, pendant les dernières années du XVIIe siècle, on détruisit le portail et on le remplaça par une lourde construction sans style, sans qu'il nous reste aucune description ni dessin qui nous fassent connaître l'importance et la richesse de ce vieux portique.

La nef elle-même fut reconstruite de 1860 à 1870, mais en conservant son style et sans s'écarter des dispositions architecturales du XIIe siècle.

Malgré toutes ces métamorphoses, l'église de Sainte-Madeleine n'en a pas moins conservé un attrait puissant par la diversité de sa construction et la richesse de son jubé, en dépit de l'appauvrissement de l'architecture ogivale qui se produisit pendant les siècles qui se sont succédé jusqu'à nos jours.

La paroisse de Sainte-Madeleine était une des plus considérables de la ville, par le nombre de ses prêtres, par ses offices et par la qualité de ses paroissiens. Elle est depuis plusieurs siècles la paroisse des gens de robe.

FAÇADE PRINCIPALE

Le portail principal, sans intérêt, se compose simplement d'un grand arc cintré avec voussure en retraite formant ébrasement jusqu'aux pieds-droits de la porte d'entrée. Au-dessus du linteau, un petit entablement des plus simples, seule décoration du tympan, qui est lisse.

Au-dessus du cintre, le portail se limite par une corniche; puis s'élève le mur de la nef, percé d'une fenêtre éclairant l'intérieur.

Aux extrémités du mur, quatre pilastres de l'ordre toscan portent l'entablement du couronnement de la façade.

Au-dessous, des assises de pierre plus blanches que toutes les autres portent l'inscription de la construction de cette façade, on y lit, assez difficilement, cette date en chiffres romains : M · VI^{c} · LXXXIV ·

Cette date se trouve en conformité avec celle d'un procès-verbal de 1682 qui constate le mauvais état de la muraille au-dessus de la porte, qui se lézarde de tous côtés, ainsi que les deux premières travées de la nef, à gauche, en entrant (Duhalle).

A droite et à gauche du portail, les deux premières travées ont conservé leurs fenêtres du XIIe siècle, mais elles ont été reprises et restaurées en même temps que le portail, dont elles sont le complément.

En suivant à gauche, la deuxième travée est occupée par une fenêtre ogivale divisée en trois jours et surmontée de trilobes flamboyants. Elle éclaire actuellement la chapelle du Catéchisme, jadis la chapelle du Saint-Sépulcre.

Sur l'angle de la rue Thiers, le contrefort était décoré d'une niche, dont il ne reste plus que la partie du couronnement qui accuse le XVe siècle.

A droite du portail, même disposition que sur le côté nord. La deuxième travée a conservé son architecture du XVe siècle. Elle est occupée par une fenêtre ogivale divisée en trois jours et surmontée de trilobes du style flamboyant; elle éclaire la première travée du deuxième bas côté convertie depuis peu en chapelle, sous le titre de Notre-Dame du perpétuel secours.

FAÇADE LATÉRALE NORD

En retour sur la rue Thiers, la première chapelle, dite du Catéchisme, s'éclaire de ce côté par une fenêtre ogivale du même style que sur la partie occidentale, mais plus simple dans la composition de ses meneaux. La couverture de cette chapelle est complètement isolée et à quatre versants.

Un contrefort saillant sépare cette première chapelle de la seconde, dédiée à saint Antoine de Padoue. Elle s'appuie à gauche sur le contrefort du transept, et la fenêtre ogivale se divise en trois parties, avec des trilobes du style flamboyant dans la partie de son tympan.

Porte latérale du transept. — Cette façade, avec ses puissants contreforts, appartient à la construction primitive du XIIe siècle, malheureusement construite en pierre blanche de Champagne, qui ne résiste pas beaucoup aux intempéries des saisons, surtout au nord.

La porte septentrionale n'occupe qu'une partie de la façade du transept. Elle se compose d'un arc ogival en tiers-point, dont la voussure se divise en deux gorges chargées de feuillages formant coquilles et se repliant sur eux-mêmes, le tout pulvérisé par la gelée, si bien que toutes les saillies de cette décoration tombent en poussière, et qu'il est presque impossible d'en déterminer les feuillages et le bouquet.

Cette voussure repose sur quatre colonnes engagées, dont les bases ont été rétablies au XVIe siècle. Le tympan est décoré d'un arc trilobé enrichi de têtes de clou dans ses moulures. Le linteau, en arc surbaissé, se contourne d'un simple tore qui se prolonge sur les jambages de la porte. Une petite console du XVIe siècle occupe la clef du tympan.

Au-dessus de cette porte, un grand arc de décharge, au ras du mur, repose sur les contreforts à redan.

Plus haut, trois lancettes jumelles éclairent l'intérieur du transept.

A gauche de cette façade, quatre travées suivent; la première est percée d'une fenêtre assez élevée, de style flamboyant; la seconde fenêtre, beaucoup plus basse, éclaire la chapelle Saint-Joseph. Les deux dernières, un peu plus grandes, éclairent la sacristie et ses dépendances.

Petite porte de l'ancien cimetière. — Cette porte n'était que l'ouverture du passage conduisant au cimetière et à une chapelle mortuaire qui occupait l'emplacement de la maison construite depuis plusieurs années pour le logement du sacristain. Cette chapelle, sous le titre de Bethléem, avait été fondée par Jacques Vignier, baron de Villemaur et de Saint-Liébault, conseiller du roi, maître des requêtes, conseiller d'État ordinaire, et Marie de Mesgrigny, son épouse, fondatrice, avec son mari, de la maison des Carmélites de Troyes, le 13 septembre 1620[1].

L'entrée de ce passage est une construction plein cintre, accompagnée de deux pilastres ioniques portant un entablement d'une grande simplicité. Cette porte étant en élévation sur la rue Thiers, on y accède par un perron de trois marches.

Dans ce passage se développent les chapelles absidales construites dans les premières années du XVIe siècle, vers 1501, avec leurs vigoureux contreforts à retraits. Elles se terminent par une corniche composée d'une succession de filets, moulures concaves et angulaires.

LA TOUR (1)

Conformément au manuscrit de Duhalle, et aux comptes de la fabrique de l'année 1530-1531, il est payé LX sous au *peinctre Cordonnier* pour avoir *peinct le pourtraict de la tour d'icelle église*. La même année 1531, on commence les fondations de la tour *du clocher*. Martin de Vaulx, avec qui nous avons déjà fait connaissance, entreprend les fondations, qui se poursuivent sans interruption jusqu'à la hauteur du soubassement de la tour.

En 1535, de nombreuses pierres de Tonnerre sont arrivées sur le chantier et sont mesurées par le maître maçon lui-même; les travaux reprennent avec activité.

En 1540-1548, Martin de Vaulx s'adjoint son fils Pierre et termine le premier étage jusqu'à la hauteur des fenêtres de forme carrée.

Ici s'arrête l'œuvre de Martin de Vaulx.

1. Émile Socard, Généalogie de la famille de Mesgrigny (*Mémoires de la Société académique de l'Aube*, 1866).

Sté Mon.le de l'Aube

TROYES — ÉGLISE Ste MADELEINE

[illegible]CHOT del & sc — Imp Porcabœuf

LE JUBÉ FACE POSTÉRIEURE

([illegible] DU CHŒUR)

Les contreforts de la tour sont décorés de jolies consoles et de gracieux pinacles sculptés avec beaucoup d'habileté et variés de style.

Sur le premier contrefort est une console Renaissance. Au-dessus, à une certaine hauteur, pour permettre de placer une statue, s'élève un riche pinacle gothique, dont l'extrémité s'arrête à la hauteur du bandeau du premier étage.

I. LA TOUR SUR LA RUE SAINTE-MADELEINE.

Le deuxième contrefort central, un peu plus large que les deux autres, est occupé par une console à retraits, doublée de prismes et de filets qui se rétrécissent jusqu'à la rencontre de l'assise de pierre sur laquelle elle repose.

Au-dessus, le dais se développe sur toute la surface du contrefort et se compose de trois arcatures ornées de trilobes séparés par de petits pinacles brisés.

Le troisième contrefort porte aussi sa petite console Renaissance sur laquelle se détachent trois petites figures d'enfants tenant des rubans.

Au-dessus, un petit dais circulaire en contre-courbes avec aiguilles brisées.

Le soubassement de la tour se dessine par un empiètement très prononcé, et ses moulures sont tracées de manière à ne pas présenter d'angles saillants pour faciliter le passage des voitures et l'écoulement des eaux.

Les travaux de cette tour furent suspendus pendant une douzaine d'années. En 1548-1560, Jean Faulchot et son fils Gérard, de Troyes, reprirent les travaux et les terminèrent tels que la tour se présente aujourd'hui. Dans son achèvement, il est facile de voir que le maître de l'œuvre a cherché une disposition nouvelle dans son plan, qui lui permette de réduire la hauteur de la tour.

Certainement, en tenant compte de l'énorme développement de sa base, la tour devait avoir, dans son premier projet, une plus grande élévation, et devait être surmontée d'un clocher, comme le font pressentir les comptes de la fabrique.

A cet effet, comme il le fit pour la tour Saint-Pierre, le maître maçon construit en retrait sur les murs de son prédécesseur, mais cette fois, nous le reconnaissons, il procède avec plus de science.

Au-dessus de la première partie déjà décrite, il existe un mur plein, construit en retrait sur le rez-de-chaussée formant galerie de passage et pénétrant dans l'épaisseur des contreforts. Aux extrémités de la corniche de cette galerie sont des gargouilles pour le dégagement des eaux.

Une simple balustrade en fer sert de guide et de garde-fou. Elle porte cette inscription gravée au ciseau sur la barre d'appui :

M^{RS} IANSONARD^{AL}. CLEMENT · PR^{R} · IEAN LA BRVN & IEAN PORCHERAT POVR LORS MARGVILLERS, 1681-*F. B.* · *(Signature du graveur.)*

A partir de cette galerie, la construction s'accuse nettement par un nouveau style, avec les trois ordres d'architecture qui décorent et divisent les étages en trois parties. Chacun des ordres est représenté par une colonne posée sur l'angle des contreforts.

La première colonne est plus courte que les autres à cause du passage de la galerie; les deux autres colonnes s'étagent en retrait sur toute la hauteur du beffroi; celui-ci est ouvert sur ses quatre faces par deux ouvertures jumelles garnies de leurs abat-jour et séparées par deux pilastres du même ordre, depuis le passage jusqu'au sommet de la tour.

La tour se termine par un entablement un peu maigre pour l'ampleur et l'importance de sa construction. Il se compose de forts modillons avec larmier et un gros tore qui en fait l'extrême limite, décoration qui n'a aucun rapport avec les ordres architectoniques qui la décorent.

Aux angles rentrants des contreforts, des gargouilles ; au-dessus du couronnement de la tour, une balustrade ajourée d'arcatures plein cintre. La hauteur de la tour est de 35^{m},40.

A l'est et à l'angle de la tour donnant sur l'ancien cimetière est la tourelle de l'escalier, construite carrément du sol jusqu'au premier étage ; puis elle devient octogonale au deuxième, enfin circulaire au troisième, pour finir ainsi à la sortie de l'escalier sur la plate-forme du couronnement. Cet escalier est couvert d'un cône en arc de cercle, surmonté d'une petite croix.

A l'intérieur de la tour on établit, en 1558, une voûte en berceau, ouverte au centre par un œil-de-bœuf pour le passage des cloches.

PORTE DE L'ANCIEN CIMETIÈRE

En 1525, on ferme de murailles le cimetière au sud de la tour, sur la rue Sainte-Madeleine, qu'on avait fermée jusqu'alors avec des *lisses*.

En même temps, l'entrée du cimetière fut décorée d'une porte monumentale.

Cette belle porte se compose d'un arc surbaissé reposant sur des pieds-droits composés de filets et de moulures concaves et prismatiques. Au-dessus s'élève une voussure ogivale décorée d'une première rangée de trilobes fleuris découpés à jour ; la seconde rangée est décorée par des rinceaux, de petits génies, une salamandre, etc., décoration qui encadre le tympan. Au-dessus de l'arc surbaissé de la porte d'entrée est un bandeau en forme de console occupée au centre par une monstrance, et sur les côtés par des anges portant des blasons lisses qui étaient jadis aux armes de la famille de Mauroy [1].

1. Dans une note manuscrite d'un registre de la sacristie, nous lisons : « La mémoire des bienfaits de la famille de Mauroy se perpétue par les armes de cette famille qui sont au-dessus de la porte qui fait face au cimetière. »

Aux extrémités, deux figures, l'une d'homme, l'autre de femme, qui pourraient bien être le donateur et sa femme.

Cette console était, sans doute, destinée à porter la statue d'une Notre-Dame de Pitié, accompagnée de deux anges portant les attributs de la Passion. Ce groupe était abrité dans la voussure de l'ogive par un dais multiple, divisé en cinq parties et composé d'arcs ogives en contre-courbes sur un fond de fenestrage finement exécuté.

L'archivolte du tympan est surmontée de deux contre-courbes, entre lesquelles nous croyons reconnaître le blason de France aux trois fleurs de lis[1].

Les contre-courbes se réunissent et s'élèvent en flèche jusqu'à la pointe du pignon de cette façade. Celui-ci est décoré d'un fond de lancettes doublées de trilobes. A gauche, sur la première lancette, est la salamandre, emblème de François Ier, lançant de sa gueule ardente des langues de feu sur les faces lisses des lancettes. A droite, la lettre F couronnée, chiffre du roi.

Les rampants de l'arc ogival du tympan et ceux du pignon sont occupés par des figures grotesques et des choux frisés, ainsi que la flèche qui devait se terminer au-dessus du mur par un riche fleuron.

Le pignon s'appuie sur deux contreforts ornés de consoles Renaissance et de pinacles gothiques délicatement ciselés. Les consoles devaient porter les deux statues d'anges qui ont été détruites à la Révolution.

Le mur de clôture est couvert en tuiles, et la corniche décorée d'une suite de trilobes sur tout son développement.

Le dernier contrefort, mitoyen avec le mur de la maison portant le n° 5 de la rue de la Madeleine,

2.

1. Pour nous en assurer, nous avons fait faire une empreinte de ce blason et l'épreuve nous a donné, malgré le grattage du blason, les traces d'une fleur de lis en pointe.

est orné d'une console portant deux petites lanternes; sous le cul-de-lampe, deux anges accroupis tiennent un blason lisse.

Au-dessus, à la distance que comporte la pose d'une statue, un joli pinacle de la Renaissance composé de pilastres et de meneaux ajourés; à son sommet, un petit pavillon à jours surmonté d'une petite figure d'enfant nu tenant un écusson lisse, dont les courroies se déroulent en spirale sur le mur du contrefort (2).

Ce pinacle nous rappelle les lanternes mortuaires qui éclairaient la nuit avec une lampe d'huile d'olive, et s'élevaient au milieu des cimetières, à la porte ou à l'angle du mur le plus en vue, pour signaler aux passants la présence d'un cimetière.

3.

Après l'achèvement de ce portail, on s'occupa de fermer l'enclos mortuaire par un cloître réservé à la sépulture des familles privilégiées.

Ainsi, nous avons vu jusqu'en 1840, sur les contreforts de la tour et sur les murs faisant face au nord, de jolies consoles sculptées en relief sur champ héraldique, sur lesquelles étaient une partie des nervures de la naissance des voûtes de cette galerie funéraire. Nous donnons ici une console des plus riches, portant la devise de François Ier (3). Jalons précieux qui avaient un certain intérêt, mais qui ont été martelés au ras du mur.

Ce vandalisme se fit pour régulariser les murs de l'ancien cimetière, y construire l'école des frères, et établir des hangars qui se louent actuellement aux négociants du quartier.

Sur l'angle de la tour, sont encore visibles les pinacles des arcatures qui reliaient le cloître au charnier, qui était placé à gauche de la porte du transept.

Les travaux du cloître furent suspendus presque à leur point de départ.

Les guerres de François Ier, les impôts forcés qui en furent la conséquence, la construction des remparts de la ville pour se défendre contre Charles-Quint et Henri VIII d'Angleterre, enfin le vent de la Réforme qui s'élevait de tous côtés; il n'en fallait pas tant pour jeter l'alarme et l'épouvante dans une ville industrielle de premier ordre et paralyser tous les travaux en cours d'exécution.

PORTE MÉRIDIONALE

Cette porte du transept est de six marches en contre-bas du cimetière; les degrés sont composés de fragments de différentes tombes.

La forme ogivale de la voussure de la porte d'entrée nous semble avoir été modernisée par le marteau, vers le XVIe siècle. Aussi voyons-nous, dans le compte de 1557 à 1560, « Jean Rousseau, maître maçon, parfaire et reparer le portail de l'église, respondant sur le cimetière ». Sa décoration fut transformée par une ouverture plein cintre accompagnée de deux colonnes de l'ordre toscan, portant une corniche dont la frise est meublée de rosaces et de triglyphes.

Au-dessus de cet entablement, est une petite niche architecturale du même ordre, contenant une statuette de la Vierge mère, et surmontée d'un fronton triangulaire qui vient se buter à la pointe de l'ogive de l'ancienne voussure et du tympan.

Autrefois, ce portail était couvert d'un porche assez élevé, qui devait ne faire qu'un avec celui du charnier et se relier à la galerie projetée; comme pourraient l'indiquer les traces de la couverture qui sont encore visibles sur le grand mur du transept. Celui-ci est percé d'une grande fenêtre ogivale en lancette, éclairant l'intérieur.

A la hauteur et à la naissance du pignon, est un bandeau en larmier; au-dessus, une petite fenêtre éclaire les combles. Puis un second bandeau divise ce pignon en deux parties, et de cette dernière, une petite ouverture est destinée à aérer la charpente du pignon.

L'ANCIENNE FLÈCHE

Sur le transept, au croisement des combles, s'élevait une flèche en bois couverte en ardoise qui caractérisait merveilleusement la vieille basilique du XIIe siècle; elle a été supprimée, pendant la reconstruction de la nef, avec la voûte centrale du transept, aujourd'hui en bois, parce qu'on prétendait que la voûte en pierre et la flèche compromettaient la solidité du jubé [1].

Vers 1426-1427, ce clocher était complètement recouvert en ardoises; on dorait la croix et on changeait le coq [2].

FACE LATÉRALE SUR L'ANCIEN CIMETIÈRE

Le pignon du transept méridional est soutenu par deux énormes contreforts à retraits.

A droite du transept est la première travée de la chapelle du Sacré-Cœur dont le mur s'appuie en retour et en appentis sur le contrefort.

En suivant la chapelle du Sacré-Cœur, reconstruite au XIVe siècle, éclairée par une grande fenêtre à quatre lancettes, un peu au-dessus

1. Nous avons visité les combles de l'édifice et nous avons constaté que la charpente de la flèche reposait en toute sécurité sur les quatre piliers des transepts, ce qui ne pouvait compromettre l'existence du jubé.

Il paraîtrait que le vrai motif de la suppression de la flèche serait qu'elle avait besoin d'une sérieuse réparation dans sa couverture, et que l'on n'avait pas assez d'argent pour faire de nouvelles dépenses.

Dans le même moment, on fit une reprise en sous-œuvre pour consolider la pile de l'escalier du jubé. Ces travaux furent-ils exécutés avec tout le soin que comporte un pareil travail? Il serait permis d'en douter, car depuis cette restauration il s'est produit un mouvement d'écartement qui, tant petit fût-il, pouvait nuire à la conservation du jubé. Cela est si vrai que, depuis ces derniers travaux, le jubé menace de s'ouvrir en deux parties par une crevasse qui atteint actuellement un centimètre d'écartement.

Pendant ce mouvement, on chantait en chœur sur la plate-forme, avec un orgue d'accompagnement.

On a supprimé le chant, mais l'instrument est resté en place.

A bientôt les charpentiers pour le soutenir, si vous ne voulez pas être écrasés.

2. *Archives de l'Aube*, 16 G. 19, f° 98, v. 2.

de la fenêtre, la vieille corniche à gros modillons que nous retrouvons aux murs de la nef.

Cette chapelle s'appuie à l'est, sur un gros contrefort à retraits. Sur le côté, une petite fenêtre murée du XIIe siècle. C'est à partir de cette ouverture bouchée que s'élève et se développe la partie construite en 1501, qui actuellement fait tout le pourtour du chœur, au midi et sur le cimetière.

Nous avons dit qu'une grande partie de l'ancien cimetière était occupée par l'école des frères. Cette école est adossée au mur faisant face au nord ; à la suite, sont les magasins qui se prolongent jusqu'au mur de la rue de la Madeleine.

Nonobstant l'importance de ces constructions, la fabrique de l'église avait conservé la croix centrale du cimetière. Celle-ci s'élève sur un socle évasé en arc de cercle, portant sur sa face principale, d'azur à un monogramme, couronné de cinq étoiles, entouré d'un cordon de veuve. Ce chiffre se lit difficilement, nous croyons cependant que la lettre H est la lettre familiale.

Suivant la date qui se trouve sur le socle, ce soubassement et la colonne auraient été érigés en 1790.

Cette colonne unique provient du jubé de l'église Saint-Étienne, construit et décoré par Dominique le Florentin, et par son beau-père Gabriel Favereau, maître maçon de la cathédrale.

C'est une relique que l'on aurait dû conserver avec le plus grand soin. Il n'en est rien, cette belle colonne servait de cible aux enfants de l'école, pendant leur récréation, et ils l'ont mutilée avec un tel acharnement que le chapiteau qui la surmonte n'a plus de forme et est complètement dépourvu de ses feuilles.

Sur le chapiteau, était une petite croix en fer forgé, qu'on a dû descendre, dans la crainte qu'elle ne tombât sur la tête des joueurs. Cette croix est conservée dans la chapelle du catéchisme.

INTÉRIEUR.

Avant de décrire l'intérieur de l'édifice, il est bon de faire connaître les réparations importantes qui ont été faites pendant les années 1868 à 1878, reconstructions interrompues pendant la guerre de 1870, et reprises en 1872 jusqu'à complet achèvement.

Toute la nef, qui avait été consolidée en même temps que l'on avait construit le nouveau portail, et en dernier lieu en 1725, périclitait de toutes parts, les voûtes s'ébranlèrent, et quelques pierres commencèrent à tomber les premiers jours de janvier 1860.

Cet état de délabrement avait été provoqué par la mutilation des piliers et des colonnes, dont la base était supprimée en partie ou en totalité, ou entaillée jusqu'au sol, cela pour y placer des bancs ou des espèces de cloisons particulières pour éviter aux assistants le froid de la pierre. « Puis, il se produisit des affaissements du sol, causés par des caveaux pratiqués sous l'église, les rues et les maisons environnantes, anciennes dépendances du cimetière primitif. La présence de ces caveaux fut révélée, en 1861, par des mouvements du sol qui se manifestèrent par la chute de la maison faisant l'angle de la rue de la Madeleine et de la rue Thiers, en face l'église.

« Les voûtes en pierre de la grande nef, ainsi que la voûte centrale du transept, furent démolies et remplacées par des voûtes en bois.

« Des deux côtés de la grande nef, furent reconstruits, en grande partie, les piliers repris par la base et les chapiteaux refaits ou restaurés[1]. »

Dans ces diverses réparations, on a restitué avec la plus grande fidélité le style architectural de monument.

LA GRANDE NEF.

La grande nef se compose de deux piles et de deux arcatures ogivales formant une seule travée. Une pile intermédiaire, plus simple, est destinée à recevoir la ferme des combles et à diviser en deux parties les arcs de voûte des collatéraux.

La travée de la nef sur plan carré est égale à la largeur, elle sert à porter les arcs de voûte des collatéraux et à recevoir les arcs ogives des hautes voûtes.

1. M. Paul Hoppenot. *Étude sur l'église Sainte-Madeleine de Troyes*, 1893. (Thèse de l'École des Chartes, non imprimée.)

C'est le type de construction adopté dans nos grandes églises mérovingiennes[1].

Les bases des colonnes de la grande nef, comme celles des collatéraux, sont décorées de griffes, presque toutes refaites depuis 1870. Ces griffes, partant du gros tore inférieur de la base, sont établies pour protéger la plinthe carrée du soubassement.

Les arcatures surhaussées de la nef, s'ouvrant sur les bas côtés, se composent de deux tores, de gorges et de plates-bandes. Le gros tore portant toute la charge de l'archivolte se compose de deux arcs cylindriques qui, à leur jonction, forment la pointe de l'œuf.

Cette réunion de vigoureuses moulures donne un grand caractère à ce monument.

Cette archivolte repose sur une colonne avec chapiteaux à feuilles simples, et à crochets d'une exécution énergique.

A la pointe de l'arc ogival des bas côtés est un bandeau décoratif formant la base du triforium. Sur celui-ci s'élèvent, dans chacune des travées, quatre lancettes plein-cintre surmontées d'une archivolte ogivale, dont la retombée s'appuie sur un groupe de trois colonnettes accouplées.

Cette galerie est complètement aveuglée par le mur, auquel s'adossent les combles en appentis qui couvrent le collatéral. Les galeries n'ont aucune communication entre elles. Une porte au milieu de la première travée permet de visiter les combles des bas-côtés avec une échelle mobile.

Au-dessus du triforium, à la hauteur des chapiteaux de la grande colonne des piliers de la nef, est un gros bandeau ayant l'importance d'une corniche soutenue par douze modillons à boudin. Au-dessus, une retraite comprenant un ébrasement sur la galerie du triforium se compose de deux colonnettes portant l'arc formeret de la voûte. Au centre du mur de clôture, une fenêtre ogivale en lancette éclaire la nef.

Cette disposition est la même pour les deux travées de la nef.

1. Viollet-le-Duc, Dictionnaire. Voir le plan (4). — Nous devons ce joli plan à l'obligeance de notre ami E. Menuel, de Vendeuvre, architecte à Paris.

Sur le mur occidental, à la même hauteur que les lancettes de la nef, s'élèvent sept lancettes formant triforium; et au-dessus, il y en a cinq autres, de hauteur inégale, mais symétriquement étagées. De

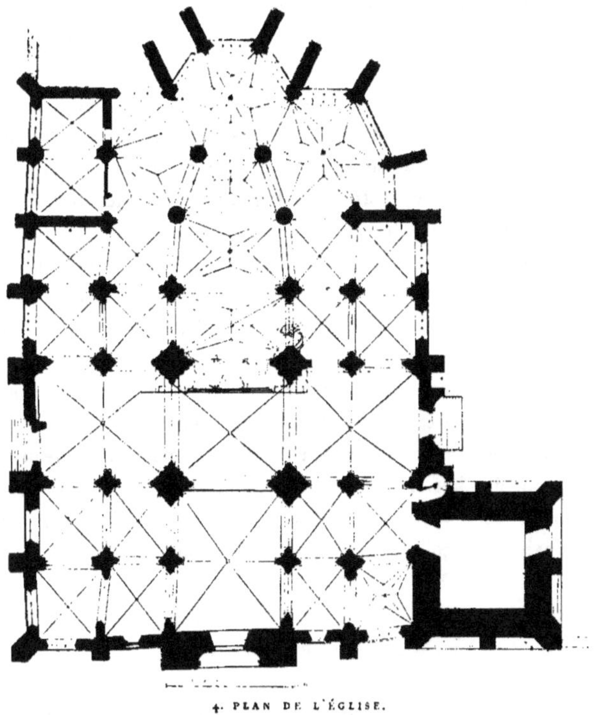

4. PLAN DE L'ÉGLISE.

ces cinq lancettes, quatre sont aveuglées; celle du milieu, la plus haute, est seule à jour.

En entrant dans l'église, à gauche, est un bénitier encastré dans le mur occidental, portant un blason que nous avons vu sur une verrière de l'église de Rumilly-les-Vaudes, appartenant à un prêtre, curé de cette église au XVIe siècle, et sur le socle d'une statue de saint Julien dans l'église de Saint-Nizier. (Vol. III, p. 486.)

Ce blason se compose d'azur à un compas d'or accompagné de trois étoiles d'argent.

Au-dessus de ce bénitier, une peinture sur panneau du XVIe siècle représente saint Pierre pleurant devant la grotte où il s'était retiré après son reniement, dans les environs de Jérusalem.

Une inscription indique très bien le sujet du tableau et la date de son exécution; on lit au bas de cette peinture : EGRESSVS FORAS FLEVIT · M · V · XII ·

Cette peinture, d'une rareté exceptionnelle, a été enlevée de sa vraie place pour faire pendant à un mauvais tableau et être reléguée près de la porte de sortie. C'est un morceau que l'on recevrait avec honneur dans nos musées de Paris. La chapelle Saint-Pierre, où ce tableau occupait le retable de l'autel, deuxième chapelle des bas-côtés du chœur à droite, a été supprimée pour ne faire qu'une avec la première chapelle de ce même bas-côté, en démolissant le mur qui séparait ces deux chapelles, afin d'établir d'une manière plus grandiose la nouvelle chapelle du Sacré-Cœur, qui comprend actuellement les deux premières travées de ce bas-côté, et qui a aujourd'hui son entrée principale sur le transept méridional.

De l'autre côté de la porte d'entrée, est le médiocre tableau que nous venons de citer. Il représente la Sainte-Famille. Au-dessus du tambour de cette porte, une autre peinture peu intéressante nous montre saint François d'Assise en extase devant le Crucifix de sa légende.

BAS-COTÉ SEPTENTRIONAL.

Le bas-côté nord est double et, dans son ensemble, le plan de l'église forme cinq nefs. Il se compose de deux travées ogivales, dont les nervures croisées reposent sur des colonnes engagées dans l'angle du carré de la base. Une seule de ces colonnettes à la deuxième travée se dresse isolément sur la partie angulaire du gros pilier du transept.

Les arcs doubleaux sont chargés de tores et de gorges qui viennent reposer sur le tailloir du chapiteau des grosses colonnes, et qui ont été restaurés ou refaits à neuf.

Le deuxième pilier, à gauche, a été simplement dégrossi au XVe siècle, à la suite d'une restauration.

PREMIÈRE CHAPELLE. — La première chapelle du bas côté nord a été reconstruite au XVe siècle. Suivant une épitaphe de fondation qui était incrustée dans le mur en entrant, cette chapelle aurait été édifiée sous le vocable de saint Quirin, par de Couserans, qui avait la charge de l'artillerie de Charles VIII. Plus tard, elle était à la présentation de la famille des Marisy de Cervet[1]. Les nervures de la voûte ogivale se croisent à la clef sculptée aux armes de France. Elles reposent sur une colonne et sur trois consoles, représentant un griffon, un agneau de Dieu avec la croix de la Rédemption, et un blason de Champagne, dont le chef est chargé de trois fleurs de lis (5).

5.

Le nouvel arc doubleau plein cintre de l'entrée de la chapelle fait jonction avec celui du XIIe siècle. Il est supporté par deux fûts de colonnes avec la base à talon qui caractérise si bien cette nouvelle construction.

Cette première chapelle, jadis dite chapelle des Fonts et du Saint-Sépulcre, est actuellement fermée par une cloison provisoire qui dure depuis 1870. Elle sert de chapelle de catéchisme, en même temps que de vestiaire au suisse de l'église et aux enfants de chœur.

Le Saint-Sépulcre qui occupait le mur de clôture, sous la fenêtre donnant sur la rue Thiers, fut déplacé avec le rocher qui lui servait d'abri, par l'architecte Fléchey, qui conduisait les travaux de restauration, pour établir dans cette chapelle le bureau central des entrepreneurs pendant la reconstruction de la nef.

Les figures de ce tombeau se composaient de huit personnages sculptés en ronde bosse, presque grandeur nature. Ce groupe fut transporté dans les dépendances de l'ancien cimetière. C'est là que

1. Courtalon.

nous l'avons trouvé, les figures jetées pêle-mêle, les unes sur les autres, sans égard aux délicatesses de la sculpture. Elles sont entassées si malheureusement que, dans tout ce désordre, nous n'avons pu nous rendre compte de la valeur et de l'importance de ce sujet, que nous admirions dans notre extrême jeunesse.

Néanmoins quelques figures, assez naïves, nous ont paru du XVIIe siècle. Nous souhaiterions que l'on essayât de reconstituer ce morceau de sculpture, dont le sujet vénéré était si répandu dans nos églises, du XIVe au XVIIe siècle.

Sur la clôture provisoire de cette chapelle, est un grand tableau d'une puissante coloration que nous attribuerions volontiers à Linet de Lestin, le peintre infatigable qui a tant produit et dont les œuvres sont appréciées. Le sujet représente saint Augustin, vêtu de ses ornements sacerdotaux, tenant sa crosse de la main gauche, et, de la droite, un cœur enflammé, que le saint présente à l'enfant Jésus, assis sur les genoux de sa mère. Derrière le siège de la sainte Vierge, est saint Joseph. De l'autre côté, à gauche, derrière saint Augustin, sainte Catherine, tenant une palme et la roue de son supplice.

Ces deux saints pourraient bien être les deux patrons des donateurs.

DEUXIÈME CHAPELLE. — Depuis peu de temps cette chapelle est consacrée à saint Antoine de Padoue. Son architecture a conservé tout son caractère du XIIe siècle, à l'exception toutefois de la fenêtre qui a été agrandie au XVIe siècle.

Autel provisoire sans intérêt. Une statue de saint Antoine, en terre cuite coloriée, est placée sur l'autel. Il tient un lis de la main droite; de la gauche, il porte un livre sur lequel est assis l'enfant Jésus, bénissant et portant le globe terrestre. Le saint, dans un mouvement gracieux, approche sa tête de l'enfant Jésus, et s'apprête à le baiser au front.

Contre le mur de cette chapelle, à gauche, est une peinture moderne, signée Keller, peintre à Paris, représentant l'*Annonciation.* Cette peinture a été exécutée à Troyes, où l'artiste venait tous les ans passer ses vacances.

Depuis les derniers travaux de la nef, l'arcade donnant sur le transept a été consolidée par une charpente provisoire dissimulée par un châssis en planches. Cette charpente est destinée à consolider la travée du transept depuis la base jusqu'à la voûte.

BAS-COTÉ MÉRIDIONAL

Ce bas-côté, comme celui du nord, a conservé son caractère architectural du XIIe siècle. Il se compose de deux travées, mais ne comprend qu'une seule chapelle reconstruite au XVe siècle.

De même, les chapiteaux et les bases des colonnes ont été restaurés, d'autres entièrement rétablis.

Chacune des travées se divise par un pilier sur plan carré. Sur les quatre faces s'élève une colonne de 1^{m},70, surmontée d'un chapiteau dont la corbeille mesure 0^{m},70, portant un tailloir de 0^{m},20 d'épaisseur.

6.

Nous donnons un dessin de ces jolis chapiteaux, parce qu'ils appartiennent à la belle architecture française, qui prenait son essor à partir du XIIe siècle. Une nouvelle décoration se produit, de simples feuilles se greffent sur la corbeille du chapiteau, s'élèvent, se courbent, et se replient pour former un gracieux crochet, d'où s'échappent le bouton et la floraison de convention procédant de la fleur naturelle. Au centre de la corbeille, des bouquets de feuillages et de fleurs, naissant et se développant en demi-reliefs. Tel est le début de la décoration de cette nouvelle architecture (6).

Les crochets de ces chapiteaux ont été restaurés avec beaucoup de soin et d'adresse, ce qui ne veut pas dire que nous approuvons de semblables restaurations.

L'arc doubleau des travées, de forme ogivale, se compose de tores superposés, séparés par un léger filet et une gorge peu profonde.

Les colonnes de cette archivolte sont accompagnées, dans les angles, de colonnettes, qui reçoivent la retombée des nervures des voûtes, et leurs tailloirs profilés se réunissent avec celui de la colonne médiane.

Première chapelle. — Ancienne chapelle du Saint-Sépulcre, aujourd'hui chapelle des Fonts baptismaux, sous le vocable de Notre-Dame du Perpétuel Secours.

En 1456, le vieux Saint-Sépulcre était établi dans un caveau voûté, situé sous le Trésor. Celui-ci occupait l'emplacement du passage de la tour; il fut démoli par suite d'un vol considérable des objets d'art qu'il renfermait, et transporté dans les dépendances de la sacristie actuelle, mais le caveau fut conservé.

A la suite de cette démolition, on sortit les personnages du Saint-Sépulcre pour les réparer *parce qu'ils étaient vieils et caducques.* Il fut ordonné *de réparer et refaire où ils estaient rompu, pour les repaindre tout à neuf et les mettre en estat dans la dite cave du Trésor.*

En 1470, on fait remonter le Sépulcre sous une voussure pratiquée dans le mur de la façade à droite en entrant, et pour le conserver et le garantir des attouchements, *il a este fait un grand treillis de fer pesant 4 ou 5 cens livres, avec une porte de deux fortes serrures, payé cinquante trois livres, dix-huit sols neuf deniers* [1].

En 1516, le Sépulcre était reblanchi et plusieurs personnages réparés par les soins de Marc Bachot, l'un des grands sculpteurs de l'école de Troyes au xve siècle, le même qui sculpta la représentation de la Mise au sépulcre de l'église de l'abbaye de Saint-Nicolas-du-Port, en Lorraine [2].

1. Alex. Assier, Paul Hoppenot.
2. Émile Socard.

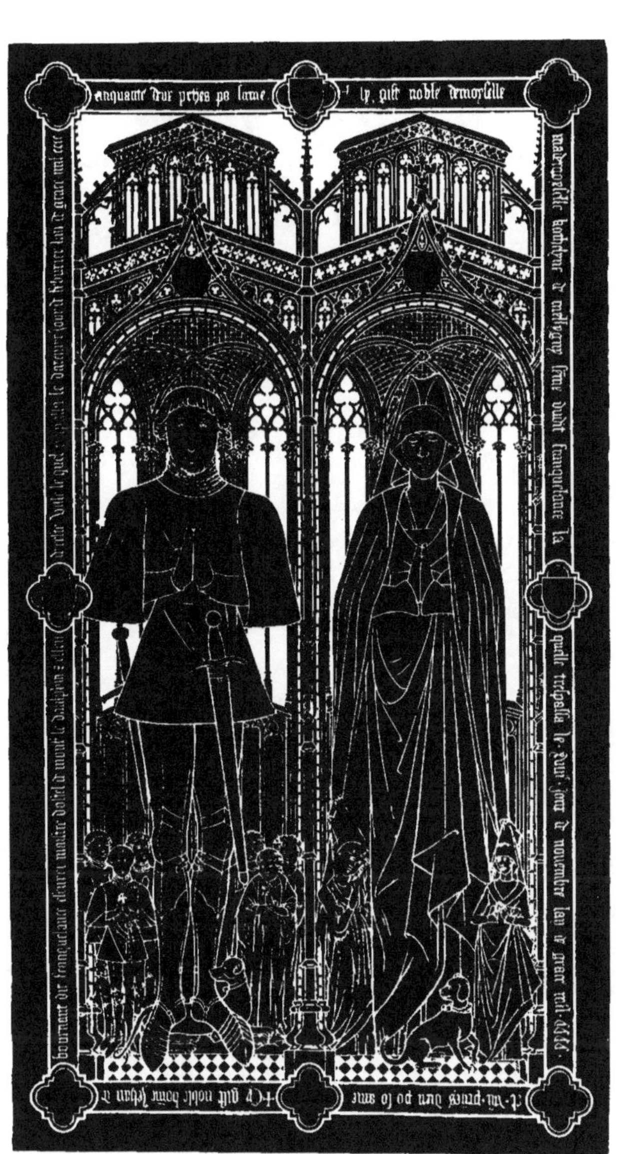

C'est probablement à cette époque que l'on transporta ce monument dans la première chapelle du bas-côté gauche, qui venait d'être reconstruite pour le recevoir.

La voûte de cette chapelle se compose d'arcs ogives croisés, accompagnés de liernes et de tiercerons aux croisements desquels sont cinq clefs de voûtes, où étaient suspendus quatre anges sculptés sur bois, d'une exécution intéressante, portant les instruments de la Passion.

La clef centrale était occupée par le Christ ressuscité, portant la croix de la Rédemption, tous sujets indispensables au complément du sujet auquel cette chapelle était consacrée.

7.

En 1836, toutes ces clefs de voûtes étaient conservées sous la tour. Deux de ces belles sculptures en bois servent actuellement de décoration au médiocre autel de cette chapelle. La première à gauche représente un ange tenant de la main droite la couronne d'épines, et de la main gauche les trois clous (7). Celui qui est à droite de l'autel porte la colonne de la Flagellation et le fouet ou le martinet qui servit à flageller Jésus.

Ces deux anges ont été fixés vers 1837 sur la face postérieure du jubé, côté du chœur, sur les deux blasons qui avaient été martelés à la Révolution et pour en cacher les dégâts. En 1839 on restaura quelques choux brisés, des pendentifs trilobés des trois arcatures du jubé, et en même temps on déposa les deux anges pour y ajouter les trois fleurs de lis sur les deux blasons et le monogramme S. M. sur celui du milieu.

Dans une description de l'église Sainte-Madeleine faite par un marguillier en 1718, nous voyons ce pauvre Sépulcre déplacé pour la troisième fois et relégué dans les dépendances de l'ancien cimetière. « En entrant, à main droite, sont des charniers et bâtiments de charpente à jour, couverts en tuiles, où sont les ossements de ceux qui sont inhumez dans l'église et cimetière qui se trouvent lors des enterrements, et ensuite est une petite porte de la maison presbytériale attenant du portail par où on entre à l'église, qui est attenant de la tour; à main droite, est le tombeau de Notre-Seigneur, où il est représenté, la sainte Vierge, sainte Marie-Madeleine, Marie, Marthe, Joseph d'Arimathie : le tout de sculpture de pierre[1]. »

Par suite des événements de la Révolution de 1789, toutes les figures du Saint-Sépulcre furent transportées au couvent de Saint-Loup. L'ordre étant rétabli, elles furent réintégrées à l'église, dans la première chapelle du bas-côté nord, où elles restèrent jusqu'au jour où on entreprit les derniers travaux (1860).

Souhaitons que ce groupe émouvant, que nous n'avons pu voir dans tous ses détails, reprenne sa place le plus tôt possible. Encore quelques années d'abandon, et le Saint-Sépulcre aura disparu pour toujours.

Dans l'angle du pilier qui sépare la chapelle des Fonts de la première nef latérale est une remarquable statue, exécutée dans les premières années du XVIe siècle, représentant saint Sébastien. Le saint est représenté de grandeur presque naturelle, le torse et les jambes nus, la ceinture couverte d'une draperie; sur sa poitrine un collier d'or de l'ordre de Saint-Michel, et les bras attachés à une colonne dont le chapiteau est de la Renaissance.

Les flèches qui lui percèrent le corps ont été retirées et les blessures bouchées. La physionomie du saint exprime bien la souffrance concentrée.

La main gauche a été brisée avant son déplacement (8).

Cette belle statue était placée sur une console fixée sur le premier pilier du transept, faisant l'angle du bas-côté du chœur à gauche.

1. Alex. Assier. *Archives de l'Aube*, liasse 78, carton 60.

Au pied de ce pilier était l'autel de la confrérie de Saint-Sébastien, fondée en 1515-1516.

8.

Nous ne nous expliquons pas comment une statue de cette importance et de ce mérite fut descendue de son piédestal, qu'elle occupait depuis trois siècles, pour être reléguée dans un endroit sombre, où cette nouvelle installation devait la cacher à tous les regards, et derrière un pilier où on ne la voit pas.

Aucun compte des archives de l'église Sainte-Madeleine ne parle des frais de l'exécution de cette œuvre, ni du nom de son auteur; seule la confrérie de Saint-Sébastien en paya les frais. Le style vigoureux de cette belle figure nous permet d'en attribuer l'exécution et le mérite à Marc Bachot qui restaurait pour le compte de la fabrique de l'église les statues du Saint-Sépulcre, dans le même temps[1].

1. Ne pouvant pas dessiner cette statue dans l'obscurité où nous nous trouvions, nous avons fait faire une photographie, qui malheureusement nous a donné un mauvais résultat. Cependant elle nous a servi dans son ensemble, et avec le secours d'un

Deuxième chapelle. — Cette chapelle a été transformée, en 1531, en un passage conduisant à la grande porte de la tour. La travée elle-même fut démolie pour faciliter la construction de cette tour, et reconstruite après son achèvement.

A gauche, on a su conserver la colonne d'angle du pilier du transept, et le pied-droit de l'entrée de l'escalier de la vieille tour du XIIe siècle.

Au-dessus de la grande porte surbaissée de la tour, un tableau, encadré d'une belle bordure, ne manque pas d'un certain intérêt.

Il représente, à gauche, un chanoine régulier de Saint-Augustin, debout, portant une barbe en pointe, vêtu d'un surplis, son aumusse sur le bras gauche, une croix d'or sur la poitrine; son geste indique qu'il présente aux spectateurs la scène qui est représentée devant lui. En première ligne, saint Augustin, évêque d'Hippone, en mitre et en chape, assis, écrasant du pied un monstre qui représente l'hérésie; de la main droite, il tient un cœur enflammé, son attribut caractéristique.

Devant lui, un personnage en rochet et mozette, représentant un évêque, lui présente une épée pour exterminer l'hérésie, que ce personnage foule également aux pieds. En suivant, saint Martin, vêtu en soldat romain, le casque en tête, et à la main une épée qu'il offre au personnage qui le précède; sous ses pieds, un serpent expirant. Derrière le saint, assis à terre, le mendiant de sa légende.

Enfin le fond du tableau représente une galerie monumentale.

Le chanoine qui occupe la première place du tableau est le donateur de cette peinture, qui s'est fait représenter en présence de saint Augustin dont il acceptait la doctrine, et de saint Martin son patron.

Ce tableau doit avoir été fait en l'honneur du Jansénisme, et nous ne serions pas surpris que le personnage qui présente l'épée à saint Augustin fût Jansénius, dont l'ouvrage intitulé *Augustinus* mettait l'hérésie jansénienne sous le patronage de l'illustre docteur.

rayon de soleil qui frappe la fenêtre de cette chapelle entre trois et quatre heures, nous sommes arrivé, non sans peine, à dessiner et à présenter ce dessin au jugement et à l'appréciation des lecteurs.

Le donateur, chanoine régulier de Saint-Augustin, pourrait bien être le prieur conventuel de l'abbaye de Saint-Martin-ès-Aires, ce qui expliquerait la présence de saint Martin. Il est bon de se rappeler qu'au XVIIIe siècle un grand nombre de chanoines réguliers étaient de chauds partisans du Jansénisme. Les monstres que saint Augustin, saint Martin et l'évêque foulent aux pieds, représenteraient la célèbre bulle *Unigenitus*, qui était pour les Jansénistes le recueil de toutes les hérésies [1].

La peinture, d'un aspect décoratif, nous semble appartenir à l'esprit inventif et au talent de Linet de Lestin, dont nos églises possèdent de nombreux tableaux.

LES TRANSEPTS

Transept septentrional. — Ce transept répète les dispositions architecturales de la nef et se divise en deux travées formant l'entrée des chapelles et des bas côtés du chœur et de la nef.

Au nord, le mur de clôture se divise en deux arcatures ogivales de hauteur inégale, en saillie sur le mur, séparées par un contrefort qui s'élève jusqu'au bandeau du triforium.

La première partie, à gauche, est occupée par la porte d'entrée donnant sur la rue Thiers; elle se compose d'un arc ogival trilobé, orné de moulures et de gorges semées de clous de girofle. Le tympan

1. Voici ce que dit M. l'abbé Defer, dans son *Histoire de l'abbaye de Saint-Martin-ès-Aires*, p. 99, au sujet du prieur François Legaingneulx : « C'était un homme d'une grande régularité de mœurs, mais très attaché au parti janséniste. Les trois religieux qu'il dirigeait, et dont l'un était confesseur de l'évêque de Troyes, partageaient ses opinions. Le 10 mai 1717, tous les quatre en appelèrent au futur concile de la bulle *Unigenitus*.

« En 1745, le P. Legaingneulx, invité à l'assemblée générale de la Congrégation, tenue à Sainte-Geneviève, entendit blâmer sa doctrine erronée par le Supérieur général; mais, fidèle à l'esprit de la secte, il n'en persista pas moins dans son jugement propre. Il fut alors retiré de Saint-Martin-ès-Aires. Il ne paraît pas que les approches de la mort l'aient fait renoncer au Jansénisme. Il mourut en 1748. »

Le chanoine régulier du tableau ne serait-il pas le prieur de saint Martin, qui exerça cette charge pendant au moins trente ans?

de cette porte est entièrement caché par un vaste tambour en menuiserie.

Dans la seconde partie, un mur sans aucune décoration, disposition toute particulière déterminée sans doute par l'emplacement d'un autel qui a disparu depuis bien des années, et dont la présence expliquerait l'ouverture de la porte d'entrée sur le côté. Sur le mur est un grand tableau, qui en occupe presque toute la surface. Il représente Jésus-Christ à Béthanie, dans la maison de Lazare, de Marthe et de Marie-Madeleine. Jésus est assis sous un grand vestibule, au pied d'un escalier, levant le bras et montrant le ciel à Marie, qui, agenouillée devant lui, se tient dans un profond recueillement. Près d'elle, sa sœur Marthe demande au Sauveur de la faire aider par Madeleine, et elle montre les serviteurs qui s'empressent à faire le service; ceux-ci, sur l'escalier du palais, traversent le perron, chargés de provisions. Derrière Jésus-Christ, quatre apôtres s'entretiennent avec animation.

Cette peinture provient du retable de l'autel de la communion, qui couvrait jadis toute la fenêtre du fond, dont la verrière représentait la légende de saint Éloi. Le retable fut démoli, il y a quelques années, pour dégager cette belle verrière, qui était enfoncée sous une couche de plâtre.

Au premier étage du mur nord du transept, nous retrouvons le même triforium que nous avons vu dans la nef. Celui-ci se compose de sept arcatures aveuglées, séparées par trois colonnettes, avec voussures en arcs ogives, formant galerie de communication sur les côtés du transept.

Le deuxième étage est séparé du premier par un simple bandeau, sur lequel s'élève une seconde retraite formant galerie, avec dégagements aux extrémités. Au centre, trois fenêtres ogivales en lancette, celle du milieu plus élevée que les deux autres; sur les deux côtés, deux fenêtres aveuglées. Cet ensemble d'arcatures, couvertes d'une suite de petites voûtes ogivales, produit un bon effet.

Les deux premières arcades du transept s'ouvrent, à gauche, sur la chapelle Saint-Antoine de Padoue, et à droite sur la chapelle Saint-Joseph.

Les deux arcades des bas côtés sont plus étroites, à cause du grand développement des piliers du chœur et de la nef.

La première travée de gauche, côté occidental, n'a plus de triforium, depuis une restauration exécutée vers le milieu du XVIIe siècle; actuellement, cette partie de l'édifice n'en est pas moins dans un état inquiétant, qui a nécessité un échafaudage en charpente pour maintenir provisoirement cette travée.

La seconde travée a son triforium, composé de quatre arcatures semblables à celle du nord.

Au deuxième étage, ces deux travées ont chacune deux fenêtres.

La première travée, à l'est, sert de passage à la chapelle Saint-Joseph. Le triforium est une répétition de celui de la nef; il en est de même du deuxième étage, qui comprend deux fenêtres en lancette.

La colonne portant les nervures de la grande voûte fut coupée au commencement du XVIe siècle, pour y placer l'autel et la statue de saint Sébastien. Elle a été restituée pendant les derniers travaux, ce qui contribua au déplacement de la statue du saint martyr.

La deuxième travée s'ouvre sur le bas côté du chœur; l'archivolte ogivale repose sur les deux colonnes, avec chapiteaux dans le même style que ceux de la nef.

C'est à partir de cette travée que l'architecte rompt d'un seul coup l'unité architecturale de son monument, à l'effet de déterminer le point de départ d'une richesse plus grande pour les travaux du chœur et du sanctuaire.

Le bandeau de l'étage du triforium est plus orné; il se compose de deux tores et d'une bordure de clous de girofle. Sur ce bandeau s'élèvent les arcatures du triforium, composées de trois lancettes ogivales, surélevées d'une archivolte, qui repose sur les chapiteaux de trois colonnettes en saillie sur les pieds-droits.

La surcharge des archivoltes a donné un peu plus d'élévation aux arcatures; il en résulte que le bandeau du deuxième étage prend son point de départ au-dessus du tailloir du chapiteau des colonnes du transept, au lieu de suivre l'astragale du chapiteau, comme à la première travée du transept nord et de la nef.

L'interruption de ces lignes horizontales est vraiment d'un effet désastreux. Au-dessus, même retraite avec voussure; une seule fenêtre ogivale au centre du mur de clôture.

9. SAINT BENOIT, ABBÉ.

Les quatre piliers portant la maîtresse voûte des transepts s'établissent sur un plan carré posé sur l'angle, d'une surface considérable. Sur les angles du carré s'élèvent de fortes colonnes, portant les archivoltes des grandes voûtes; elles sont accompagnées de colonnettes sur lesquelles reposent les nervures des grandes voûtes.

Ces piliers, par leur force, offraient assez de résistance pour supporter la flèche qui s'élevait sur la charpente des consoles.

Sur le premier pilier de la nef et du transept, côté nord, se dresse sur une console une grande et remarquable statue en bois. Elle représente saint Robert, abbé, religieux de Moutier-la-Celle, portant de ses deux mains une église, parce qu'il fonda les deux abbayes de Molèmes et de Citeaux, qui furent l'une et l'autre sous son autorité jusqu'à sa mort (9).

C'est la première fois que nous rencontrons une statue en bois de cette importance. Cette figure mesure $1^{m},45$.

10. SAINTE MADELEINE

La tête est un peu petite, mais l'expression d'austérité peinte sur sa physionomie est admirable.

L'ensemble de cette sculpture en bois est exécuté avec une remarquable dextérité de ciseau dans la forme et la souplesse des plis de ses vêtements.

Ce chef-d'œuvre de sculpture en bois peut dater des premières années du XVIe siècle, et il doit être classé parmi les œuvres les plus remarquables de l'école de Troyes.

TRANSEPT MÉRIDIONAL. — Le mur de clôture de ce transept est composé de trois arcatures ogivales, composées de tores et de gorges semées de clous de girofle; elles reposent sur des colonnes engagées dans la muraille.

L'ogive centrale est occupée par la porte de sortie sur le cimetière, dont le tympan se compose d'un trilobe décoré de feuilles de roses dans la gorge des moulures.

Au-dessus de la porte, un bandeau ou corniche saillante, soutenu par des modillons, est piqué de clous de girofle.

Dans les angles de ce transept, une forte colonne, surmontée de son riche chapiteau portant un plateau orné des mêmes profils. Cette pierre en saillie est là pour servir de passage et de communication aux deux côtés du transept et extérieurement aux combles des chapelles latérales du chœur.

Sur la plate-forme de cette galerie sont des balustres en bois de la fin du XVIe siècle, intéressantes par leur forme et la finesse de leurs contours.

Au-dessus de ce passage, un mur plein, destiné à recevoir un buffet d'orgues. Puis, un second et simple bandeau qui se rattache au tailloir des chapiteaux, et sur lequel s'élève au centre une seule fenêtre en lancette, éclairant le transept.

Les lancettes du triforium ouest sont une reconstruction à l'état d'ébauche. Au second étage, il n'y a qu'une fenêtre à chaque travée.

A l'est, nous nous trouvons en présence d'une nouvelle combinaison décorative que nous ne comprenons pas et qui n'a pas sa raison d'être.

Les deux travées du triforium répètent absolument la deuxième travée du transept nord, celle dont les arcatures se doublent par une archivolte qui repose sur un groupe de trois colonnes saillantes.

Comme à la galerie du midi, elles sont décorées de balustres en bois pour en faciliter le passage.

Au second étage, il n'y a qu'une fenêtre à chaque travée.

Aux deux côtés du tambour de la porte d'entrée sont deux peintures sur panneau : 1° Un petit tableau représentant saint François d'Assise, du dernier siècle; 2° A gauche, un saint Paul, vieillard à longue barbe, les mains jointes appuyées sur un livre ouvert, où on lit : *A Timothée Paul, apôtre.* Près de ses mains on aperçoit la garde d'une longue épée. Cette peinture est du même temps que la précédente.

Sur une console encastrée dans le pilier du transept, du côté des bas côtés de la nef, est une belle statue en pierre peinte du XVIe siècle, due à notre éminent sculpteur François Gentil.

Cette figure représente Marie-Madeleine, affaiblie par les douleurs d'une grande souffrance morale. Le cœur et l'âme brisés, Marie arrive péniblement près du sépulcre où était déposé le corps de son divin maître.

Elle est vêtue d'une longue robe à larges manches serrées au poignet, avec une ceinture à la taille, les pieds chaussés de sandales, la tête couverte d'une coiffe. Par-dessus ses vêtements, un grand manteau l'enveloppe, lui couvre la tête et les épaules, retenu à la hauteur de la poitrine par un lacet en torsade.

Une chaufferette, dont l'anse est passée dans le poignet du bras gauche, contient des charbons ardents; de ses deux mains, Madeleine brise un petit bâton aromatique, dont les esquilles, en tombant sur le feu, doivent répandre dans la grotte une odeur agréable et pénétrante.

Tel est l'instant où le grand sculpteur a saisi son sujet (10).

Il est bon de faire remarquer la forme du couvet, objet très répandu dans la ville de Troyes et les environs. Les grandes dames se servaient beaucoup de ce petit vase, qui était en cuivre repoussé et doré, ou simplement en terre cuite pour le commun des mortels. La décoration de celui qui nous occupe est du style de la Renaissance, révélation précieuse qui nous indique l'époque de l'exécution de cette belle statue, vers le milieu du XVIe siècle. — Hauteur de la statue, 1^{m},52.

Le style sévère de cette admirable figure, d'un caractère archaïque très prononcé, aurait pu nous tromper d'un siècle dans notre appréciation.

Dans les comptes de la fabrique relevés par M. Paul Hoppenot, nous voyons « qu'il est payé à François Gentil, tailleur d'images, pour avoir fait de son mestier une image de la Madeleine, estant en la muraille, devant la maison de M. Datis, et avoir retaillé l'image de devant la grande porte. LXX sous[1] ».

Le portail a été démoli vers 1684 et la statue transportée à l'intérieur de l'église; pendant les événements de la Révolution, on la

1. Il y a deux choses bien distinctes dans cette note : 1° avoir fait la statue de la Madeleine placée sur le mur devant la maison Datis (c'est-à-dire dans une niche des contreforts du vieux portail) ; 2° avoir retaillé (gratté ou nettoyé) l'image de devant la porte (peut-être l'image du tympan de la grande porte).

transporta dans l'ancien couvent de Saint-Loup. L'ordre rétabli, elle fut réintégrée et transportée à l'intérieur de l'église où nous la voyons aujourd'hui.

Le socle de la statue ne lui appartient pas et provient d'une autre statue, ainsi que le constatent les deux blasons de donateurs qui sont encore visibles sur les parois de la console [1].

LE JUBÉ (SON HISTOIRE).

Le jubé est une tribune, élevée à l'entrée du chœur des églises, où se lisaient autrefois les leçons tirées des épîtres et des évangiles.

On chantait aussi au jubé, mais cet usage ne fut pas conservé.

En France, il ne reste plus que quatre jubés construits en pierre : ce sont ceux des églises de la Madeleine, de Troyes; de Saint-Étienne-du-Mont, à Paris; celui de la cathédrale d'Albi et celui de Saint-Florentin (Yonne). Ce sont des œuvres remarquables de la Renaissance, dit Viollet-le-Duc.

Beaucoup d'églises du département de l'Aube avaient leur jubé ou leur tribune; la plupart de ces jubés étaient des constructions en bois, dont nous avons parlé et publié quelques détails dans nos deux premiers volumes.

L'église d'Ervy est la seule de l'arrondissement de Troyes qui ait conservé une partie de son jubé en pierre; il n'en reste plus que les deux chapelles latérales (voyez t. II, p. 109 et 110).

1. Notre savant Grosley dit dans ses *Mémoires historiques*, t. II, p. 320, en parlant de Sainte-Madeleine : « C'est cependant la seule église pour laquelle Dominique et Gentil n'aient point travaillé. Je n'y connais d'eux qu'une seule figure de sainte Marthe, dont les servantes de la paroisse firent les frais. »

Grosley se trompe en attribuant cette statue aux deux sculpteurs. Suivant les comptes de la fabrique, seul François Gentil en est l'auteur, et la fabrique en paya les frais; il se trompe aussi en disant que cette figure est une sainte Marthe.

Les servantes de la paroisse réclamèrent cette statue à l'administration préfectorale, pour en faire leur patronne, et c'est à ce moment que le nom de Marie-Madeleine fut remplacé par celui de Marthe.

Les frais dont parle Grosley sont ceux que les servantes ont supportés pour le transport et l'installation de cette statue dans l'église Sainte-Madeleine.

La plupart des églises de Troyes avaient leurs jubés, construits à différentes époques et remarquables par leur richesse.

Le plus ancien était celui de la cathédrale, qui fut commencé en 1385 par ordre de l'évêque Pierre d'Arcis, qui en posa la première pierre, et achevé en 1400 sous la conduite de Henri Soudan et Henri de Bruxelles, maçons, demeurant à Paris. Il fut détruit en 1793.

La collégiale de Saint-Étienne possédait un jubé que le chapitre fit construire en 1549 par Dominique Florentin et Gabriel Favereau, son gendre, maître maçon à Troyes. Il fut démoli en 1792.

Dans l'église Saint-Jean, on voyait un jubé construit au milieu de la nef, au-dessus du banc des marguilliers; ceux-ci le firent abattre en 1648 pour être vus plus à découvert.

Dans l'ancienne église des Cordeliers il existait un jubé construit en pierre. Il a été démoli avec l'église en 1793.

Celui de l'église des Jacobins, qui était en charpente, passait pour un ouvrage excellent dans sa structure; il fut détruit en 1762 par ordre du prieur J.-B. Pitras.

De même celui de Saint-Martin-ès-Aires qui était en bois, couvert de peinture, fut supprimé par François Raulin, prieur, en 1760[1].

Enfin de tous ces jubés détruits, un seul, le plus riche de tous, est resté debout. C'est celui de l'église paroissiale de Sainte-Madeleine.

Vers 1503-1505, les marguilliers de l'église de la Madeleine, désirant faire construire un jubé en pierre pour remplacer le jubé en bois qui périclitait de vétusté, firent un appel aux maîtres maçons de la ville et pays circonvoisins pour avoir un projet d'exécution qui répondît à la grandeur de leur monument.

A la même époque, le chapitre de la cathédrale, suivant la même impulsion, s'adressa aux architectes en réputation pour concourir à la reconstruction du nouveau portail de la cathédrale.

Jean Gaide ou Gualde, dit Grand-Jean, maître maçon de l'église Sainte-Madeleine, s'était fait connaître par les travaux du chœur et de l'abside de cette église. Il se prépara à lutter avec ses

1. Arnaud, *Voyage archéologique.*

concurrents et soumit son projet à l'épreuve du concours; aussi voyons-nous dans les comptes de la cathédrale de l'année 1506-1507, à la dépense : *audit Grand-Jean Gaide, maçon, pour avoir fait ladite plate-forme et pourtraict desdites tours, par lui montrés et exibés, pour ses peines et salaires,* VII *liv.* [1].

Le plan de Jean Gualde n'ayant pas été accepté par le chapitre de la cathédrale, le pauvre maître maçon reporta tout son talent et toute son activité à ses travaux en cours d'exécution; son échec fut loin de déprécier le mérite de l'artiste et de diminuer la confiance des marguilliers de Sainte-Madeleine, car, deux années après, ils lui confièrent sans restriction et sans crainte la construction de leur jubé.

D'où venait cet habile constructeur? Quelle était sa nationalité? Les contemporains n'en parlent pas; lui-même n'a rien laissé qui puisse nous donner le moindre renseignement. Tout ce que nous savons, c'est qu'il habitait la paroisse Sainte-Madeleine, « sa femme quête le pain bénit, ses enfants sont inhumés dans l'église [2] ».

Jean Gaide ou Gualde, dont on a essayé de faire un Italien en le transformant en Gualdo, semble appartenir au Nord [3].

La décoration architecturale de la façade de son jubé vient confirmer cette opinion; il n'en est pas de même de la face intérieure, qui rentre davantage dans le style de l'architecture de l'Ile-de-France et de la Champagne au commencement du XVIe siècle, avec une différence de style qui s'expliquera plus tard par les incidents de sa construction.

CONSTRUCTION DU JUBÉ

Les travaux du jubé commencèrent en 1508. Gualde choisit ses ouvriers maçons; sous ses ordres, nous remarquons le nom de Martin de Vaux, l'éminent maître maçon qui édifia l'amorce du grand transept de l'église Saint-Jean et son minaret. Puis nous voyons les noms

1. Léon Pigeotte, *Étude sur les travaux d'achèvement de la cathédrale de Troyes.*

2. Alex. Assier.

3. A. Babeau, *Dominique Florentin*, p. 9.

de François Matray, Jacques Brisset, Nicolas Mauvoisin et Jean Courtin, dit l'Espagnol.

Gualde, qui entreprend l'œuvre, en a la direction; il gagne 6 sous 3 deniers par jour; les marguilliers ne lui donnent même que 5 sous 6 deniers pendant les petits jours, *à cause de lui fournir les chandelles pour ouvrer et le charbon pour le chauffer*. Les autres reçoivent 3 à 4 sous *en hiver* et de 4 à 5 sous *pendant les grands jours*.

La fabrique traite avec les carriers de Tonnerre, Antoine Roy et Étienne son frère, pour la fourniture des pierres, vendues à raison de 16 deniers le pied; le *foretaige* [1] d'un bloc de 21 sous coûte la même somme. Puis avec Jehan Boutard et Antoine Mitaine d'Ancy-le-Franc, pour un bloc de pierre d'appareil de XXXVII pieds à III sous pour le pied, vault pour voiture CXI s. Et pour foretaige, à XX d. le pied, vault LXI s. VIII d. Somme de dépense : VI^xx XI l. IX s. III d.

Nicolas Guillemel, épicier-droguiste, fournit la poix noire et blanche, du plomb, de l'encens et de la cire vierge pour la composition des mastics qu'ils employaient pour enduire les fers et sceller les pierres.

Pour animer les travailleurs et pousser les travaux avec activité, la fabrique donne de temps à autre à ses ouvriers des collations composées de pain, de vin et de gâteaux de flan.

Ce jour-là, tout le personnel de l'église est en fête, les paroissiens et les prêtres eux-mêmes aident à décharger et à monter les pierres.

Malgré toute cette activité, en 1512, les travaux sont en souffrance, la fabrique manque de fonds; d'un autre côté, la situation politique s'obscurcit, la guerre est imminente. Jean Gualde est requis par la municipalité pour les fortifications de l'enceinte et les portes de la ville, ses ouvriers travaillent avec lui pour accélérer la fin des travaux des fortifications.

Martin de Vaux, Nicolas Mauvoisin et Jacques Brisset sont occupés à la porte Saint-Jacques et à celle de Comporté; et Huguenin Bailly est chargé de la porte Croncels.

1. Droit que l'on payait pour l'exploitation de la pierre. (Alex. Assier.)

Le calme rétabli dans les esprits et la paix faite, la fabrique organise des quêtes dans tout le périmètre de la paroisse; elles réussissent et deviennent fructueuses. Alors, pour continuer et parfaire les travaux, les marguilliers appellent d'autres ouvriers; Nicolas Oudin, Jean Gobin, Claude Tassin, Lyé Gille, taillent les pierres et les montent.

Les travaux s'exécutent avec une certaine excitation; cependant les années 1515-1516, il y a ralentissement, le chantier nous paraît désorganisé; on travaille à la semaine, quand on a de l'argent en caisse, et nous voyons des ouvriers qui se succèdent et se renouvellent sans cesse. Dans le nombre de ces nouveaux venus, nous distinguons les noms de Jean Humblet, Nicolas Le Mire, François Michel, Guenin Madet, François Odon et Nicolas Jolliot, manouvriers, qui aident auxdits maçons à raison de 11 sous par jour. Puis on fait de nouvelles quêtes, l'on veut en finir, on appelle de nouveau les maîtres maçons qui collaboraient à l'œuvre au début de la construction. Occupés à la cathédrale, à Saint-Jean et à Sainte-Savine, ils quittent enfin leurs entreprises respectives et rentrent au chantier. Martin de Vaux, Huguenin Bailly, François Michel, Simon Mauroy se mettent à l'œuvre.

C'est alors qu'il s'opère une transformation dans la décoration du jubé et surtout sur la face postérieure qui restait à terminer.

La composition des pinacles est plus élégante, moins chargée de détails inutiles. Les ornements courants des moulures sont plus légers, et les pilastres se couvrent de rinceaux et d'arabesques de la Renaissance, détails qui n'ont rien d'italien, style architectural qui se métamorphose à cette époque et que nous retrouvons dans toutes nos églises de Troyes et des environs.

Jean Gualde travaille à son escalier; Nicolas Havelin taille les *rondeaux*, bas-reliefs au-dessus des arcatures du jubé; Simon Mauroy sculpte les armoiries du côté du chœur; Bailly et Martin de Vaux s'occupent des pinacles.

Après de persévérants efforts, ce remarquable chef-d'œuvre de construction est complètement terminé pour le jour de Noël 1517. En signe de joie, Louis Lamy, fils de feu Michelet Lamy, chante

TROYES-ÉGLISE S[TE] MADELEINE

CH FICHOT del. & sc. Imp Porcabœuf

LE JUBÉ-FACE POSTÉRIEURE

VUE PRISE DU CHŒUR

TROYES - ÉGLISE - SAINTE - MADELEINE

CH. FICHOT del & sculp. Imp. Porcabeuf.

LE JUBÉ FACE ANTÉRIEURE

VUE PRISE DE LA NEF

l'*Alleluia,* sur la galerie du jubé, accompagné du petit orgue et de tous les assistants.

Jean Gualde, encore jeune, est-il mort à la peine? On pourrait le croire, car nous voyons dans les comptes de l'année 1520 : « Pour un enfant *de la veuve Me Jean Gailde...* v sous[1]. »

DESCRIPTION DU JUBÉ

Cette masse imposante suspendue en l'air est une construction qui s'explique par l'adjonction d'un arc cintré se reliant et se confondant avec la maçonnerie, occupant le centre du jubé et qui vient s'appuyer sur les deux premiers piliers du chœur. C'est à ce cintre que se trouvent suspendues les trois voûtes avec leurs pendentifs. Il maintient en même temps l'inébranlable fixité des arcatures en ogive des deux faces du jubé. Tout est là, c'est merveilleux!

Pour assurer la stabilité de l'œuvre et neutraliser la poussée du grand arc, Jean Gualde enveloppa les deux piliers du chœur d'une montagne de pierre à laquelle il donna, par son génie, un souffle de vie enchanteur qui vous entraîne à l'admiration.

Sous la voussure, les voûtes avec leurs pendentifs sont complètement suspendues dans le vide, ce qui ajoute encore au poids considérable de cette surprenante construction.

Chacune des faces se compose de trois arcs ogives ornés de festons à jour, dont les courbes se terminent à leur point de jonction par des pommes de pin.

Les pendentifs sont ornés de petites niches avec consoles. Les plus saillantes portaient des statuettes, parmi lesquelles des anges tenant les instruments de la Passion et saint Longin tenant la lance. Plusieurs de ces statuettes sont placées actuellement sur les faces du jubé, où elles passent inaperçues.

La première, à gauche, représente Abraham; à ses pieds, un

1. Tous ces détails de mise en œuvre de jour en jour se trouvent consignés dans une petite notice de 96 pages, ayant pour titre : *les Comptes de la fabrique de l'église Sainte-Madeleine, de Troyes.* L'auteur, M. Alex. Assier, ancien maître de pension, à Troyes, passa une partie de sa vie à compulser les *Archives de l'Aube* et à relever tout ce qui pouvait intéresser les historiens et les artistes.

petit fagot de bois qui devait servir à l'immolation d'Isaac, image de Jésus-Christ portant la croix sur laquelle il devait mourir.

Viennent ensuite la Vierge, saint Jean l'Évangéliste et l'ange, envoyé de Dieu, qui retient le bras d'Abraham au moment où celui-ci se disposait à sacrifier son fils.

Aux deux extrémités sont deux fortes consoles, établies contre les piliers de façon à éviter la rupture du grand arc; ces consoles sont décorées d'écussons où sont représentés les instruments de la Passion. Sur l'écusson, du côté de l'évangile, il y a la colonne de la Flagellation, les fouets et les verges, les deniers de Judas et les dés des soldats. Sur celui du côté de l'épître, il y a la croix, dans laquelle sont fichés les trois clous, la lance et l'éponge.

Deux autres écussons donnent les chiffres de Jésus et de Marie en majuscules fantaisistes de la Renaissance.

Les deux faces du jubé se divisent par de riches pinacles qui abritaient des statues qui ont disparu. L'exécution de ces pinacles, qui sont la plus grande richesse du jubé, a un caractère particulier qui ne répond pas à l'élégance et à la finesse d'exécution de notre école de Troyes au début du XVIe siècle; ce genre de décoration se rattache plus particulièrement à l'École flamande. Quatre de ces pinacles ont été brisés pendant l'exécution des derniers travaux; quelques fragments sont conservés dans la chapelle du catéchisme.

A la pointe des ogives sont des cadres en arcs de cercle quadrilobés renfermant de petites figures assises, les mains jointes et pleurant, en contemplation devant les souffrances de Jésus-Christ. Dans le cadre central est Jésus bénissant. Autour de ces cadres, le champ est occupé par un semis de feuillages et de fleurs.

Au-dessus du jubé règne une galerie entièrement ajourée, divisée en douze parties, composées de fleurs de lis couronnées et de trilobes flamboyants. Sur la rampe s'élèvent : au centre, le Christ; à gauche, la statue de la Vierge, et à droite, celle de saint Jean l'Évangéliste. Autrefois il y avait quatre statues, et aux extrémités des vases à parfum munis de couvercles [1].

1. Arnaud, *Voyage archéologique*.

A ses deux extrémités, le jubé est accompagné d'une composition gothique qui enveloppe les gros piliers de l'entrée du chœur. Cette grande richesse sculpturale est disposée en chapelle; au milieu est un enfoncement de forme carrée avec des angles rentrants à la partie supérieure, qui était destinée à un retable en pierre ou à une peinture représentant des scènes de la Passion de Jésus-Christ. Ce retable a-t-il existé? Nous ne le pensons pas, car nos historiens n'en parlent aucunement[1]. Dans ces deux chapelles sont, à gauche, la statue de la Vierge Mère, portant l'Enfant Jésus; et à droite, celle de saint Joseph, tenant l'Enfant Jésus par la main[2].

Sur les pieds-droits des deux chapelles sont de jolies figurines représentant, l'une, un évêque (peut-être saint Claude); l'autre, sainte Madeleine, portant son vase, mêlées et confondues avec des espèces de lampadaires, des plantes variées, des rubans de perles ornant une tête de veau, et d'animaux amphibies et fantaisistes que nous retrouvons dans toutes les compositions décoratives de la Renaissance.

Au-dessus sont disposées des niches avec figures de saints de différentes grandeurs qui s'ajustent très mal avec l'emplacement qu'elles occupent. Une seule figure, assez médiocre, nous semble appartenir à ce jubé depuis son origine : c'est la première à gauche; elle représente saint Fiacre, tenant de la main droite un livre ouvert, et de la main gauche, une bêche, comme patron des jardiniers.

A droite, dans une niche, on voit une statue de saint Antoine, abbé, avec un tout petit cochon à ses pieds.

1. Dans une petite note de l'auteur du *Voyage archéologique,* il est dit que l'un de ces retables existait à Paris, chez les héritiers de M. Hubert, architecte. Ce retable, dont parle notre ancien professeur, n'est autre que le retable de la chapelle basse du musée de Cluny, acheté à Provins, par du Sommerard père, au début de la fondation de son musée, vers 1832. Les dimensions de ce retable ne répondent pas du tout à la place qu'on veut lui donner.

2. Sur le jubé publié dans le *Voyage archéologique* et signé de notre nom, nous avons remplacé les statues de la Vierge et de saint Joseph par deux autres statues de sainte Anne et de saint Joseph qui se trouvent dans l'église de Bar-sur-Seine, à l'autel de la Vierge.

C'est une fantaisie de jeunesse que nous désapprouvons aujourd'hui.

Sur les niches s'élèvent des pyramides et des petits dômes évidés à jour avec beaucoup de soin et de délicatesse, pour la plupart assez endommagés et formant, malgré ce désastre, un ensemble qui produit une certaine impression par l'effet imposant de son immense richesse sculpturale.

L'escalier, qui est à droite en entrant dans le chœur, est disposé de manière à ne pas gêner le service du culte et à passer inaperçu de la nef. Il s'élève sur une base de forme octogonale et contourne le pilier dans lequel il est engagé et autour duquel se développe la rampe de l'escalier composée de petites arcatures ajourées. Elle forme saillie en encorbellement et est ornée de moulures et de gorges profondes dans lesquelles des animaux fantastiques s'ébattent dans des feuillages d'ornements.

Une année avant l'inauguration du jubé, le 28 août 1516, les marguilliers prennent toutes les précautions nécessaires pour le protéger, ainsi que les autels de sainte Anne et de saint Antoine qui étaient dessous et aux extrémités du jubé.

A cet effet, ils s'occupent d'établir des cloisons en bois pour séparer le chœur de la nef.

Pierre Foucault, menuisier à Troyes, fut chargé d'exécuter cette cloison, moyennant la somme de huit-vingt quinze livres (175 fr.) [1].

Deux portes de cette cloison sont actuellement au musée de la ville (11). Ce sont deux vantaux à claire-voie et à panneaux de soubassement enrichis de rinceaux et de médaillons au centre, sculptés avec une certaine élégance et une admirable sûreté de main [2].

Sous le jubé était la sépulture de Jean Gualde. On y voyait autrefois son épitaphe gravée sur une tombe de marbre noir. Il s'y désignait lui-même par la qualité de maître maçon et semblait nous donner une garantie de la solidité de son œuvre, en ajoutant qu'il attendait dessous *la résurrection bienheureuse sans crainte d'être écrasé* [3].

1. Paul Hoppenot.

2. Nous donnons un de ces vantaux qui a été dessiné et gravé par les frères Sauvageot et publié dans l'*Art pour tous* (11).

3. Arnaud, *Voyage archéologique.*

Cette épitaphe a disparu depuis le nouveau carrelage du chœur et la pose des stalles. Elle est remplacée actuellement par la tombe

11.

VANTAIL DE L'ANCIENNE CLÔTURE DU JUBÉ.

d'un ancien curé de Sainte-Madeleine, qui elle-même avait subi un déplacement.

Jean Gualde, en faisant établir son épitaphe, n'avait pas tenu compte de l'ignorance et de l'indifférence des hommes, puisque, à l'heure où nous écrivons ces lignes, le jubé menace ruine.

Le jubé de la Madeleine a de largeur, compris les deux chapelles qui en font partie, 12 mètres, et de hauteur, jusqu'au haut de la rampe, 6m,60.

LE CHŒUR

En entrant dans le chœur, on est saisi de l'effet général produit par la richesse de décoration des splendides verrières qui occupent toutes les fenêtres des chapelles de l'abside. Trente stalles ferment le chœur; des grilles établies sur leurs dossiers en limitent l'entrée et tout le pourtour.

Le chœur se compose de deux travées; la première travée appartient à la construction primitive.

Cette travée est une répétition du triforium de la première travée du transept avec ses arcatures et même la balustrade en bois ajoutée à la fin du XVIe siècle. A droite, deux colonnettes de cette galerie ont été coupées pour en faciliter l'emploi, et les colonnes du gros pilier ont été également mutilées pour le passage de l'escalier du jubé.

Si Jean Gualde a cru devoir couper les colonnes des piliers des transepts et du chœur, il a su racheter cette mutilation en enveloppant la base de ces piliers d'une triple force qui assura la stabilité de son œuvre sans compromettre l'édifice.

La voûte de cette première travée a été rétablie au XVIe siècle; elle est le point de départ de la reconstruction du sanctuaire et des chapelles de son pourtour.

Il en résulte que le chœur et le sanctuaire sont voûtés en arc ogival avec liernes et tiercerons, dont les nervures, à l'abside, se perdent sur des piliers cylindriques complètement dépourvus de chapiteaux.

Au début de notre siècle, la décoration du chœur et du sanctuaire fut complètement transformée; les piliers furent couverts de panneaux en menuiserie, ornés de pilastres corinthiens et composites portant un entablement contournant la moitié des piliers.

Les panneaux de ces boiseries sont chargés d'attributs du culte, de médaillons soutenus par des rubans et des guirlandes de feuillages, renfermant le chiffre de Marie-Madeleine, le tout doré et peint en vieux chêne.

Les bases des colonnes du sanctuaire ont été martelées et remplacées par des panneaux de marbre noir et blanc, disposés en forme de socle, et les colonnes du chœur ont été coupées pour y établir des boiseries de salon, comme au sanctuaire.

Le sol est couvert de marbre de différentes couleurs, les anciennes tombes ont été enlevées et distribuées dans le pavage de l'église et ses dépendances, et la tombe de Jean Gualde a disparu.

Le maître-autel, qui avait été édifié aux frais de la corporation des orfèvres, fut démoli et relégué dans la chapelle de la communion. Plus tard, il fut vendu, sauf le tableau représentant Jésus chez Marthe et Marie-Madeleine, dont nous avons donné la description à la page 206.

Actuellement le maître-autel est en marbre veiné, de différentes couleurs, et de forme ballonnée, décoré à ses extrémités de guirlandes de fleurs et de feuillages en marbre blanc. Sur la face du tombeau, qui est aussi en marbre blanc veiné, sont simplement des moulures en marbre rouge. Même nature de marbre pour le carrelage et pour les gradins de l'autel où sont placés les chandeliers.

Le tabernacle est en bois doré, surmonté d'une exposition terminée par un crucifix aussi en bois doré.

Tout ce luxe de marbre nous rappelle les débris des chapelles de l'abbaye de Clairvaux que nous avons déjà rencontrés dans diverses églises.

Pour établir et disposer le plus grand nombre possible de stalles, on supprima les deux autels placés de chaque côté sous le jubé, et on mutila les bases et les chapiteaux des colonnes du chœur, ainsi que l'escalier du jubé.

Pour faire disparaître toutes ces dégradations, on les revêtit de riches panneaux de chêne couverts de reliefs et de dorures.

VERRIÈRES DU SANCTUAIRE

Au-dessus des arcatures ogivales du sanctuaire est un bandeau profilé qui les sépare, tout en servant de base aux fenêtres. Celles-ci, au nombre de trois, se divisent en trois jours avec tympan aux meneaux flamboyants. Trois d'entre elles, la fenêtre centrale et les deux suivantes du côté droit, sont vitrées de verrières anciennes.

Toutes les fenêtres du côté gauche, chœur et sanctuaire, sont en verre blanc. Seulement, la première fenêtre du chœur est à une seule baie ogivale, tandis que les deux suivantes sont à trois jours de style flamboyant.

Première fenêtre. — La fenêtre centrale est occupée par une verrière en grisaille, représentant Jésus, crucifié sur le Calvaire, entre les deux larrons.

1re *lancette.* — Un prêtre, donateur de ce vitrail. Il est représenté en surplis, agenouillé, les mains jointes, l'aumusse sur le bras gauche. Devant lui, son prie-Dieu, sur lequel est un bréviaire; sur le côté du tapis qui le couvre, on remarque les traces d'un blason qui a été brisé.

Une banderole porte cette inscription : Jhesu preceptor miserere; *Jésus, notre maître, ayez pitié.*

Au bas du panneau, on lit les restes d'une date du xvie siècle, cinq cens, et le fragment d'une syllabe d'un nom propre, gomb, pour Jehan Gombault, probablement le nom du curé donateur (1532-1534).

Dans la seconde partie, au-dessus du donateur, le bon larron sur la croix, le corps replié en deux, les bras et les jambes liés ensemble.

On lit ces mots sur une banderole qui se développe autour de son corps : Memeto mei dne du veneris I Renu (*sic*) tuum : *Souvenez-vous de moi, Seigneur, quand vous serez arrivé dans votre royaume.*

Au-dessus, dans le trilobe, le soleil. Un ange emporte l'âme du bon larron au ciel, sous la figure d'un jeune enfant nu.

2e *lancette.* — Le panneau du bas n'est qu'un amas confus de fragments de verres de couleur.

Au-dessus, dans le deuxième panneau, le haut du corps de

Jésus crucifié; à gauche, la tête de la sainte Vierge, et à droite, celle de saint Jean l'Évangéliste. Dans le fond du tableau, la ville de Jérusalem. Une banderole contournant le corps du divin crucifié. On lit : hodie mecū eris in paradiso; *Aujourd'hui tu seras avec moi en paradis.*

Dans le trilobe, au-dessus de la croix, un ange se tient en adoration, les mains jointes.

3e *lancette.* — Le premier panneau d'en bas est occupé par un tombeau qui appartient à un autre sujet. Au-dessus, le mauvais larron ayant la même attitude que son compagnon, mais le regard terrifié et les poings crispés.

On lit sur la banderole qui l'enveloppe : Si filius dei es salua te et nos; *Si tu es le fils de Dieu, sauve-toi et nous avec toi.*

Dans le trilobe, la lune, puis un petit démon rouge qui emporte l'âme du mauvais larron dans les enfers.

Dans les quatre trilobes qui surmontent les lancettes sont des anges en adoration.

Dans les écoinçons, deux autres anges aux ailes multiples. Et à la pointe de l'ogive, le pélican symbolique, figure du Christ qui donne sa vie pour sauver les hommes.

Deuxième fenêtre. *A droite de la fenêtre centrale.* — Au centre de cette verrière est représenté l'*Ecce homo*, à demi nu, les épaules couvertes d'un manteau de pourpre, les mains liées et tenant un roseau, la tête couverte d'une couronne d'épines.

A gauche, dans la première lancette, trois juifs couverts de riches vêtements montrent le Christ du doigt et le bravent avec insolence. Une banderole sur fond d'or porte ces mots : Tolle Tolle crucifige eum; *Enlevez-le, enlevez-le, crucifiez-le !*

A droite, un personnage, non moins richement vêtu, portant une coiffure déchiquetée. C'est Pilate. Près de lui, on lit : Ecce homo; *Voilà l'homme.*

Au bas de la verrière, sur une seule ligne, on lit cette inscription :

Yvonne Festuot vefue de Nicolas le Febure escuyer a donne ceste veriere, 1580.

Dans les lobes des lancettes sont trois blasons : le 1er, d'azur au bélier d'argent (Philippe Belin) (12); le 2e, de gueules à une bande

12.

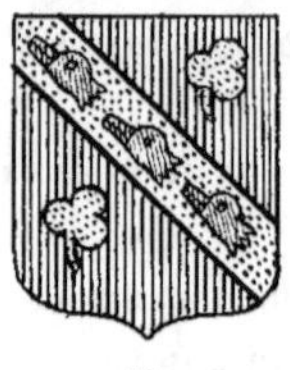
13.

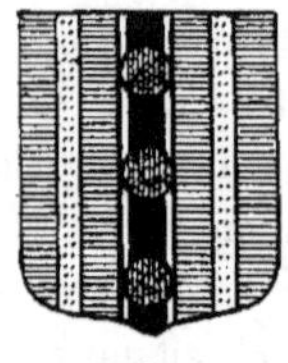
14.

d'or, componée de 3 têtes de canards de sinople, becquetés de gueules, accompagnée de 2 trèfles d'or, la bande brochant sur le tout (famille Léger) (13)[1]; le 3e, d'azur à 3 pals d'or, celui du milieu chargé de trois roses de gueules (Le Febvre) (14).

Dans la partie flamboyante des trilobes, à gauche, saint Jean-Baptiste portant l'agneau de Dieu sur un livre d'heures ouvert. A côté, l'écoinçon portant ces mots : **Sancte Joannes**, patron de la veuve Festuot. A droite, saint Nicolas ressuscitant les trois enfants dans la cuve, patron de Nicolas Le Febvre. A côté, dans l'écoinçon, ces mots : **Sancte Nicolas**. Aux pieds du saint est un blason : au 1 Le Febvre; au 2 d'azur à trois têtes de béliers arrachées d'argent (Yvonne Festuot) (15), comme à la verrière de la cathédrale. Vol. III, p. 222.

15.

A la pointe de l'ogive, saint Pierre en pape, assis sur un trône d'or, vêtu d'une chape et la tête coiffée d'une tiare à triple couronne, tenant une clef d'argent de la main gauche et un livre ouvert de la main droite.

Cette verrière est d'un beau caractère et d'une puissante coloration. Les costumes des personnages sont de l'époque du règne de François Ier, cependant l'inscription de donation porte la date de 1580?...

1. Ce blason nous permet de faire la rectification des armoiries de l'église de Saint-Pouange, que nous avons mal décrites, vol. I, p. 459.

FENÊTRES DU CHŒUR

La première fenêtre du chœur, à gauche et à droite, est une baie ogivale, vitrée de verre blanc.

La seconde fenêtre, à gauche, est à trois jours, comme les fenêtres du sanctuaire, et elle est aussi en verre blanc.

La seconde fenêtre, à droite, plus large que celles du sanctuaire, mais de même hauteur, se divise en trois jours, et son sujet principal représente l'Adoration des Mages.

1re *lancette.* — Les Rois-Mages, Gaspard et Melchior, debout, portant des vases d'or d'une grande richesse.

2e *lancette.* — Balthazar, la tête couverte d'un diadème, est agenouillé devant le petit Jésus posé sur les genoux de sa mère. On ne voit plus que la tête, tout le reste du corps a disparu depuis 1871, époque où nous avons pris nos notes sur ce vitrail.

16.

Derrière Balthazar, saint Joseph, debout, se découvre en recevant les augustes visiteurs.

Dans le haut du trilobe qui termine la lancette, un ange conduit l'étoile miraculeuse, au-dessus de la maison qui renferme l'étable de Bethléem.

3e *lancette.* — Le donateur, agenouillé, les mains jointes, devant son prie-Dieu timbré de ses armes, d'azur à la bordure d'argent, au chevron d'or, accompagné de trois couronnes royales d'or, deux en chef et une en pointe (Pierre Mauroy) (16). Il est accompagné de saint Pierre, son patron.

Pierre Mauroy était seigneur de Colaverdey, maire de Troyes; il présenta les clefs de la ville à François Ier à son entrée à Troyes en 1521.

Derrière le donateur, ses fils :

1° François, seigneur de Montsuzain, qui épousa Catherine Cochot;

2° Michel, écuyer, seigneur de Colaverdey, maire de Troyes, en 1548 et 1554;

3° Jacques, écuyer, seigneur de Plyvot, auteur des comtes et marquis de Mauroy;

4° Nicolas, écuyer, seigneur de Fontaines-Luyères.

En suivant, la femme du donateur, Catherine Drouot, agenouillée, les mains jointes, devant son prie-Dieu, portant pour armes d'azur à une bretessée d'or, accompagnée de trois croissants d'argent, deux en chef, un en pointe (17).

La donatrice, vêtue d'une robe violette, a la tête couverte d'une coiffe noire.

Derrière elle, sainte Catherine, sa patronne, en grand manteau bleu, tenant de la main gauche une palme, et de la main droite un livre ouvert sur lequel est la roue de son supplice.

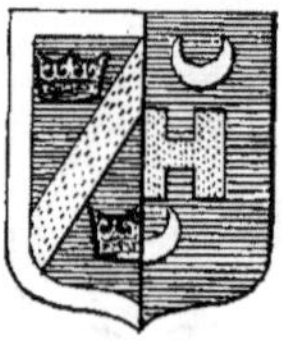

17.

Puis viennent les trois filles de Catherine Drouot :

1° Madeleine, mariée à François Cochot;

2° Jeanne Mauroy, religieuse à Notre-Dame aux Nonnains;

3° Une autre fille, dont le nom et la destinee sont inconnus[1].

Dans le trilobe du tympan à la pointe de l'ogive, les Rois-Mages aperçoivent pour la première fois l'étoile miraculeuse, qui renferme, au milieu de ses rayons, le petit Jésus portant la croix.

Les panneaux des trilobes de droite et de gauche n'existent plus depuis longtemps; peut-être qu'ils représentaient les bergers.

Celui de droite est remplacé par une grisaille qui n'a aucun rapport avec le sujet.

Cette belle verrière mérite une restauration complète.

BAS COTÉS DU CHŒUR

CÔTÉ GAUCHE

Les deux premières travées de ce bas côté formaient deux chapelles distinctes séparées par un mur. La première, sous le vocable

1. Albert de Mauroy.

de saint Jacques et de saint Joseph, était l'ancienne chapelle de l'Élection. La seconde fut fondée en 1418 par l'écuyer Jean Saugette, sous le titre de Saint-Jean-Baptiste et de Saint-Christophe; plus tard, chapelle Saint-Blaise, fondée par un des Essarts, chambellan de Charles VII. Elle fut construite par Thomas Michelin, maître-maçon, qui avait travaillé à la cathédrale pendant les années précédentes [1].

Le mur qui séparait les deux chapelles fut abattu en 1872, pendant les grands travaux de la nef, pour réunir ces deux chapelles en une seule, sous le titre de Saint-Joseph, et faire pendant à la chapelle du Sacré-Cœur.

L'arc doubleau, qui remplace le mur de séparation des deux travées, ne s'est pas construit sans difficultés, à cause de la rencontre des deux voûtes d'inégale hauteur.

Ce cintre surbaissé, de forme irrégulière, n'est pas ce qu'il y a de mieux. Cependant nous reconnaissons que les deux colonnes et les chapiteaux ont été traités avec beaucoup de soin.

La chapelle Saint-Joseph comprend actuellement deux travées; la première appartient au XIIe siècle. La fenêtre fut rétablie en 1595 [2].

Elle se divise en quatre jours, surmontés de trois trilobes dans sa partie ogivale; elle est vitrée simplement en verre blanc.

Entre cette fenêtre et le premier pilier du transept est un tableau représentant Jésus s'entretenant familièrement avec la Samaritaine près du puits de Jacob.

La seconde travée est occupée par le nouvel autel de saint Joseph, construit sur les dessins de Boulanger, architecte à Troyes. Le retable de l'autel aurait besoin d'une décoration exécutée par un artiste ayant la spécialité de la peinture religieuse, pour racheter sa trop grande simplicité.

Sur l'autel, au-dessus du tabernacle, est une niche en forme de dôme, dans laquelle la statue de saint Joseph portant l'Enfant Jésus nous semble mal à l'aise et paraît sortir d'une prison.

1. Paul Hoppenot.
2. Paul Hoppenot.

Sur le mur, des systèmes de gradins et de créneaux, sur lesquels sont des anges en prière, et d'autres portant des phylactères et chantant.

Le tombeau de l'autel est aménagé pour recevoir des reliques. Aux extrémités, deux petites statuettes, saint Jean l'Évangéliste et saint Jacques le Majeur.

La grille de communion est en fer forgé composé de rinceaux fleuris, où de petits oiseaux sautent de branche en branche, ne trouvant rien à becqueter.

Au centre de la chapelle, au milieu d'une riche mosaïque moderne, est une remarquable dalle tumulaire, en marbre noir, de la plus grande richesse.

Cette tombe était placée au milieu de la première travée, dite chapelle des Élus, juridiction consulaire, dont le siège était sur la paroisse.

Elle représente, à gauche, Jean de Bournant, dit Franquelance, écuyer, maître d'hôtel de Monseigneur le Dauphin fils de Charles VII, élu en l'élection de Troyes, et Katheline de Mellygny, sa femme.

Jean de Bournant est représenté en armure de guerre, la tête nue, ayant son glaive suspendu à sa ceinture et une dague à son côté; son armure recouverte de son surcot, qui était brodé de ses armes, a été martelée pendant les événements de la Révolution.

A ses pieds, à gauche, ses trois fils revêtus de l'armure de guerre; sur le surcot de l'aîné, on voit une petite croix avec une barre, derniers vestiges des meubles du blason paternel. A droite, du côté opposé, son frère, revêtu d'une robe de magistrat, et derrière lui ses deux fils.

A droite est damoiselle de Mellygny, sa femme, les mains jointes, la tête coiffée d'une cornette et les épaules couvertes de son manteau. A ses pieds, à gauche, sa mère, et à droite, sa fille, toutes deux coiffées de la même manière.

Aux pieds des défunts, un petit chien exprimant leur fidélité réciproque.

Les corps des deux personnages sont représentés couchés sous un riche portique gothique, surmonté d'un amortissement de fenestrage d'un bel effet.

Tout le dessin sur ce marbre noir était en étain fondu, coulé dans toutes les rainures; ce métal a été enlevé dans les mauvais jours pour fondre des balles.

L'épitaphe de la dame de Mellygny commence de son côté, en tête, à droite. On y lit, en caractères gothiques carrés, l'inscription suivante :

✠ Cy gist noble demoyselle
Mademoyselle Kathelyne de mellygny fẽme dudit franquelance laquelle tres-passa le · xviiie jour de novembre lan de grace · mil · cccc et vii · pr̄yes dieu po[r] sõ ame.

Au bas de la pierre, à droite, celle du mari commence par ces mots :

✠ Cy gist noble hõme Jehan de
bournant dit franquelance escuyer maistre dostel de mons[r] le daulphin z esleuz de ceste ville le quel trespassa le darenier Jour de feburier lan de grace · mil · cccc · cinquante · deux · pryes po[r] lame.

Marbre noir. — Haut., $2^{m},63$; larg., $1^{m},45$.

Les angles de l'inscription qui représentaient les attributs des Évangélistes étaient en cuivre émaillé, ainsi que les blasons des personnages qui partagent en quatre parties les lignes de l'épitaphe.

Les défunts avaient leur domicile dans un hôtel portant le nom de Franquelance, dit aussi hôtel des Tournelles, situé à l'angle des rues des Quinze-Vingts et du Bourg-Neuf.

Nous avons fait tout ce qu'il était possible pour rendre par notre dessin l'aspect général de cette belle tombe avant sa mutilation.

La fenêtre de cette chapelle se divise en trois lancettes, celle du milieu plus élevée que les deux autres. Elles sont accompagnées de trilobes renversés qui complètent la décoration du tympan.

Cette fenêtre est occupée par une verrière qui vient d'être posée depuis quelques jours; elle a été exécutée par M. Gaudin, peintre-verrier, à Paris. Le sujet représente la vie de saint Joseph.

1re *lancette.* — Tous les prétendants à la main de la sainte

Vierge sont réunis, mais leurs baguettes sont desséchées; seule, la baguette de saint Joseph a miraculeusement fleuri, et à ce signe il a été reconnu comme devant être l'époux de Marie. Au milieu de ses rivaux, il porte modestement son bâton fleuri.

2e *lancette.* — Le songe de saint Joseph. Un ange vient le prévenir de prendre l'Enfant Jésus et sa mère, et de fuir en Égypte. Dans le lointain, on aperçoit le massacre des Innocents.

3e *lancette.* — La Vierge et saint Joseph, à la recherche de l'Enfant Jésus, le retrouvent au temple de Jérusalem au milieu des docteurs.

Dans le panneau central du tympan, la mort de saint Joseph. Jésus et la Vierge Marie reçoivent son dernier soupir.

Dans le trilobe de gauche, un ange portant un blason d'argent, à la fasce d'azur chargée de trois fleurs de lis d'or.

A droite, un ange portant un blason d'azur à deux chevrons superposés d'argent, accompagnés de deux griffons d'or affrontés et surmontés d'un aigle de sable aux ailes éployées.

Sur la banderole du trilobe de gauche, on lit : **Joseph vir ejus cum esset justus**; *Joseph, son époux, était un homme juste.*

Sur celle du trilobe de droite : **Vir fidelis multum laudabitur**; *L'homme fidèle sera comblé de louanges.*

Dans l'écoinçon de gauche, le ciel représenté par le soleil, la lune et les étoiles. Dans celui de droite, la terre représentée par une gerbe de blé.

Dans le haut de l'ogive, deux banderoles avec ces mots : à gauche, **Ite ad Joseph**, *Allez à Joseph;* à droite, **Quidquid dixerit facite**, *Faites tout ce qu'il vous dira.*

Au-dessous du sujet central, on lit : **Pries dieu pour les trespasses, 1896.**

Sous cette fenêtre sont deux fondations écrites sur des pierres incrustées dans la muraille.

La première est une fondation de 1875, faite par *M. Jacques Legrand,* qui laissa, par son testament, à l'église Sainte-Madeleine, la somme de dix mille francs pour servir à la restauration de cette chapelle et pour la fondation de six messes qui se diront à perpétuité tous les ans, dont l'une le jour de la fête de saint Jacques, son patron.

La seconde est la fondation de *Jean Saugette*, écuyer, pannetier du roi, dont on a conservé heureusement l'inscription que voici :

> lan mil cccc xviii Jehan saugette escuier
> panetier du roy nre s; fist edifier ceste chap
> pelle en loneur de saint Jeh et saint xpōtle
> Et y fonda la darreniere messe · Sur une
> sienne maison assise · à · Troyes entre les
> changes et la drapperie tēn dune part a leri
> taige de saint urbain et dautr part a leritai
> ge des Jouenelz · la quelle pour ceste cause
> ilz dōna toute amortie a la fabrique de ceste
> esglise parmi ce que les proichiens et mar
> regliers dicelle se chargerent de faire celebrer
> ladte darreniere messe chascū jor ppetuellemēt

Pierre. — Haut., 0m,43 ; larg., 0m,61.

En tête de cette inscription, à droite et à gauche, étaient gravées les armoiries du mari et de la femme.

Au bas se voient encore les traces d'un cadavre qui était couché tout au long.

Cette pierre était jadis affreusement mutilée et incomplète ; une feuille manuscrite d'Arnaud nous a permis d'en reconstituer la partie martelée [1].

1. Une inscription établie dans les mêmes termes et du même format existait dans l'église de Saint-Urbain ; déplacée à la Révolution, elle se trouvait dans le dallage du sol, près de la porte méridionale.

Cela indiquerait que Jean Saugette fit la même fondation à l'église Saint-Urbain.

Depuis, M. Fléchey, architecte de la ville, fut chargé de faire quelques réparations au porche de l'église Saint-Urbain. Il remarqua cette pierre, l'enleva et la fit transporter à Sainte-Madeleine.

Trouvant que celle de Sainte-Madeleine était en plus mauvais état, il la supprima pour la remplacer par celle de Saint-Urbain. C'est l'architecte lui-même qui m'a raconté ce petit forfait.

LA SACRISTIE

La sacristie se compose de deux travées qui, au début de leur construction, formaient deux chapelles particulières, construites au XVe siècle.

Elle a son entrée accolée au pilier du mur de refend de la chapelle Saint-Joseph.

Le motif de sa décoration, qui date de la même époque que le jubé, n'est pas une merveille d'architecture, mais il y a dans sa composition une originalité de détails dont il faut tenir compte.

C'est la porte aux escargots, et ces mollusques s'y transforment selon le caprice et la fantaisie du sculpteur, boutade burlesque qui dénote bien l'esprit facétieux des artistes du Nord.

L'ouverture de cette porte d'entrée est à linteau droit, arrondi à ses extrémités et chargé de moulures qui se prolongent sur les pieds-droits.

Au-dessus du linteau est un arc en contre-courbe, qui s'élève sur un fond de fenestrage au-dessus du bandeau des pinacles, pour se terminer par la rencontre de deux escargots (peut-être un globe terrestre rongé par les rats).

Les rampants de ce gâble sont couverts d'escargots, les plus gros, disposés de distance en distance, remplaçant par leur forme et leurs postures les crochets fleuris qui sont indispensables à l'architecture gothique. Vers la moitié des rampants, ces escargots étaient séparés en deux parties par un dragon fantastique. Un seul, celui de gauche, est resté intact, solidement appuyé sur ses pattes, à la tête de crocodile montrant ses dents.

Tout cet ensemble de décoration architecturale est contre-buté par des pilastres ornés de petites aiguilles avec crochets à la hauteur du linteau de la porte. Puis le pilastre se retourne sur l'angle, présente son arête, s'élève et se termine en pinacle orné de crochets, avec fleurons au-dessus du bandeau qui les réunit.

Dans le tympan formé par l'archivolte, il y a un tertre d'où s'élèvent deux petits arbustes, dont les feuillages se rejoignent pour former une petite niche qui pourrait bien être l'emplacement du *Noli me tangere* de Jésus à Marie-Madeleine (18).

En entrant par cette porte, on a devant soi un couloir qui con-

18. — PORTE DE LA SACRISTIE.

duit à l'escalier du premier étage; mais à droite, près de la porte d'entrée, est celle de la sacristie, grande salle qui occupe toute la première travée. La hauteur des voûtes est de la même élévation que celles des bas côtés, ce qui a permis d'établir dans les deux travées un premier étage.

La première pièce du rez-de-chaussée est complètement meublée d'armoires où se trouvent renfermés les objets servant au culte.

La seconde travée est certainement celle qui fut transformée en trésor à la suite du vol de 1456. Elle avait son entrée à l'intérieur de

20.

RELIQUAIRE DE LA DENT DE SAINTE MARIE-MADELEINE.

l'église pour plus de sûreté, et cette porte existait près de la chapelle Saint-Louis. Elle est aujourd'hui murée, mais on en voit parfaitement les traces dans le mur de clôture de cette travée.

Cette seconde pièce renferme aujourd'hui le vestiaire où s'habillent les prêtres, où se trouvent les grandes armoires renfermant les ornements de l'église et la plus grande partie des reliques.

Au milieu de toutes ces châsses en bois doré, qui n'ont aucun intérêt pour notre publication, nous avons remarqué un petit reliquaire du XIVe siècle. Ce reliquaire, qui n'a que 27 centimètres d'élévation, est une petite merveille de ciselure.

Il représente deux anges, debout sur un socle, portant sur leurs bras un petit reliquaire de forme rectangulaire qui représente une chapelle à deux pignons. De face, il se compose de deux quatre-feuilles à jour, vitrés, à travers lesquels on voit un petit médaillon en forme de cœur (19), qui renferme une dent de sainte Madeleine. Sur le bord du médaillon, on lit en majuscules gothiques du XIIIe siècle : ✠ DANS ·S̄ · MARIE MAGDAL [1].

19.

Les deux pignons se terminent par des fleurons, et la crête de la toiture en écailles est formée de petits crochets percés à jour. Au centre était une petite tour surélevée d'un clocher qui a été brisé (20).

Nous l'avons indiqué par un simple trait pour rétablir ce petit monument d'une manière complète.

Le plateau sur lequel repose le reliquaire est profilé par dégradation. Aux angles, quatre pattes de lion le supportent.

BAS COTÉ DU CHŒUR

COTÉ DROIT

Le bas côté méridional du chœur se composait de deux chapelles. La première, sous le titre de Saint-Thomas ; plus tard, chapelle Naget, en souvenir d'une fondation faite par Jean Naget et Nicole sa femme, en 1484.

La seconde chapelle était anciennement sous le vocable de sainte Barbe ; reconstruite au XVe siècle, elle fut consacrée sous le vocable de Saint-Pierre, ainsi que le constatait le tableau de son retable

1. Cette petite relique a été donnée à l'église Sainte-Madeleine par l'abbé Coffinet.

représentant le prince des Apôtres pleurant son reniement, dont nous parlons à la page 196.

Pendant les travaux de la nef, on supprima le mur de séparation des deux travées, et on transforma ces deux chapelles en une seule pour la consacrer au Sacré-Cœur.

Ces travaux furent exécutés avant ceux du bas côté nord, et les deux chapelles subirent le même sort, sans utilité, simplement pour jouer au parallélisme. Supprimer des chapelles, ce n'est véritablement pas le moyen d'enrichir les ressources de son église; transformer le plan d'un monument sans motif, c'est compromettre dans l'avenir la sécurité de cette belle église, et les effets s'en font déjà sentir.

Chapelle du Sacré-Cœur. — Cette chapelle a été décorée, avec beaucoup de goût et de talent, par M. Boulanger. L'ensemble de la décoration de l'autel et tous les accessoires sont parfaitement en rapport d'harmonie avec le style du monument.

L'autel sculpté, en pierre peinte et dorée, est surmonté d'une belle statue du Sacré-Cœur, des ateliers de Vendeuvre.

Une grille de communion en fer forgé sépare les deux travées.

La première travée a conservé son style primitif du XIIe siècle, à l'exception de la fenêtre qui a été agrandie au XVe siècle, probablement du temps de Jean Naget. Elle se compose de quatre lancettes surmontées de trilobes, celui du milieu plus élevé que les deux autres.

La verrière qui l'occupe était du plus haut intérêt, malheureusement elle a été considérablement mutilée comme à plaisir. Elle représente la grande scène du Jugement universel.

1re *lancette.* — Un reste de peinture sur verre représente saint Jean l'Évangéliste, tenant sa coupe empoisonnée; on lit sur un phylactère qui entoure le calice : **miserеatur nr̄i**; *que Dieu ait pitié de nous.*

A la pointe de la lancette, un aigle d'or tient dans son bec une banderole sur laquelle on lit : **S. Jehan.**

2e *lancette.* — Une sainte tenant un livre ouvert; son nom : **marie Jacobi,** est écrit sur une bande d'or placée à la hauteur de sa tête. Au-dessus, une banderole porte ces mots : **sūu sup̄ nos.** Ce sont les paroles qui, dans le psaume LXVI, précèdent les mots **miſereatur noſtri**, de la première lancette : *Illuminet vultum suum super nos et misereatur nostri;* que Dieu fasse briller son visage sur nous et qu'il ait pitié de nous. A la pointe de la lancette, un ange tient une banderole : **S. Mathieu.**

3e *lancette.* — Un vieillard tenant la poignée d'un bâton en forme de *tau*, auquel est attachée une clochette. C'est saint Antoine. Devant lui, sur une banderole : **benedicat nobis**; *que Dieu nous bénisse*, paroles également tirées du psaume LXVI. A la pointe de la lancette, un lion ailé tient dans sa gueule une banderole avec ce nom : **S. Marc.**

4e *lancette.* — Des débris de toutes sortes.

Toutes ces figures étaient abritées sous de riches pinacles d'or et d'argent.

Dans ces quatre lancettes, sont répétés à profusion en écritures de toutes formes, les mots : **laus deo, louange a dieu**, LOVENGE A DIEV.

Dans le trilobe de gauche, la sainte Vierge en prière. Autour d'elle, des morts sortant de leurs tombeaux.

A droite, saint Jean-Baptiste, en tunique de poil de chameau, et, par-dessus, une chape à orfrois perlés. Il a les mains jointes; derrière lui, des morts en partie couverts de leur linceul sortent de leur sépulture.

Au centre du tympan de la fenêtre, Jésus-Christ, à demi nu, assis sur un arc-en-ciel, montrant ses plaies, les épaules et les jambes couvertes d'un manteau d'or, doublé de rouge. Autour de lui, tout un cercle de chérubins qui sont en adoration.

Deux anges à ses côtés sonnent de la trompette; sur des banderoles, on lit ces inscriptions : **surgite**, *leve͡z-vous;* **venite a** (*sic*) **iudicium**, *vene͡z au jugement.* Aux pieds du juge suprême, des cadavres et des êtres décharnés sortent de terre.

Dans les écoinçons, deux anges tenant les instruments de la Passion. Celui de gauche est en partie brisé. Celui de droite porte la couronne d'épines, l'éponge et la lance.

Tout au sommet de la fenêtre, un saint en tunique blanche tient de ses deux mains étendues un lis fleuri; en face de lui, un ange tient une épée nue, la pointe en l'air, et l'index de sa main gauche montre le saint. C'est saint Thomas Becket, archevêque de Cantorbéry, frappé de l'épée dans son église par ordre du roi d'Angleterre Henri II ; il était titulaire de cette chapelle.

Cette peinture finement exécutée, avec des tons de grisaille qui s'harmonisent avec des rehauts d'or et de vives couleurs, devait être d'un effet saisissant dans son ensemble. Une restauration serait très possible et assurément fort désirable.

Au-dessous de la fenêtre, une inscription rappelle que « la restauration de cette chapelle et l'érection de cet autel en l'honneur du Sacré-Cœur de Jésus sont dues à la munificence de Mlle Blaisine Daignez et de ses nièces, Mlles Noémi et Herminie Daignez ».

Cette dernière a fondé quinze messes dans cette chapelle, dont une le premier vendredi de chaque mois.

L'une des deux chapelles de ce bas côté était la chapelle des notaires de la ville, qui avaient leur domicile sur la paroisse. On y voyait l'épitaphe latine de Nicolas de Corberon, lieutenant particulier au présidial de Troyes, qui mourut en 1635.

Auprès de lui reposait Marie Le Cornuel, sa femme, qui décéda le 1er janvier 1617.

Cette épitaphe avait été posée par leurs enfants, Nicolas de Corberon, conseiller du roi, en ses conseils, Claude et Marie de Corberon.

Une autre lame de cuivre, auprès de cette épitaphe, relatait la fondation faite par le beau-frère de Nicolas de Corberon, Claude Le Cornuel, seigneur de la Marche, et du Mesnil-Érouard, conseiller du roi en ses conseils d'État et privé, intendant et contrôleur général de ses finances et président en sa chambre des comptes à Paris; qui avait fondé à perpétuité dans cette église une messe basse à l'autel Notre-Dame (chapelle du chevet de ce bas côté), pour le repos de son âme, de ses parents et amis.

A cet effet, il donna à l'église une maison située rue de Colaverdey, actuellement rue des Quinze-Vingts, suivant contrat passé devant Dampierre et Bejart, notaires à Troyes, le 9 mai 1630.

Le corps de Claude Le Cornuel reposait à Paris, en l'église de l'Ave-Maria, chez les religieuses Cordelières venues de Metz.

Nicolas de Corberon, seigneur de Torvilliers, conseiller du roi et maître des requêtes de son hôtel, et Claude de Corberon, écuyer, conseiller du roi, trésorier général des Suisses et Ligues grises, neveux dudit Le Cornuel, pour reconnaître les bienfaits dont ils sont redevables, avaient fait mettre cette lame.

L'un des derniers Corberon, portant le prénom de Nicolas, comme son père et ses aïeux, seigneur de Villemereuil et de Bierne, né à Metz en 1689, fut inhumé en 1764 dans l'église de Moussey (t. Ier, p. 431 [1]).

Suivant la jolie gravure d'un *ex-libris*, collé dans le volume dont nous parlons en note, les Corberon portaient pour armes : D'azur au chevron d'or, accompagné de trois tours du même. Support, deux licornes. L'écu surmonté d'une couronne comtale.

A gauche, avant d'entrer dans le bas côté méridional, la saillie des chapelles du jubé occupe un certain développement. Presque à la hauteur du chapiteau de l'arcature de l'entrée de ce bas côté, est un enfoncement de forme carrée destiné à recevoir un bas-relief en pierre. A sa base, une console se prolonge sur toute sa largeur, décorée de feuilles de ronces. Une cavité pareille se voit de l'autre côté du jubé, dans le bas côté nord; mais la console porte un superbe cep de raisins et de pampres, où courent des escargots.

Dans la moulure inférieure de la console, sont placées neuf coquilles de pèlerinage.

Au milieu de la console était un écusson, accompagné de lacs; celui du bas côté nord était entier; celui du bas côté sud était parti; la peinture qui indiquait les émaux et les meubles du blason a disparu.

Groupe en bois représentant le Calvaire. — Dans cet enfoncement du côté méridional, est un petit bas-relief en bois sculpté qui n'appartient pas à ce monument. Il représente le Calvaire; à gauche, la Vierge s'affaisse entre les bras de saint Jean et des deux saintes femmes. Derrière elle, sainte Madeleine tend les bras vers la croix.

Près de ce groupe, le soldat Longin, à cheval, veut percer

1. Extrait de notes manuscrites placées en tête d'un exemplaire des *Plaidoyers de Nicolas de Corberon*, M · DC · XCIII.

d'un coup de lance la poitrine de Jésus; mais vieux et aveugle, il a besoin d'une main plus adroite et plus ferme qui puisse guider la sienne. Aussi porte-t-il en croupe, sur son cheval, un nègre qui tient la lance avec lui et la pose sur le côté du Sauveur[1].

A droite, à cheval, la tête couverte d'un turban, est Stéphaton, le juif qui donna à boire à Jésus, avec une éponge fixée au bout d'un bâton [2].

Stéphaton est accompagné de plusieurs personnages à cheval, parmi lesquels un nègre.

Au pied de la croix du Sauveur, dont le corps a disparu, un soldat tient la tunique de Jésus, que deux autres soldats se disputent. L'un d'eux saisit l'autre par la nuque et cherche à l'assommer avec un os de mort, d'Adam sans doute, qu'il a ramassé au pied de la croix.

Le prêtre donateur est à genoux, sur la gauche; il est en surplis, avec l'aumusse sur le bras droit et porte un collet rabattu; il a la barbe en pointe.

Ce petit détail nous permet d'en fixer l'exécution vers 1560.

Dans l'enfoncement correspondant du bas côté nord, est placée une châsse moderne avec une petite statuette de saint Laurent, que nous n'avons pas cru devoir reproduire sur notre planche de détail.

1. Dans le *Mystère de la Passion,* de maître Jean Michel, le soldat Longis (Longin) aveugle, dit :

> *Que quelqu'un me baille une lance,*
> *Et que l'un d'entre vous m'avance*
> *De la mettre bien au droit,*
> *Afin que je puisse percer.*

2. Nous avons relevé ce nom de Stéphaton dans la planche du crucifiement que nous avons exécutée pour M. de Bastard, d'après l'*Hortus deliciarum* de *Herrade de Landsperg,* le plus beau manuscrit de la bibliothèque de Strasbourg, qui fut réduit en cendre par le bombardement néfaste de cette ville en 1870, manuscrit que nous avons eu en mains pendant une année pour y copier les plus belles miniatures. Cette planche du crucifiement a été publiée dans la *Gazette archéologique* 1884-1885, avec une intéressante notice de M. R. de Lasteyrie. Dans les planches suivantes de cet opuscule, nous avons reconnu comme étant de notre main celle portant pour titre : *l'Église chrétienne.*

Escalier du Jubé. — En entrant dans le bas côté, à gauche, est la masse octogonale dans laquelle est compris l'escalier du jubé. La rampe de cet escalier se développe en retour sur le premier pilier

21. ESCALIER DU JUBÉ

du chœur, en passant sous la première arcature pour s'adosser au gros pilier, où il s'engage dans un petit contrefort qui le soutient.

La rampe, dans son pourtour, répète les arcatures trilobées de la face principale et repose de même sur la base profilée de gorges et de moulures dans lesquelles se développe un cep de vigne alterné par des animaux ailés plus ou moins fantastiques. Il y a, en particulier, un dragon ailé avec une tête d'homme couverte d'un bonnet de fou (21).

On entre dans l'escalier par une porte surbaissée donnant sur le chœur.

Les chapiteaux des travées de ce bas côté sont des plus remarquables de richesse et de composition (22). Tous ont subi des mutilations bien regrettables. Ceux des bas côtés nord, exécutés avec plus de simplicité, n'en sont pas moins intéressants par la sagesse de leur exécution. Ces chapiteaux ont été lithographiés par nous en 1838, et publiés dans le *Voyage archéologique* de M. Arnaud, page 198.

22.

On remarque dans leurs tailloirs les cavités d'anciennes poutres transversales qui permettaient d'exposer des tapisseries les jours de grandes fêtes, genre de décoration qui était appelé à la destruction de toutes les sculptures saillantes. L'église de Sainte-Madeleine était très riche en tapisseries du XIIIe siècle. Elles furent remises à neuf, de 1426 à 1463, par huit ouvriers de haute lice, « lesquelles par pourritures estoient gravement endommagées[1] ».

Les bases des colonnes des piliers de ce bas côté étaient décorées de griffes, de têtes de monstres, de feuillages et de bâtons rompus, le tout actuellement brisé et massacré par la pose des bancs qui enveloppent les piliers du pourtour du chœur et des chapelles des bas côtés.

1. Paul Hoppenot.

VERRIÈRES DES CHAPELLES DU CHEVET.

CHAPELLE SAINT-LOUIS.

A l'extrémité du bas côté nord, attenant à la sacristie, se trouve, à l'est, l'ancienne chapelle de Saint-Louis, fondée par Simon Liboron, écuyer, seigneur de Viâpres, licencié ès lois, conseiller en cour laye, procureur du roi à Troyes, lieutenant du bailli de Troyes, bailli de l'évêché, maire de Troyes en 1496, député de Troyes aux États-Généraux de 1506. Il épousa Henriette Mauroy, fille de Jacquinot Mauroy et de Guillemette Hennequin.

Au-dessus d'un autel sans aucun intérêt, est une grande fenêtre qui occupe toute la surface de cette travée.

Elle se divise en trois lancettes trilobées, celle du milieu s'élève en pointe au-dessus des deux autres.

Dans le tympan de la fenêtre deux trilobes renversés, avec un troisième qui se dresse à la pointe de l'ogive.

La belle et intéressante verrière de cette fenêtre se divise en quatre parties horizontales et représente l'histoire de saint Louis, roi de France, sujet très rare dans nos contrées, mais qui existait autrefois dans une des fenètres du chœur de l'église de la commune de Verrières, près Troyes (voyez p. 407, 2e vol.).

Nous commençons la description de ce vitrail historique, de gauche à droite jusque dans ses parties les plus élevées.

Première partie, 1er *panneau.* — FAMILLE DE DONATEURS. — Le donateur Simon Liboron, vêtu de sa robe de procureur du roi, de couleur écarlate avec bordure et bande noire sur le devant, son escarcelle noire sur le côté. Il est agenouillé, les mains jointes, devant son prie-Dieu, timbré de son blason, d'azur à un chevron d'or, accompagné de trois gerbes de blé du même (23). Près de lui, saint Simon, son patron, dont le nom est inscrit sur la bordure jaune de la belle tapisserie bleue qui forme le fond du panneau, porte la croix de son supplice et pose la main droite sur l'épaule

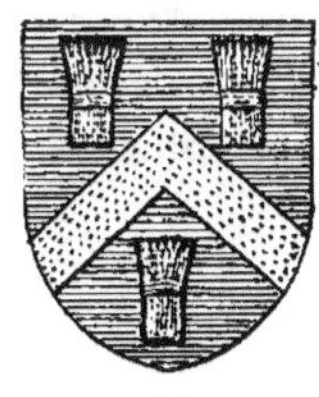

23.

du magistrat en signe de protection. Ce dernier est suivi de ses trois fils : l'aîné en tunique verte, portant une escarcelle rouge à son ceinturon. Tous les trois dans la même attitude de recueillement.

En suivant, la donatrice, Henriette Mauroy, en robe rouge, doublée d'étoffe d'or sous les manches et au revers de sa traîne, la tête couverte de sa capeline noire, et son escarcelle de même couleur à son côté. Elle est assistée par saint Henri, empereur, son patron, dont le nom est écrit près de sa tête sur une bordure jaune, posant la main droite sur la tête de sa protégée, et portant le globe terrestre de la main gauche. Derrière la donatrice, ses sept ou huit filles. Le prie-Dieu devant lequel elle est agenouillée et appuyée porte pour armoiries, au 1, d'azur au chevron d'or accompagné de trois gerbes de blé aussi d'or (Liboron); au 2, d'azur au chevron d'or accompagné de trois couronnes royales d'or (Mauroy) (24).

24.

Au bas de ce panneau, on lit :

> Maistre Simō liborn̄ licencie es loys procureʳ du Roy
> nr̄e sire ou baliage de troyes
> h̄eiette Mauroy sa fēme ont dōne ceste verrie͂ l͞a · m ·
> vᶜ · ȝ · vu · priez dieu pʳ eulx·

2ᵉ *panneau.* — SACRE DE SAINT LOUIS. — Le roi saint Louis, agenouillé en présence des évêques, pairs ecclésiastiques. Il était couvert d'un manteau violet avec collet d'hermine et avait sur le cou et les épaules une chaînette d'or, qui indiquait la présence du grand collier de saint Michel[1].

1. Une restauration récente, assez naïve, nous présente le roi vêtu du manteau royal, avec collet rouge.

Nous rétablissons aujourd'hui le manteau tel qu'il était. Il en sera de même pour les pairs laïques, sortes de valets qui portent des piques, des bâtons et des masses d'armes, ainsi que l'archevêque de Reims qui tient une crosse, au lieu d'une croix simple.

Devant le jeune roi l'archevêque de Reims, officiant, tenant une croix simple de la main gauche et bénissant de la main droite. Derrière ce prélat, l'évêque de Laon, tenant la sainte Ampoule; puis l'évêque de Langres portant le sceptre, l'évêque de Beauvais portant le manteau royal, et l'évêque de Châlons tenant l'anneau. Faute de place, on ne voit que la tête de l'évêque de Noyon, qui portait le baudrier.

A droite du panneau sont représentés les pairs laïques. En première ligne se trouve le duc de Bourgogne portant de ses deux mains la couronne royale. Cependant nous lisons sur le collet de son habit DVX AQV (itaniæ). C'est qu'à la dernière mise en plomb de notre vitrier, celui-ci a pris le collet du duc d'Aquitaine pour le poser sur les épaules du duc de Bourgogne. Il faut remettre ce collet sur les épaules du personnage qui porte le blason de la province d'Aquitaine: de gueules au léopard d'or. La correction serait d'autant plus complète que celui-ci tient la hampe de l'oriflamme qu'il était chargé de porter à cette cérémonie.

Ensuite nous voyons le comte de Champagne, qui devait porter la bannière royale de la main droite et son blason de la main gauche.

Tous ces pairs laïques avaient la tête couverte de leurs toques à plumes, et portaient de simples guidons à trois fleurs de lis d'or, comme au vitrail de Verrières.

Il est facile de se convaincre que l'artiste qui a composé les sujets de cette verrière a été forcé de restreindre sa composition faute de place. Plusieurs têtes ont disparu dans ce panneau depuis cette restauration, elles personnifiaient les comtes de Flandre, de Toulouse, et le duc de Normandie.

On a beaucoup écrit sur l'air et les traits du visage de saint Louis. Les uns parlent de sa figure imberbe, les autres de la barbe qu'il portait en Égypte, en Syrie et sur la fin de sa vie [1].

Ce détail de la physionomie du saint roi ne se rencontre pas

1. Gaston Le Breton. Essai iconographique de saint Louis.
Auguste Longnon. Documents parisiens sur l'iconographie de saint Louis.

dans notre verrière, puisque toutes les figures de saint Louis sont sans barbe, même sur les panneaux du XVIIe siècle.

Dans tous les panneaux anciens le roi est vêtu de violet, au lieu de porter le manteau royal fleurdelisé. Comme le dit la Légende dorée, il ne voulait porter aucun vêtement somptueux, écarlate ou de quelque couleur éclatante; il rejetait les pelleteries précieuses et il redoubla ainsi de simplicité lorsqu'il fut revenu de sa première expédition au delà de la mer.

Nous sommes heureux d'apprendre que le ministre des Beaux-Arts, sous peu de temps, doit faire retenir les six panneaux déjà restaurés et rectifier les erreurs commises.

On lit, au bas du panneau :

> **Sainct Loys noble Roy de frāce Trescrestiam begnin**
> **et sage**
> **couronne par bōne ordōnance Au treiziesme**
> **an de son eage.**

3e *panneau.* — RÉSILIEMENT DE LA TUTELLE DE LA REINE-MÈRE. — Le jeune roi debout devant la reine sa mère, vêtu d'une robe de velours violet, avec chaperon et collet d'hermine sur lequel brille le collier de l'ordre de saint Michel, haut-de-chausses rouge, souliers découverts, s'attachant sur le cou-de-pied. La tête couverte d'une petite calotte rouge. Il tient de ses deux mains un livre entr'-ouvert. La reine-mère est vêtue d'une robe rouge et, par-dessus, du manteau de veuvage gris-bleu, dont le capuchon lui couvre une partie du visage. Derrière elle, cinq suivantes, dont l'une porte la traîne de son long manteau bordé d'un vert foncé.

Le roi est accompagné de deux moines, l'un franciscain, et l'autre dominicain; le premier pose une couronne sur la tête du jeune roi; derrière ces deux religieux, plusieurs princes et princesses de la cour.

Au bas du panneau nous lisons cette petite inscription en partie tronquée :

Sa mere venerable . . . . de castille luy . . . . .
Que ceux de . . . . noble famille . . . . . .

Deuxième partie, 1er *panneau.* — SOUMISSION DE THIBAUT IV, COMTE DE CHAMPAGNE. — Saint Louis portant le même costume

25.

et la même coiffure, la tête environnée de l'auréole des saints. Devant lui, le comte de Champagne fléchit le genou, mains jointes, en signe de soumission. Le roi s'incline et le reçoit amicalement. Thibaut est vêtu de son armure de guerre, couvert de son surcot, brodé de ses armes. Derrière le roi, un cardinal l'assiste, il se fait remarquer par son embonpoint; les cordons de son chapeau, noués sur la poitrine, lui tombent jusqu'au-dessous du genou et se terminent en houppette à cinq glands. Ensuite viennent les seigneurs de la cour du roi. A gauche du tableau, au-dehors, à travers une porte ouverte par laquelle le comte Thibaut est entré, l'on voit des cavaliers portant le fanion d'hermine du comte de Bretagne et un autre, celui de la guerre, de gueules aux dragons affrontés de sable (25).

Au-dessus des trois panneaux de cette rangée est une bordure où deux petits génies maintiennent les armoiries Liboron-Mauroy; aux extrémités, deux enfants soutiennent des gerbes de blé, meubles de l'écu du donateur.

Au bas du panneau, était une inscription mutilée telle que nous la présentons sur notre dessin. Depuis sa restauration elle a été complétée de la manière suivante :

Plusr^es soubz le duc de bretaigne[1] neurent au roy
ne foy ne honneur·
Mais Thiebault cōte de chāpaign^e rend hōmage
a son vray seigne^r·

2e *panneau.* — Mariage du roi. — L'évêque de Paris officiant, prenant les mains des époux pour les unir. Saint Louis nimbé, la couronne en tête, est vêtu d'un manteau royal violet à grands ramages avec pèlerine d'hermine et le collier d'or de l'ordre de saint Michel. Devant le roi, la reine Marguerite de Provence; elle porte une coiffe noire perlée, surmontée d'une couronne royale d'or, une chaînette avec médaillon au cou. La reine Blanche, en manteau rouge et la tête couverte d'une coiffe bleue à longues barbes qui tombent des deux côtés de son visage, est derrière le roi. Derrière la jeune reine, deux demoiselles soulèvent la traîne de son manteau.

Une foule de grands seigneurs et de grandes dames assistent à cette belle et imposante cérémonie.

1. Après le nom Bretagne, il y avait une lacune; ensuite cette syllabe *rent* dont on a fait *neurent*, mais ce mot ne remplit pas toute la partie vide : nous croyons devoir *y* ajouter la particule négative *ne* qui devait se répéter deux fois.

Entre le roi et l'évêque est le porte-croix. Le fond du tableau représente l'intérieur d'une église.

On lit au bas du panneau cette inscription très bien conservée :

Sainct Loys par la providence De sa mere et noble et sage
A marguerite de provence Fut coioinct par vray Mariage.

3e *panneau.* — SAINT LOUIS RECEVANT LA COURONNE D'ÉPINES DES MAINS DE L'EMPEREUR DE CONSTANTINOPLE. — L'empereur, les mains couvertes d'une étoffe verte, tient la couronne d'épines de la main droite, deux clous et le fer de la lance de la main gauche. Il est vêtu de son armure d'or, couronne en tête, un manteau rouge doublé de bleu lui couvre les épaules et se relève sur les bras. Derrière l'empereur, un évêque en chape et coiffé de sa mitre tient une grande croix de la main gauche et l'éponge de la main droite. En suivant, des clercs en tenue de chœur l'accompagnent.

Le roi s'avance pour recevoir les saintes reliques. La tête nimbée et couronnée, il est vêtu de son manteau violet à collet d'hermine avec le grand collier de saint Michel.

Derrière le roi, la reine Blanche, sa mère, toujours vêtue de son manteau de veuvage et la tête couverte d'un voile noir. A la droite du roi, la reine Marguerite. Elles sont accompagnées de plusieurs princes et princesses.

Au bas du panneau on lit :

Ce bon Roy du don lempereur Meit lesponge Croix[1]
fer de lance
Et coronne de nostre sieur A la saincte chappelle en
france.

Troisième partie, 1er *panneau.* — SAINT LOUIS PUNISSANT LES BLASPHÉMATEURS. — Saint Louis nimbé, toujours vêtu du même costume. Devant lui, genoux en terre, un riche bourgeois implore son

1. Il devait y avoir, dans l'inscription primitive, *clous* au lieu de *croix*.

pardon. Ce personnage est vêtu d'un manteau rouge avec collet d'hermine et chaîne d'or sur la poitrine. Derrière, d'autres seigneurs l'observent. Près du roi, un riche personnage debout, tenant sa toque à la main, intercède pour obtenir la grâce du malheureux. Le roi avec un certain mécontentement détourne la tête et semble l'abandonner à ses juges. Derrière le roi, d'autres personnages assistent à ce jugement.

Dans le fond du tableau à droite, un échafaud s'élève sur la place du palais. Sur la plate-forme du gibet, un bourreau vêtu de rouge brûle avec un fer rouge les lèvres du blasphémateur condamné.

Ce panneau porte cette inscription :

> **Fit punir un blaphemateur par peinne et cautere de feu.**
> **Sainct Louys aux grāds seigne^rs En tous lieux po^r lhonne^r de dieu.**

2e *panneau*. — MORTIFICATION DE SAINT LOUIS. — Ce panneau a été exécuté vers la fin du XVIIe siècle, par suite d'un accident qui détruisit le vieux panneau du XVIe siècle.

Cette restauration comparativement toute moderne prouve, une fois de plus, tout l'intérêt que nos ancêtres apportaient à la conservation de cette belle page historique. Son exécution peut être attribuée à l'école des Linard-Gonthier ; nous souhaitons sa conservation malgré la différence de son style qui ne concorde guère avec celui de 1507.

Ce panneau se divise en deux parties par un pilastre et un mur. Dans la première, saint Louis, portant ici le manteau bleu fleurdelisé, est accompagné par deux serviteurs, sa robe ouverte laisse voir la haire qui couvre son corps. Un rayon lumineux descend du ciel jusqu'à lui.

Dans la deuxième partie, un moine distribue de l'argent aux malheureux.

Nous lisons au bas du panneau :

> **Ce roy de Frãce[1] la hayre veult porter· Au couvent quelquefoiys·**
> **Aux pauvres faict donner Cinquante solz tournois**

3e *panneau.* — SAINT LOUIS RECEVANT LES PAUVRES A SA TABLE. — Une table dressée, le roi assis au centre sous un riche baldaquin. Sur la table, un service complet; au milieu, un plat contenant un poulet. A droite et à gauche du roi trois mendiants buvant et mangeant. Derrière, à gauche, la reine-mère Marguerite de Provence ; à droite Philippe, frère du roi.

La bordure de ces trois derniers panneaux porte au centre le monogramme de Simon Liboron et de Henriette Mauroy. Voici ce chiffre (26).

26.

On lit au bas du panneau :

> **Trois pauvres indigents Estoient a sa table beuvant mangeant.**
> **. . . estoit vers dieu charitable·**

Quatrième partie, 1er *panneau.* — SAINT LOUIS LAVE LES PIEDS AUX PAUVRES. — Le sujet se divise en deux parties, par une arcature. A gauche, saint Louis distribue des secours à de pauvres gens. A droite, le roi, à genoux devant un bassin, lave les pieds aux pauvres malheureux. Puis, sur le second plan, la reine-mère, Marguerite de Provence, et le frère du roi, en observation, surpris d'un pareil dévouement.

Au bas du tableau, il y avait autrefois le fragment d'inscription suivant :

> **Tellemement. . . . . C. . . . . ou bien**
> **Que pour luy an . . . . par chẽn lieu**

1. Avant la restauration, il y avait *de Frãce*, nous avons ajouté ces mots *Le roy* qui avaient disparu.

Actuellement, ce reste d'inscription a disparu; il est remplacé par celui du panneau des pestiférés.

2e *panneau.* — SAINT LOUIS VISITANT LES PESTIFÉRÉS. — Ce panneau appartient aussi au XVIIe siècle, il est de la même facture que celui dont nous parlons plus haut.

Saint Louis, accompagné de deux archers, visite les estropiés et les malheureux pestiférés agenouillés devant lui. Il est suivi des seigneurs de sa cour.

A droite, sont des gens qui regardent avec surprise et admiration; l'un d'eux, plus grand que tous les autres assistants, est coiffé du fez musulman.

Au bas du tableau, il devait y avoir l'inscription suivante, qui est au panneau précédent :

Par ieulne et oraison Les malades.........
Leurs donnoit guerison·Tant v...........

3e *panneau.* — SAINT LOUIS AU CONCILE DE LYON. — Le pape Innocent IV sur un trône, tenant une croix à double branche; à gauche, le roi et les seigneurs de sa suite. A droite, les cardinaux, les archevêques et les évêques.

Le roi parle et son geste montre qu'il discute; un rayon lumineux descend du ciel. Le Saint-Père surpris l'écoute parler avec beaucoup d'attention.

Au bas du panneau, on lit :

A Lyon en ung plein concile Contre frederic lempereur
Se offrit destre en tout bie̅ utile pour lesglise et nostre sieur

SAINT YVES PATRON DES AVOCATS. — Le trilobe au-dessus de la lancette centrale renferme la figure de saint Yves patron des avocats, et à ce titre patron du donateur de cette verrière.

Il est vêtu d'une robe violet foncé, dont le capuchon, doublé d'hermine, lui couvre les épaules; sa tête est couverte d'un bonnet de docteur de forme ronde et toute droite.

De sa main droite, il tient un rouleau de parchemin qu'il appuie contre sa poitrine.

Près de lui, à gauche et à ses pieds, un simple paysan tenant son chapeau pointu de la main droite, et de l'autre main une feuille

27.

de parchemin qu'il présente avec confiance, pour le bien de sa cause, à l'avocat qui doit défendre ses intérêts.

De l'autre côté, à droite, un riche bourgeois en jaquette à larges manches, soulevant simplement son chapeau pour saluer l'avocat auquel il réclame ses bons conseils. De la main gauche, il présente à saint Yves une pièce d'or pour le séduire. Ce dernier, scandalisé par un pareil procédé, tourne le dos à ce riche client pour s'entretenir de préférence avec l'humble paysan (27)[1].

Les deux autres lancettes se terminent, au sommet, par des écussons champ de gueules avec le monogramme d'or de Liboron-Mauroy, que tiennent de petits enfants.

Dans le trilobe à gauche. — SAINT LOUIS RACHETANT DES PRISONNIERS EN SYRIE. — Saint Louis, accompagné des gens de sa suite, exhorte et rachète les prisonniers en Syrie. Devant le roi, plusieurs de ces malheureux, agenouillés et les mains jointes, implorent sa pitié.

Dans le lointain, on voit saint Louis en présence du soudan d'Égypte discutant et réglant en espèces la rançon de plusieurs prisonniers.

On lit sur une large banderole :

> **Plusieurs sarrazins Retira**
> **a la foy estant en syrie**
> **Et les siens captifs Racheta**
> **Desirant leurs saulver la vie.**

Dans le trilobe à droite. — SAINT LOUIS ENSEVELIT LES MORTS PENDANT LA PESTE EN SYRIE. — Saint Louis enlève les cadavres de ses soldats et leur donne la sépulture. Le roi relève lui-même les morts et les transporte dans une chapelle.

Un prêtre, le bénitier à la main, asperge et bénit les cadavres. Derrière le roi, un prince et des gens de toutes conditions se bouchent le nez.

On lit sur la banderole :

> **Ce bon faict apres toute guerre**
> **Luy Restably en sa franchise**

1. M. Bonnemain (Congrès archéologique de 1853), depuis curé de l'église Sainte-Madeleine, a pris ce saint Yves pour un saint Louis, tenant à la main le plan enroulé de la Sainte-Chapelle et recevant l'hommage de deux ouvriers qui semblent lui offrir, l'un de l'argent et l'autre des outils de construction.

**Aux siens mors puas sur la terre
Donna sepulture en lesglise**

CONSTRUCTION DE L'HOSPICE DES QUINZE-VINGTS.

Trilobe dans la pointe ogivale. — Ce dernier panneau représente l'hospice des Quinze-Vingts de Paris fondé par saint Louis.

28.

Au centre de la construction, une large ouverture laisse voir l'intérieur de la grande salle où sont déjà disposés des lits pour les malades.

Saint Louis nimbé, sa couronne d'or en tête, est vêtu de son manteau royal; il visite les travaux et s'entretient avec l'architecte qui lui fait les honneurs de son chantier, sa calotte à la main.

Sur le premier plan, un ouvrier tailleur de pierre interrompt ses coups de marteau pour répondre aux observations du roi. Derrière saint Louis, des hallebardiers l'accompagnent (28).

Au bas du panneau, nous lisons cette inscription :

Commēt Saīct loys feit
edifier les quinze vingts
es filles dieu de paris·

Dans les deux écoinçons qui accompagnent ce dernier trilobe sont deux anges adorateurs. Plus bas, d'autres écoinçons sont occupés par le monogramme des donateurs.

CHAPELLE DE LA VIERGE

L'ancienne chapelle des Orfèvres, aujourd'hui chapelle de la Sainte-Vierge, forme en plan une moitié d'hexagone régulier ajouré sur toutes ses faces, par de brillantes et splendides verrières qui occupent les trois pans de la chapelle. Cette chapelle se trouve dans l'axe du sanctuaire et forme la partie absidale du chevet.

L'ensemble des belles verrières qui la décorent donne à cette chapelle des effets multicolores d'une grande beauté, qui prêtent à la sensation et à la méditation.

L'autel en pierre, d'une grande simplicité et de très bon goût, se compose d'un tombeau, orné d'arcatures, sa face principale renfermant : au centre, la sainte Vierge, accompagnée à gauche de saint Joseph, sainte Marthe et saint Jean-Baptiste; à droite, de saint Joachim, sainte Madeleine et saint Jean l'Évangéliste. En retour, à gauche, sont Zébédée et Marie Salomé, parents de saint Jean l'Évangéliste; à droite, saint Zacharie et sainte Élisabeth, parents de saint Jean-Baptiste.

L'autel se termine par des gradins sur lesquels sont des chandeliers et, au centre, le tabernacle surmonté d'une statue de la Vierge.

Au bas des deux fenêtres latérales, est une suite de petits tableaux représentant des scènes de la vie de sainte Madeleine, exécutés par

Jean Nicot, peintre d'histoire, né à Troyes, le 8 février 1629. Élève du Poussin, auquel il était très attaché; il le quitta lorsque son maître retourna à Rome. Nicot s'établit à Troyes, où il mourut le 5 juin 1697[1].

Ces tableaux ornaient autrefois les socles des colonnes du maître autel et du sanctuaire. Ils représentent, à gauche :

1° Madeleine encore pécheresse, revêtue de ses magnifiques atours, écoutant avec une vive attention la prédication du Sauveur;

2° Madeleine réfléchissant sur ce qu'elle vient d'entendre, et se dépouillant de ses colliers et de ses bijoux;

3° Madeleine chez Simon le Pharisien, baisant les pieds de Jésus, et les arrosant de ses larmes;

4° Madeleine et Marthe assistant à la résurrection de leur frère Lazare;

5° Madeleine agenouillée sur le calvaire, regardant avec un amour désolé le Sauveur expirant sur la croix.

A droite :

1° Madeleine et les Saintes femmes au sépulcre, écoutant l'ange qui leur annonce que Jésus est ressuscité;

2° Madeleine à genoux devant le Sauveur ressuscité, qui lui pose la main sur le front en lui disant le *Noli me tangere*.

3° Madeleine embarquée par des Juifs sur un bateau sans voile, et Lazare et Marthe s'y embarquant à sa suite;

4° Madeleine à la sainte Baume, méditant sur la passion et l'amour de Jésus-Christ;

5° Madeleine recevant, avant de mourir, la sainte Eucharistie des mains de l'évêque saint Maximin.

Le tableau représentant saint Joseph (ou la sainte famille), que nous avons signalé dans la chapelle de ce vocable, est de Jean Nicot, suivant les comptes de la fabrique en 1671. Il a été payé, avec les dix tableaux, la somme de 200 livres.

Cette chapelle de la Vierge est fermée par une grille de communion toute moderne, mais construite dans le style du XIIIe siècle.

1. *Émile Socard.*

MEME CHAPELLE

VERRIÈRE A GAUCHE

La création.

La fenêtre de la Création se divise en quatre lancettes et se partage horizontalement en quatre parties surmontées de trilobes. Le tympan de la fenêtre forme une jolie fleur de lis, qui se développe avec grâce au milieu de tous les trilobes flamboyants qui complètent la décoration de la fenêtre.

Première partie, 1er *panneau.* — LE CHAOS. — Dieu, représenté en pape, sous les traits d'un vénérable vieillard à barbe grisonnante, est coiffé d'une tiare en forme de cône à triple couronne d'or semée de pierres précieuses et de perles, et terminée par une petite croix d'or. Il est vêtu d'une robe violette et d'une chape cramoisie avec chaperon et bordure d'or, ornée de pierreries et de cabochons. La chape est retenue sous le menton par une agrafe couverte d'un camée.

Dans les panneaux suivants, Dieu est représenté de la même manière.

De la main gauche, le Créateur relève le bas de sa chape doublée de vert. Un pli de sa robe violette laisse voir l'extrémité de son pied nu.

Par sa toute-puissance, Dieu, la main droite levée, fait apparaître un globe lumineux composé de neuf cercles concentriques, à trois teintes azurées, qui, par une transformation graduelle, vont en s'éclaircissant jusqu'au cercle qui forme le centre de la sphère.

2e *panneau.* — LA LUMIÈRE. — Dieu, les deux mains levées, métamorphose, par une pression toute-puissante, cette sphère céleste en une ellipse dont les neuf couches superposées gardent leur teinte azurée, mais dont le centre est transformé en un foyer lumineux.

3e *panneau.* — LE CIEL, LA TERRE ET L'EAU. — Dieu, les bras écartés, les mains ouvertes. Devant lui, entourée d'azur pour représenter le ciel, nous voyons une sphère où la terre et l'eau sont séparées l'une de l'autre. Quatre bras de mer ou de fleuve circulent entre quatre monticules verdoyants qui émergent de l'eau et dont la base est faite de rochers.

4e *panneau.* — LE SOLEIL, LA LUNE ET LES ÉTOILES. — Dieu, dans la même attitude. Devant le Créateur, la convexité de la terre,

29.

au-dessus de laquelle s'élève le ciel, représenté par neuf cercles, dont la teinte passe par une dégradation successive du bleu foncé à l'azur clair et transparent. Au milieu, le soleil; au-dessus de lui, trois planètes, et deux autres au-dessous; les étoiles sont semées dans l'espace. La lune est représentée au-dessous du soleil, mais au-dessus de la terre, par une figure humaine dans un croissant renversé (29).

Au bas de ces quatre panneaux, nous lisons cette inscription toute moderne :

Cōment apres ciel et tēre · Et tout mis en ſon vray lieu
Fuſt ſaict noſtre premier pere · En bel imaige de Dieu ·
Comment il le faut refaire · Trompe de malin eſprit ·
Par ſacrifice et priere · De noſtre ſieur Jeſus-Chrit ·

30.

Deuxième partie, 1er *panneau.* — La mer, les poissons et les volatiles. — A partir de ce panneau, Dieu est toujours accompagné d'esprits célestes. Ici l'un des deux anges soulève le pan de la chape du Créateur.

Dieu est représenté debout sur le bord d'un fleuve qui serpente dans la prairie ; les montagnes sont verdoyantes, les arbres couverts de feuilles, et les oiseaux chantent dans la feuillée; la nature est radieuse (30).

Dieu se penche au-dessus de la rivière et bénit de la main droite. Sous l'action du Tout-Puissant, les poissons de toutes espèces

31.

surgissent et les volatiles se rangent sur le bord de la rivière, comme pour fêter le Créateur.

2° *panneau.* — Les animaux. — Dieu est accompagné de deux anges; le premier soulève le devant de la chape pour dégager complètement le bras du divin Créateur. De la main gauche, Dieu porte le globe terrestre surmonté d'une petite croix. La main droite ne bénit pas, elle suit le mouvement du bras et la parole de Dieu. A ce geste, les animaux apparaissent.

Sur le premier plan, on voit, sur la verdure, un escargot rampant et montrant ses cornes, un lapin sortant de son gîte. Puis un cochon au milieu d'arbres chargés de fruits, un chameau, un cheval, un âne, un éléphant, un bœuf et un lion. Tous semblent s'incliner devant le Créateur (31).

3e *panneau.* — Création d'Adam. — Dieu bénit de la main droite, le bras gauche en avant. Adam assis sur un tertre, complètement nu, le bas des jambes encore enfoui dans la terre, se retourne, lève la tête et les bras, contemple émerveillé, l'âme ravie, la puissance de son Créateur, que deux anges accompagnent.

A l'horizon, des montagnes, des arbres et la plaine fleurie.

4e *panneau.* — La formation d'Ève. — Adam, entièrement nu, couché sur le côté gauche et profondément endormi, la tête appuyée sur les bras. Ève, les mains jointes, sort à mi-corps du côté d'Adam.

Devant elle, le Père Éternel la prend de la main gauche par la main et la bénit de la main droite.

Deux anges, derrière le Créateur, semblent émerveillés de ce qui se passe. Au second plan, derrière Ève, l'arbre du bien et du mal couvert du fruit défendu; plus loin, le mur de clôture du paradis terrestre (32).

Troisième partie, 1er *panneau.* — Adam construisant sa maison. — Adam, vêtu d'une tunique jaune en poil, sur le dos de laquelle on lit adã, les jambes et les bras nus, établit sur des troncs d'arbres la charpente de sa maison, aidé de ses deux fils, Caïn et Abel. Sous cet assemblage de charpente en construction, Ève porte sur ses bras deux jeunes enfants, dont l'un boit au sein. Près d'elle, on lit son nom eve. L'enclos où elle se trouve est fermé par un grillage en bois.

2e *panneau.* — Le sacrifice de Cain et d'Abel. — Sur un autel, deux gerbes de blé en feu. Abel à gauche, Caïn à droite, vêtus de tuniques de poil, sur lesquelles on lit leurs noms, sont agenouillés devant l'autel du sacrifice. Au-dessus de l'autel, Dieu, sur un groupe de nuages, bénit de la main droite la gerbe d'Abel et repousse de la main gauche celle de son frère, dont la flamme, comme poussée par la tempête, se dirige sur Caïn; celui-ci, épouvanté, écarte les bras avec frayeur.

3e *panneau.* — Cain tuant Abel. — Caïn vient de tuer son frère avec une mâchoire d'âne ; il se sauve en apercevant Dieu dans le ciel. Une banderole, qui se déroule autour de Dieu, porte ces mots : **Ubi est abel frater tuus**, *Où est ton frère Abel?* Et Caïn ré-

32.

pond : **nunquid custos fratris mei sum.** *Est-ce que je suis le gardien de mon frère?*

4e *panneau.* — Le déluge. — Sujet moderne qui n'a qu'un seul mérite, ainsi que les autres panneaux qui suivent, celui d'être parfaitement d'accord comme ton de coloration avec les panneaux anciens.

Quatrième partie, 1er *panneau* (moderne). — Melchisédech venant au-devant d'Abraham.

2e *panneau* (moderne). — Le Sacrifice d'Abraham.

3e *panneau* (moderne). — Joseph mis dans une citerne.

4e *panneau* (moderne). — Le Serpent d'airain [1].

Trilobes des lancettes. — Les quatre trilobes des lancettes renferment quatre sujets anciens : 1° l'Annonciation; 2° la Visitation; 3° la Nativité de Jésus; 4° les Rois-Mages.

Dans les écoinçons du centre, à gauche. — Le donateur de cette belle verrière, agenouillé, les mains jointes, costume bourgeois, robe bleue. Sur une banderole nous lisons : In te domine speravi, *Seigneur, j'ai espéré en vous,* avec cette devise : De bien en mieux. *A droite,* la donatrice, robe violette, coiffe noire, un livre sous le bras. Puis cette inscription sur une banderole : miserere mei deus, avec la même devise que celle de son mari, le donateur.

Dans un petit écoinçon derrière le donateur. — Un moine en costume de cordelier, avec son nom St Frãçois, et du côté de la femme S: Claude en évêque. Ce sont les deux patrons des deux donateurs.

Dans l'aile gauche de la fleur de lis. — Jésus, portant sa croix, console les filles de Jérusalem.

Dans le corps de la fleur de lis. — Jésus crucifié; deux anges reçoivent le sang qui coule des mains du Sauveur dans des coupes d'or. Un troisième ange, placé derrière la croix, l'embrasse et tient une coupe d'or dans laquelle il reçoit le sang des pieds.

Dans l'aile droite. — La descente de la croix, le corps de Jésus sur les genoux de sa mère, soutenu par saint Jean, et les saintes femmes en pleurs.

1. Tous ces panneaux modernes sont de la même facture et de la même main. Ils ont été exécutés pour remplacer des panneaux de verre blanc. Il nous semble qu'il eût été plus conforme à la vérité de continuer, après le panneau de la formation d'Ève la suite et les effets de la chute d'Adam et Ève avec les sujets suivants : 1° Ève offrant le fruit défendu à Adam; 2° Dieu reprochant à Adam et Ève leur faute; 3° Adam et Ève chassés du paradis par l'ange de feu; 4° Lamentation d'Adam et d'Ève; 5° Adam bêchant la terre, Ève filant le lin. Tous les sujets tirés de la vie de Noé, de Melchisédech, d'Abraham et de Joseph, n'ont aucune raison d'être dans la place qu'ils occupent aujourd'hui.

Pour les visiteurs, on dirait des panneaux modernes tirés d'une autre fenêtre et employés comme remplissage.

Dans les écoinçons. — La Vierge Marie et saint Jean en contemplation devant Jésus crucifié.

MEME CHAPELLE

VERRIÈRE CENTRALE DU CHEVET.

Légende de saint Éloi.

Cette fenêtre, comme la précédente, se divise en quatre lancettes, surmontées de trilobes flamboyants qui se mêlent et s'enchaînent avec souplesse dans toute la surface du tympan.

Dans les quatre parties transversales, les panneaux, au nombre de seize, nous rappellent la vie légendaire de saint Éloi, depuis sa naissance jusqu'à sa mort. Patron des orfèvres, ceux-ci avaient consacré cette chapelle à leur corporation dès le début du XVIe siècle.

Les Mémoires historiques de Sémillard nous rapportent que Nicolas Cordonnier, dit le peintre, demeurant à Troyes en la grande rue, proche Saint-Urbain, *a fait la vitre des orfèvres qui est à Sainte-Madeleine dans la chapelle de Saint-Eloi, et a eu la somme de 30 livres pour son salaire, et encore la somme de 10 livres de récompense, et son serviteur a eu pour son vin la somme de 15 sous* (probablement celui qui était chargé de suivre la cuisson des verres). Cette verrière fut achevée en 1506 [1].

Cette belle verrière est restée ensevelie sous une couche de plâtre pendant près de trente ans, depuis que l'on avait adossé contre ce vitrail le retable du maître-autel du sanctuaire. Plus tard, vers 1845, peu satisfait de cette transformation, on démolit le retable et on s'aperçut que le vitrail existait encore; la fabrique de Sainte-Madeleine fit le nécessaire pour débarrasser ce vitrail de sa couche de plâtre.

Malheureusement, tous les panneaux du bas de la fenêtre n'existaient plus, d'autres étaient dans un triste état.

On prit le parti de le faire restaurer par M. Vincent-Larcher,

1. Émile Socard, *Biog. des personnages remarquables de Troyes et du département.*

qui s'en acquitta au point de vue de l'ensemble avec beaucoup d'adresse et de talent.

Nous allons expliquer cette verrière en la prenant de gauche à droite, comme si nous lisions une page d'écriture.

Première partie, 1er *panneau.* — Les armoiries de la communauté des orfèvres : Au 1 de gueules à une croix engrêlée, cantonnée aux 1 et 4 d'un ciboire et aux 2 et 3 d'une couronne, le tout d'or; chef d'azur semé de fleurs de lis d'or. Au 2 d'azur à la bande d'argent, accompagnée de deux doubles cotices, potencées et contre-potencées d'or, de treize pièces, au chef d'azur à trois fleurs de lis d'or (Troyes). Ces armoiries, placées sous un baldaquin en forme de dôme à vives couleurs et à pentes dentelées, reposent sur une enclume, elle-même placée sur un billot contre lequel est appliqué un marteau. Deux anges servent de support, et au-dessus on lit cette devise : IN SACRA INQVE CORONAS.

Sous ce panneau on lit :

Les orfevres par devotion A st Eloy font ceste verriere
Voulant obtenir Remission De leurs peches et grace entiere

2e *panneau.* PRÉDICTION DE LA NAISSANCE DE SAINT ÉLOI. — Une femme dans un lit, au pied duquel un aigle apparaît. Devant la couchette, le père assis près d'une table ronde, sur laquelle est un livre fermé avec un petit vase d'or et une étoffe jaune. Derrière le lit, un clerc en surplis s'adresse à la malade, un Christ à la main. Voici ce que dit à ce sujet la Légende dorée :

« Le bienheureux Éloi naquit dans le territoire de la ville de Limoges; son père se nommait Eucherius et sa mère Ferrigia. Lorsqu'elle était enceinte, elle vit en songe un aigle qui volait au-dessus de son lit et qui s'inclina trois fois, et qui lui promit quelque chose qu'elle ne comprit pas; elle se réveilla saisie de frayeur, et elle se mit à réfléchir sur ce que pouvait signifier son rêve. Quand arriva le moment d'enfanter, elle se trouva en danger, et l'on manda un homme d'une sainteté reconnue, afin qu'il vînt et qu'il priât pour elle; et lorsqu'il fut venu, il lui dit : « Ne crains rien; cet enfant « sera un saint, et il sera grand dans l'Église de Dieu. »

On lit au bas du panneau :

Terrige par divin meſſage · Et diſcrete perſonne apprend
La tres ſaicte vie et paſſage · De lenfant de dieu vray preſent ·

3e *panneau.* LA NAISSANCE DE SAINT ÉLOI. — L'enfant, après

33.

avoir été baigné dans un bassin, est emmailloté par deux servantes. Le père au pied du lit, veillant la malade. Un serviteur portant un petit plateau sur lequel est un verre qu'il présente à l'accouchée.

On lit au bas du panneau :

Delivree en ſouffrace extreme · La bonne dame ſe reſjouit
Ayant ung fils par dieu meme · Pour etre grand ſ[r] predit

4e *panneau.* LE JEUNE ÉLOI, APPRENTI ORFÈVRE. — Un orfèvre à son établi. Le père présentant son fils comme apprenti. Le petit Éloi, debout, sa calotte à la main, écoute avec attention les conditions faites à son père. Dans le fond du tableau, des ouvriers forgeant.

Au bas cette inscription :

Abbon recognoit apprenti · En tres noble art dorfevrerie·
Jeune Eloy par enchere conduit · Et desia grand de saincte vie·

Deuxième partie, 1er *panneau.* SAINT ÉLOI DEVENU PATRON. — A son atelier, assis sur un grand siège à dossier, devant une table, ciselant des objets d'orfèvrerie, le marteau et le ciseau à la main. Devant lui un jeune apprenti, en jaquette rouge, tire le soufflet de la forge; il regarde et semble surpris du travail de son maître.

A droite, la forge, avec tous les accessoires utiles à la fabrication des bijoux et de l'orfèvrerie.

Au bas du sujet on lit :

De diamens et de pierres fort belles · Avec or donne par le roy ·
Ce vray sainct perfecte deux selles · Qui se trouvent de meme pois.

2e *panneau.* — Saint Éloi, sur un grand siège à dossier, devant son établi chargé de bijoux, lisant la sainte Écriture; son apprenti, assis devant lui de l'autre côté de la table, écoute la lecture de son maître et sertit une bague (33).

A gauche la forge avec tous ses accessoires.

Au bas du tableau nous lisons :

Faisant bagues sceptres ioyaux · Et tel ouvraige dorfevrerie ·
Eloy dans la loy du tres hault · Moult estudiant por faire vie·

3e *panneau.* — Saint Éloi, accompagné de son petit apprenti, secourt des malheureux voyageurs.

On lit au bas du panneau :

Eloy tout misericordieux · Point estimant or ni richesse ·
Aux pauvres por amour de dieu · De tout son bien faisait largesse·

4e *panneau.* — Délégation des bourgeois de Noyon qui viennent offrir à Éloi la crosse et la mitre.

Le président des notables, suivi de plusieurs personnages, se

34.

présente devant Éloi, tenant une mitre de la main droite et une crosse de la main gauche.

Saint Éloi, debout derrière sa table de travail, les reçoit avec humilité et semble refuser la charge qui lui est offerte (34).

On lit au bas de ce panneau :

Ceulx de Noyon pleins de confiāce · En ſes vertus et ſainctete
Qui vont offrir en reverence · baſton deveque et dignite ·

Troisième partie, 1er *panneau*. — Saint Ouen et saint Éloi sont sacrés évêques le même jour dans la cathédrale de Rouen, au milieu d'une nombreuse assemblée. Deux évêques officiants posent la mitre sur la tête des deux saints.

En haut du panneau, dans la bordure, deux petits anges tiennent un phylactère portant ces mots : **Oleo sancto meo unxi eum**; *Je l'ai sacré de mon onction sainte.*

On lit au bas du panneau :

Ce st en la ville de Rouen · Ce jour de may le quatorzieme
Fut sacre avec st Ouen · Dans le tems de Clouis deuxieme

2e *panneau*. — Saint Éloi en chaire prêchant devant une grande assemblée qui l'écoute avec recueillement, les hommes debout, les femmes assises à terre. En haut du panneau, dans la bordure, deux anges portent une banderole avec ces mots : **Vos estis lux mundi**; *Vous êtes la lumière du monde.*

Au bas du panneau nous lisons :

A ses pieds le peuple infidele · De tous lieux vient par devotion
De ce pasteur servant de zele · Savoir chemin de saluation ·

3e *panneau*. — Saint Éloi, les mains croisées l'une sur l'autre, couché sur son lit de mort, vêtu de son grand costume sacerdotal. Plusieurs personnages assistent à son dernier soupir.

En haut du panneau, dans la bordure, deux anges portent une banderole avec ces mots : **memento nostri in paradiso**; *Souvenez-vous de nous dans le paradis.*

Au bas du panneau on lit cette inscription :

Aux serviteurs de la maison · Sachant p̄ luy sa fin prochaine
Il dit paroles de solation · Et rend a Dieu son ame sereine ·

4e *panneau*. — Une reine. Ne peut être que la duchesse de Thérouanne, village du Pas-de-Calais, autrefois ville florissante, anéantie par Charles-Quint en 1553 ; la couronne en tête, vêtue d'un manteau d'étoffe d'or, dont la traîne est portée par deux suivantes. Elle est accompagnée de plusieurs grands seigneurs et de gens de toutes conditions, qui regardent le ciel où brille et rayonne une croix de feu entourée de nuages.

En haut, dans la bordure du panneau, on lit : **O ſancte Eligi · Ora pro nobis**; *Saint Éloi, priez pour nous.*

On lit au bas du panneau :

De corps ſon ame eſtant ſortie · Elle fuit de ce terreſtre lieu ·
Volant a permanante vie · Sous forme de globe et croix de feu ·

Quatrième partie, 1er *panneau.* — Le corps de saint Éloi couché sur son tombeau en costume sacerdotal, les mains jointes, la mitre en tête et la crosse passée dans le bras gauche. Un évêque lit les dernières prières sur un livre que tient un clerc.

La reine et sa suite assistent à cette cérémonie funèbre.

Nous lisons dans le bas du panneau :

Avec cris pleurs afliction · Et douleur qᵉ chacun ſadviſe ·
Le corps es cite de Noyon · Est depoſe dans legliſe ·

2e *panneau.* — Des infirmes et des malheureux atteints de maux incurables se rendent devant le tombeau de saint Éloi, une écuelle à la main, soulèvent le linceul et le pressent pour faire sortir et recueillir la liqueur qui doit les guérir.

Au bas du sujet on lit :

Eloy du voile de ſon tombeau · Fait couler liqueur precieuse ·
Pluſieurs reſcueillant de ceſte eau · Sanoient maladie dangereuſe ·

3e *panneau.* — Le duc de Thérouanne se rendant au tombeau de saint Éloi pour obtenir la guérison d'une maladie pestilentielle dont il était atteint depuis longtemps. Le prince est accompagné d'une suite de personnages. Une femme, la tête couverte d'un simple bonnet, baise la tombe.

On lit cette inscription au bas du sujet :

Etant saune de pestilence · Duc de tyrouenne offre son bien. Voulant montrer reconnaissance · Et grands bienfaits de nostre sainct.

4e *panneau.* — La duchesse de Thérouanne visite le tombeau où se trouve renfermé le corps du saint évêque, qu'elle fit couvrir d'or et d'argent et de pierres précieuses, en reconnaissance de la guérison du duc de Thérouanne, son mari.

On lit au bas du panneau :

La reine en un riche tombeau · Charge de perles precieuses ·
En chātant gloire du tres haut · posa depouilles glorieuses ·

Les quatre lancettes se terminent, à la pointe, par des cartouches rectangulaires surmontés d'une espèce de fronton et ornés de divers motifs d'orfèvrerie.

Dans la première lancette à gauche, un tableau représentant un malheureux, renversé à terre par deux soldats armés qui le mettent à mort; l'un, celui de gauche, lève sur lui l'épée; l'autre, qui porte un arc sur le dos, va l'assommer d'un coup de massue. Le fronton triangulaire est surmonté d'un joli vase d'orfèvrerie chargé de fruits.

Le cartouche de la seconde lancette renferme deux anges tenant un calice; au-dessus, est une croix fleuronnée qui est encensée par deux autres anges.

A la troisième lancette, deux anges tiennent un médaillon ovale dans lequel on voit l'Agneau de Dieu; il est surmonté d'un ostensoir encensé par deux anges.

Enfin, à la quatrième lancette, deux anges portent des chandeliers. Au-dessus, un ciboire et deux anges sonnant de la trompe.

Les orfèvres indiquaient ainsi les divers genres d'objets d'art auxquels ils appliquaient leur talent.

TRILOBES DU TYMPAN DE LA PARTIE OGIVALE. 1er *trilobe.* — A gauche : une femme aveugle et muette est guérie au tombeau du saint. De l'autre côté, un homme et une femme admirent le miracle qui vient de s'accomplir. Au-dessus, une large pancarte porte cette inscription :

Une bone dame muette
Et aveugle des deux yeux
y recouvra sante perfaicte
Moyenat le sainct glorieux

A droite, autour du même tombeau, quatre malheureuses femmes estropiées. On lit, aussi sur une large pancarte, ces mots :

Malades boiteux contrefaicts
Sourds Lepreux et demoniacles
Estoient soubz faict Eloy refaicts
Et sanez par divins miracles

Au centre, deux trilobes accouplés. Dans celui de gauche, un évêque suivi de plusieurs saints personnages, dont le premier est en chape (probablement le patron des orfèvres qui ont contribué à l'édification de cette verrière), agenouillés, les mains jointes. Devant eux, une banderole avec ces mots :

Par sa bonte Dieu pour ceste verriere
donne aux orfevres grace entiere

De l'autre côté, à droite, suite des saints patrons des membres de la corporation, précédés de saint Pierre et de saint Paul, tous agenouillés sur des nuages, les mains jointes. De la main de saint Pierre se développe un phylactère avec ces mots :

Commande vray dieu par tes dits
Que je leurs ouvre paradis

Plus haut, à gauche, sainte Madeleine ; à droite, saint Jean-Baptiste et saint Jean l'Évangéliste.

Enfin, à la pointe de l'ogive, Dieu le Père bénissant, portant la boule du monde, environné de séraphins.

Dans les écoinçons, deux anges les mains jointes.

Au bas de la fenêtre, en une seule ligne de lettres jaunes sur fond noir, nous lisons :

Ces orfevres lont faict faire en lhonneur de saint Eloy ·
Priez Jesus damour entiere que vray pardon il leurs ottroy ·
Que la paix de Dieu leurs soit faicte pour ce bienfaict en paradis·
Ceste verriere a ete faicte lan · mil · cinq · cents · et · six ·

Toutes les inscriptions de cette verrière sont en grande partie modernes.

MEME CHAPELLE

VERRIÈRE A DROITE

L'Arbre de Jessé.

Cette fenêtre se divise en trois lancettes trilobées, surmontées par un tympan composé de meneaux aux lignes capricieuses et flamboyantes.

Le sujet de cette verrière représente l'arbre généalogique des rois de Juda, représentation théâtrale et populaire, particulièrement chère aux artistes de la Renaissance, qui se vouaient à la reproduction des plus beaux passages de la Bible.

Les exemples de cette belle page d'histoire sont nombreux dans le département de l'Aube, principalement dans l'arrondissement de Troyes[1], mais dans des dimensions restreintes et incomplètes.

Il n'en est pas de même de la fenêtre de l'église Sainte-Madeleine, qui offrait, par ses grandes proportions, l'espace à une repré-

1. Des restes importants à Pont-Sainte-Marie, à la Chapelle Saint-Luc, aux Noës. Grisaille mutilée à Sainte-Savine et à Sainte-Maure. Une belle verrière à Laines-aux-Bois. Grande verrière à Saint-Germain, à Rigny-le-Ferron et à Auxon. Quelques fragments à Bouilly, Javernant, Montceaux, Villeloup, Luyères; cette dernière complète, mais tout oxydée.

sentation aussi complète que dans la fenêtre de la cathédrale de Troyes.

Au bas de cette belle fenêtre est un cep de vigne garni de feuillages et de grappes de raisin, restauration moderne, remplaçant l'inscription de fondation qui a disparu depuis longtemps.

Au bas, à gauche, saint Jean l'Évangéliste tenant de la main

35.

36.

gauche et bénissant la coupe d'or, d'où s'échappe le dragon ailé, figure de la coupe empoisonnée. Un phylactère, partant de sa bouche, porte ces mots (35) :

Hec autem ſcripta ſunt ut credatis quia
Jheſus eſt chriſtus filius dei · johis XX° CAPITVLO ·

Ces choses ont été écrites pour que vous sachiez que Jésus est le Christ, le Fils de Dieu. S. Jean, chap. XX.

A droite est représenté le prophète Isaïe ; il tient une banderole portant ces prophétiques paroles :

Egredietur virga de Radice Jesse et flos de Radice ejus ascēdet ·

YSAYE XI

Une tige sortira de la racine de Jessé, et une fleur s'élèvera sur cette racine. Isaïe, chap. XI.

Nous commençons l'énumération de toutes ces figures par la lancette de gauche, de bas en haut.

1re *lancette.* — **Azor**, **Eleazar**, **Abraham**, tenant le sabre du sacrifice, **Isaac**, portant sur l'épaule le fagot qui devait le consumer et une petite torche à la main droite, **Phares**, **Jacob**, **Ozias**, tenant un sceptre, **Salmon**, **Boos**, **Maason** (*sic*).

2e *lancette.* — **Jesse**, endormi sur un siège d'or ayant la forme d'un traîneau antique. Il est appuyé et couché sur des coussins tissés d'or, coiffé d'un turban oriental et vêtu d'une robe violette couverte de broderies et de perles d'or. Les manches sont ornées de palmettes d'or, la doublure de la robe est d'un vert éclatant, et il est chaussé de bottes molles violettes (36).

De sa poitrine sort une tige vigoureuse, qui se développe en se ramifiant sur 6m,82 de hauteur et 3m,03 de largeur, et dont les rameaux portent quarante personnages richement vêtus et la plupart tenant des sceptres à la main. Ils sont à mi-corps, dans la corolle des fleurs qui naissent de la tige et ils ont pour coiffure des turbans, des toques et des chapeaux à bords déchiquetés, couverts de médaillons et de camées. Ils portent des chaussures de différentes couleurs, des pourpoints à crevés et souvent de petits manteaux sur lesquels brillent des chaînettes ou colliers d'or avec médaillons, rubis et cabochons pendants.

Au-dessus de la figure de Jessé nous distinguons **Joram**, **Obeth**, **Abias**, **David** tenant sa harpe et chantant, **Joatham**. **Aminadab**, **Eliud**, **Aram**, **Amon**, **Asa**.

3e *lancette.* — **Manasses**, **Josaphat**, **Roboam**, **Achim**, **Jechonias**, **Achaz**, **Esron**, **Salomon**, **Salathiel**, **Ezechias**, **Josias**, **Matham**, **Zorobabel**.

Dans les lobes du tympan **Abiud** et **Jacob**, **Eliachim** et **Sadoch**; puis, à gauche, **Joseph vir Marie**, et, à droite, le patriarche **Judas**.

Puis à la pointe de l'ogive le fleuron de la tige, la VIERGE MARIE, portant l'enfant JESVS qui est la fleur et le fruit de l'arbre.

La Vierge est représentée dans une corolle blanche, au milieu d'une auréole d'or et flamboyante. Marie tient l'Enfant Jésus couché dans ses bras. A gauche, saint Joseph tient un lis.

Dans les écoinçons, on lit cette inscription :

> Larbre puist estre salutaire.
> Pour ceulx q' cy me ōt fait faire.

Au bas de l'arbre de Jessé, en une seule ligne de lettres noires sur fond jaune, on lit cette inscription toute moderne et mise en vers :

> Le fruit de l'arbre en eden si bon lieu
> La chose alant a lencontre de Dieu,
> Au premier pere avoit baille la mort.
> Le mien ses fils dotant de meilleur sort
> A quiconque par foy moult sy confie ·
> Tout au rebours sait rebailler la vie.

ANCIEN AUTEL NOTRE-DAME

FAISANT FACE AU BAS COTÉ MÉRIDIONAL DU CHŒUR

Au-dessus de l'autel, qui est des plus simples, une fenêtre occupe comme les précédentes toute la surface de la travée. Sa décoration est une répétition des fenêtres déjà décrites, sauf quelques variantes dans l'ornementation du tympan.

Elle se divise en quatre parties dans sa hauteur, comprenant seize panneaux, et en quatre lancettes trilobées dans toute sa largeur.

La verrière de cette fenêtre représente toute la Passion de Jésus-Christ, depuis l'agonie au jardin des Oliviers jusqu'à sa mort sur la croix, qui est le triomphe du sacrifice.

Cette verrière est certainement la plus ancienne du chevet, mais de quelques années seulement. Ce qui nous confirme dans notre opinion, c'est que le donateur est mort en 1484, et sa femme en 1507, ainsi que nous l'atteste la tombe de Nicolas Le Muet et de sa femme, placée dans le bas côté du chœur qui fait face à la chapelle Notre-Dame. Son exécution est plus timide, et sa coloration moins brillante lui donne dans son ensemble une douce harmonie qui charme la vue. De loin elle rend les effets et le puissant attrait d'une vieille tapisserie.

Première lancette, 1er *panneau.* — Le donateur agenouillé, les mains jointes, devant son prie-Dieu, portant pour armes : d'azur à la fasce d'or, accompagné en chef de deux feuilles d'orme de sinople, et en pointe d'un aigle de sinople aux ailes éployées. Il est vêtu d'une robe violette bordée de dentelles gaufrées aux manches, et une escarcelle rouge avec fermoir d'or est suspendue à sa ceinture par une chaînette et agrafe d'or. Un phylactère se développe devant lui et s'étend jusqu'au centre dans le panneau suivant avec ces mots : **Miserere mei deus secundum magnam misericordiam tuam.** *Ayez pitié de moi, mon Dieu, selon votre grande miséricorde.* Derrière le donateur, son jeune fils, avec la même attitude et les mêmes vêtements.

Sur la bordure de la tapisserie du fond, on lit : **In te dñe speravi,** *Seigneur, j'ai espéré en vous.* Le livre ouvert sur le prie-Dieu porte également ces mots.

2e *panneau.* — Saint Nicolas, patron du donateur, bénissant les enfants dans la cuve. Il tient sa crosse de la main gauche.

3e *panneau.* — Sainte Catherine, patronne de la donatrice, assise sur un banc, tenant une épée de la main gauche et une palme de la main droite; près d'elle, un fragment de la roue de son supplice.

4e *panneau.* — La donatrice agenouillée, les mains jointes, robe violette, coiffure noire, rosaire suspendu à la ceinture. Devant elle son prie-Dieu, sur lequel est son livre d'heures portant ces mots : **In domino confido,** *je me confie dans le Seigneur.* Le tapis de ce meuble porte un blason au 1 Nicolas Le Muet, au 2 d'azur à un coq d'or, crêté et patté de gueules, qui est de Catherine Boucherat sa femme, seigneurs de Brantigny et de Pâlis-les-Villemaur. Voir t. II, p. 519-520. (Nous ferons remarquer que les émaux du blason de Nicolas Le Muet sont faux.)

[illegible] DE LA CHAPELLE ST JACQUES

Un phylactère porte ces mots : **Ne projicias me a facie tua et spiritū sctū tuū non auferas a me.** *Ne me rejetez pas loin de votre face et n'enlevez pas de moi votre esprit saint.* Derrière la donatrice, ses deux filles en coiffe noire, l'une en robe violet clair, l'autre en robe rouge, avec un livre sous le bras et leur rosaire à la ceinture.

Au bas de ces quatre panneaux, sur une seule ligne on lit :

> **Pries Dieu por honorable home** Nicolas le Muet...
> **et Caterine boucherat sa fēme et leurs enfans et**
> **bien veillans ·**

Deuxième partie, 1er *panneau.* — ENTRÉE A JÉRUSALEM. — Jésus bénissant le peuple qui l'acclame. Il est monté sur une ânesse, le petit ânon accompagne sa mère.

Les apôtres suivent Jésus, saint Pierre et saint Jean en tête. Sur un arbre, Zachée. Un homme étend un manteau rouge sur le passage du Sauveur. Devant la porte de Jérusalem plusieurs personnes saluent Jésus et une banderole se déroule avec ces mots : **Bn̄dictus q' venit i nōie dn̄i.** *Béni soit celui qui vient au nom du Seigneur.*

2e *panneau.* — LA CÈNE. — Le Christ est assis à table avec les apôtres, saint Jean couché sur son sein; Judas, une bourse à la ceinture, est agenouillé devant la table et reçoit de Jésus la sainte communion. Tous les apôtres sont présents. Saint Jacques se reconnaît à son chapeau de pèlerin, c'est le seul qui ait la tête couverte.

3e *panneau.* — LAVEMENT DES PIEDS. — Le Christ à genoux, devant lui saint Pierre retroussant sa robe et présentant ses pieds. Devant les genoux du Sauveur, un bassin avec de l'eau. Les apôtres, debout derrière lui, causent entre eux. Judas à droite tient sa bourse, saint Jacques a conservé son chapeau sur sa tête.

4e *panneau.* — L'AGONIE DU CHRIST. — Un jardin; au milieu, Jésus à genoux, les mains et les yeux levés au ciel. Au-dessus, un ange, environné d'une grande lumière, lui présente le calice d'amertume. Puis un phylactère se développe avec ces mots : **Si possibile est transeat a me calix iste.** *S'il est possible, que ce calice s'éloigne de moi.*

Sur le premier plan Pierre, Jacques et Jean endormis, Pierre tenant une épée dans son fourreau.

Troisième partie, 1er *panneau.* — LE BAISER DE JUDAS. — Un jardin clos de planches. Les soldats envahissent le jardin. Judas embrasse le Christ, qui lui donne le baiser de paix.

Pierre remet l'épée au fourreau. Malchus, assis à terre, porte la main à son oreille; à ses pieds, sa lanterne brisée. Les soldats insultent Jésus.

2e *panneau.* — Jésus, les mains liées derrière le dos, est conduit chez Anne et Caïphe. Caïphe est debout sur les marches de son trône et déchire ses vêtements.

3e *panneau.* — Jésus assis, la face couverte d'un linge blanc, ainsi que dit l'Évangile : *Ils lui voilaient la face.*

Il est bafoué et frappé, en présence du grand prêtre tenant un sceptre à la main. On lit sur une banderole ces mots : Ave rabbi prophetiza q[i] te percussit. *Salut, maître, devine qui t'a frappé.*

4e *panneau.* — Jésus est conduit et traîné, avec des cordes attachées à sa ceinture, devant le gouverneur romain qui le renvoie à Hérode.

Quatrième partie, 1er *panneau.* — Jésus, assis sur un escabeau en présence d'Hérode vêtu d'un manteau royal, couronne d'or en tête. Puis les soldats l'emmènent revêtu de la robe blanche dont Hérode l'a affublé par dérision. Ces deux sujets sont représentés dans le même panneau.

2e *panneau.* — Jésus attaché à la colonne, il est flagellé devant Pilate assis sur un trône.

3e *panneau.* — Jésus couronné d'épines en présence de Pilate; un soldat, fléchissant le genou, lui met un roseau dans la main.

4e *panneau.* — L'ECCE HOMO, présenté au peuple par Pilate; en face de lui des Pharisiens, et au-dessus de leur tête, une banderole avec ces mots : Tolle, tolle, crucifige eū. *Enlevez-le, enlevez-le, crucifiez-le.* Sur le bonnet d'un Pharisien, vêtu d'une curieuse étoffe rayée, on lit le *Tetragrammaton* ainsi écrit TTGMATV.

Dans les trilobes des quatre lancettes. — Des coquilles entourées de rinceaux noueux.

Dans le trilobe à gauche, entre les deux premières lancettes, Jésus devant Pilate; un des serviteurs porte de l'eau dans un bassin, dans lequel Pilate doit laver ses mains.

Dans le trilobe à droite. — Jésus portant sa croix, aidé par Simon le Cyrénéen.

Dans le trilobe central. — Le calvaire, Jésus en croix, entre les deux larrons, tous deux attachés avec des cordes[1].

Un petit ange à gauche emporte l'âme de Cachan, le bon larron. A droite, un diable emporte celle de Gesmas, le mauvais larron.

Deux anges reçoivent le précieux sang de Jésus-Christ. Au-dessus des bras de la croix, le soleil et la lune. Au bas du tableau, la mère du Christ évanouie, les saintes femmes la soutiennent. Auprès d'elle saint Jean le bien-aimé. Derrière ce groupe, des soldats et le vieux Longin, portant un coup de lance au côté du Christ. Sur une banderole près de lui, on lit : **Vaht qui destruis templum dei.** *Vah! toi qui détruis le temple de Dieu.* Stéphaton tient l'éponge à l'extrémité d'un bâton, et le centurion, montrant le Sauveur, dit ces mots : **Vere fili' dei erat iste.** *Celui-ci était vraiment le fils de Dieu.*

Aux pieds du mauvais larron, des soldats, le sabre et le couteau à la main, se disputent les vêtements du Christ.

Dans les écoinçons, des anges, couleur d'azur, avec leurs banderoles sur lesquelles on lit les devises des donateurs : **In domino cōfido — in te dñe speravi.**

DEUXIÈME FENÊTRE DE LA CHAPELLE NOTRE-DAME

Légende de Marie-Madeleine.

Cette fenêtre occupe la première travée au midi, en retour sur

1. Comme nous avons mentionné le nom de Stephaton dans le bas-relief du jubé, nous croyons devoir citer les noms des deux larrons.

Dans la représentation du Calvaire de l'*Hortus deliciarum*, on lit au-dessus de la tête du bon larron : *Alia nomina latronum Cachan, Channa,* et au-dessus du mauvais larron : *Gesmas latro vel Gestas.*

Ces textes prouvent qu'il y avait encore au XIIIe siècle une certaine hésitation entre les deux formes (*Robert de Lasteyrie*).

l'ancien cimetière. C'est la travée la plus large de toutes les chapelles de l'abside.

Aussi comprend-elle cinq lancettes dans toute sa largeur. Ces lancettes trilobées se divisent en cinq parties, comprenant toute la légende de sainte Madeleine, une des plus intéressantes et des plus belles verrières de l'abside.

Le tympan de cette fenêtre est occupé par des trilobes flamboyants, d'une grande pureté d'exécution, dont l'arrangement dans la forme a dû être distribué pour la verrière elle-même.

Cette belle verrière, si brillante et si puissante d'effets décoratifs, a subi une détérioration bien regrettable. Tous les panneaux de la première rangée ont disparu; un ou deux, qui ont échappé à ce désastre, ont été utilisés dans la deuxième rangée où ils viennent jeter une fâcheuse confusion. Ce trou blanc détruit en partie l'effet général de cette belle verrière. On se demande comment la fabrique de l'église, qui était en si bon chemin pour la restauration des verrières de gauche, est restée dans l'inaction pendant une trentaine d'années pour les verrières du côté droit.

Deuxième partie, 1er *panneau.* — LE REPAS CHEZ SIMON LE LÉPREUX. — Ce sujet comprenait deux panneaux; un seul est resté, il représente les Apôtres à table et mangeant. Sur le côté gauche de la table, un jeune serviteur porte une corbeille dans laquelle Judas, que l'on reconnaît à la bourse bleue qu'il porte suspendue à sa ceinture, met furtivement un plat d'argent, en même temps qu'il regarde avec indignation du côté de Madeleine et du Sauveur. Un autre serviteur porte un plat d'argent sur lequel est une tourte. Au milieu de la table, Simon avec sa longue barbe blanche. Sur le premier plan devant la table, à droite, une partie de la traîne de Marie-Madeleine dont le corps se trouvait dans le panneau suivant. Jésus devait occuper le milieu de la table, en face de Simon; à ses pieds était agenouillée Marie-Madeleine, parfumant les pieds du Sauveur qu'elle arrose ensuite de ses larmes et essuie avec sa longue chevelure. Cette partie, la plus importante du sujet, n'existe plus; elle est remplacée par un panneau qui n'a aucun rapport avec la visite chez Simon.

2e *panneau.* — Comme nous l'avons dit, ce panneau n'appartient pas au sujet précédent.

A gauche, Jésus, debout devant trois pharisiens assis qui l'écoutent avec attention. Il est suivi de ses apôtres et l'un d'eux est assis à terre, plongé dans une profonde méditation. Ce sujet devait comprendre deux panneaux.

Peut-être représentait-il Jésus dans la synagogue, car la scène se passe dans un appartement fermé.

3e *panneau.* — Six juifs, debout, s'entretiennent et discutent ensemble. Ici encore, le sujet devait se composer de deux panneaux.

4e *et* 5e *panneaux.* — LA RÉSURRECTION DE LAZARE. — Tous les apôtres accompagnent le Sauveur. Jésus devant la fosse; saint Pierre prend la main de Lazare pour l'aider à sortir de son tombeau; une banderole partant de la bouche de Jésus porte ces mots : **Lazare veni foras.** Madeleine et Marthe, sœurs de Lazare, assistent à cette résurrection, Madeleine agenouillée devant la fosse, les bras croisés sur la poitrine et surprise d'un pareil prodige. Derrière elle, une foule de Juifs stupéfaits expriment leur admiration.

Troisième partie, 1er *panneau.* — Les saintes femmes se rendent au tombeau du Christ, portant des vases de parfum.

2e *panneau.* — LA RÉSURRECTION DE JÉSUS-CHRIST. — Des soldats effrayés et renversés. Le Sauveur sortant de son tombeau, bénissant et portant le signe de la rédemption.

3e *panneau.* — JÉSUS APPARAIT A MARIE-MADELEINE. — Un arbre les sépare, sur lequel est une banderole avec ces mots : **Noli me tangere.**

4e *et* 5e *panneaux.* — Marie-Madeleine, Marthe, Lazare, Matille, servante de Marthe, et Cédon, aveugle-né que Jésus avait guéri, furent mis par les païens sur un bâtiment sans voiles et sans gouvernail et livrés aux flots de la mer, afin d'y périr. Mais la Providence voulut qu'ils arrivassent à Marseille sans accident[1].

A gauche, un prince des prêtres richement vêtu, le sceptre en

1. *La Légende dorée.*

main, donne des ordres et surveille l'embarquement. Un valet pousse brutalement sainte Marthe en levant son bâton sur elle. Madeleine, reconnaissable au nimbe qu'elle porte seule, a déjà le pied sur la passerelle du bateau.

A l'avant, Lazare debout; à l'arrière, son compagnon et ses deux autres compagnes à genoux.

La bordure qui est au-dessus de cette rangée de panneaux porte, au milieu de têtes d'anges, de petites banderoles sur lesquelles on lit : DVCE DISCE — MANV FIBOL[1].

Nous ignorons ce que signifie cette énigme.

Dans les trilobes des lancettes. — De petits génies nus, montés sur des coquilles, tiennent des vases décoratifs avec des guirlandes de feuillages d'or.

TYMPAN DE LA FENÊTRE, 1er *trilobe, à gauche.* — Sainte Madeleine prêchant la foi à Marseille. Pour qu'il n'y ait pas confusion sur la qualité de la personne en chaire, le peintre verrier a mis sur l'appui du garde-corps le petit vase de parfum de Marie-Madeleine. Un phylactère qui prend naissance à la hauteur de sa bouche porte ces mots : Quā bōn israel deus his qui recto sunt corde. *Que le Dieu d'Israël est bon à ceux qui ont le cœur droit!* Devant la chaire, assis sur le gazon, un homme et une femme richement vêtus; derrière eux plusieurs personnages.

Cette prédication a lieu dans une plaine, au pied de la montagne où sainte Madeleine s'était retirée du monde. Derrière la chaire, une petite femme (probablement la femme du président de la Confrérie des chaussetiers, donateurs de la verrière) et sa suivante en costume du XVIe siècle.

Trilobe central du tympan. — De la base du trilobe s'élève, jusqu'au sommet, une montagne rocheuse et aride, où il n'y avait ni eau, ni arbres, ni herbe. C'est le saint Pilon, qui est au-dessus de la grotte de la Sainte-Baume. Au-dessus de la montagne est représentée Marie-Madeleine, en robe violette, élevée par deux anges qui la soutiennent en l'air, au milieu d'une gloire lumineuse. Le

1. Sur une de ces banderoles, on lit : TIBOL, au lieu de FIBOL.

regard élevé vers le ciel, Madeleine porte son petit vase de parfum de ses deux mains.

Avide de se consacrer à la vie solitaire, Marie-Madeleine se retira sur cette montagne dénuée de toutes ressources alimentaires et y passa une trentaine d'années de sa vie.

Chaque jour, les anges l'élevaient dans les airs, et la rapportaient ensuite sur son aride rocher, en chantant les louanges du Seigneur.

Un prêtre qui désirait se vouer à la vie solitaire se retira sur la montagne, dans une petite grotte qui se voit à mi-côte, où le saint homme est en prière. Par ses privations et ses souffrances, il obtint du Seigneur la faveur d'assister à la glorification de Marie-Madeleine, enlevée par deux anges au milieu d'une lumière d'un tel éclat qu'il aurait été plus facile de contempler le soleil[1].

De la bouche de ce prêtre, s'échappe une banderole où on lit cette exclamation : O mundi lāpas. *O lumière du monde!*

3e *trilobe, à droite.* — Le bienheureux Maximin, évêque d'Aix, tenant de la main gauche un saint ciboire et entre le pouce et l'index de la main droite la sainte hostie; il est accompagné de son servant portant un flambeau. Le saint évêque s'avance pour donner la communion à Marie-Madeleine, agenouillée devant lui. Un petit ange, descendu du ciel, planant derrière la sainte, étend les mains vers elle pour recueillir son âme et la porter au ciel.

Une banderole placée près de la tête de l'évêque porte ces mots : Maria optimam partem elegit que non auferetur ab ea. *Marie a choisi la meilleure part, qui ne lui sera point enlevée.*

Dans les trilobes des côtés. — Les armoiries du comté de Champagne et celles de la ville de Troyes. Au-dessous des deux anges qui les portent, on lit : Champaigne. — Troyes. Restauration moderne qui remplace les blasons des donateurs de cette belle et intéressante verrière.

Dans les écoinçons, à la hauteur des trilobes des lancettes, on lit sur des phylactères, à gauche : Par les chaulcetiers et confreres de la

1. *La Légende dorée.*

benoiste magdaleine, et à droite : An lan mil cinq cens et six · Je fus asicise toute pleīe.

VERRIÈRE DU TRIOMPHE DE LA CROIX

La fenêtre de cette verrière se trouve dans l'encoignure en retraite sur le bas côté méridional du chœur (voir le plan, p 195) et fait partie de la chapelle Notre-Dame.

Cette fenêtre se divise en trois lancettes seulement, et son tympan est décoré de trilobes variés.

Elle se divise horizontalement en trois parties, comprenant neuf panneaux représentant le triomphe de la croix.

Première partie. — Il ne reste rien des trois panneaux de cette première partie, qui avaient été supprimés il y a longtemps pour donner plus de jour à cette partie de la chapelle, et qui sont remplacés aujourd'hui par une large ouverture sur les tuyaux du calorifère.

Deuxième partie, 1er *panneau.* — Sainte Hélène, mère de Constantin, aidée du juif Judas, tient la croix du Sauveur au-dessus de la sépulture d'un mort. A son attouchement, celui-ci ressuscite. Ce miracle établit l'authenticité de la sainte relique sur laquelle le Christ rendit le dernier soupir. Les deux autres croix se dressent de chaque côté du panneau.

Cette scène se passe en présence des seigneurs de la cour et d'une foule de gens qui manifestent leur surprise.

2e *panneau.* — En présence de l'impératrice et sous les ordres de Judas, un homme creuse la terre à coups de pioche. On découvre trois croix enfouies ; celles des deux larrons en forme de tau sont retirées de la fosse par un des valets. Une troisième croix plus grande est retirée, mais rien n'indique si elle est celle du Sauveur.

Sous l'impression de cette découverte, la foule discute et désire une épreuve décisive qui consacre la découverte de la vraie croix et qui ne puisse être contestée.

Il y a ici une transposition fâcheuse des panneaux. Ce dernier, qui occupe la seconde place, devrait remplir la première.

3e *panneau.* — Baptême de Constantin. — Dans une église, dont on voit l'abside à trois lancettes avec des arcatures sous lesquelles sont représentés huit apôtres, reconnaissables à leurs attributs, l'empereur est représenté nu dans une cuve en forme de large coupe à pied, les reins couverts d'un linge blanc, agenouillé, les mains jointes. Un évêque lui verse, avec un petit vase d'or, l'eau sur la tête. Il est vêtu d'une chape bleue, tenant sa crosse de la main gauche; un acolyte est derrière l'officiant. Derrière l'empereur, un autre porte une torche allumée, et un seigneur tient des deux mains la couronne impériale.

Troisième partie, 1er *et* 2e *panneaux.* — Victoire de Constantin sur le tyran Maxence. — La bataille est engagée. Dans le fort de l'action, Constantin cherche son ennemi, le rencontre et le frappe d'un coup de lance en pleine poitrine. L'armée de Maxence, voyant tomber son empereur, s'enfuit en désordre.

Un ange dans le ciel, la croix à la main, entraîne les combattants à la victoire.

3e *panneau.* — Le songe de Constantin. — L'empereur assis sur son lit; un ange lui apparaît portant une croix entourée d'un phylactère avec ces paroles: **Per hoc ſignum vinces.** *Par ce signe tu vaincras.*

Ce panneau devrait être placé avant les deux précédents.

Cette verrière est une répétition du vitrail de Saint-Nizier (t. III, p. [illegible]1[illegible]-[illegible]16). Ces deux légendes pourraient se compléter l'une par l'autre. Au bas de ce vitrail, à gauche et à droite, devaient se trouver les deux donateurs, dont nous allons faire connaître les noms dans la description du tympan.

Tympan de la fenêtre, 1er *trilobe, à gauche.* — Le sacrifice d'Abraham; Isaac, portant son petit fagot sur son épaule, et Abraham, tenant son grand sabre, arrivant au lieu du sacrifice.

2e *trilobe, à droite.* — Moïse tenant sa baguette, agenouillé devant le buisson ardent, où est représenté le Christ, qui a pris la place de son Père.

3e *trilobe.* — Une croix en forme de tau, elle s'élève sur un tertre. Les Hébreux en contemplation. Plus haut, à gauche, saint Jean-

Baptiste. Devant lui l'agneau divin, sur la montagne, tenant une croix.

En regard, de l'autre côté, saint Jean l'Évangéliste écrivant son évangile. Devant lui son aigle aux ailes éployées.

Toutes ces figures emblématiques se rattachent à l'image de Jésus-Christ, mort sur la croix.

37.

Dans la pointe de l'ogive, deux anges tenant les armoiries des donateurs : 1° de gueules à un besant d'or, au chef d'or chargé de trois molettes d'éperons de sable (Le Tartier); 2° au 1 du même, Le Tartier; au 2 d'azur à un chevron d'or, accompagné de trois coquilles d'argent (37 et 38). Tous deux avec cette devise : Amor meus I H S.

38.

Même devise sur fond d'or, dans les écoinçons.

Dans les écoinçons des trilobes des lancettes, des besants d'or, meubles du blason Le Tartier.

INSCRIPTIONS FUNÉRAIRES ET DALLES TUMULAIRES

Le pavage de l'église Sainte-Madeleine est un curieux nécrologe donnant, depuis la fin du XVe siècle, les noms des familles qui ont occupé des fonctions quelconques dans l'ordre judiciaire.

Le dallage de la grande nef ayant beaucoup souffert pendant sa reconstruction de 1868 à 1878, on le compléta en déplaçant quelques dalles tumulaires et des plus belles, pour les placer dans le passage de la nef; singulière manière de pourvoir à leur conservation. Depuis vingt-cinq ans qu'elles occupent leur nouvel emplacement, elles ont déjà subi des traces d'usure assez regrettables pour faire prévoir leur destruction totale dans un temps assez prochain.

Dans ce temps-là on agissait en maître dans nos églises. Les restaurateurs étaient les premiers à détruire nos monuments épigraphiques, qui ont un si grand intérêt pour les anciennes familles et pour notre histoire locale.

A la suite de ce déplacement, on s'avisa de retailler les dalles tumulaires en ravivant les bords pour mieux les ajuster à la place qu'elles devaient occuper. Cette opération a causé la destruction de plusieurs inscriptions qui laisseront un vide regrettable dans notre travail chronologique.

Sous le porche de l'église, une dalle de marbre noir, brisée en deux morceaux, porte cet avertissement salutaire à l'usage de tous ceux qui entrent à l'église : MEMENTO QVIA PVLVIS ES ET IN PVLVEREM REVERTERIS; *souviens-toi que tu es poussière et que tu retourneras en poussière.*

La première dalle de la grande nef représente deux personnages, probablement le mari et la femme, les mains jointes, placés sous deux dais gothiques accolés. L'inscription était en caractères gothiques, mais elle est à peu près complètement effacée.

Famille Poterat. — Cette tombe, qui est aujourd'hui dans la grande nef, était autrefois placée dans le bas côté nord, près du transept. Elle recouvrait l'ouverture du caveau de la famille Poterat. C'est une ancienne pierre tombale du XIVe siècle, où l'on voit encore, sur les deux côtés, quelques lettres onciales de cette époque; *Marguerite de Mercy sa femme... l'an : de : grâce : mil :* CCCLX... *Priez : Dieu : pour : lame : de : li :*

On lit au centre de la pierre cette simple inscription :

SOVBS CETTE TOMBE
EST LA SEPVLTVRE
DE MESSIEVRS POTERAT

REQVIESCANT IN PACE

Cette pierre mesure 2m,90 sur 1m,04 de largeur.

En 1608, les trésoriers de France siégeant à Châlons, commissionnaient Jean Poterat, voyeur du roi, afin qu'il s'occupât des ponts et chaussées de la ville de Troyes.

Vers 1625, ce même Jean Poterat introduisit à Troyes la fabrication de la Futaine (fil et coton).

C'est à partir de cette époque que la famille Poterat fut anoblie pour la récompenser de ses travaux industriels[1].

Nous donnons en suivant la liste de ceux des membres de cette famille qui ont été inhumés dans l'église de Sainte-Madeleine.

Pierre Poterat, écuyer, seigneur de Viélaines et de Batilly, conseiller du roi, élu en l'élection de Troyes, mort en 1637, et damoiselle Anne-Marie de Villeprouvée, sa troisième femme[2], décédée le 1er janvier 1672, et inhumée devant l'autel Saint-Sébastien.

Son fils, Jacques Poterat, aussi seigneur de Viélaines et de Batilly, général en la cour des Monnaies de France, et président en l'élection de Troyes, mort en septembre 1648, fut inhumé à Saint-Benoît-sur-Seine, dont il était seigneur en partie. Il avait épousé Dlle Élisabeth du Bourg-Labbé[3].

Pierre Poterat, son petit-fils, seigneur de la Motte-de-Thurey[4], secrétaire du roi et élu en l'élection de Troyes, décédé le 10 août 1681.

Pierre Poterat, fils du précédent, seigneur de Thurey, les Valeçons, Assenay, etc., doyen des élus de Troyes, et conseiller de ville, décédé le 28 décembre 1720. Dame Marie Boilletot, sa femme, morte le 4 janvier 1743, à l'âge de quatre-vingt-huit ans.

Claude Poterat, chevalier de l'ordre royal et militaire de Saint-Louis, chevalier commandeur des ordres de Saint-Lazare et de Notre-Dame-du-Mont-Carmel, brigadier des armées du roi, colonel du régiment d'Orléans, et maître d'hôtel ordinaire de Sa Majesté[5], décédé le 27 septembre 1766, et sa femme, Élisabeth-Anne Paillot, décédée le 17 novembre 1776.

Les Poterat portaient pour armoiries : de gueules au chevron d'or

1. Boutiot, *Histoire de Troyes*, t. IV, p. 297 et 540.

2. Pierre Poterat avait épousé en premières noces N. Le Cornuat, et en secondes noces Marie de Mauroy, fille de Jacques de Mauroy, écuyer, seigneur de Plivot, et de Dlle Jeanne Dorigny.

3. A Saint-Benoît, nous n'avons trouvé aucune trace de sa sépulture.

4. Commune de Saint-Benoît-sur-Seine.

5. Par contrat passé à Fontainebleau le 2 décembre 1765, il avait vendu sa charge de maître d'hôtel ordinaire du roi, moyennant 120,000 livres.

accompagné de trois étoiles du même; pour devise : *Prosperat tute* (anagramme de Petrus Poterat).[1]

Marguerons, femme de X... — Cette pierre tumulaire est certainement la plus ancienne de cette église, et l'une des plus intéressantes par le costume bourgeois de ses personnages.

Le dessin, un peu fruste dans certaines parties, accuse le commencement de la première moitié du XIVe siècle.

Elle représente deux grandes figures se regardant et posées de trois quarts. Le mari, les mains jointes, les pieds posés sur un tertre, vêtu d'un pardessus qui le couvre entièrement, avec son capuchon se drapant sur les épaules et tombant sur le dos, la tête couverte d'un béguin, sorte de coiffure qui maintenait la chevelure tombant en rouleau sur la nuque, ce qui permettait de mettre le capuchon sur la tête sans difficulté et sans déranger la coiffure. Les larges manches du vêtement s'ouvraient en deux parties à la saignée du bras, permettant de voir les manches de la robe de dessous. Les chaussures sont simplement découvertes, avec deux pattes s'attachant sur le cou-de-pied par un seul bouton.

La femme de notre personnage a les mains jointes et la même posture, la tête couverte d'un voile qui entoure complètement la face; le manteau est retenu sur la poitrine par un simple cordon, il se relève avec grâce sur le bras gauche, et il est rare de donner aux plis des vêtements et au mouvement une tournure plus vraie et plus élégante.

La robe de dessous suit l'inflexion du corps et enveloppe les pieds sans les effacer complètement.

Ces deux figures couchées reposent sous un double arc trilobé, en forme de portique, porté par trois colonnes, deux appliquées à la bordure, et celle du milieu séparant les deux défunts. Ces deux arcatures sont surmontées de gâbles à crochets, dont le fleuron extrême a été coupé, ainsi que l'inscription du mari, qui a complè-

1. Nous devons ces renseignements à l'obligeance de M. Francisque André, archiviste de l'Aube.

tement disparu. Au milieu, entre les deux gâbles, est une curiosité que nous ne rencontrons pas souvent. Le giron d'Abraham est porté par deux anges, et les âmes des défunts qui l'occupent sont entièrement vêtues de leurs costumes civils. A gauche et à droite, dans les écoinçons, deux anges thuriféraires.

39. — Pierre : 2m,40 de hauteur; et 1m,05 de largeur.

Les pieds des défunts reposent sur une ligne droite; elle est la limite d'un compartiment, où se rangent en file, sur une même ligne, les six enfants des défunts, à gauche les garçons, à droite les filles, tous debout, les mains jointes, et vêtus d'une simple robe. Les filles se distinguent par leurs coiffures.

Tous ces enfants sont représentés de trois quarts, se regardant.

On lit, sur le côté droit de cette tombe, gravés en relief, quelques restes de l'inscription funéraire en lettres onciales du XIVe siècle :

... Marguerons : sa : famme . et : leur : enfant : la : quele : Marguerons : trespassa :... (39).

Isabelle Molé, *femme de Jean de Brion, procureur du roi à Chaumont.*

Belle tombe en marbre noir, très bien conservée, sauf l'inscription, qui ne peut se déchiffrer qu'avec le secours d'un estampage. Le dessin dont elle est décorée représente un portique de la Renaissance de bon goût et d'une remarquable simplicité.

Il se compose d'un arc plein cintre reposant sur des pieds-droits adossés à deux pilastres, sur lesquels sont deux colonnettes cannelées coupées au tiers inférieur, décorées de guirlandes de feuillages et de fruits; sur cette fraction de colonne s'élèvent des balustres avec bases dont les renflements sont ornés de feuilles d'acanthe, qui se répètent sur la corbeille du chapiteau pour se joindre à celles des pilastres.

Ce dessin architectural, très décoratif, supporte un entablement profilé de moulures; et, dans la frise, on lit ces mots en caractères gothiques : Requiescat In pace. Amen.

Au-dessus de l'entablement, un amortissement est accompagné de deux vases. Il est formé d'un élégant cartouche à mascarons, au milieu duquel sont accouplées les armoiries du mari et de la femme.

Les bases des colonnes et des pilastres reposent sur un socle, où se trouve, à gauche, le blason de Jean de Brion, qui portait de sable au lion d'argent, au chef bandé et contre-bandé d'or et de sable [1].

A droite, celui d'Isabelle Molé, de gueules à deux étoiles d'or en chef et un croissant d'argent en pointe. Elle était fille de Jean Molé, seigneur de Villy-le-Maréchal, et de Jeanne de Mesgrigny.

Au centre du monument, est représentée Isabelle Molé, les mains jointes, la tête couverte d'un long voile. La robe se retrousse sous le bras gauche, et laisse voir celle de dessous avec des rayures verticales qui en font tout l'ornement.

Les pieds de la défunte reposent sur un carrelage en perspective se rattachant au point de vue des lignes fuyantes du monument.

Le cadre du marbre renferme, sur son pourtour, l'épitaphe de la défunte et les qualités de son époux; elle commence dans le haut de la tombe à gauche, et se compose de caractères en gothique carrée; elle se lit de gauche à droite, sans interruption jusqu'à la fin, excepté toutefois les noms de deux seigneuries que nous n'avons pu lire malgré toute notre persévérance et les recherches que nous avons pu faire.

1. J.-B. Rietstap, *Armor. général* (1884), t. Ier.

Pour faciliter la lecture de cette épitaphe, nous la reproduisons ici en texte courant :

> Cy giſt damoiſelle yſabeau mole En ſon vivant femme de Jehan de brion eſcuyer Seigneur de Champy.....
> .....Brantigny Procureur du Roy noſtre ſyre au Bailliage de Chaulmont Election de Langres Laquelle treſpaſſa le quatrieſme Jour de Janvier mil·Cinq·cens · Quarente·cinq · Priez dieu pour elle Et pour tous treſpaſſes.

Marbre noir. — Hauteur, 2^{m},50; largeur, 1^{m},20.

Nicolas Huez de Vermoise, *lieutenant particulier au Bailliage de Troyes* [1].

Cette tombe se trouve placée dans le transept, à l'entrée du chœur.

Dans cette épitaphe, il est dit que Nicolas Huez fut toute sa vie un homme constant dans sa foi, ferme dans son espérance, fervent dans sa charité, fortement attaché au bien, remarquable par sa modestie. En lui, la religion pleure un disciple fidèle, la vertu un serviteur dévoué, les pauvres pleurent un père. Il a comblé de ses dons cette église et les hôpitaux. Agé de moins de soixante ans, mais déjà mûr pour le ciel, il mourut le 2 novembre 1784.

La tombe avait pour tout ornement les armoiries du défunt qui se trouvaient à la suite de l'épitaphe, au bas de la pierre, aujourd'hui complètement effacées par le marteau révolutionnaire, mais encore surmontées d'une couronne de comte très apparente.

Cette inscription, très bien conservée, se compose de la manière suivante :

1. C'est celui que Courtalon, en 1784, appelle le seigneur actuel, fils de M. Huez, lieutenant particulier du bailliage de Troyes (t. III, p. 127).

D · O · M

HIC JACET
NICOLAUS HUEZ DE VERMOISE,
TRECENSIS PROPRÆTOR,
VIR DUM VITA FUIT,
FIDE CONSTANS,
SPE FIRMUS,
CHARITATE FERVENS,
RECTI TENAX,
MODESTIA CONSPICUUS.
LUGEANT,
CULTOREM RELIGIO,
VIRTUS SECTATOREM,
PATREM PAUPERES.
TEMPLUM HOC ET NOSOCOMIA
MULTIS DITAVIT BONIS.
ANNOS NONDUM ASSECUTUS *LX.*
SED DEO JAM MATURUS,
OBIIT · II. NOV. MDCCLXXXIV.[1]

R · I · P

Pierre. — Hauteur, 2m,64; largeur, 1m,20.

Perrette du Chesne, *veuve de Jean Hennequin, bourgeois de Troyes.*

Cette tombe, en marbre noir, offre un certain intérêt par son genre de décoration. Elle est placée à gauche, contre la clôture du chœur, et engagée sous la boiserie des stalles, de manière que la partie gauche de l'épitaphe nous fait défaut.

Le dessin qui la décore se compose simplement de deux arbres dont les troncs et les branches se dressent à droite et à gauche, jusqu'à la hauteur de la tête de la défunte, pour se courber et former au-dessus de son effigie un berceau de feuillage.

1. Nous avons dit dans notre *Statistique de l'Aube*, t. III, p. 52, que Nicolas Huez mourut le 4 novembre 1774. C'est une erreur, car cette épitaphe nous confirme qu'il trépassa le 2 novembre 1784.

Sous ce dôme de verdure, est représenté le cadavre de Perrette du Chesne, la tête couverte d'un voile qui lui encadre la face, qui est de marbre blanc, aujourd'hui effacé et remplacé par du ciment.

De ses deux mains incrustées de marbre blanc, elle tient, suspendue à deux rubans, une large pancarte cachant tout le devant de sa robe, en l'enveloppant de manière que les lignes en suivent le mouvement oscillatoire, et sur laquelle est gravée une inscription en caractères gothiques du XVIe siècle, relatant les termes d'une fondation perpétuelle à l'église Sainte-Madeleine pour le repos de la défunte.

L'usure du marbre ne permet pas de la transcrire sans quelques lacunes; voici ce que nous avons pu déchiffrer, après diverses séances consacrées à cette lecture :

La dicte perrette du chesne a laisse et delaisse
. . . . . . perpetuellemēt a leglise de ceans deux
arpents de prey consi en une piece assise ou finage de
claelles[1] appelle le prey des chapellains tenant
dune part à la Riviere de seyne et dautre part
aux pastures pour chūn an perpetuellement
faire dire et celebrer ung anniversaire aux
quatre temps de penthecouste.

Les pieds de la défunte sont nus et en marbre blanc, ils reposent sur un tapis de verdure.

Aux quatre angles de la tombe, sont les attributs des évangélistes, et sur le pourtour on lit quelques fragments de l'épitaphe que voici :

Cy gist noble perrette du
chesne fille de Nicolas du chesne vefve de feu Jehan hennequin laisne bourgeois de ceans laquelle
trespassa le. . . . .

Marbre noir; hauteur, 2^m^,05; largeur, 1^m^,25.

1. Clesles, Claellæ, canton d'Anglure, arrondissement d'Épernay (Marne). Appartenait à l'ancien diocèse de Troyes et dépendait du doyenné d'Arcis.

Nous aurions bien voulu donner un dessin de cette tombe, à cause de son originalité décorative; malheureusement son état d'usure ne nous a pas permis d'en saisir tous les détails.

Jean Le Roux, *curé de l'église Sainte-Madeleine.*

Cette dalle tumulaire se trouve placée à l'entrée du chœur, dans le passage de la nef.

Voici comment se compose cette épitaphe :

D · O · M

HIC JACET

JOANNES LE ROUX IN SACRA
RHEMENSI THEOLOGIÆ FACUL-
TATE LICENTIATUS ET HUJUSCE
ECCLESIÆ PASTOR QUI
VERITATIS AMORE,
AMŒNITATE MORUM
ET SINGULARI ERGA
AFFLICTOS HUMANITATE
FUIT INSIGNIS.
HUNC LAPIDEM, AMORIS MO-
NIMENTUM ET QUODDAM
MŒRORIS LEVAMEN, GREX
CARISSIMUS POSUIT.
OBIIT ANNO SALUTIS 1751.
22. OCTOBRIS, ÆTATIS SUÆ 62.

Pierre. — Hauteur, 2m,50; largeur, 1m,25.

Jean Leroux, licencié de la faculté de théologie de Reims, curé de Sainte-Madeleine, mourut le 22 octobre 1751, à soixante-deux ans. Ses paroissiens, qui l'aimaient pour sa douceur et sa charité.

firent poser sur sa tombe cette pierre, comme témoignage de leur affection et de leur affliction. Ils le louent, dans l'inscription funéraire, de son amour pour la vérité; cela veut dire de son attachement au jansénisme.

Jean le Muet, *marchand et bourgeois de Troyes, et Nicole,... sa femme.*

Grande tombe en pierre noire de Belgique, à deux effigies, le mari et la femme ; le premier représenté, les mains jointes, la tête nue, les cheveux coupés sur le front, mais tombant en rouleaux sur les côtés du visage et sur la nuque.

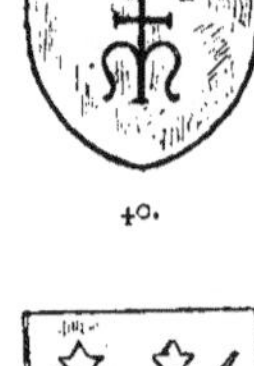

40.

Le défunt est revêtu d'une houppelande à larges manches; à cette époque, le manteau à capuchon disparaît; le cou est complètement dégagé et laisse voir la fraise de la chemisette.

41.

C'est le costume de la fin du xve siècle que l'on portait sous Louis XII et François Ier.

La femme du défunt se présente dans la même attitude, les mains jointes, la tête couverte de sa coiffe dont les barbes tombent des deux côtés de la face.

Elle est vêtue d'une robe à manches étroites qui s'ouvre en pointe sur la poitrine, en formant un collet à revers. Ce vêtement est retenu à la taille par une ceinture en ruban, nouée sur le devant et flottant dans les plis de la robe.

Ces deux personnages sont couchés sous deux arcades à cinq lobes surmontées d'archivoltes en contre-courbes, munis de crochets et d'un fleuron de couronnement.

Ces deux arcs prennent leur appui sur trois légers pinacles qui divisent ce couronnement en deux parties; une pour chacun des défunts.

Près de l'épaule gauche du mari, on remarque un blason portant le monogramme que voici (40), qui était en même temps la marque de son commerce.

Sur les deux côtés de la bordure, en haut de la pierre, sont les blasons des deux conjoints.

Celui de Jean le Muet a une licorne, accompagnée de deux étoiles en chef et une en pointe (41). Celui qui est à gauche, mi-parti du mari, au 2 de sa femme; au *besant* surmonté d'un chef à 3 molettes d'éperon. (Le Tartier de la branche aînée.)

Aux quatre angles du cadre sont les attributs des Évangélistes et dans la bordure l'inscription suivante en gothique carrée :

> **Cy gist noble homme Jehan le muet ē son**
> **vivant marchant et bourgeois de Troyes lequel tres-**
> **passa le. . . . .**
> **Nicole . . . sa femme la quelle trespassa. . . .**
> **le xxve jour de... lan mil v^c^ et xvi-prez dieu pour leurs**
> **ames.**

Pierre noire, hauteur, $2^m,61$; largeur, $1^m,40$.

Au bas du père et de la mère étaient rangés, par ordre de naissance, les enfants de ces deux personnages; c'est la partie qui a le plus souffert et dont il ne reste que quelques traits déterminant certains contours qui indiquent plusieurs petites figures enfantines.

Cette belle pierre a été brisée en deux parties égales depuis bien des années; mais à une époque plus rapprochée de nous, ces deux fractions ont été remises en place après avoir subi l'entaille nécessaire à leur nouvel ajustement. Il en est résulté une diminution d'au moins 10 centimètres sur la hauteur des deux figures de la tombe.

L'épitaphe elle-même a perdu sur ses deux côtés quelques lettres qui, heureusement, ne détruisent pas le sens complet de cette intéressante inscription.

Personnages inconnus. — Dans le milieu du transept, sur la droite du passage de la nef, se trouve un fragment d'une dalle tumulaire qui attirait nos regards dès nos premières études sur l'archéologie.

Un blason profondément gravé aux armes des Mauroy-Hennequin fut le point de départ de nos recherches historiques sur cette grande famille; heureux de rappeler les services qu'elle rendit aux beaux-arts et à l'industrie troyenne.

Après une étude plus approfondie et avec le secours d'un estampage sur papier, nous avons été immédiatement convaincu que nous nous trouvions en présence d'une tombe du XIVe siècle, et nous avons obtenu, par ce travail, la certitude irréfutable qu'une personne intéressée à perpétuer le souvenir de cette noble famille, peu au courant du style des différentes époques, fit regraver sur l'ancien blason celui des Mauroy-Hennequin, se conformant ainsi au prénom de *Jeanne* qui se trouve à droite de cette pierre, en tête de l'épitaphe mortuaire, pour en faire la tombe de Nicolas Mauroy et de Jeanne Hennequin, sa femme, morts tous deux vers la fin du XVe siècle, suivant M. Albert de Mauroy[1], c'est-à-dire un siècle après l'exécution de cette pierre, sans se rendre compte que cette tombe était étrangère à la sépulture de cette famille.

Pour établir l'exactitude de notre appréciation et réparer cette erreur regrettable à l'égard de cette ancienne dalle tumulaire, nous allons donner une description complète du costume des deux personnages, indiquer la forme des caractères de l'épitaphe et la date de la mort de la dame Jeanne.

Cette tombe représente le mari et la femme. La figure du mari est presque effacée; quelques traces apparentes nous ont permis d'en reconstituer le visage : il avait la tête nue, le front et les oreilles découverts, les cheveux tombant en rouleaux sur le cou. Ses vêtements nous indiquent qu'il était couvert et drapé de la cape, ouverte latéralement, que portait la haute bourgeoisie du XIVe siècle.

La femme, Jeanne, beaucoup mieux conservée, est représentée dans la même attitude, les mains jointes, la poitrine et les épaules couvertes d'une sorte de pèlerine avec capuchon enserrant le visage et retombant en pointe sur le dos en se drapant.

Les manches de la robe s'ouvrent, et, à partir du coude, les manchettes tombent verticalement et laissent voir les manches de dessous de la robe, qui était d'étoffe précieuse, brodée d'or et d'ar-

1. Généalogie historique de la famille de Mauroy, p. 8.

gent : le buste et la taille bien prise permettant à la jupe, à partir de la hanche, de se draper avec grâce jusque sur la chaussure. Tel était le joli costume des femmes sous Charles V et sous le règne de Charles VI.

Les deux défunts reposent sous deux arcatures gothiques du XIVe siècle, surmontées de gâbles décorés de rosaces, avec crochets sur les rampants qui se terminent à leur jonction par un fleuron. Entre les deux arcatures, les armes des défunts sont dans le giron d'Abraham.

A droite et à gauche, contre l'épaule du mari et de la femme, étaient leurs blasons, depuis longtemps effacés par le frottement des pieds.

L'inscription de cette dalle tumulaire est incomplète, mais il en reste assez pour apprécier les jolis caractères en lettres onciales qui datent de la même époque.

Aux quatre angles de la pierre étaient les symboles des évangélistes; et, dans la bordure du cadre, on ne lit plus que ces mots :

:IEHANNE:
LAN:DE:GRACE:MCCC:IIII^{xx}:

Les rectifications étant parfaitement rétablies, rappelons en cette circonstance que la première branche de la famille de Mauroy avait aussi sa sépulture dans l'église Sainte-Madeleine, où la mémoire de ses bienfaits s'est perpétuée jusqu'à la Révolution de 1789.

Près de la porte principale de l'église, à l'entrée, contre le mur, se voyait, avant les événements de 1789, une croix de bois de cèdre haute de neuf pieds, recouverte de lames de cuivre, encadrée de filets de bois qui en déterminaient les contours.

Au centre des croisillons, en forme de losange aux extrémités, étaient gravées des fleurs de lis. Le centre était occupé par le monogramme du Christ, niellé, entouré d'une couronne d'épines.

A la base de la croix, une sainte face sur une croix grecque fleurdelisée. Au-dessous, entre deux filets, était la date de mil cccc x, puis, on lisait devent et sur le socle l'inscription suivante :

Cy·gisent
feux iaques
mauroy laisne escuyer
nicolas mauroy son fils
agnetz feme du dit nicolas
gilette la maillette premiere feme
de iaques mauroy le jeune·et plusieurs
leurs enfans et parens·prie dieu pour eulx·

En tête des deux côtés de l'épitaphe étaient gravés les deux blasons de Nicolas Mauroy, écuyer, seigneur de Colaverdey (Charmont), de Saint-Étienne-sous-Barbuise et Montsuzain, et de sa femme, Jeanne Hennequin. Blasons ajoutés à la mort de ces deux personnages, vers la fin du xve siècle[1].

Marie Perron. — Pierre Morel...

Tout près de cette dernière tombe est une dalle tumulaire brisée et usée par le frottement. La partie supérieure de l'inscription a disparu ; au-dessous, on lit encore ces quelques lignes :

ET HONNÊTE FEME MARIE PERRON SON ESPOVZE
LAQVEL DECEDA LE

et plus bas :

ET PIERRE MOREL LEUR FILZ, AAGE DE 24 ANS
QVI DECEDA LE 11 JUILLET 1624.
PRIEZ DIEV POVR LE REPOS DE LEVRS AMES

Pierre, hauteur, 1m,80 ; largeur, 0m,95.

Cette épitaphe se terminait par deux blasons ; le premier à gauche a été enlevé ; le deuxième à droite est entouré de deux palmes de laurier. A un chevron accompagné de trois écrous, deux en chef et un en pointe (42).

42.

Cette dalle en pierre est placée entre la pierre tombale de Jean le Muet et celle qui porte le blason des Mauroy-Hennequin.

1. Suivant un vieux dessin communiqué par M. Albert de Mauroy.

SAINTE-MADELEINE

SUITE DES DALLES TUMULAIRES

TRANSEPT NORD

Jean Semilliart *et* **Jeanne Finot,** *sa femme.* — Sur une petite tombe en marbre noir, brisée en deux parties, nous lisons l'épitaphe suivante, circonscrite dans la bordure du marbre :

Cy gisent honorable homme
Jehan semilliart Marchant char . . . ier (*chaudronnier*) **lequel**
deceda le. . . . . . . bre 1534
et Jehanne Finot sa feme laquelle deceda le cinq apvril 15 . .

Au centre de la tombe, on lit :

Credo videre
bona domini
in Terra
viventium.

Je crois que je verrai les biens du Seigneur dans la terre des vivants (Ps. XXVI, *13).*

Au-dessous de ces paroles étaient trois lignes du même caractère, aujourd'hui complètement usées.

Marbre noir. — Hauteur, 0m,99 ; largeur, 0m,55.

CHAPELLE SAINT-JOSEPH

Joseph Collinet. — A l'entrée de la chapelle Saint-Joseph, sous l'arcade de la première travée, on voit le haut d'une dalle tumulaire en marbre noir, sur laquelle est un écusson à un chevron, accompagné en chef de deux croissants et en pointe d'un besant, surmonté d'un heaume à lambrequins qui occupait toute la largeur du marbre[1] (43).

43.

Hauteur, 1 mètre; largeur, 0m,95.

La sépulture de la famille Collinet était située dans le transept méridional, devant l'autel Saint-Nicolas, contre le premier pilier à droite. En 1656, Joseph Collinet fonda, dans cette chapelle, un anniversaire le jour de Saint-Joseph, pour le repos de l'âme de Claude Le Tartier, sa femme[2].

Le chanoine Antoine Vautherin. — Dans la première travée de la chapelle Saint-Joseph, à gauche, sous le confessionnal, est une tombe en marbre noir, brisée en plusieurs morceaux qu'on a rapprochés les uns des autres. On lit :

. . . . M^E . .
. . . . VIVANT
. . . . CHANOYNE
. . . . ET
. . . . CESTE VILLE
QVI DECEDA LE... JVILLET 1635
PRIEZ DIEV POVR
LES TRESPASSEZ.

Marbre noir, hauteur, 1m,97; largeur, 1m,02.

Cette épitaphe était entourée d'un cadre, avec une frise sur laquelle est le blason du défunt, caché aujourd'hui sous le confessionnal. Elle se termine par des fleurons formant cul-de-lampe.

1. M. Roserot, dans l'*Armorial de l'Aube,* dit que les armes de la famille Collinet sont d'azur à trois melons d'or.

2. *Invent. ms. des titres de Sainte-Madeleine,* fol. 82.

Ce chanoine était Antoine Vautherin, chanoine et chantre de Saint-Étienne, qui mourut en juillet 1635 et fut inhumé proche la chapelle Saint-Blaise, aujourd'hui chapelle Saint-Joseph (*Fondations de Sainte-Madeleine*, Troyes, Nicolas Oudot, 1676). Le 27 décembre 1629, Antoine Vautherin donna à Sainte-Madeleine trois cents livres pour fonder des vêpres solennelles le dimanche de la Passion et une messe haute de *requiem* le lendemain (*Inv. des titres de Ste Madel.*, fol. 54).

François Cissant. — A droite, sous les chaises, dans la chapelle Saint-Joseph, se trouvent plusieurs fragments d'une dalle tumulaire de 1346, entourée d'une riche bordure à rinceaux courants. Une très belle architecture gothique entoure l'effigie d'un personnage, dont on voit tout le corps à partir des épaules. Il porte une longue robe, dont les manches tombent un peu au-dessous du coude; les manches du vêtement intérieur sont serrées aux poignets par toute une rangée de boutons. Un couteau dans sa gaine pend, de chaque côté, à la taille du défunt, qui a les mains jointes et les pieds posés sur deux chiens.

Les pieds-droits contiennent chacun trois niches, avec des personnages qui tiennent les divers objets en usage dans les services funèbres. Dans les angles du haut du couronnement gothique, quatre petites niches de chaque côté renferment autant de personnages.

Dans le cadre, on lit, en majuscules gothiques :

FEU · FRANCOIS · CISSANT · QUI · TRESPASSA ·
LAN · DE · GRACE · MIL · CCC · XLVI . . . PRIEZ POUR . . .

Hauteur, environ 2 mètres; largeur, 1^m,31.

TRANSEPT SUD

Le transept sud est rempli de pierres tombales, qui sont malheureusement presque toutes incomplètes.

Jeanne Barbette, *femme* **d'Odard de Marisy** *et* **Henri Le Marguenat,** *son gendre.* — En tête de cette dalle en marbre noir est l'écusson des Marisy (d'azur, à six macles d'or posés 3, 2 et 1), surmonté d'un heaume à lambrequins, avec deux levrettes pour supports. Au-dessous, on lit l'épitaphe suivante :

ICY REPOSE LE CORPS DE
DAM^LLE IEANNE BARBETTE VIVANT
VEFVE D'ODARD DE MARISY
ESCVYER SIEVR DE CERVET ET
BREVIANDE LAQ^LLE DECEDA LE
11ME IOVR DE MAY 1647.
ET DE NOBLE HŌME M^E HENRY
LE MARGVENAT VIVANT CON^ER
DV ROY LIEVTENANT AV GRENIE^R
A SEL DE TROYES LEQ DECEDA
LE 10ME IOVR DE DECEMBRE 1647.
A LA MEMOIRE DESQVELS DAMOISEL^LE
MARIE DE MARISY VEFVE DVD^T DEFFV^NCT
S. LE MARGVENAT A FAIT POSER CE
MARBRE.

PASSANT PRIEZ DIEV POVR EVX.

Hauteur, 2^m,28; largeur, 1^m,29.

Au bas de cette épitaphe est le blason de la veuve Le Marguenat, parti au 1 Le Marguenat (d'azur, à 3 bandes d'or, au chef d'or chargé de 3 roses de gueules), et au 2 Marisy, et entouré du cordon de veuvage.

Dans le cadre du marbre, tout autour de l'épitaphe, sont semés des macles, meuble du blason des Marisy.

Jeanne Barbette était fille de Didier Barbette, avocat au Parlement, à Troyes. Elle épousa Odard de Marisy, écuyer, seigneur de Cervet et de Bréviandes, avocat au Parlement, lieutenant au marquisat d'Isle, décédé le 26 janvier 1613 et inhumé dans le chœur de Saint-Léger-lez-Troyes. (Voir sa tombe, t. I, p. 446.) Jeanne Barbette mourut le 11 mai 1647.

Leur fille, Marie de Marisy, qui a fait poser cette pierre tombale, épousa Henri Le Marguenat, conseiller du roi, lieutenant au grenier à sel de Troyes, qui mourut le 10 décembre 1647, quelques mois après sa belle-mère.

Jeanne Feloix. — En prolongement de la tombe de Jeanne Barbette, se trouve la dalle en marbre noir de Jeanne Feloix, conservant encore de jolis restes d'architecture gothique, avec deux dais en contre-courbe sous lesquels étaient représentés la défunte et son mari. Dans les angles qui sont à gauche et à droite de ces dais, on voit de chaque côté huit cierges allumés. Aux quatre angles de la pierre sont des médaillons circulaires, où étaient sans doute les animaux évangéliques.

Dans le cadre, on lit :

Cy gisent Jehanne feloiz feme feu . . . . . .
. . . . procureur
de ceste ville de troyes priez
dieu pour eulx et pour tous autres trespassez.

Hauteur, 1m,95 ; largeur, 1m,10.

Pierre Arnoul. — A droite de la tombe de Jeanne Barbette, et lui étant contiguë, se trouve la pierre tombale de Pierre Arnoul, mort en 1475. A l'angle gauche du haut, était un écusson aujourd'hui effacé; aux autres angles, trois médaillons circulaires.

Dans l'encadrement, se trouve l'épitaphe suivante :

Cy gist noble homme Pierre arnoul
En son vivant procureur et . . . .
Trespassa lan. Mil. iiij^c. lx. z. xv. priez. dieu. po^r. eulx.

Hauteur, 2 mètres; largeur, $0^m,98$.

En 1487, un Felisot Arnoul était sergent en la mairie épiscopale de Troyes (*Arch. de l'Aube*, G. 487). Peut-être était-il de la famille de Pierre Arnoul.

Jean Carré, *prêtre*. — Au-dessus de cette pierre tombale, se trouve celle de Jean Carré, prêtre et vicaire, mort en 1494. Sous une arcade gothique, dont les montants renferment, de chaque côté, trois niches à personnages, on voit un prêtre en chasuble, avec une aube parée. Dans le cadre de la pierre, on lit :

Cy gist venerable et discrete persône mess^re Jehan
carre p̄re vicaire . . . . Jour de
Janvier lan mil. cccc. iiii^xx et xiiii. Dieu ait lame de luy.
amen.

Hauteur, $1^m,70$; largeur, $0^m,95$.

Inconnu. — A gauche de la tombe de Jeanne Barbette, un fragment en pierre, du XIVe siècle, porte ces quelques mots :

DE TROIES : QVI : TRESPAS.....

Hauteur, $0^m,56$; largeur, $0^m,34$.

Simonne... — Appuyée contre la pierre tombale de Jeanne Feloix, se trouve une dalle du XIVe siècle, avec ce reste d'inscription dans la bordure, en majuscules gothiques allongées et arrondies :

CI : GIST : FEV : I DAMOISELLE : SIMONE : QVI.....
......................TER : NOSTER : AMEN

Hauteur, $1^m,58$; largeur, $1^m,16$.

Inconnu. — Contre cette tombe, et à droite, est une pierre tombale encadrée de marbre noir, sur lequel on ne lit plus que ces mots, gravés en relief :

. . . lequel trespassa le vingt neufiesme de may . . .

Hauteur, 1^m,15; largeur, 1 mètre.

Inconnu. — Près de la tombe de Jeanne Barbette, mais à gauche, se trouve un fragment d'inscription de 1317, en majuscules gothiques :

......DE:GRASE:MIL:CCC:XVII:

Hauteur, 1^m,30; largeur, 0^m,57.

Christophe Cuveret. — Un peu au-dessus de cette pierre tombale, se trouve celle de Christophe Cuveret, sur laquelle se trouvaient deux personnages, avec deux écussons, aujourd'hui presque entièrement effacés. On ne lit plus, dans la bordure, que ces mots :

. . . phe cuveret . . . . et ch . . . des foires de cham. . . . .

Hauteur, 1^m,16; largeur, 1^m,30.

Beaucoup de membres de la famille Cuveret exercèrent des fonctions aux foires de Champagne. Philippe Cuveret, garde des foires de Champagne, est député de Troyes à l'assemblée des États de décembre 1355; sa signature est la plus ancienne qui soit sortie de la plume d'un bourgeois de Troyes. En 1383, il était lieutenant du bailli de Troyes; il vivait encore en 1389. (Boutiot, *Hist. de Troyes*, II, 108, 111, 248.) – En 1354, Adam Cuveret était notaire ès foires de Champagne; il a le titre de garde des foires en 1367 et 1384; il était mort en 1390. Son fils, Guillaume Cuveret, l'avait précédé dans la tombe; il était décédé au plus tard en 1384. Christophe Cuveret, dont nous décrivons la pierre tombale, était sans doute un de leurs descendants. (*Arch. de l'Aube*, G. 1071.)

Isabeau... — Proche de la tombe de Christophe Cuveret, se trouve un fragment de 1490, dans la bordure duquel on lit :

. . . trespassa le viie iour de Juing lan mil cccc
iiii[xx] et dix · Et ysabeau sa femme laquelle trespassa
le premier Jour de Jãvier de . . .

Hauteur, 0m,90; largeur, 0m,80.

Il ne reste sur la pierre aucune trace de figures. Mais il y avait, aux quatre angles, des médaillons circulaires où étaient représentés les symboles des Évangélistes.

Marie de Corberon, *femme de M. de Vienne.* — Dans le transept sud, tout près du confessionnal, on voit un petit marbre noir, avec cette épitaphe :

SOVBS CETTE TOMBE
REPOSE LE CORPS DE DAME
MARIE DE CORBERON VẼVE
DE MONSIEVR DEVIENNE
CONSEILLER DESTAT
DECEDEE LE 10 AVRIL
1678.

Marbre noir. — Hauteur, 1m,20; largeur, 0m,76.

Marie de Corberon était fille de Nicolas de Corberon et de Marie Le Cornuel. Son frère, Claude de Corberon, conseiller du roi et secrétaire en chef de la Cour des Aides, à Paris, fonda un catéchisme tous les dimanches, à l'issue des vêpres, dans l'église Sainte-Madeleine [1].

La tombe de son mari est au chevet de l'église, devant l'autel de la communion (voir plus loin).

1. *Invent. ms. des titres de Sainte-Madeleine,* fol. 409.

PIERRE
DARBICE · IADIS · BOURGOYS · DE · TROYS
QVI · TRESPASSA · LAN

Jacques de Roffey *et* **Guillemette de Champgarayt,** *sa femme.* — Tout contre la porte latérale sud, on voit une jolie dalle tumulaire

44. — TOMBE DE JACQUES DE ROFFEY
ET DE GUILLEMETTE DE CHAMPGARAYT, SA FEMME

en pierre blanche, portant pour toute décoration une large bordure où se développent des phylactères entourés de feuillages, sur lesquels sont gravées les épitaphes des défunts. Leurs blasons étaient gravés aux quatre angles, dans des quadrilobes ornés de feuillages; les deux du bas sont entièrement effacés.

Le blason de gauche porte un chevron accompagné de trois feuilles de trèfle (Roffey[1]). Celui de droite est parti au 1 de Roffey, au 2 à deux aigles ou alérions (Champgarayt).

L'épitaphe de Jacques de Roffey se lit en commençant au bas de la tombe, à gauche (44) :

Cy gist noble hõme maistre Jacques de roffey licencie en loix, seigneur de soublaux[2] lequel trespassa lan mil...

Celle de sa femme se lit à droite, en commençant par le haut :

Et cy gist damoiselle guillemette de champgarayt sa feme laquelle trespassa lan mil. . .

Hauteur, 2m,30; largeur, 1m,10.

Les dates de décès n'ont jamais été gravées, ce qui indique que cette pierre avait été posée sur un caveau préparé d'avance pour les deux époux.

Jacques de Roffey, dont il s'agit ici, était-il le même que Jacques de Roffey, seigneur des moulins et de la rivière banale de Méry, l'un des quatre barons de la crosse en 1483, garde et chancelier des foires de Champagne en 1500? (*Arch. de l'Aube,* G. 466 et 1133.)

Deux fragments. — En sortant de l'église par la porte latérale sud, on trouve, sous le tambour de la porte :

1° Une grande pierre tombale, avec architecture gothique à pieds-droits très ornés, où l'on ne voit plus que quelques lettres à droite : **Jadis bourr...**

Hauteur, 0m,95; largeur, 1m,46.

2° Un fragment du XIVe siècle :

IL : OV : MOIS : DE :

Hauteur, 0m,67; largeur, 0m,36.

1. M. Roserot, dans l'*Armorial de l'Aube,* ne donne pas les armes de la famille de Roffey.

2. Souleaux, hameau de Saint-Pouange, près de Troyes.

Denis Gombault, *prêtre.* — En montant l'escalier qui mène de l'église à la cour du midi, on voit sur le seuil une grande tombe de 1676, portant une épitaphe latine qui la couvre tout entière, mais dont la partie la plus intéressante est complètement effacée par l'usure. Voici ce qu'il en reste :

D · O · M ·
DEPONI SUOS CINERES

(Suivent sept lignes dont il ne reste plus que les dernières lettres.)

PAUPERES [QUIBUS] SE SUAQUE
IMPENDIT SIBI AMICOS
FECIT QUI EUM IN ÆTERNA
TABERNACULA RECIPE-
RENT.
Vixit an. S. M. DCLXXVI
VI *idus Sept. æt.* LXVI.
Sequere Viator Bene
precare. R. I. P. [1]

Hauteur, 1m,73 ; largeur, 0m,82.

Cette pierre tombale est celle de Denis Gombault, prêtre habitué et clerc en l'église Sainte-Madeleine, dont l'exécuteur testamentaire fondait, le 6 janvier 1677, à son intention, un service funèbre dans la même église [2].

Jacques Nivelle, *conseiller du Roi.* — Sur les marches de l'escalier qui conduit de l'église à l'ancien cimetière, se trouvent plusieurs fragments de pierres tombales.

1. ... a fait déposer ici ses cendres... Des pauvres, auxquels il a tout donné, ses biens et lui-même, il s'est fait des amis qui l'accueilleront dans les tabernacles éternels. Il a cessé de vivre l'an du salut 1676, le 8 septembre, à l'âge de 66 ans. Imitez-le, vous qui passez, et priez pour lui. Qu'il repose en paix.

2. *Invent. ms. des titres de Sainte-Madeleine*, fol. 127.

Sur deux de ces fragments, qui appartiennent à la même pierre, on lit ces mots :

IACQVES NIVELLE . . . . VILLE
DE TROYES . . . . .

En tête de la pierre étaient les armes du défunt, à un massacre de cerf posé de front et supportant une croix haussée, dont nous donnons ici le fac-similé (45).

45.

Cet écusson était surmonté d'un casque à lambrequins.

Jacques Nivelle, conseiller du Roi au bailliage de Troyes, appartenait à la nombreuse famille des anciens papetiers de Troyes. Il avait sa sépulture dans le cimetière, devant la chapelle de Bethléem. Sa femme, damoiselle Marie Le Courtois, morte en 1698 ou 1699, fut enterrée dans la chapelle Sainte-Barbe.

Perronnelle... — Deux marches plus haut, sur le même escalier, on lit, en majuscules gothiques du XIVe siècle, le fragment d'épitaphe que voici :

CI GIST PERRONNELLE D.....
POUR LAME......

Hauteur, 0m,29 ; largeur, 0m,62.

PORTE DE LA TOUR

Jean Bazin, *procureur du Roi et maire de Troyes.* — En rentrant dans l'église, descendons la nef latérale du midi jusqu'à la porte de la tour, où se voit une tombe en marbre noir, sur laquelle nous lisons cette épitaphe :

IEAN BAZIN VIVANT ESCVIER SIEVR
DE BOVLLY[1] ET BERCENAY LE HAYER
CONSEILLIER DV ROY SON PROCVREVR
EN TOVTES LES IVRIDICTIONS ET
MAIRE DE CESTE VILLE DE TROYES
EST DECEDÉ PLEVRÉ ET REGRETTÉ
DE TOVS SES CONCITOYENS LE · XXE
MARS 1622. AAGE DE 67 ANS.

REQVIESCAT IN PACE.

Hauteur, 1^m,97 ; largeur, 1^m,08.

Jean Bazin avait été inhumé devant l'autel Saint-Claude, situé dans la deuxième travée du bas côté sud de la nef, et adossé contre le premier pilier du transept, faisant face à la tour.

Il fut maire de Troyes de 1614 à 1618. Il avait épousé Louise Ravault, qui fonda, le 28 septembre 1623, des vêpres les jours de l'Ascension et de la Trinité, et une messe basse le 1er janvier, pour le repos de l'âme de son mari, avec 5 sous à distribuer aux pauvres de la paroisse à l'issue des vêpres.

En tête de l'inscription funéraire étaient les blasons des deux époux ; ils sont aujourd'hui complètement effacés. Celui du mari, à gauche, surmonté d'un heaume à lambrequins, portait trois couronnes (Bazin). A droite, celui de la veuve, en losange, entouré d'un

1. Bouilly (Aube).

cordon de veuvage, était parti au 1 de Bazin, au 2 à trois cygnes (Ravault).

Au bas du marbre, on avait réservé la place pour l'épitaphe de Louise Ravault, qui survécut à son mari; mais cette inscription n'a jamais été gravée.

La bordure de la dalle est semée de larmes, ainsi que l'entourage des blasons.

CHAPELLE DU SACRÉ-CŒUR

De la tour on traverse le transept sud pour aller à la chapelle du Sacré-Cœur, où se trouve une tombe en marbre noir que nous allons décrire.

Pantaléon Le Pelleterat *et* **Anne Cadet**, *sa femme.* — Leur tombe est placée entre les deux travées de la chapelle du Sacré-Cœur. Quoique brisée en plusieurs parties, elle est assez bien conservée.

Elle se compose d'un portique Renaissance, qui ressemble beaucoup dans son ensemble à la tombe d'Isabelle Molé, et qui est probablement l'œuvre du même tombier.

L'entablement est porté par deux colonnes corinthiennes, posées sur deux socles ornés d'écussons lisses. Sous deux arcatures plein cintre sont représentés les défunts, les mains jointes, le corps placé de trois quarts, et se regardant. Le mari, vêtu de sa robe d'avocat, coiffé de son bonnet de juge; la femme, en robe bouffante à corsage et à manches étroites, avec une collerette, et la tête couverte d'une coiffe à l'italienne.

Dans la bordure de ce marbre, nous lisons cette épitaphe en gothique allemande :

> Cy gistz feuz Noble home et saiges m^e^ pãthaleõ le
> pelterat licẽcye es loix Esleu po^r^ le Roy nr̃e sz
> en lelectiõ de Troyes qui deceda le
> xxiiij^e^ jour de decembre · Mil · v^c^ trente ung

Et damoiſ^le Anne cadet ſa Fēme qui deceda le
xv janvier Mil . . .

Hauteur, 1^{m},55 ; largeur, 1 mètre.

Dans la frise, on lit : REQVIESCAT IN PACE.

Nous trouverons plus loin la tombe des deux fils de Pantaléon Le Pelleterat, Jacques et Pantaléon[1].

Anne Cadet était fille de Jacques Cadet et de Louise de Roffey ; elle vivait encore en 1543. (*Arch. de l'Aube*, E. 400 et 402.)

BAS COTE NORD DU CHŒUR

Faisons maintenant le relevé des pierres tombales qui se trouvent dans le pourtour du chœur, en commençant par le bas côté nord.

Jean de Vienne, *conseiller du Roi.* — Cette tombe en marbre noir est placée sous l'arcade de la première travée.

Dans le haut de la pierre, on lit cette devise :

NON SOLVM SED CŒLVM SPIRO

Je n'aspire pas à la terre, mais au ciel.

Au-dessous de cette devise, étaient accolés les blasons du défunt et de sa femme. Sur le second, qui est à droite, on apercevait encore, il y a quelques années, une bande côtoyée de deux cotices (Villeprouvée).

Sous les écussons est gravée cette inscription :

CY GIST NOBLE HŌME M^E
IEHAN DEVYENNE CON^ER DV
ROY CONTROLLEVR ANCIEN
ET TRIENNAL DES AYDES ET
TAILLES EN LESLECTION DE
TROYES ET CAPITAINE EN
CHEF DES HARQVEBVSIERS

1. Sur Pantaléon Le Pelleterat, voir Boutiot, *Hist. de Troyes*, III, 331.

DVD[T] TROYES QVI DECEDA
LE QVATRIESME IOVR DE
NOVEMBRE LAN DE GRACE
MIL SIX CENS CINQ.

REQVIESCAT IN PACE

Marbre noir. — Hauteur, 1^m,76 ; largeur, 0^m,88.

Messire Berthaud Jobert, *prêtre, curé de...* — Dans la première travée, une pierre tombale porte en bordure ce reste d'inscription :

. . . et discrette psōne messire berthaud Jobert
en son vivāt pbrē curc de . . . .

Hauteur, 1^m,75 ; largeur, 0^m,70.

Aux quatre angles, dans des quadrilobes, étaient les quatre animaux évangéliques.

Inconnu. — En suivant, on trouve un marbre noir, en haut duquel on distingue encore les traces de deux écussons. Celui de droite est en losange, entouré d'un cordon de veuvage, et porte un chevron, avec un chef...

L'épitaphe se compose de neuf lignes, mais on ne voit plus guère que les dernières lettres de chacune :

CY GIST NOBLE HŌME . . . .
. . . . . HELAIX . . QVEL . . . MAY. . .
. . . . DECEDA. . . 1645

Marbre noir. — Hauteur, 1^m,30; largeur, 0^m,84.

Inconnu. — A la troisième travée, devant la porte de la sacristie, est une tombe sans inscription, et tellement lisse qu'il est probable qu'elle n'a jamais été gravée. En tête, sont deux écussons accolés, entourés de lambrequins. Le premier, à un chevron accompagné de trois roses ; le second, à un chevron accompagné de trois objets qu'il est impossible de préciser, ces blasons ayant été martelés à la Révolution.

Au bas, seulement cette date : 1668.

Marbre noir. — Hauteur, 1m,27; largeur, 0m,71.

... **de Vitel,** *seigneur de la Bande, et* **Catherine de Sens,** *sa femme.* — En suivant, en face du mur de la sacristie, est une grande tombe à figures, mais très effacée. On lit dans la bordure :

> **Cy gisent Nobles . . . . .**
> **son vivāt Licencie es loix seigneur de la bande et**
> **chancharme[1] . . . et Damoiselle Katherine de sens**
> **Jadis sa fēme Avec leurs enfās et posterite**
> **Qui trespasserent scavoir Ledict de vitel le xviiie Jour**
> **de febvrier Lan mil v^c^ et xii Et . . . .**
> **Jour de Juing Lan mil v^c^ et vingt · Priez dieu pour les**
> **trespassez.**

Hauteur, 2m,50; largeur, 1m,03.

Il y avait, à la fin du xve siècle, un Jean de Vitel, bourgeois de Troyes, maître de la léproserie, dont la maison, située dans la rue actuelle de l'Hôtel-de-Ville, n° 22, devint la maison des Grandes Écoles de Troyes. (Boutiot, *Hist. de Troyes,* t. III, p. 43 et 193.)

Catherine de Sens était-elle fille de Jean de Sens, licencié en lois, qui était bailli de l'évêché de Troyes en 1487-1498 ? (*Arch. de l'Aube,* G. 487-495.)

Jacques Angenoust *et* **Marie Chiffalot,** *sa femme.* — A la quatrième travée, devant l'autel Saint-Louis, une grande et belle tombe en marbre noir contient, au milieu de la pierre, l'inscription suivante :

1. La Bande, commune de Chaource. — Champ-Charme, commune de Maraye-en-Othe.

HANC QVIETIS SEDEM
IN SECVNDVM REDEMPTORIS ADVENTVM
IACOBVS ANGENOVST TRICASSINVS PATRITIVS
MARIÆ CHIFFALOT CONIVGI CARISSIMÆ
SIBI ET SVIS OMNIBVS
P · A · P ·[1]

En tête de cette épitaphe, se trouvent placés les deux blasons des familles Angenoust et Chiffalot. Ces mêmes blasons se retrouvent au-dessous de l'inscription, suspendus à la bouche d'un petit ange par des rubans qui enveloppent et soutiennent deux branches de laurier. Ce motif d'ornement forme la console du cadre de l'épitaphe. Les écussons accolés représentent deux cœurs qui pénètrent l'un dans l'autre. Malgré la mutilation des blasons, on reconnaît encore : dans le premier, deux épées en sautoir, les pointes en haut, accompagnées d'une étoile en chef (Angenoust) ; dans le second, les trois besants des Chiffalot.

Dans le bas de la pierre, on lit ce vers pentamètre :

VNA SIT VRNA VOLO
MENS VELVT VNA FVIT[2] ·

Dans la bordure de la dalle, on lit :

CREDO QVOD REDEMPTOR MEVS VIVIT ET IN NOVISSIMO DIE DE TERRA SVRRECTVRVS SVM ET IN CARNE MEA VIDEBO DEVM SALVATOREM MEVM[3]

Hauteur, 2m,32 ; largeur, 1m,30.

Cette pierre tombale est probablement celle de Jacques Ange-

1. Jacques Angenoust, échevin (ou peut-être maire) de Troyes, a préparé et disposé ce lieu de repos, en attendant le second avènement du Rédempteur, pour sa très chère épouse Marie Chiffalot, pour lui-même et pour tous les siens.

2. Nous avions un même cœur, nous aurons une même tombe.

3. Je crois que mon Rédempteur est vivant, et que je ressusciterai de la terre au dernier jour, et que dans ma chair je verrai Dieu mon Sauveur (Job, XIX, 25-26).

noust, trésorier des poudres et salpêtres, qui fut maire de Troyes en 1608, et qui, d'après le registre des fondations de Sainte-Madeleine, fut inhumé devant l'autel Saint-Louis. Il mourut entre 1618 et 1620, et sa femme lui survécut. (*Archives de l'Aube*, E, 1.)

CHEVET DE L'ÉGLISE

Marie-Norbertine Robart, *épouse de M. Renard, directeur de la Monnaie de Troyes (1715).* — Devant l'autel de la communion, une tombe en pierre contient l'épitaphe suivante :

CY · GIT · D[E] · MARIE
NORBE[R]TINE · ROBART · EPOUSE
DE · M[R] · RENARD · CON[R] · DU
ROY · DIRECTEUR · DE · LA ·
MONNOIE · DE · CETTE · VILLE ·
DECEDEE · LE · 12 · FEURIER ·
1715 · PRIEZ · DIEU · POUR · LE
REPOS · DE · SON · AME ·

Hauteur, 1m,90 ; largeur, 0m,92.

Cette épitaphe montre qu'en 1715 la Monnaie de Troyes était encore en activité. Le directeur, M. Renard de Petiton, fut un de ceux qui encouragèrent l'établissement des Frères des écoles chrétiennes à Troyes, et l'un des promoteurs de l'enseignement gratuit dans les écoles.

En tête de l'épitaphe de sa femme est un écusson surmonté d'un heaume à lambrequins, taré de face; mais il a été affreusement martelé.

Remy de Pleurre. — Devant le même autel de la communion est placée en travers une grande tombe en marbre noir, de la Renaissance, d'une remarquable composition, où l'on retrouve le même système de décoration que sur la tombe d'Isabelle Molé.

Deux figures sont représentées de trois quarts, se regardant. Les mains, qui sont jointes, et les têtes sont en marbre blanc rapporté.

Aux angles de la tombe sont les blasons des familles de Pleurre et Péricard.

Aux pieds des défunts sont deux petites figures rapportées en marbre blanc, représentant probablement leurs enfants.

De l'inscription, il ne reste que le nom du mari et la prière finale; tout le reste est effacé.

Cy gist Noble Hōme Remy de pleurre . . . . .
. . . . priez dieu pour les trespasses. Amen.

Marbre noir. — Hauteur, 2m,60; largeur, 1m,30.

De Vienne, *conseiller d'État.* — La tombe en marbre noir de M. de Vienne est placée le long de la tombe de Remy de Pleurre. Elle n'offre rien d'intéressant et se compose simplement d'une épitaphe ainsi conçue :

SOVBS CETTE TOMBE
REPOSE LE CORPS DE MONSIEVR
DEVIENNE SEIGNEVR
DE GERAVDOT LES MINOTS
PRESLES ET TREVILIERS[1]
CONER DESTAT ET AVPARAVANT
LIEVTENANT PARTICVLIER
AV PRESIDIAL DE TROYES
DECEDE LE 22 IVILLET
1654
Requiescat in pace

Marbre noir. — Hauteur, 1m,72; largeur, 0m,90.

1. Les Minots, hameau de Pargues. — Presles, hameau de Celles-sur-Ource, aujourd'hui détruit. — Trevilliers, ou Torvilliers, dans le 2e canton de Troyes.

M. de Vienne était l'époux de Marie de Corberon, dont nous avons vu la tombe au transept sud, près du confessionnal.

Guillaume Henry, *notaire à Troyes.* — Près de cette tombe est la sépulture de Guillaume Henry, notaire au bailliage de Troyes, et d'Edmonne Henry, sa nièce, épouse de... Morel, sergent royal au même bailliage.

En tête de la pierre, on voit un petit cartouche dont la sentence a disparu. Il est surmonté d'une tête de mort tenant deux ossements entre ses dents.

L'inscription en gothique est de 1580 :

Cy gist Me Guillaume
henry en son vivant
notaire du Roy ou
bailliage de Troyes
Lequel deceda le xxiiie
jour de septembre lan
Mil ve xlix. Et aussi
Edmone henry sa
Niepce et seulle heritiere
en son vivant femme
de. . .morel sergēt
Royal . . . . au dict
bailliage laquelle deceda
le deuxieme jour de Juillet
lan mil ve quatre vingts

Hauteur, 2m,08 ; largeur, 0m,95.

Une autre petite inscription fut ajoutée au bas de cette tombe;

elle formait deux lignes en majuscules romaines, complètement effacées. Peut-être était-ce une sentence des Livres saints.

Simon... — La plus grande et l'une des plus curieuses tombes de cette église, dressée sur champ, forme le mur du chevet du sanctuaire. Elle a 3m,20 de hauteur sur 1m,45 de largeur, et elle suffit à fermer entièrement la travée.

Sa décoration se compose de quatre arcatures gothiques, sous lesquelles sont abrités quatre personnages, portant le costume bourgeois du XVIe siècle. Avec un peu de patience, on pourrait reconstituer cette magnifique architecture.

Chacune des quatre arcatures gothiques se divise en deux parties trilobées, qui forment un dais d'une grande richesse au-dessus de l'effigie du défunt. Au-dessus de ces trilobes se développent des contre-courbes qui, en se rejoignant, forment une petite console. Une autre console se trouve également au milieu de chaque arcature, ce qui fait en totalité douze consoles, sur lesquelles sont placés les douze apôtres, abrités dans de gracieuses petites niches gothiques.

Devant l'apôtre qui est au centre de la dalle, et qui doit être saint Pierre (il semble porter la tiare), une petite figure est agenouillée, les mains jointes. Les figures des apôtres sont assez endommagées; on distingue cependant un apôtre qui porte une longue croix, et saint Jean tenant son calice.

Des clochetons d'une élégance égale à leur légèreté s'élèvent au-dessus de toute cette riche composition.

Au bas de cette pierre était incrustée une tablette de marbre blanc, dont il ne reste plus qu'une faible partie. Sur ce fragment, nous lisons :

. . . leurs ēfās qi ō tſp̄a . . . . .
. . . xix ledit ſimon le xxiiie Jor de d. . .
. . . paſſa le Jour st martin xie iour. . .
. . . fans et parans dieu ait lame deux. . .

CHAPELLE DE NOTRE-DAME

Denis de Gombault *et* **Antoinette Le Marguenat**, *sa femme.* — Devant la chapelle de la sainte Vierge est une tombe en marbre noir, avec cette épitaphe dans un ovale :

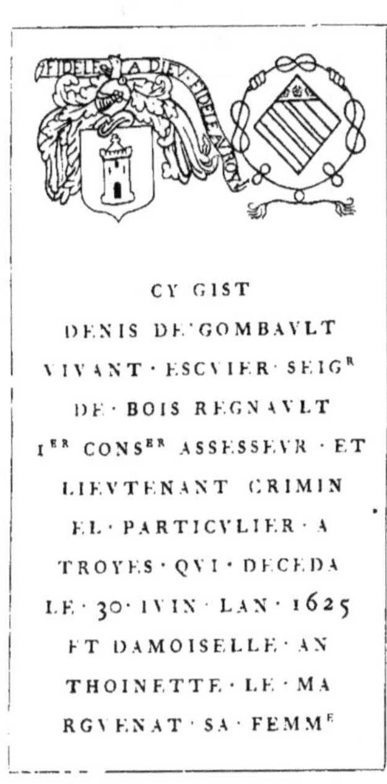

Marbre noir. — Hauteur, $1^{m},50$; largeur, $0^{m},87$.

En tête sont les armoiries des défunts, mais martelées, comme la plupart des autres.

Sur une banderole qui entoure le heaume à lambrequins, on lit une devise : FIDELE A DIEV, FIDELE AV ROY.

Odard de Villeprouvée *et* **Anne Masson**, *son épouse.* — Cette pierre tumulaire se trouve à droite de l'autel, un peu en avant. En tête, le blason des Villeprouvée (une bande côtoyée de deux cotices), surmonté d'un heaume à lambrequins. Puis on lit l'inscription suivante :

Hauteur, 1m,85 ; largeur, 0m,88.

BAS COTÉ SUD DU CHŒUR

Philippe Belin, *lieutenant au bailliage de Troyes, et* **Catherine Boucher,** *sa femme.* — Cette dalle en marbre noir est placée sous l'arcade de la première travée du bas côté nord. En tête sont les écussons du mari et de la femme, quelque peu endommagés : le premier, qui est de Belin, à deux chevrons, au chef de deux bandes ; le deuxième, de Boucher, divisé en quatre quartiers, mais les meubles n'existent plus.

Le cadre de la tombe renferme l'inscription suivante, en caractères gothiques :

> Cy giſent Noble hōme et ſage Mᵉ philipe belin
> lieutenāt au Bailliage de Troyes qui deceda le 17ᵉ
> de ſeptembre 1586 · et de ſon aage le 85ᵉ

Et damoyselle Katherine boucher sa fēme qui
deceda le 1e Jour de May 1579 et de son Aage le 70 dieu
leur face paix.

Marbre noir. — Hauteur, 1m,94; largeur, 0m,85.

Au-dessous des écussons, au milieu de la dalle, était une autre inscription en petites majuscules romaines, composée de quatre lignes, aujourd'hui complètement indéchiffrables.

Inconnu. — En suivant, on se trouve, devant l'escalier du jubé, en présence d'une grande tombe bien effacée, qui se compose d'un portique à double arcature, dans le style du xve siècle, sous lequel sont représentés le mari et la femme.

Au-dessus du portique étaient douze petites niches pour les douze apôtres. L'inscription, en grande partie effacée, ne contient plus que les mots suivants :

. . . vidame (?) de Chalautre la Reposte et de
taluyr Juliart ou pays de brye
Et damoiselle berthe son epouse . . . .
. . . . . le viiie iour daoust lan mil cccc iiiixx et treze.

Hauteur, 2m,40; largeur, 1m,45.

Au centre de la pierre, on voit la place de deux écussons incrustés. Les angles de la dalle portaient les attributs des quatre évangélistes, gravés sur cuivre et rapportés dans la pierre.

Nicole Guichard, *lieutenant en la prévôté de Troyes.* — Sous l'arcade de la deuxième travée est une petite tombe en marbre noir, sur laquelle on lit, dans la bordure :

CY GIST NOBLE HŌME MAISTRE NICOLE
GVICHARD VIVANT LIEVTENANT EN LA PREVOSTE DE
TROYES ET CONSEILLER EN
LECHEVINAGE DE LADTE VILLE QVI DECEDA LE XXME IANVIER
1607

Au centre du marbre, on lit cette sentence :

POST MORTEM EXPECTO
RESVRECTIONEM
REQVIESCAT IN PACE.

Après la mort, j'attends la résurrection. Qu'il repose en paix.

Marbre noir. — Hauteur, 1m,40; largeur, 0m,89.

Ce Nicole Guichard était probablement l'avocat ligueur, originaire de Chaource, qui devint conseiller de ville à Troyes en 1588. (Boutiot, *Histoire de Troyes*, t. IV, p. 158.)

Nicole Le Muet *et* **Catherine Boucherat**. — Dans la deuxième travée, en face de la porte latérale du chœur, se voit une grande et belle pierre à deux personnages abrités sous un riche portique architectural de la fin du xv[e] siècle, mais tellement effacés par les pieds des passants qu'il est impossible d'en reproduire le dessin. On lit dans la bordure cette inscription incomplète :

Cy gist honorable hōme et saige maistre nicole le muet
licencie es lois qui trespassa le viii[e] Jour davril lan mil iiii[c]
iiii[xx] et
xiiii apres pasques et . . . . laquelle
trespassa le xxix[e] du mois daoust lan mil v[c] et vii ·

Hauteur, 2m,57; largeur, 1m,30.

Nicolas Le Muet est celui qui fit exécuter la belle verrière de la Passion de Jésus-Christ, verrière qui fait face à sa sépulture et à celle de sa femme Catherine Boucherat, dont on voit les armoiries dans le cadre de l'épitaphe, à droite, au centre de la bordure.

Le Muet et sa femme possédaient la seigneurie de Brantigny, canton de Piney. (Voir t. II, p. 520.)

Pierre Littries. — Près de la porte latérale du chœur, on voit un fragment de pierre tombale dont l'inscription est en majuscules gothiques du XIVe siècle :

CI GISENT : FEU : PIERRES : LITTRIES : ET : ... ·
.... LEUR (AME) : PATER : NOSTER : AVE ·

Hauteur, 0m,79; largeur, 0m,95.

Une tombe en marbre noir et une en pierre, qui se trouvent dans le même bas côté sud, ne portent aucune inscription.

Jehanne... — Près de la tombe de Denis de Gombault, devant l'autel Notre-Dame, un fragment de pierre porte, en majuscules gothiques rondes :

T : IEANNE ..... TRESPASSA : .....

Hauteur, 0m,45; largeur, 0m,22.

Étienne Linglois. — Au même endroit, et plus près encore de l'autel, un fragment de pierre, sur lequel sont des restes d'une riche architecture gothique, porte ces trois mots, en majuscules gothiques allongées :

FEV : ESTIENE : LINGLOIS ·

Hauteur, 0m,62; largeur, 0m,44.

Un Étienne Langlois était, en 1295, commissaire royal à Troyes pour la levée d'un emprunt imposé par Philippe le Bel. (Boutiot, *Hist. de Troyes*, t. I, p. 427.)

Jacques *et* **Pantaléon Le Pelleterat.** — Cette pierre tombale a disparu. Elle se trouvait autrefois à l'entrée du bas côté nord du chœur, au pied du premier pilier où était adossé l'autel Saint-Sébastien. C'était une petite table en marbre noir sur laquelle on lisait cette épitaphe :

Cy gist Noble persone et saiges · Mre Jacques le
pelleterat en son vivant... es loys et lieutenant

cryminel au bailliage de Troyes lequel deceda le ix^e^
Jo^r^ de Juing M · v^c^ . . . . . . pantaleō le pelleterat
ſon frere en ſon vivant . . . . en lelectiō dud'
Troyes lequel deceda . . . . . . M · v^c^ lii.

Jacques et Pantaléon étaient fils de Pantaléon Le Pelleterat, licencié ès lois, élu en l'élection de Troyes, mort le 23 décembre 1531, inhumé avec sa femme Anne Cadet dans la chapelle actuelle du Sacré-Cœur, ainsi que nous l'avons vu plus haut.

46.

Le Febvre. — Une autre pierre tombale, également disparue, portait le blason de la famille Le Febvre, d'azur à trois pals d'or, celui du milieu chargé de trois roses de gueules, surmonté d'une couronne de comte. Accompagné de deux torches funéraires et de deux anges. L'ange de gauche tenait un Tau, symbole de la vie éternelle; celui de droite tenait un sablier, symbole de notre vie présente, fugitive et mortelle (46).

Cette pierre était dans la chapelle Saint-Joseph, première travée, près du marbre noir de Joseph Collinet.

Hauteur, $1^{m},02$; largeur, $0^{m},95$.

CHAIRE A PRECHER

La chaire de Sainte-Madeleine appartenait à l'église Saint-Jean, avant les événements de 1789.

A la Révolution, elle fut reléguée, comme tous les monuments

CHAIRE À PRÊCHER [illegible]

d'art, à l'ancienne abbaye de Saint-Loup, qui servait de magasin général.

A partir de l'an V de la République, le Directoire exécutif invitait les fabriques des églises à retirer à leurs frais, de ce dépôt, tous les objets qui pouvaient leur appartenir.

Soit faute de ressources pour payer les frais de transport et d'installation, soit indifférence de certaines fabriques ou bien d'après une autorisation donnée au préalable par les intéressés, beaucoup d'objets furent abandonnés par les légitimes propriétaires et passèrent ainsi d'une église dans une autre. C'est ainsi qu'on peut s'expliquer le transfert de la chaire de Saint-Jean à l'église Sainte-Madeleine.

La rampe de l'escalier se divise par des consoles, et les panneaux sont sculptés d'arabesques et alternés par le chiffre S. I. (saint Jean), ce qui atteste parfaitement son origine.

Pour plus de certitude, nous voyons sur le dossier de la chaire, l'agneau symbolique de saint Baptiste. Tout en haut du panneau, la croix de la Rédemption, avec son étendard, que portait saint Jean au Baptême du Sauveur.

A propos de cette chaire, Courtalon nous dit dans sa notice sur Saint-Jean (t. II, p. 183) : « L'ancienne chaire, qui était d'un goût artistique très estimé, fut supprimée en 1710, pour y poser celle que nous voyons aujourd'hui, faite par Herluison, Troyen.

« Les Évangélistes y sont représentés en bas-reliefs sur les panneaux, et saint Jean-Baptiste, presque de grandeur naturelle, est sur le monument : le tout orné de festons et de fleurs. »

Ceci s'écrivait en 1783, époque où cet historien était curé de Sainte-Savine, et où il publiait son deuxième volume.

Le saint Jean-Baptiste du couronnement a sans doute disparu pendant la tourmente révolutionnaire ; il fut remplacé par le petit ange doré que nous voyons encore actuellement.

Cette belle chaire Louis XV est admirablement conservée et remarquable dans son ensemble comme dans tous les détails de sa décoration, exécutée avec une rare dextérité d'esprit et de main.

Nous sommes épris, avant tout, de l'architecture ogivale ; cependant nous ne dédaignons pas l'architecture coquette et légère, et si spirituellement artistique, de ce XVIIIe siècle, qui se marie si bien avec la nature, et avec la décoration champêtre des Watteau et des Lancret, dans les riches salons de cette époque.

Après la restauration de la nef de l'église Sainte-Madeleine, vers 1872, on prit le parti d'isoler la chaire du pilier, pour ne pas entailler les assises des colonnes que l'on venait de restaurer avec soin.

Comme cette chaire, fixée au pilier de la nef, ne pouvait compromettre la solidité de l'édifice, nous croyons qu'il eût été plus sage de lui rendre la place qu'elle occupait depuis près d'un siècle plutôt que de remanier l'œuvre d'un artiste troyen de mérite, en détruisant par de regrettables additions l'harmonie de son style propre.

Il est pénible à un historiographe de se voir dans l'obligation de signaler de semblables abus de restauration. Voici, en peu de mots, les bizarres modifications qui ont été faites dans ce nouveau déplacement.

Pour se débarrasser du point terminal, qui était l'âme de la composition de cette œuvre remarquable, on supprima le cul-de-lampe, fleuron du garde-corps de la cuve, et on y adapta un pilastre hexagonal, dont la base repose sur le sol.

Que fait-on de l'objet que l'on vient de supprimer? On le transporte sur l'abat-voix.

Il est beaucoup plus large que la place qui lui était destinée. Mais l'opérateur ne s'embarrasse pas pour si peu. Il donne plus d'écartement aux contre-courbes du couronnement, puis il y place le cul-de-lampe en un tour de main, c'est-à-dire sens dessus dessous, de manière que ce fleuron devient la finale du couronnement de l'œuvre, sur lequel se dresse le petit ange portant l'oriflamme.

Avant cette belle opération, quelque peu enfantine, les contre-courbes du couronnement de l'abat-voix étaient plus rapprochées ; elles se reliaient entre elles par une guirlande de fleurs qui laissait cette partie à jour, en faisant voir à l'intérieur une petite console en pendentif.

Sur la tête des contre-courbes étaient des profils de moulures à ressauts sur les angles, surmontés de petits fleurons. Au centre, sur la plate-forme, reposait la statue demi-nature de saint Jean-Baptiste, remplacée aujourd'hui par l'ange actuel du couronnement.

Cette nouvelle surcharge donnait à l'abat-son une lourdeur énorme, qui détermina pour sa solidité l'addition de deux colonnes en porte-à-faux sur l'appui du garde-corps. Ces deux colonnes n'étant pas dans l'axe des diagonales de l'hexagone du plafond, il en résulta que la partie antérieure pouvait bien basculer sur la tête du prédicateur. Mais on est habile et gens de précaution, car depuis peu on a retenu ce monstrueux abat-son par un fil de fer fixé dans la colonne du pilier dont on devait se passer.

Constatons en outre que, de tout temps, les chaires à prêcher faisaient face à la grande nef. Actuellement le prêtre en chaire tourne le dos aux arrivants; ceux-ci, en entrant, ne voient plus que les marches de l'escalier et un seul panneau de la cuve.

Pour arriver à ce placement en biais assez difficile, l'auteur a scié la base du garde-corps, afin d'éviter une des colonnes du pilier qui le gênait dans sa belle combinaison.

A l'appui de cette critique, nous exposons ici un dessin de cette chaire, que nous avons fait dans notre jeunesse avec la plus scrupuleuse exactitude, espérant qu'un jour cette malheureuse chaire reprendra la forme délicate de son style primitif.

Courtalon nous dit que cette chaire fut exécutée par Herluison, sans autre désignation que la date de 1710.

Dans cette nombreuse famille d'artistes, nous trouvons des graveurs, des peintres et des sculpteurs-menuisiers.

Le dernier qui se donnait cette qualité se nommait Edme Herluison, né en 1660, mort en 1701 [1]. L'auteur de la chaire de Sainte-Madeleine serait probablement son petit-fils.

Ce dernier paragraphe est une rectification de ce que nous avons dit à propos de cette chaire à la page 161 de ce volume.

1. Emile Socard.

LES CLOCHES

Nous lisons dans les registres de la fabrique que la tour actuelle renfermait trois cloches fondues en 1573. Lors de la bénédiction, les parrains et marraines, au nombre de quatre, donnèrent huit livres six sols.

La grosse cloche était composée de deux qui furent mises en fonte. Il a été payé au fondeur soixante livres. Elle pesait 8,478 livres qui, avaient coûté 695 livres 4 sols.

Les deux autres pesaient 10,000 et avaient coûté 1,587 livres.

Ces cloches ont été fondues à la Révolution; la plus petite seule avait été conservée pour les besoins du culte.

La tour Sainte-Madeleine renferme aujourd'hui trois cloches. Fondues en 1826, par Moriet aîné, dans le cloître des anciens Cordeliers, aujourd'hui la prison, elles furent bénites le 26 août de la même année par Mgr Seguin des Hons, évêque de Troyes.

Depuis 1870, la grosse cloche, par suite d'un accident, a été refondue par M. Gosel de Metz. Comme elle ne donnait que le *do dièse,* qui la mettait complètement en désaccord avec ses deux sœurs, on profita de cette refonte pour augmenter le poids de 500 kilogrammes, de manière à lui donner le *do naturel.* Actuellement elle s'harmonise parfaitement avec les deux autres cloches, qui ensemble forment la tierce majeure et produisent un excellent effet; son poids est de 2,007 kilogrammes.

La bénédiction de cette cloche eut lieu le 4 juin 1870, par Mgr Ravinet, évêque de Troyes; elle fut présentée par M. Félix Parigot, ancien notaire, président du conseil de fabrique, vice-président du conseil général, et représentant de l'Aube à l'Assemblée nationale, et par Mme Louise de la Huproye, veuve de M. Truchy.

En 1587, on commande une horloge au serrurier Jean de France, qui reçoit pour son travail, *suivant marché,* CXXV *livres.* En même temps, il est chargé de surveiller *l'instrument* pendant les années suivantes.

Actuellement, le mouvement est complètement renouvelé et ne porte aucune inscription.

Avant de clore la description de l'intérieur de l'église Sainte-Madeleine, nous croyons devoir rectifier une erreur que bien d'autres auraient pu commettre.

Dans la description des tableaux p. 196, qui se trouvent au-dessus de la porte d'entrée, est une peinture assez médiocre que nous avons décrite comme étant la vision de saint François d'Assise, il n'en est rien; ce tableau, intéressant au point de vue historique, a été rapporté du Mexique après l'expédition de 1865, par M. le général du Preuil, et a été donné par lui à l'église Sainte-Madeleine. Il représente le Sauveur crucifié, et à la place ordinairement réservée à sainte Madeleine, un religieux enlace de ses bras le pied de la croix. Derrière ce religieux est posé à terre un panier rempli de fleurs.

Il serait possible que ce religieux fût saint Félix de Cantalice, né en 1515, ouvrier de la campagne jusqu'à l'âge de vingt-huit ans, puis frère quêteur dans l'ordre des capucins, mort en 1587. On pourrait y voir aussi le bienheureux Félix de Nicosie dont la vie reproduisit celle du précédent à deux siècles de distance, né en 1715, ouvrier cordonnier jusqu'à l'âge de vingt-huit ans, mort en 1787. Tous deux avaient une ardente dévotion pour le Sauveur en croix.

Ce qui pourrait faire croire que le tableau représente le bienheureux Félix de Nicosie, c'est que la cause de béatification de ce saint religieux n'a été introduite qu'en 1837; le tableau, qui paraît assez moderne, aurait pu être fait à cette occasion [1].

1. Le décret de béatification a été rendu par Léon XIII, le 3 janvier 1888.

ÉGLISE SAINT-PANTALÉON

On ne connaît pas l'origine de l'église de Saint-Pantaléon. Elle est mentionnée en 1216 et l'on croit qu'elle fut érigée sur l'emplacement d'une synagogue détruite sous Philippe-Auguste [1].

Cette petite église était une succursale de l'église Saint-Jean.

En 1223, l'évêque Hervé voulut l'ériger en paroisse séparée; mais l'abbesse de Notre-Dame-aux-Nonnains, qui avait droit de présentation à la cure de Saint-Jean, s'opposa à ce démembrement; elle fit appel au pape, qui la maintint dans ses droits. Saint-Pantaléon ne fut érigée en cure qu'en 1719 par l'évêque Bossuet. Elle est aujourd'hui l'une des neuf paroisses de la ville.

Cette église était primitivement construite en bois sur des terrains appartenant à l'hôtel de Vauluisant.

En 1516, on forma le projet de la reconstruire en pierre, et l'on s'assura de l'approbation des officiers et gens du roi pour permettre d'étendre l'église au delà de ses anciennes limites. Cette permission fut octroyée le 2 juillet 1517, et en reconnaissance on offrit un sou d'or couronné, de trente-neuf sous tournois, à M. le procureur du roi et à M. l'avocat. M. le receveur Maret dut se contenter d'un demi-écu. Quant à M. le lieutenant Clément, il refusa l'écu qu'on lui offrait et accepta le pain de sucre qu'on lui fit porter en échange [2].

Mais, avant de mettre ces travaux en œuvre, on avait chargé Jean Bailly de Troyes d'en établir les projets, et on appela Martin Cambiche, son beau-père, maître maçon de la cathédrale de Troyes, pour examiner et donner son avis sur les plans proposés; puis on commença les travaux.

De 1517 à 1523, les travaux du chœur et des chapelles latérales

1. La rue qui est au nord de l'église porte encore le nom de rue de la Synagogue. Boutiot, *Histoire de Troyes*, t. I, p. 249 et 262.

2. Albert Babeau, *l'Église Saint-Pantaléon*, p. 9.

commencèrent à s'élever et à se couvrir successivement. On démolissait d'un côté la vieille église et on édifiait de l'autre côté. On renouvelle la charpente et on travaille la pierre dans un chantier qu'on loue 6 livres par an, « au quoing de la ruelle des pois [1] ».

De riches marchands, Jean Dorigny, Jean et Claude Molé, donnèrent pour l'agrandissement de l'église les terrains nécessaires. On prit quinze pieds sur la ruelle du midi appelée la place du Marché-aux-Noix [2].

A la veille de l'incendie de 1524, les travaux étaient déjà très avancés. Le sanctuaire et une partie des transepts, surtout du côté du midi, étaient couverts en charpente, et c'est probablement cette couverture qui fut atteinte et détruite par le feu.

Dans sa chute, toutes les balustrades du chevet qui servaient d'appui et de passage aux bas côtés furent détruites par l'effondrement des voûtes et des combles du chœur et des bas côtés.

Après ce terrible événement si funeste à la haute bourgeoisie de Troyes et en particulier aux bienfaiteurs de cette église, les travaux furent suspendus quelques années. Pendant ce temps, nous arrivons à l'époque où les réminiscences de l'antique triomphent de toutes parts sur le style gothique, qui s'éteint au milieu des merveilles de son passé.

Vers 1536, les marguilliers, un instant ébranlés par le manque de ressources, reprennent confiance ; on se décide à faire les voûtes des chapelles, l'art de la Renaissance apparaît avec le concours de nos grands artistes troyens. Alors l'architecture et la sculpture prennent une élégance et une richesse de style qui charment la vue. On commence à construire le chœur, les chapelles et les piliers de la nef, admirables par le fini du travail, la belle ordonnance des retables et la merveilleuse richesse sculpturale.

En même temps, on clôt les fenêtres du chevet et des bas côtés du chœur par de brillantes peintures sur verre dont quelques-unes portent encore la date de 1530 à 1533.

Ce surprenant résultat entraîne les marguilliers à aller plus avant

1. Albert Babeau, p. 10 et 11.
2. Courtalon, II, 318, 319.

dans leur projet d'achèvement. On commence les fondations de la tour, qu'on éleva seulement jusqu'à la hauteur de la petite niche de la Renaissance placée à l'angle de la rue des Pois. Cette tour étant restée inachevée, nous ne savons pour quelle cause, il fut question en 1620 de la terminer; on acheta de la pierre de « Ricé » et de Tonnerre; Gérard Boudrot et Dauphin furent chargés d'en diriger la maçonnerie, et on commença les travaux en 1625. Mais on douta de la solidité des fondations; pour s'en assurer, on fit venir un « architecq » de Paris, à qui l'on donna 46 sols 6 d. pour sa peine, tandis qu'on paye 15 sous à un manœuvre qui fait un trou pour « veoir le fondement de ladite tour et qui l'a remply[1] ».

L'état des fondations n'ayant pas été jugé suffisant pour élever cette tour en pierre, on s'arrêta à la hauteur de la corniche de la chapelle du Calvaire, et ce ne fut qu'en 1662 que l'on songea à la terminer par un clocher en bois, réduit aujourd'hui à l'état d'un simple campanile. Edme Prieur et Loys Peschat furent chargés de la charpente; Jacques Truelle fournit 7,603 ardoises, ce qui indique un clocher assez élevé, et le plomb que l'on y employa, tandis que le chaudronnier Sémillart[2] fournissait un « cocq » du prix de 13 livres pour figurer sur la croix[3].

La générosité des paroissiens avait largement contribué aux travaux d'achèvement de l'église. M. Largentier, seigneur de Vireloup, laissa une somme importante pour la délivrance de laquelle il fallut soutenir un procès; mais on finit par toucher plus de 5,000 livres. D'autres fondations sont faites par Jacques Truelle, par le prêtre Baquet, par la veuve d'un cordier. Mais la plus importante est celle des dames Sorel, qui fut en 1671 de 3,000 livres et en 1676 de 7,000 livres[4].

1. Albert Babeau, p. 23.

2. Nous avons rencontré dans les tombes de l'église Sainte-Madeleine un Jean Sémillart qui exerçait déjà la même profession de chaudronnier et qui mourut en 1534.

3. Nous devons tous ces curieux détails sur la construction de l'église à l'intéressante notice de M. Albert Babeau, *l'Église Saint-Pantaléon de Troyes*, 1881, remarquable par la richesse de ses documents historiques.

4. A. Babeau, p. 27.

En 1672, on éleva le transept et la première travée de la nef à la hauteur du chœur; les années suivantes, on éleva les autres piliers de la nef. Mais l'église ne fut complètement achevée que dans le siècle suivant.

En 1745, le portail actuel fut construit en agrandissant le monument d'une travée sur la place de l'église.

PORTAIL DE L'ÉGLISE

Le grand portail actuel se compose de deux ordres d'architecture. Celui du rez-de-chaussée appartient à l'ordre dorique et celui de l'amortissement à l'ordre ionique. C'est un ensemble passablement triste qui est loin d'attirer les regards des touristes, au détriment des richesses merveilleuses de l'intérieur de l'édifice.

Une grande porte cintrée donne accès à la nef médiane de l'église. Elle est accompagnée de deux pilastres des deux côtés. Entre eux se voit une pierre d'attente qui descend du haut en bas, sur laquelle on devait sculpter des rubans de feuilles de chêne suspendues à des anneaux. Les quatre pilastres supportent un entablement surmonté d'un fronton triangulaire, dont la pierre du tympan en saillie attend depuis cent cinquante ans la page sculpturale qui pouvait donner un peu d'éclat à cette façade.

Au-dessus, est disposé le second ordre conçu dans les mêmes conditions, mais avec cette différence que l'entablement ionique est surmonté d'un fronton demi-circulaire qui se silhouette sur le ciel avec une petite croix.

Au-dessus, dans une petite saillie circulaire qui occupe le fronton, on lit la date de 1745[1].

Les deux travées des bas côtés restant inoccupées, on a construit

1. Ce portail remplace celui qu'on avait refait et embelli en 1645, que Vaulthier avait orné de sculptures, et qui était surmonté d'une Vierge due au ciseau de Claude Bauger, qui toucha 6 livres pour son travail.

à gauche la loge du sacristain et à droite la sacristie ; toutes deux sont surmontées d'un étage. (Voir le plan, n° 1.)

COTÉ SEPTENTRIONAL ET PORTE DU TRANSEPT

Les murs de refend des chapelles latérales n'ont aucune saillie sur la petite rue de la Synagogue, très étroite sur toute son étendue de ce côté. La place de chaque travée ou mur de refend est indiquée par une niche de la Renaissance, décorée de colonnettes qui portent un entablement circulaire surmonté de petites niches avec fronton et accompagné de petits vases. Au-dessus, un double étage sur lequel se dégage un petit dôme accolé au mur. Sur le couronnement deux petits chérubins, des vases sur la corniche et entre les frontons ; les consoles de ces petites niches se terminent par un griffon ailé.

Porte latérale du transept. — La travée du transept est occupée par la porte latérale du nord aujourd'hui murée.

Au-dessus du cintre surbaissé de la porte d'entrée, est un motif architectural de la Renaissance qui occupe presque toute la largeur de la fenètre du transept, et qui se divise en trois compartiments, celui du centre plus haut, surmonté de frontons portés par des colonnettes. Sous le cintre du milieu formant niche était une figure assise, aujourd'hui complètement brisée, dont les contours restés sur le mur semblent indiquer le Christ montrant ses plaies.

Des deux côtés du motif central sont deux petites niches couronnées de festons se reliant au fronton central par des vases et les rinceaux des rampants. Dans ces deux nìches étaient deux petites statuettes représentant la Vierge et saint Jean.

Ces motifs de décorations sont curieux et intéressants, mais il est difficile de les dessiner à cause de l'étroitesse de la rue.

COTÉ MÉRIDIONAL ET PORTE DU TRANSEPT

Au sud, sur l'angle de la tour et du mur de l'ancienne façade, est une petite niche à moitié engagée dans le mur de la sacristie. La base se compose d'une succession de petites niches dans lesquelles se trouvaient des petits bustes d'empereurs romains. Sur la frise du planteau de la niche se voit une partie d'inscription qui disparaît dans le mur de la sacristie. Sur la rue des Pois, on ne voit plus que ces mots... RIA SIC ERIT.

1. PLAN DE L'ÉGLISE.

Cette niche est accompagnée de colonnettes en fuseau, portant l'entablement du couronnement surmonté d'un fronton triangulaire, et surélevé d'un campanile circulaire orné de vases, le tout perdu dans le mur de la sacristie.

La chapelle de la tour est éclairée par une partie des lobes de la fenêtre, laquelle a été presque entièrement bouchée pour donner à l'intérieur du Calvaire un aspect lugubre.

Entre les deux premières chapelles, une seconde niche est décorée comme celle du nord dans le style de la Renaissance, avec quelques variantes dans l'exécution.

Porte latérale du transept. — La porte latérale du transept est la dernière réminiscence de l'art gothique dans l'église Saint-Pantaléon. Plus simple et moins élégante que les détails du chevet, elle n'en a pas moins son côté intéressant par l'exécution franche et énergique de ses détails.

On sent que l'architecte de cette œuvre tronquée a été gêné par le bandeau de la fenêtre qui est au-dessus et dans l'ajustement du pinacle de la niche centrale.

Deux pilastres s'élèvent de chaque côté de la baie de l'entrée, qui se dessine en arc surbaissé dont la gorge est chargée d'épines et de large feuillage.

2. PORTE MÉRIDIONALE DU TRANSEPT.

Au centre et au-dessus de l'arc, une petite console destinée à porter une statue; dessous, un blason lisse.

Les pilastres sont décorés de consoles chargées de feuilles de choux divisées par un écusson lisse, et au-dessus s'élèvent la niche et les pinacles richement fouillés qui devaient abriter une statue (2).

LE CHEVET DE L'ÉGLISE

Le chevet de l'église Saint-Pantaléon est d'une simplicité remarquable et disposé de façon à ne pas gêner la circulation des voitures.

L'ensemble de cette décoration, si bien entendue, se compose de trois ouvertures, une pour chacune des trois nefs. Celle du sanctuaire est complètement bouchée par le retable du maître-autel; elle se compose, comme les deux autres qui éclairent les chapelles latérales, de trois jours surmontés de trilobes qui occupent tout le tympan de la fenêtre.

Entre les fenêtres est la saillie peu sensible des contreforts, sur lesquels sont sculptées des niches vides, composées avec goût et travaillées avec la plûs grande délicatesse.

Une jolie corniche sculptée de rinceaux courants occupe toute la longueur du chevet ; à la rencontre des contreforts du sanctuaire, cette saillie enveloppe les deux consoles qui facilitaient le passage de la galerie d'une chapelle à l'autre ; cette bordure, coupée de place en place par de jolies et puissantes gargouilles sculptées en 1509 par Jacquinot [1], était surmontée de balustrades gothiques d'un grand effet décoratif, comme à l'église Saint-Jean.

Quelques années après l'incendie, on fit appel aux dons volontaires pour l'achèvement de l'église, et on inscrivit sur le mur du chevet à gauche de la fenêtre centrale l'inscription latine dont voici le texte littéral (3).

1524. Urbs media pro parte foco cōsumpta beati
Urbani colitur cū celebranda dies
Sunt cōbusta simul septē delubra novatū
1527. Quod divi monstrat pāthaleonis opus
Ergo christicole vros diffundite nūmos
Hoc opus ut vestra perficiatur ope. (1.)

3.

Plus bas, du même côté, est une autre inscription sous la fenêtre qui fait appel à la générosité des paroissiens (4).

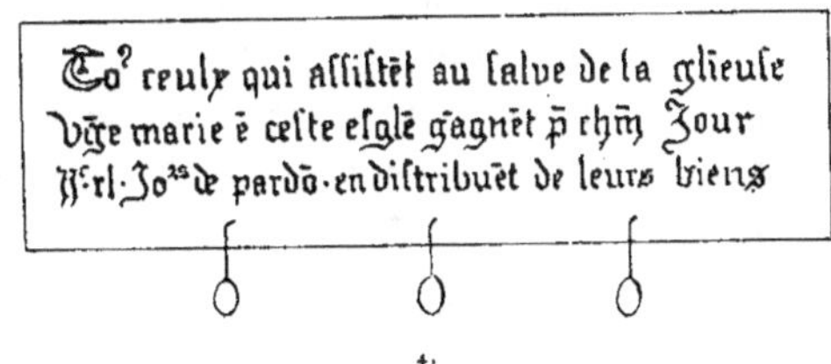
To' ceulx qui assistēt au salve de la glieuse
vge marie ē ceste eglē gagnēt p chū Jour
xl Jo^rs de pardō en distribuēt de leurs biens

4.

1. Albert Babeau. Les prédécesseurs de François Gentil, p. 18.

2. « Une moitié de la ville de Troyes a été consumée par le feu, le jour où l'on célèbre la fête de saint Urbain (25 mai). Sept églises ont été la proie des

La partie absidale du chœur et du sanctuaire fut construite vers 1560-1566. Elle se compose de grandes fenêtres cintrées, et les contreforts sont décorés de pilastres ioniques surmontés de corniches et de consoles portant les gargouilles.

Au-dessus et à la rencontre de la ligne verticale des contreforts, un joli vase se détache vers le ciel.

Sur les côtés des chapelles où les arcs-boutants se développent, ceux-ci viennent eux-mêmes s'appuyer sur la surélévation des murs de refend des chapelles latérales (5).

INTÉRIEUR. — LA NEF

En entrant dans l'église, on est saisi d'admiration par la richesse du brillant ensemble qui se présente à la vue. La peinture et la sculpture se prêtent un mutuel secours, où l'art et le génie de l'homme triomphe dans toute sa splendeur.

La nef se compose de trois travées. A la hauteur des fenêtres, une large galerie avec de puissants profils, qui lui servent d'appui, se développe sur tout le pourtour de l'édifice.

Les hautes fenêtres plein cintre de la nef, des transepts et du chœur sont décorées de grisailles à fond d'or.

Les piliers, de forme ondée, sont chargés de deux rangs de statues superposées. Les lignes verticales de ces piliers s'élèvent d'un seul trait jusqu'à la voûte, où s'épanouissent de puissants chapiteaux aux vigoureux feuillages, portant les arcs-doubleaux et les nervures de la voûte qui est en bois, et dans lesquels s'assemblent des feuillets de chêne qui forment le berceau de la voûte.

Malgré quelques incohérences architecturales, on ne peut s'empêcher d'admirer la magnificence et la beauté de l'édifice que nous allons décrire dans toutes ses parties.

flammes; la nouvelle construction de Saint-Pantaléon en garde le souvenir. Faites donc largesse, chrétiens, de vos aumônes, afin que, grâce à vous, cette construction soit menée à bonne fin. »

Les sept églises brûlées en 1524 étaient Saint-Jean-au-Marché, Saint-Jean-du-Temple, le Saint-Esprit, Saint-Pantaléon, Saint-Nicolas, Saint-Abraham et Saint-Bernard.

La première travée, restée inachevée, ne présente rien d'intéressant. Les arcades et les grandes fenêtres sont murées. Les contreforts et les arcs-boutants, à l'extérieur, sont restés dans l'attente.

5.

Au rez-de-chaussée, dans la nef à gauche, est la petite porte du sacristain, ouverte pour le service de l'église. Au premier étage, dans l'emplacement de la fenêtre, on a pratiqué une large ouverture jumelle pour éclairer la tribune de l'orgue.

A droite, est la porte de la sacristie et, sur la galerie du premier étage, est celle de l'organiste.

La face occidentale, occupée par le buffet de l'orgue, est sans intérêt. Il est établi sur une tribune un peu au-dessous de la galerie. Cette tribune est supportée par de monstrueuses consoles qui servent à dissimuler la charpente sur laquelle l'orgue est édifié. Jadis l'orgue était placé dans le transept sud. Depuis 1514, il y avait des organistes attitrés, entre autres, Jean Aubert, dit Savin, et Jean Vireloup. Au XVIIe siècle, nous voyons dans le nombre des organistes Louis Lebé, qui était facteur d'orgues.

Le nouvel orgue, posé en 1745, était de la facture de François Mangin, Troyen. Depuis, il fut renouvelé et agrandi aux frais de la fabrique [1].

Au-dessus, et dans l'embrasure de la fenêtre du portail, est un grand tableau représentant la Résurrection du Sauveur.

Le Christ s'élève au ciel avec une remarquable élégance de forme.

Au bas de cette peinture, à gauche, est le blason du donateur, surmonté d'une couronne. Ce blason est complètement barbouillé de teinte neutre, qui en détruit tous les détails et nous met dans l'impossibilité de faire connaître le nom du généreux donateur, ainsi que celui de l'auteur.

Autrefois, ce tableau faisait partie du retable du maître-autel; supprimé à la Révolution, il fut remplacé par une peinture représentant le même sujet; depuis la reconstruction du nouveau retable, ce tableau a été vendu à l'église de Sommeval, commune du canton de Bouilly, où nous l'avons vu et où il a repris sa place sur le maître-autel du sanctuaire.

Sur le tambour de la porte du grand portail est un tableau qui porte à gauche la signature MONIER *pinxit,* et qui représente, croyons-nous, le martyre de sainte Ursule et de ses compagnes.

Au milieu du tableau, la sainte, vêtue de blanc et de bleu, est debout, les yeux au ciel; elle a la cuisse droite traversée d'une

1. Albert Babeau, *l'Église Saint-Pantaléon,* p. 34.

flèche, et un soldat va la percer de son javelot [1]. Une autre vierge implore pour la sainte la pitié de son bourreau. Dans le ciel, deux anges apportent une couronne et des palmes pour les martyres.

A gauche, une vierge, vêtue de rouge, tenant à la main gauche une flèche brisée toute dégouttante de sang, est modestement endormie du sommeil de la mort, la tête appuyée sur son bras droit. Au-dessus d'elle, un petit épisode représente une jeune fille qui s'enfuit et qu'un soldat saisit par les cheveux, tandis qu'une autre, à genoux, semble vouloir la défendre contre le bourreau.

A droite, une autre martyre, voilée de bleu, repose sur le sol sa tête inanimée. Plus haut, une autre vierge, les mains jointes, va recevoir le coup de la mort d'un soldat qui la saisit par le sommet de la tête.

Ce tableau ne manque pas de valeur.

Au-dessus de la porte de la sacristie, un autre tableau représente Madeleine prosternée aux pieds de Jésus, chez Simon le Pharisien. Cette peinture, signée MEUSNIER *pinxit* 1694, est des plus médiocres.

Il n'en est pas de même du tableau placé au-dessus de la porte du sacristain, qui représente Jésus chez Marthe et Marie. Tandis que Madeleine est assise aux pieds de Jésus, les serviteurs font tous les préparatifs du repas, et Marthe, mécontente, se plaint de l'inaction de sa sœur. Dans cette remarquable peinture, il y a des détails d'un réalisme curieux, comme il s'en rencontre peu dans nos églises.

Citons enfin deux médaillons en grisaille placés des deux côtés du tambour. Celui de droite représente un ange protégeant un enfant qui se blottit contre lui, et lui montrant le ciel. Celui de gauche est l'image de saint François de Paule, fondateur des Minimes, dont le nom est inscrit dans un cartouche avec cette devise tirée du livre des Cantiques : *Ordinavit in me charitatem.* De la main gauche, il tient un bâton, et, de la main droite, il serre sur

1. On lit dans la *Légende dorée :* « Lorsque les barbares, ayant tué les autres vierges, vinrent à sainte Ursule, leur prince, frappé de sa beauté, lui promit de l'épouser. Mais, comme elle s'y refusa, furieux de se voir dédaigné, il la perça d'un coup de flèche, et elle reçut ainsi le martyre. »

sa poitrine une pancarte qui porte ce mot dont il avait fait sa devise : CHARITAS.

1er PILIER DE LA NEF, *à gauche*. — Les premiers piliers de la nef, à gauche et à droite, se trouvaient engagés dans l'angle du mur de la façade, détruite en 1645. Isolés par suite de cette démolition, il a fallu les reconstruire et les mettre en rapport avec les piliers anciens de la nef, en y ajoutant une console pour recevoir une statue, et un dais pour l'abriter, ce dais servant en même temps de support à la deuxième statue.

Sur le pilier de gauche est représenté saint Joseph endormi. Près de lui, un petit ange nu, debout sur des nuages, porte la main gauche sur l'épaule de Joseph, pour l'éveiller, en lui annonçant qu'il faut fuir en Égypte, avec la Vierge et l'Enfant Jésus, pour éviter la vengeance d'Hérode.

Saint Joseph est représenté assis, la tête inclinée sur son bras gauche, qui repose sur un tronc d'arbre.

Il est vêtu d'une tunique d'ouvrier, nouée à la ceinture ; il a les pieds nus et les jambes en partie couvertes d'une espèce de jambière.

Cette figure intéressante est de François Gentil, le premier des sculpteurs troyens qui se soit affranchi des Écoles allemande et flamande, implantées à Troyes depuis le xve siècle.

Au début de sa carrière, Gentil chercha ses inspirations premières dans le monde où il vivait ; et c'est là le point de départ de ce que nous appelons la nouvelle école troyenne, qui a produit, à partir de la Renaissance, tant de merveilles.

Ce qui donne à cette statue de saint Joseph un certain mérite, quoiqu'elle soit un peu lourde d'aspect, c'est l'assoupissement des sens et le sentiment de suavité qui règne dans l'ensemble de cette figure.

L'ange est moins bien ; la position qu'il occupe, sur un pilier aux formes ondées, n'est pas faite pour le représenter d'une manière plus gracieuse et plus artistique.

Au-dessus de saint Joseph, un dais engagé dans le pilier et copié en partie sur ceux des anciens piliers ; plus haut est la croix de consécration enveloppée d'une couronne de feuillage, composition qui fait corps avec la console destinée à porter les statues du second rang.

Le saint qui occupe cette console ressemble beaucoup au type de l'apôtre saint Paul, avec sa longue barbe en pointe.

Sa pose contournée et par trop maniérée laisse beaucoup à désirer.

Le bras droit qui se détache complètement du corps pourrait bien avoir tenu une épée la pointe en bas, symbole de son genre de mort.

Cette statue nous paraît du XVIe siècle, mais elle est trop élevée pour qu'on puisse en déterminer complètement la provenance.

1er PILIER, *à droite.* — Le premier pilier à droite est décoré dans les mêmes conditions que le pilier qui lui fait face.

Sur la première console est assise une admirable statue représentant saint Jacques, frère de saint Jean l'Évangéliste.

Le saint repose sur son siège avec une certaine liberté de corps, et sa physionomie accuse une somnolence qui est la suite des fatigues d'une longue marche.

On sent que le saint pèlerin est heureux de trouver un moment de soulagement pour se reposer tout à son aise. L'ensemble offre une grande distinction dans la forme et la tête a une certaine noblesse. Saint Jacques le Majeur est toujours représenté chez nous sous les traits d'un vieillard à longue barbe; ici la figure de Jacques est fine, son regard doux, les paupières à demi closes montrent la faiblesse du voyageur. Un nez aquilin pincé par le bas. Une bouche entr'ouverte, comme d'un homme qui aspire le bien-être, complète cette expression si calme et si grande de mansuétude. Son front saillant, souligné de quelques rides, accuse un homme de cinquante ans, portant une jeune barbe en pointe qui se déroule en deux boucles à la pointe de son menton.

Il y a donc dans ce visage une recherche de détails qui annonce l'étude toute particulière d'un portrait, dont l'auteur s'est attaché à reproduire une ressemblance parfaite.

Toutes ces qualités confirment la tradition qui, en attribuant cette œuvre à Dominique le Florentin, suppose que le sculpteur se serait représenté sous les traits de saint Jacques (6).

De la main droite, le saint tient son bâton de pèlerin; en même temps il maintient appuyé sur son genou droit un livre orné d'une plaque de cuivre avec figure d'ange voyageur en demi-relief; cet ange doit être l'ange Raphaël, patron des voyageurs et des pèlerins. La belle chevelure du saint est maintenue au-dessus du front par la rosette d'un ruban, elle est nouée en chignon par derrière, et son chapeau de paille tressée est suspendu sur son dos; sa robe, relevée sur le devant, laisse voir les jambes nues et ses pieds chaussés de sandales avec cordons.

Cette robe est retenue par une ceinture dont l'agrafe est formée d'ornements représentant un homme et une femme adossés, assis, les jambes étendues et les bras entre-croisés.

Il n'y a pas de statues de Dominique qui ne soient décorées d'orfèvrerie, car le Florentin excellait au plus haut degré dans ce genre de décoration.

Avant la Révolution, cette intéressante et remarquable statue était placée dans la niche du retable de la chapelle Saint-Jacques, au milieu de toutes les richesses décoratives qui rappellent l'École de Fontainebleau.

Dans l'instant où nous écrivons ces lignes, nous apprenons qu'il est fortement question de remettre cette statue dans la place primitive qu'elle n'aurait jamais dû quitter. C'est ce que nous avons fait sur notre dessin. Voyez page 371.

Dominique del Barbiere, dit Dominique le Florentin, était né à Florence en 1501, d'autres disent en 1506. Le Primatice, chargé de diriger la construction du château de Fontainebleau, connaissant les aptitudes et le talent de Dominique, le fit venir à Fontainebleau pour décorer le château. Dominique était à la fois sculpteur, peintre, architecte, graveur et habile mosaïste.

A la mort de François Ier (1547), les travaux furent suspendus pendant deux ans. C'est probablement à cette époque qu'il vint s'établir à Troyes et qu'il maria ses deux filles. En 1548, son nom figure déjà sur les rôles des impositions.

Mais il est certain que Dominique avait des relations avec Troyes bien avant cette date, et qu'il y travaillait pendant le chômage des grands travaux de Fontainebleau.

6. DOMINIQUE LE FLORENTIN, STATUAIRE.

Ce qui le confirme, c'est qu'il fit le voyage de Polisy avec le Primatice pour décorer le château ou la chapelle mortuaire de la famille de Dinteville, propriété appartenant à cette époque au fastueux François II, évêque d'Auxerre, ambassadeur à Rome (1531-1532). Ne pourrait-on pas voir dans cette simultanéité que les deux grands artistes italiens ont eu des relations avec l'ambassadeur de François Ier soit à Rome, soit à Florence? Ce fut sans doute le point de départ de leur présence à Fontainebleau et à Troyes.

La Bibliothèque nationale possède plusieurs gravures de Dominique le Florentin; il en est une qui nous intéresse plus particulièrement. C'est la belle gravure représentant le martyre de saint Étienne.

Au bas de la dalmatique que porte saint Étienne est le blason de la famille des Dinteville, ce qui vient encore à l'appui de notre précédente observation, et qui constate une fois de plus des relations anciennes de notre artiste avec cette grande famille.

En 1548, Dominique fut chargé, par l'échevinage de Troyes, d'organiser les préparatifs nécessaires à l'entrée et à la réception d'Henri II et de Catherine de Médicis.

Plus tard, 1563 et 1564, il en fut de même pour l'entrée de Charles IX; cette fois, il s'adjoignit François Gentil comme collaborateur [1].

En 1549-1550, il construit le jubé de l'église Saint-Étienne, détruit à la Révolution. Il exécuta ces travaux de concert avec Gabriel Favereau, son gendre.

A partir de 1555, Dominique reprend sa place à Fontainebleau, ce qui ne l'empêche pas de partager son temps avec Troyes, Meudon, Joinville et Saint-Denis.

Vers 1550, Dominique fut le collaborateur de Germain Pilon, en exécutant le socle du fameux groupe des trois Grâces, ainsi que le vase de cuivre que portaient ces trois figures et dans lequel était renfermé le cœur de François Ier.

A Joinville, il exécuta, assisté de Jean Picart, le mausolée du grand Claude de Lorraine, duc de Guise. C'était l'un des plus magnifiques tombeaux de France. Il fut terminé de 1553 à 1555 [2].

1. Albert Babeau. Consulter son intéressante biographie de Dominique le Florentin. Paris, Plon et Cie, 1878.

2. Louis Gonse, *la Sculpture française depuis le XIVe siècle* (Imprimeries réunies, May et Motteroz, 1895).

A Saint-Denis, en 1565, il est chargé du modèle en terre de la statue d'Henri II, représenté en priant; pour ledit modèle fondu en cuivre, représentant l'effigie du roi à genoux sur la plate-forme du monument (7), il reçoit la somme de cent livres. L'œuvre fut terminée en 1570[1].

Vers cette date, Dominique terminait le portail de Saint-Nizier, dont la maçonnerie avait été confiée à Gabriel Favereau, son gendre.

7. HENRI II SUR LA PLATE-FORME DE SON TOMBEAU PAR DOMINIQUE LE FLORENTIN[2].

C'est donc à partir de 1572 ou 1574 qu'il faut placer avec une certaine assurance la mort de Dominique le Florentin.

Après avoir donné trente-cinq ans de sa vie à sa ville d'adoption et décoré ses monuments par des chefs-d'œuvre, qui font l'admiration des hommes de goût et des artistes de toute condition, et avoir rempli en même temps ses devoirs de bon citoyen, n'était-il pas de toute justice de rendre à ce grand artiste un éclatant témoignage

1. Le comte de Laborde, *la Renaissance des arts*.

2. Gravure extraite de la *Monographie de l'église Saint-Denis*, par le baron de Guilhermy et Ch. Fichot.

de reconnaissance, en inscrivant son nom à l'entrée d'une rue de la paroisse Saint-Pantaléon, église qui fut sa paroisse, et sur les murs de laquelle il développa la grandeur et la puissance de son génie?

D'après la tradition, Dominique aurait été inhumé devant la chapelle Saint-Jacques, c'est-à-dire dans le bas côté nord où nous remarquons une petite pierre sur laquelle sont gravés deux ciseaux en sautoir, ce qui indiquerait, d'après la légende, l'entrée de son caveau.

2e PILIER, *à gauche.* — Les consoles des deux premiers piliers de l'ancienne nef étaient autrefois occupées par un groupe de trois grandes figures qui formaient, par leur importance, comme l'entrée triomphale de la nef.

Aujourd'hui, et depuis l'agrandissement de la nef actuelle, ce premier pilier de jadis est devenu le second.

Sur la console de ce pilier s'élevaient trois figures représentant saint Sébastien arquebusé par deux bourreaux, œuvre de François Gentil, vers le milieu du XVIe siècle.

Depuis le nouveau placement de ces deux statues, saint Sébastien a repris sa place; de chaque côté du saint martyr étaient placés ses deux satellites, dont un est resté ignoré jusqu'à ce jour, depuis soixante-dix ans, dans le jardin de la maison curiale.

Saint Sébastien, posé isolément sur cette console, perd beaucoup de son intérêt, surtout à cause d'une certaine faiblesse dans l'exécution, faiblesse qui disparaîtrait en partie s'il était accompagné de ses deux bourreaux.

Saint Sébastien est représenté nu, les deux bras attachés derrière le dos; plusieurs trous de flèches dans les chairs rappellent le supplice auquel il fut condamné par l'empereur Dioclétien.

La console de ces statues était sculptée avec une grande richesse de détails et un arrangement qui dénote tout le caractère de l'École italienne.

Elle se compose actuellement de quatre arcatures qui renfermaient des bustes des quatre grands prophètes, sortant à mi-corps de la niche à coquille qui leur servait de refuge.

Ces bustes ont été complètement martelés, si bien qu'il n'en reste plus que les contours.

Cette console se termine par de petites arcatures formant galerie, où étaient rangées de jolies figurines minuscules.

Au-dessus de la statue de saint Sébastien, s'élève un dais de la Renaissance affreusement mutilé. Dans son ensemble, il formait trois arcatures trilobées, une pour chacun des personnages; surmonté d'arabesques et de vases brisés, avec voussures et nervures; ces arcatures sont occupées, celle du milieu par un aiglon aux ailes éployées, les autres par deux griffons affrontés.

Au-dessus de la croix de consécration, la seconde console porte une figure d'un beau style archaïque, que la chronique du jour considère comme étant la statue de saint Roch. Né à Montpellier vers la fin du XIIIe siècle, saint Roch abandonna ses biens pour aller à Rome visiter les tombeaux des Apôtres. Pendant son voyage, il se trouva dans des villes ravagées par la peste. Puis, arrivé à Plaisance, il est lui-même atteint du mal contagieux.

La représentation de l'effigie de saint Roch ne se reproduit dans nos pays que vers la fin du XVe siècle, époque où il était invoqué contre la peste qui sévissait dans cette contrée. Il est vêtu en pèlerin, accompagné de son chien et de l'ange descendu du ciel qui le guérit, par un simple attouchement, d'une plaie cancéreuse qu'il portait à la cuisse.

Rien dans ce groupe ne nous rappelle le costume de pèlerin, ni l'animal caractéristique qui lui est propre et que les générations n'ont pas oublié. *Qui aime saint Roch aime son chien* [1].

En outre, on ne voit pas, comme à l'ordinaire, la jambe nue, où se trouve la plaie cancéreuse que l'ange venait guérir.

Ici l'ange a-t-il perdu ses ailes pendant son déplacement? Le rabot a-t-il fait disparaître les cassures qui sont aujourd'hui adroitement dissimulées dans les plis de la robe de l'ange?

Cet ange offrait au saint personnage qui est devant lui quelque chose qu'il est impossible de préciser, à cause des réparations maladroites des deux mains qui ont été scellées avec du plâtre.

1. R. P. Cahier, Caractéristiques des saints.

Au milieu de toutes ces conjectures, voici notre avis : ce prétendu saint Roch serait plutôt saint Joseph conversant, dans une promenade, avec l'Enfant Jésus, représenté ici à l'âge de douze ans, tenant un livre ouvert à la main.

La tête inclinée, le regard baissé sembleraient indiquer que saint Joseph suit avec beaucoup d'attention la lecture d'un passage du livre que l'Enfant Jésus tenait de sa main droite.

Le dais qui recouvre cette seconde statue s'élève en forme de tour à trois étages, jusqu'à la hauteur de la console de la galerie de l'édifice. Les fenestrages et les rampants de ce joli dais sont traités avec une grande finesse.

2e PILIER, *à droite.* — La console de ce pilier répète absolument celle qui lui fait face, et elle est aussi disposée de façon à recevoir trois statues.

Ces trois figures étaient Jésus présenté au peuple par Pilate, groupe qui est actuellement à l'entrée du Calvaire ; la troisième figure a disparu.

La base de cette console se compose d'une arcature cintrée divisée en quatre parties, dans lesquelles étaient placées de petites figurines qui n'existent plus.

Les pilastres qui les divisent portent un entablement sur lequel s'élève la grande console en forme de pavillon. Son évasement se divise de la même manière, en quatre parties, par des pilastres portant la corniche du couronnement.

Ces divisions sont occupées par des niches à coquille dans lesquelles ressortaient, en haut relief, les bustes de saint Pierre, de saint Paul, de saint Mathieu et de Zachée.

Sur la plate-bande de la corniche, nous lisons ce distique latin au-dessus du compartiment qui renferme saint Pierre :

SVM · SYMON · INDE · PETRUS · CHRISTO · DICTANTE · VOCAT?
CVI · REGNI · CLAVES · CREDIDIT · ILLE · DEVS ·

Je suis Simon, qui fus ensuite nommé Pierre par Jésus-Christ;
C'est à moi que le Fils de Dieu a confié les clefs de son royaume.

Au-dessous de la figure de saint Pierre :

I · PE ·

Première épître de saint Pierre.

DEVM · TIMETE ·

Craignez Dieu.

Saint Paul. — 2e compartiment. On lit ce distique :

SAVLVS · EGO · FIDEI · PRIMO · LAPIDATOR · AB · EVO ·
NV̄C PAVL⁹ · PRECO · SERV⁹ · ALVN⁹ · EGO

Je fus Saul, et, dès ma première jeunesse, je lapidai les disciples de la foi chrétienne : aujourd'hui je suis Paul et je suis le disciple, le serviteur et le prédicateur de la foi.

Sous la figure de saint Paul :

AD · COLO · 3°.

Épître aux Colossiens, chap. 3.

NOLITE MÊTIRI · ÎVÎCE ·

Ne vous trompez pas les uns les autres.

Saint Mathieu. — 3e compartiment. On lit ces deux vers latins :

SVM · MATTHE⁹ · EGO · QVÔD · P̂ · FENORE · DIVES ·
NV̄C · DN̄I · SOCI⁹ · FRATER · AMIC⁹ · EGO ·

Je suis Mathieu, et je fus autrefois riche par l'usure : maintenant, je suis le disciple, le frère et l'ami du Seigneur.

Sous la figure de saint Mathieu :

MATH · 8.

Évangile de saint Mathieu, chap. 8.

PETITE · DABITR VOb.

Demandez et l'on vous donnera.

Zachée. — 4e compartiment. On lit ce distique :

ET · ZACHE⁹ · EGO · PVbLICANI · NOMINE · GAVDENS ·
AbIECTIS · DN̂M · FRAVDIb⁹ · IP̂E · SEQVOR ·

Je suis Zachée, et je portais jadis le nom de Publicain : aujourd'hui, j'ai renoncé à la fraude et je suis le Seigneur.

Au bas de cette figure :

LVCE · 19°.

Évangile de saint Luc, chap. 9.

REDDO · QDRVPLVM ·

Je rends le quadruple.

Le sculpteur a gravé, au milieu de la console, la date de son œuvre : 1530.

Sur cette console, s'élève une remarquable statue de sainte Barbe, datant de la fin du XVe siècle, ayant tout le caractère de l'École flamande. Cette belle statue est placée trop haut. De la nef, le livre qu'elle tient de la main gauche lui cache le visage, précisément du côté où elle se présente le mieux. Nous avons été obligé de monter sur les bancs pour lui bien dégager la figure sur notre dessin, avec l'intention de saisir le type des femmes de la Flandre occidentale.

Le costume lui-même est une représentation exacte des vêtements de cette époque, avec toute la richesse de ses détails ; corsage taillé carrément sur la poitrine et se terminant en pointe.

Ceinture flottante; sur la rosette de la ceinture, un petit camée suspendu.

Les manches et la bordure du corsage ornées de guipures et richement gaufrées.

La robe, ouverte sur les côtés et retroussée, laisse voir la robe de dessous et les bouts ronds de ses chaussures.

De sa main droite, cette admirable statue portait une palme indiquant une mort de tourments endurés pour la religion chrétienne, dont il reste encore un fragment entre les doigts de la main droite.

Sur la tête de cette statue est un cercle en métal bien accusé dont on a enlevé les meubles héraldiques, pouvant indiquer son origine et sa qualité. La légende de cette vierge martyre ne nous apprend rien de sa naissance. Nous savons seulement qu'elle fut

CH. PICHOT

renfermée pendant trois ans dans une tour et décapitée par son père[1].

Son abondante chevelure se développe en trois bourrelets maintenus par une résille richement perlée qui se voit parfaitement de profil. Cette statue a été baptisée du nom de sainte Hélène, uniquement à cause de la couronne qu'elle porte. Mais le sculpteur avait pris ses précautions pour qu'on ne pût se tromper sur le vrai nom de la sainte. Sur la frange de son manteau, à gauche, on lit en belles lettres de fantaisie : BARBARA ; à droite, il y avait peut-être le mot REGINA. Sur le collier que porte la sainte on lit à gauche, en caractères flamands, BARBE ; à droite, MARIE (8).

Au-dessus de cette statue est un grand dais de la Renaissance qui répète

8.

1. Cette tour légendaire a probablement disparu pendant les événements de 1789. Les plus intéressantes de ces statues que nous avons déjà rencontrées sont celles de Villeloup, t. Ier, p. 211, de Villy-le-Maréchal, t. Ier, p. 477. Elles portent toutes deux des couronnes fleurdelisées. Il en est de même pour celle de Saint-Jean, t. IV, p. 104. Et les tours qui les accompagnent ont un certain intérêt architectural.

celui qui lui fait face. Mais il est en même temps dans les mêmes conditions de mutilation, avec quelques détails précieux pour sa reconstruction. Dans tout ce désordre s'enchevêtrent la croix de consécration et les profils de la deuxième console.

Sur cette console repose une charmante statue du commencement du XVIe siècle; sur le socle on lit : S. IVLIAN. Saint Julien de Brioude est représenté tout couvert de son armure de guerre, damasquinée et ciselée, la tête couverte du casque appelé salade que portaient les gens de guerre à cheval, le coutelas passé à la ceinture et l'épée au côté, les épaules couvertes d'un long manteau qui lui descend jusqu'aux pieds; il tient un livre de la main gauche et, de la main droite, il tenait une lance de combat actuellement brisée.

Aux pieds du saint, à droite, est un écusson sur lequel on voit en relief le monogramme du donateur (9).

9

Au-dessus de cette belle figure, un dais enrichi d'ornements de la Renaissance; dans les angles un petit socle portant des vases. De ce dais, se dégage une tour carrée avec fenestrages et entablement qui se répètent sur toutes les faces, supportée par des colonnes accouplées.

Sur le tout, une tour ronde se reliant à la voussure de la galerie.

3e PILIER, *à gauche.* — La console de ce pilier porte le cachet de transition qui marque la première période de la Renaissance : on y voit le reste des vieilles traditions d'un bel art qui s'étiole; sa décoration représente des blasons reliés entre eux par des rubans et des anges pour supports. Toutes ces sculptures sont endommagées et s'effritent; et les nervures finales de cette console, qui se perdaient dans la masse de ce pilier, ont été coupées, pour y placer le banc-d'œuvre des marguilliers, supprimé en 1836.

Sur cette console on éleva un tertre en maçonnerie pour asseoir une Notre-Dame de Pitié, une des œuvres les plus remarquables de cette église. Cette statue, selon le témoignage de Courtalon, t. II, p. 320, accompagnée de deux anges, formait l'amortissement du maître-autel de Saint-Pantaléon, qui a été détruit à la Révolution. Sur le socle de cette statue était une inscription qui constatait que

Toussaint Concibert en était l'ouvrier et qu'il le posa en 1606[1].

Rien n'est plus vrai que la pose et le mouvement gracieux de cette remarquable statue, que l'ajustement des draperies, un peu sèches, mais chiffonnées avec coquetterie, et rien n'est plus beau que le visage, où règnent tant de douceur et de mélancolie.

N'oublions pas, à côté de toutes ces qualités, le trop de jeunesse dans la physionomie et l'absence complète de sentiment d'une profonde douleur que doit éprouver une mère devant le supplice et la mort de son fils.

Le dais qui recouvre cette belle statue présente un développement assez grand pour abriter plusieurs figures. Ce dais n'a pas souffert la moindre mutilation et son exécution est d'une remarquable finesse.

Il se compose de trois arcatures tréflées, surélevées de fenestrages surmontés de frontons triangulaires; au-dessus des trois arcades, dans le milieu des tympans, est une tête de chérubin qui regarde par une petite ouverture ronde, puis se développent de riches rinceaux sur les rampants des gâbles.

Dans les angles de ces trois arcatures s'élèvent des tours rondes

1. A propos de cette statue, nous lisons dans Grosley, t. Ier, p. 294, et dans Courtalon, t. II, p. 254 : « L'église des Cordeliers renferme une *Mater dolorosa* que Girardon regardait comme le chef-d'œuvre de Gentil et de Dominique. Les connaisseurs désireraient que l'air de la tête ne fût pas si jeune. » Cette dernière phrase indique bien qu'elle s'adresse d'une manière toute particulière à la Notre-Dame de Pitié, aujourd'hui à l'église Saint-Pantaléon, et n'a aucun rapport avec celle exécutée par Toussaint Concibert.

Nous joignons à cette note cette restriction, que cette belle figure n'a absolument rien du talent de Dominique et de Gentil.

Patris Dubreuil, qui écrivait en 1811, dit, en parlant des Cordeliers (t. II, p. 217), et répète ensuite dans ses notes, 319, 2, que cette Notre-Dame de Pitié est à Saint-Pantaléon avec le groupe de saint Crépin et de saint Crépinien.

Si nos souvenirs ne nous font pas défaut, nous croyons que le groupe du sculpteur Toussaint Concibert est actuellement dans l'église de Vauchassis.

Il a repris sa place et forme comme à Saint-Pantaléon l'amortissement du maître-autel. Celui-ci est d'une grande richesse de marbre, de cuivre ciselé et de dorure.

Encore deux remarquables sculptures que la Révolution a transportées loin du monument auquel elles étaient destinées.

ajourées par de fins fenestrages, accompagnés de contreforts qui viennent se relier avec les pilastres des trois arcatures.

Les tourelles se terminent par une couverture en forme de dôme sur laquelle s'élèvent des lanternons ajourés qui se perdent dans la décoration de la console du deuxième rang.

Cette console octogonale, profilée avec pendentifs, porte sur la face centrale la croix de consécration, entourée d'une couronne maintenue par des anges d'une grande finesse d'exécution, et appartenant à l'École italienne. Il se pourrait bien que la statue de saint Nicolas, de Dominique, placée aujourd'hui dans le chœur, fût jadis placée sur la première console de ce pilier, comme nous le verrons par la suite.

Au-dessus de cette deuxième console est placé un Christ en bronze faisant face à la chaire.

3e PILIER, *à gauche*. — Pour placer l'ancienne chaire qui n'était qu'un meuble sans valeur, on brisa toute la première console de ce pilier.

Au-dessus de l'abat-voix de la chaire actuelle, on voit encore une partie du dais qui recouvrait la statue; il est facile de se rendre compte, par ce qui reste, de l'importance et du mérite de cette décoration; ce dais avait beaucoup d'analogie avec celui qui lui fait face, comme exécution, comme arrangement et comme richesse.

Au-dessus de la seconde console est un Christ triomphant, de François Gentil. Autrefois on le voyait sortant de son tombeau, au milieu de ses gardiens; aujourd'hui, le tombeau et les gardes ont disparu.

PEINTURES DE LA NEF

Toutes les peintures de la nef sont de Jacques Carrey, peintre d'histoire, élève de Le Brun et graveur, né à Troyes le 12 janvier 1649, mort à Troyes le 19 février 1726. Il fit un long séjour en Orient, attaché à M. Ollier de Nointel, ambassadeur à Constantinople. Carrey parcourut la Grèce, l'Asie Mineure et la Palestine. Il revint en France avec M. de Nointel, et après la mort de Le Brun,

Carrey revint à Troyes en 1690, où il peignit beaucoup de tableaux pour les églises[1].

Les six tableaux exécutés par Carrey en 1720 pour la paroisse dont il était marguillier représentent la vie et la légende de saint Pantaléon; ils occupent par leur dimension toute la surface de l'arc ogival de chacune des travées.

Saint Pantaléon, célèbre médecin à Nicomédie, converti par le prêtre Hermolaüs, joignit aux ressources de sa science le don des miracles. Cela parvint aux oreilles de l'empereur Maximin, qui voulut ramener au culte idolâtrique ce néophyte influent. Nul supplice ne fut épargné pour un tel résultat[2].

C'est toute cette persécution dans toute son horreur que notre artiste troyen nous développe sous les yeux avec un véritable talent.

L'ordre de ces peintures a été mal établi. Elles devraient se décrire de gauche à droite; mais, pour suivre la légende historique, nous sommes obligé d'établir cette description de droite à gauche.

1er TABLEAU, *à droite.* — Saint Pantaléon guérissant un aveugle qui est accompagné de sa femme avec un jeune enfant sur les bras. Un autre enfant déjà grand soutient son pauvre père. Un chien, assis par terre, porte au cou une chaîne qui est attachée à la ceinture de l'aveugle. Le père du saint, pris de saisissement, lève les bras devant le miracle qui s'accomplit sous ses yeux. Derrière le saint, la foule émerveillée. Un ciel assombri s'éclaire par un rayon lumineux.

Dans le fond du paysage, sur le bord d'un fleuve, un petit épisode représente le père de saint Pantaléon baptisé par le prêtre Hermolaüs.

Cette scène est vraiment touchante.

2e TABLEAU, *à droite.* — Saint Pantaléon guérissant un paralytique. L'empereur Maximin sur son trône assiste à cette guérison; près de lui ses satellites et des soldats. Le père du saint est debout auprès de l'empereur.

3e TABLEAU, *à droite.* — Cette peinture occupe la première

1. Émile Socard, Biographie des personnages remarquables de Troyes et du département.

2. R. P. Cahier.

travée du chœur. Saint Pantaléon, encore catéchumène, ressuscite un adolescent qui avait été mordu par un serpent; le serpent est frappé de mort. Un épisode, à droite, montre le saint recevant les leçons du prêtre Hermolaüs; un autre, à gauche, représente son baptême.

1er TABLEAU, *à gauche.* — Saint Pantaléon, plongé dans une chaudière de plomb fondu, adresse à Dieu, qui lui apparaît dans le ciel sous les traits du saint vieillard Hermolaüs, une prière pour implorer son secours. Deux bourreaux attisent le feu. A droite, un personnage semble l'exhorter à revenir au culte de l'idolâtrie. — Un épisode, à gauche, représente le saint déchiré par des ongles de fer. A droite, on le voit, une pierre énorme au cou, précipité dans la mer.

2e TABLEAU, *à gauche.* — Saint Pantaléon dans une fosse pleine de lions et de tigres. Le saint debout invoque le ciel au milieu des bêtes féroces, qui s'inclinent devant lui en rampant. Dieu lui apparaît, toujours sous les traits du prêtre Hermolaüs. A droite, sur une montagne, saint Pantaléon subit le supplice de la roue.

Ce tableau est un des plus remarquables.

3e TABLEAU, *à gauche.* — Ce tableau fait partie de la première travée du chœur. Le saint est à genoux pour avoir la tête tranchée; près de lui, par terre, on voit une épée ébréchée, qui s'était amollie comme de la cire quand le bourreau l'avait frappé. Sur l'ordre de l'empereur, qui est à gauche du tableau, le bourreau, armé d'une autre épée, la lève sur le saint pour lui donner le coup mortel.

Pour suivre exactement la vie de saint Pantaléon, il faut commencer par le tableau qui est à droite, à l'entrée du chœur, puis descendre la nef du même côté, ensuite la remonter du côté gauche, et enfin terminer par le tableau qui est à l'entrée du chœur, à gauche.

VERRIÈRES DE LA NEF, COTÉ GAUCHE

1re TRAVÉE. — Grande fenêtre murée, dans laquelle on a pratiqué deux fenêtres jumelles, vitrées de verre blanc.

2e TRAVÉE. — Fenêtre occupant toute la travée divisée en quatre jours, vitrée en blanc avec bordures de couleur.

Dans le deuxième et le troisième jour, on lit cette inscription :

CETTE VITRE A ESTE ENTIÈREMANT CASSÉE
PAR L'ORAGE QUI ARRIVA LE XI AOVST 1691 ET
REFAITE A NEVF DES DENIERS DE LA FABRIQVE
EN L'AN MIL SIX CENT QVATRE VINGT DOVZE

3ᵉ TRAVÉE. — Même division des meneaux.

Au bas de la verrière, on lit, dans le deuxième et le troisième jour :

HONORABLE HOMME FRANÇOIS FLOBERT
MARCHAND DE CETTE VILLE ET
HONESTE FEMME CLAVDE JOVRDAIN SON
EPOVSE ONT DONNE CETTE VITRE EN
L'ANNEE MIL SIX CENT QVATRE VINGT DOVZE

Aux deux côtés de l'inscription, sont les blasons des donateurs. A gauche le blason du mari, d'azur à un chevron d'or, accompagné de deux flammes et d'un croissant surmonté d'une fleur, en pointe. Au chef de gueules, à deux étoiles d'or (10).

10.

A droite, le blason de la femme, d'azur à un chevron d'or, accompagné d'un croissant d'argent en pointe. Au chef de gueules à trois étoiles d'or (11).

11.

Ces deux blasons sont surmontés d'un heaume à lambrequins.

1ʳᵉ FENÊTRE, *à droite.* — Cette fenêtre est dans les mêmes dispositions que celle du côté nord, avec cette différence qu'elle est complètement murée.

2ᵉ FENÊTRE. — Celle-ci est complètement obstruée par la tour de l'église depuis son achèvement. Les meneaux de la fenêtre sont restés engagés dans la maçonnerie qui lui sert de clôture. Sur ce mur est une peinture décorative à grand effet qui occupe toute la surface de la travée. Elle représente le sacrifice d'Abraham.

1re *lancette.* — Isaac, agenouillé avec résignation, attend le coup mortel.

2e *lancette.* — Celle-ci est occupée par Abraham, qui, le bras levé, le sabre en main, se dispose à frapper son fils.

3e *lancette.* — Un ange apparaît dans le ciel. Abraham semble frappé de stupeur.

4e *lancette.* — Un bélier de forte taille cherche à se débarrasser d'un buisson dont les épines l'étreignent.

Cette peinture est d'une exécution gigantesque et pleine d'énergie. Elle aurait besoin de certaines retouches par un artiste de talent, ayant soin dans sa restauration d'y mettre une certaine délicatesse, en respectant l'œuvre d'un maître.

3e FENÊTRE. — Celle-ci est vitrée de verre blanc dans sa partie supérieure.

1re *lancette.* — Saint Joseph tenant un lis de la main droite, sur son bras gauche est assis l'Enfant Jésus, portant le globe du monde.

Au-dessous du saint sont les armes du donateur. D'argent à un chevron d'or accompagné de trois larmes d'argent. Au chef de trois étoiles d'or (12).

12.

2e et 3e *lancettes.* — L'ange Gabriel annonçant à Marie qu'elle sera la mère du fils de Dieu. La sainte Vierge debout et profondément inclinée, devant son prie-Dieu, couvert d'un riche baldaquin de brocart.

On lit au bas de ces deux lancettes :

HONNESTE FEMME CLAVDE SOREL
VEVFVE D'HONABLE HOMME INNOCENT
POVPOT VIVANT MARCHAND DRAPIER
A DONNE CETTE VISTRE EN L'AN 1675

4e *lancette.* — Saint Claude, évêque, patron de la donatrice. Il est vêtu d'une robe de moine, parce qu'il abandonna son épiscopat pour vivre retiré du monde. Sur ce vêtement est une chape brodée d'or. Il tient de la main droite un livre ouvert et sa crosse de la main gauche.

A ses pieds, sa mitre placée sur un coussin en signe d'humilité.

Au-dessous de la figure de saint Claude, le blason de Claude Sorel, la même que nous avons déjà citée pour sa générosité à l'achèvement de l'église.

13.

Ce blason est d'argent à un chevron accompagné de trois croix tréflées, le tout d'or (13).

Dans les écoinçons de la fenêtre, des anges en adoration.

BAS COTÉ SEPTENTRIONAL

Sur le mur de la première travée du bas côté nord, appuyé contre le logement du sacristain, est accroché un grand tableau représentant sainte Thérèse, en carmélite, les yeux levés vers le ciel où, dans un rayon lumineux, l'on voit l'Esprit saint sous forme de colombe, et sept langues de feu qui indiquent les sept dons du Saint-Esprit dont elle fut remplie. Cette peinture, assez curieuse par le sujet, n'a point de mérite artistique.

1re CHAPELLE. — Cette chapelle est consacrée aux fonts baptismaux. Au-dessus de l'autel est un médiocre tableau représentant le baptême du Sauveur. C'est une mauvaise copie du tableau de Mignard, à Saint-Jean.

A gauche, dans l'encoignure de cette chapelle, est la tourelle d'angle de l'ancienne façade.

L'arc surbaissé de la porte d'entrée est profilé et surmonté d'une contre-courbe s'élançant jusqu'à la voussure de l'escalier, qui se développe avec une rampe à l'intérieur de l'édifice. Celle-ci, d'une exécution fantaisiste, se compose d'entrelacs feuillagés qui s'entrecroisent pour former des trilobes qui se réunissent à une rose centrale.

La sculpture, un peu négligée, n'en offre pas moins un petit coin rustique et pittoresque.

Sur le mur de refend de cette chapelle est un retable d'une composition architecturale qui appartient à l'École de Fontainebleau, comme toutes celles qui vont suivre.

Un peu au-dessus de l'emplacement de l'ancien autel est une corniche avec entablement qui s'arrondit en retour sur le pilier de ce bas côté.

La frise de cet entablement se divise en quatre parties par de petites figures de chérubins qui soutiennent une suite d'arabesques d'une exécution merveilleuse.

Sur cette corniche repose une statuette de la Vierge-Mère, de la fin du XVe siècle. Aux deux extrémités de ce retable s'élèvent des colonnes portant un dais en saillie et à trois faces cintrées, dont les angles sont renforcés par deux pilastres; dans chacune des trois ouvertures de l'arcature cintrée, deux cygnes aux formes héraldiques soutiennent sur leurs ailes et leur cou un petit tillet, sans inscription.

Au-dessus de l'entablement, deux colonnes accolées supportent l'entablement du second étage, dont les arcatures renferment des têtes de chérubins. Ces arcatures forment une niche large et profonde.

Au-dessus des ouvertures cintrées est un fronton triangulaire qui vient couronner le petit édifice. Enfin le troisième étage s'élève en deux parties, formant des dômes superposés, jusqu'à l'intrados de la voûte de cette chapelle.

Trois cygnes aux formes fantaisistes soutiennent le couronnement de cet édicule.

Nous n'hésitons pas à reconnaître, dans la composition de cette merveilleuse sculpture, l'auteur des richesses sculpturales de Fontainebleau, Dominique le Florentin.

Dessous l'entablement qui sert de base à cette décoration est une peinture représentant l'*Ecce homo*.

A gauche de l'autel, la cuve baptismale, en marbre gris veiné, de la fin du XVIIIe siècle.

Au pied de l'autel est une dalle en marbre noir, portant ce fragment d'épitaphe :

CY GISENT NOBLES PERSONNES
NICOLAS...
BOVRGEOIS DE TROYES

ET dame... sa fẽme laqvelle
deceda le... daovst

. . . .

PRIES DIEV POVR
EVLX.

2e CHAPELLE, dite *chapelle Saint-Jacques.* — Le beau retable de la chapelle Saint-Jacques n'est pas une œuvre architecturale dans toute l'acception du mot. Il y a dans son ensemble des défauts de structure qui choquent à première vue. C'est une remarquable et intéressante composition décorative exécutée avec une audacieuse témérité d'esprit; une page enrichie de détails merveilleux, échafaudage de sculpture qui, de sa base, va se perdre avec éclat dans les profondeurs de la voûte, impression sensationnelle qui vous captive, vous entraîne à l'admiration, et que l'on quitte des yeux avec regret.

Voilà, en un mot, quelle est notre première impression.

Le retable de cette chapelle se compose, à son point de départ, d'un entablement qui était jadis le couronnement ou bien le cadre d'une peinture sur bois, tableau qui reposait sur l'autel et qui faisait corps à l'ensemble du retable en pierre.

La frise de cet entablement est décorée de huit médaillons de forme ovale, reliés entre eux par un ornement qui se répète à chacun des sujets.

En commençant par la gauche, nous détaillons les sujets de la manière suivante :

1er *médaillon.* — Saint Jacques, ayant voulu évangéliser l'Espagne, se dirige, un bâton de pèlerin à la main gauche, un livre fermé à la main droite, vers une ville fortifiée située au sommet d'une montagne, probablement Saragosse, où la sainte Vierge lui apparut sur un pilier de marbre blanc et lui ordonna d'ériger une église, connue aujourd'hui sous le nom célèbre de Notre-Dame *del Pilar.* Le saint est accompagné d'un de ses disciples.

2e *médaillon.* — Il prêche devant une nombreuse assemblée.

3e *médaillon.* — Il baptise plusieurs néophytes.

4e *médaillon.* — De retour en Judée, saint Jacques excita, par ses prédications, la haine des Pharisiens. Ce médaillon renferme deux épisodes : dans celui de gauche, le saint, une main levée vers le ciel, se détourne avec indignation du docteur pharisien Hermogène, qui porte un livre à la main gauche, probablement le livre de la Loi; dans celui de droite, Hermogène charge son disciple Philétus d'aller combattre la doctrine de l'apôtre.

5e *médaillon*, renfermant également deux sujets. — A gauche, Philétus, touché par les discours et les miracles de saint Jacques, lui fait connaître sa conversion. Philétus revint ensuite trouver Hermogène; mais celui-ci, irrité, le lia par ses sortilèges, de sorte qu'il lui était impossible de faire un mouvement, et il disait : « Nous verrons si ton Jacques pourra te délier. » On voit, en effet, à droite du médaillon, Philétus, couché dans un lit, où il est enchaîné par deux diables nus, à longue queue et à figure hideuse. Mais le saint lui envoya son manteau, et, en le touchant, Philétus fut délivré.

6e *médaillon*. — Hermogène, irrité, commanda aux démons qu'il avait sous ses ordres de lui amener saint Jacques et Philétus. Mais, quand les démons arrivèrent, saint Jacques leur ordonna de garrotter Hermogène et de le lui amener; ce qu'ils firent. Dans le médaillon, Hermogène est couché tout de son long, et deux diables sont à son chevet; l'un d'eux est armé d'un soufflet, dont il se sert pour lui souffler dans l'oreille. Mais le saint, qui est accompagné de Philétus, lui dit de rendre le bien pour le mal et de délivrer Hermogène, qui se convertit à son tour.

7e *médaillon*. — Saint Jacques est condamné à mort par Hérode Agrippa, petit-fils de celui qui avait fait massacrer les saints Innocents, et fils de celui qui avait fait décapiter saint Jean-Baptiste. A droite, le saint est emmené par un valet et par un soldat; celui-ci semble tomber à la renverse.

8e *médaillon*. — Hérode fait décapiter saint Jacques. Le saint est à genoux, et le bourreau lève l'épée pour le frapper.

Tous ces détails sont tirés de la *Légende dorée*.

Au-dessus de la corniche de ce soubassement, un peu en retraite, s'élèvent deux colonnes avec leurs chapiteaux de la Renaissance, le tout engagé dans le mur de refend, celle du côté gauche complètement perdue dans les moulures de l'ébrasement de la fenêtre qui occupe toute la largeur du mur de clôture.

Ces deux colonnes portent la voussure du premier étage. Celle-ci est ornée de guirlandes qui se développent sur des caissons richement décorés. Celle qui occupe le centre de la voussure était soutenue par des oiseaux aquatiques, qui se détachaient en forme de console sur le fond de la voussure.

Au centre du retable, est une niche au cintre surélevé, composé de moulures et de pilastres montant jusqu'à la voussure. Dans les encoignures on remarque deux petits cercles : celui de gauche contient un aigle héraldique à deux têtes. A droite est une tête de chérubin.

Des deux côtés de la niche, sont de jolis panneaux Renaissance sculptés et composés avec une dextérité remarquable (14). Dans cette niche était placée la belle statue de saint Jacques, représentée sous la physionomie de Dominique Florentin ; les cygnes fantastiques de son siège sont restés en place.

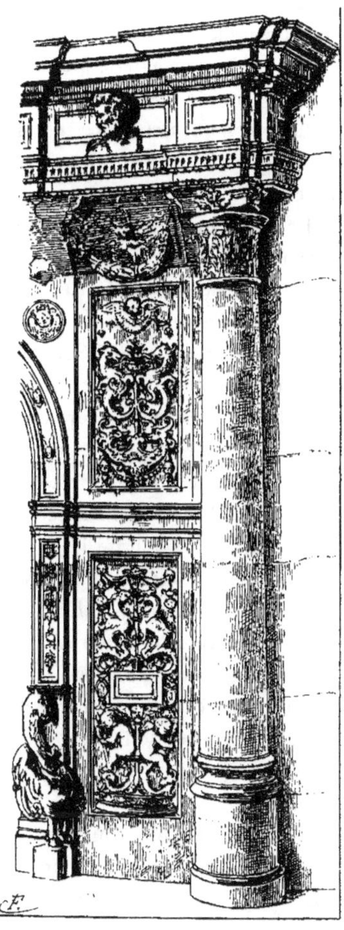

14.

Actuellement cette statue est remplacée par une remarquable Vierge immaculée, toute couverte de dorures de la tête aux pieds, ce qui nuit considérablement au mérite de son exécution, qui peut remonter au commencement du XVIe siècle. L'entablement du premier étage de ce retable se divise en trois parties par des ressauts formant consoles sur lesquelles s'élèvent des colonnettes partageant en trois parties une galerie profonde, qui renferme trois bas-reliefs sculptés en ronde bosse, représentant des scènes de la Bible.

Le premier sujet représente Esther se prosternant aux pieds d'Assuérus, assis sur son trône, pour lui demander la délivrance du peuple juif.

Le deuxième sujet représente le triomphe de Mardochée, oncle d'Esther; celle-ci est représentée agenouillée sur son passage. Mardochée est vêtu des habits du roi, monté sur son cheval de bataille, accompagné des seigneurs de la cour. Aman tient les rênes de sa monture, d'autres portent l'étendard royal. Derrière lui, une suite de chameaux portant les trésors donnés par le roi à Mardochée.

Enfin le troisième sujet représente Judith, qui, après avoir tranché la tête d'Holopherne, sort de sa tente et remet cette tête dans une corbeille que lui présente sa suivante. Rentrée à Béthulie, Judith montra la tête d'Holopherne au peuple assemblé.

La Révolution a brisé les têtes de tous les principaux personnages, à l'exception de la tête d'Esther agenouillée devant Assuérus.

La voussure de cette galerie est composée de caissons avec rosaces. Les quatre colonnettes portent le deuxième entablement avec fronton triangulaire. Au milieu de la frise est le blason : au 1 Dorigny; au 2 Le Tartier; de même dans les frontons, nous voyons à gauche les armoiries de Dorigny-Berthier, sur celui de droite Dorigny-Angenoust. Ces deux blasons ont pour support deux dauphins la gueule ouverte.

Au-dessus et au centre de l'amortissement s'élève une petite niche cintrée, surmontée du blason à quatre quartiers des généreux fondateurs : aux 1 et 3 Dorigny, aux 2 et 4 de Pleurs.

C'est par une heureuse combinaison que Dominique, qui a composé ce retable, a trouvé le moyen de faire passer la décoration de son retable au travers des nervures des voûtes sans que la difficulté l'ait arrêté dans l'exécution de son œuvre.

Derrière les deux frontons, et entre les nervures qui se perdent dans les profondeurs de la voûte, il y a des détails de sculpture et des armoiries qui ne peuvent se voir d'en bas. C'est ce qu'on appelle, en terme artistique, un *repentir*, qui doit échapper à tous les regards.

La voûte de cette merveilleuse chapelle, par la richesse de ses détails, s'accorde parfaitement avec l'ensemble du retable ; elle se compose de caissons ornés de rosaces et de pendentifs.

A la rencontre des grandes nervures diagonales, ces détails merveilleux sont beaucoup plus riches et se détachent de la voûte en pleine liberté.

Des petits chérubins, accolés aux grandes nervures des diagonales, sont suspendus dans l'espace, avec une grâce et une légèreté admirables.

VERRIÈRE DE LA CHAPELLE SAINT-JACQUES

La fenêtre de cette chapelle occupe toute la largeur du mur de clôture. Elle se divise en quatre lancettes légèrement trilobées, contenant une remarquable verrière en grisaille, qui représente la victoire remportée sur les Maures par les Espagnols, grâce à la protection de saint Jacques.

Les chrétiens d'Espagne eurent à lutter pendant des siècles pour repousser l'invasion des Maures. En 847, le roi Ramire Ier gagna sur les infidèles la sanglante bataille de Clavijo, près de Calahorra. Un siècle plus tard, en 938, Ramire II remporta, près de Simancas, une victoire non moins éclatante. Les traditions espagnoles rapportent que, dans l'une de ces deux rencontres, les chrétiens furent secourus par l'apparition de saint Jacques qui, monté sur un cheval blanc, combattait visiblement à la tête de l'armée.

Au premier plan de notre verrière, les personnages sont de grandeur naturelle, et la bataille se développe en perspective jusqu'à l'horizon. Malheureusement toute la partie inférieure de la fenêtre a été cruellement saccagée. On reconnaît divers soldats morts ou blessés qui gisent sur le sol ; on remarque à gauche un cavalier bardé de fer, tête nue, dont le cheval s'abat, et qui tombe rudement à terre. Ce sujet est traité avec une grande énergie.

Sur la droite, un fleuve que plusieurs soldats cherchent à traverser à la nage; d'autres fuyards gagnent le pont pour mieux s'échapper.

C'est sans doute ici qu'a eu lieu le premier choc qui laissa sur le terrain des morts et dans la rivière des noyés.

Au milieu de la fenêtre est l'action décisive; c'est une mêlée confuse, où l'héroïsme fait des prodiges de valeur; on se bat corps à corps, les chevaux piaffent et se cabrent.

Saint Jacques, monté sur son cheval blanc, qui foule aux pieds des Maures blessés, porte de la main gauche son étendard blanc écartelé d'une croix d'or accompagnée de coquilles. La tête, nimbée d'or, porte la barbe. De sa main droite il tient une large épée et poursuit le calife de Cordoue qui s'enfuit effrayé, tenant l'étendard orné du croissant et semé d'étoiles d'or.

Derrière saint Jacques, le roi Ramire et ses chevaliers, qui suivent avec ardeur l'action de la bataille en pourchassant cette puissante armée de Maures sous les murs de la ville.

Au troisième plan, qui occupe tout le haut des lancettes de la fenêtre, est le camp de l'ennemi qui se dresse dans toute la plaine, envahi et détruit par les vainqueurs. La mêlée est ardente; les Maures, l'épée dans les reins, se réfugient dans la ville dont on voit les tours et les murailles.

Dans le lobe central de la fenêtre, sont les armoiries de la famille des fondateurs de cette chapelle. Ce blason est écartelé : au 1, d'azur à 3 chandeliers d'or, accompagné en chef d'un lambel d'argent (Dorigny); au 2, d'or au chevron d'azur, accompagné en pointe d'une ancre de sable, au chef d'azur chargé de 3 molettes de sable (Perricart); au 3, d'azur à trois têtes de léopards d'or (Léguisé); au 4, d'azur à un chevron d'argent, accompagné de trois griffons d'or, les deux en chef affrontés (De Pleurs).

15.

Ces alliances rappellent que Nicolas Dorigny épousa Catherine

Perricart, fille de Pierre Perricart et de Guillaumette de Pleurs. Celle-ci fille de Jean de Pleurs et de Jeanne Léguisé (15).

Dans les écoinçons, les blasons du père et des fils Dorigny qui ont sans doute contribué pour une bonne part à l'édification de la verrière et du retable. A droite : au 1, d'azur à 3 chandeliers d'or, celui du milieu surmonté d'une étoile d'argent, accompagné en chef d'un lambel d'argent (Dorigny. — Nicolas Dorigny, contrôleur des guerres, fils de Jacques Dorigny et de Nicole Le Tartier); au 2, de gueules à deux épées en sautoir, la pointe en haut, les gardes et poignées d'or, au chef d'argent à la tête de sanglier de sable (Berthier). Nicolas Dorigny épousa Antoinette Berthier, fille de Claude Berthier et de Guillaumette Ménisson (16).

16.

A gauche : au 1, d'azur à 3 chandeliers d'or, accompagnés en chef d'un lambel d'argent (Dorigny. — Jacques Dorigny, seigneur de Fontenay et de Villepré, fils de Nicolas et Catherine Perricart); au 2, de gueules à un besant d'or, au chef chargé d'une porte fortifiée, accompagnée de 2 molettes de sable (Le Tartier). Jacques Dorigny épousa Nicole Le Tartier, fille de Jean Le Tartier et de Nicole Le Belleaut (17).

17.

Le mur de refend faisant face au magnifique retable est lui-même décoré d'un motif architectural plus classique, mais beaucoup plus simple. Il se compose d'un portique dont le centre est occupé par une niche vide accompagnée de deux colonnes portant un entablement décoré d'une frise finement exécutée, qui représente au centre un joli mascaron de la bouche duquel s'échappent des rinceaux courants.

Sur la corniche s'élève un fronton triangulaire, sur les rampants duquel sont des enroulements feuillés et ajourés avec délicatesse. Au sommet était sans doute un sujet religieux qui a été brisé ; il en est de même pour les figures qui se trouvaient au point de départ du fronton ; on distingue encore deux petites mains qui maintenaient les armoiries de la famille Dorigny.

Dans le tympan du fronton est la figure d'un vieillard (*Dieu le Père*) portant des phylactères sans inscription.

La console de la niche porte, dans la frise, cette simple inscription :

ORA · PRO · NOBIS · BEATA · GENOVEFA

Sous cette console un faune ailé, sortant de rinceaux qui l'enserrent et l'étreignent, motif exécuté avec une remarquable habileté.

Dans sa simplicité, cette décoration est particulièrement bien conçue et parfaitement traitée.

On a placé sur les niches plusieurs statuettes en bois ; à gauche, saint Pantaléon en robe rouge, un bonnet carré sur la tête, un livre à la main droite, une palme à la main gauche ; près de lui une roue, pour rappeler l'un des nombreux supplices qu'il endura.

Au milieu un petit Jésus, tenant le monde de la main gauche et semblant prêcher de la main droite. A gauche, un saint Jean tenant son calice.

On a placé, dans la chapelle Saint-Jacques, deux diptyques peints sur bois, du XVIe siècle.

Celui qui est à gauche représente Jésus tombé sous la croix. Le cortège sort de la porte de Jérusalem ; une troupe de soldats armés de piques est conduite par un centurion à cheval, accompagné d'un Pharisien. Derrière le Sauveur, quatre filles de Jérusalem dans la désolation ; le Cyrénéen soulève la lourde croix, pendant qu'un valet lève sur Jésus un bâton massif. Devant le Sauveur, sainte Véronique s'apprête à essuyer avec son voile le sang qui dégoutte de son visage. Un soldat tire la corde qui enchaîne les membres de Jésus ; un valet porte une longue échelle. — Dans le haut, à droite, on voit le temple, sur le fronton duquel est sculpté Moïse tenant les tables de la Loi. Judas rapporte aux princes des prêtres les trente deniers, prix de sa trahison. Un peu plus à gauche, un autre épisode le montre pendu aux branches d'un arbre.

De l'autre côté de ce volet, une grisaille représente la trahison de Judas. Pendant qu'il donne son baiser perfide, deux soldats s'emparent de Jésus. A gauche, saint Pierre a renversé Malchus, qui gît piteusement à terre avec sa lanterne ouverte et éteinte ; l'apôtre lui pose le pied sur la poitrine et lève l'épée pour lui trancher l'oreille.

Le panneau qui est placé à droite, dans la chapelle Saint-Jacques, représente un épisode curieux de la vie de saint Dominique. Nous en empruntons le récit à la *Légende dorée :*

« Le bienheureux Dominique étant à Rome et sollicitant du pape la confirmation de son ordre, une nuit qu'il était en prières, il vit en esprit Jésus-Christ planant dans les airs et tenant à sa main trois lances qu'il brandissait contre le monde. Et la sainte Vierge, accourant avec promptitude, lui demanda ce qu'il voulait faire. Et il répondit : Le monde est tout corrompu de trois vices, qui sont l'orgueil, la concupiscence et l'avarice, et je veux le percer de ces trois lances. La sainte Vierge, se jetant à ses genoux, lui dit : Très cher Fils, ayez pitié des hommes, et que votre miséricorde adoucisse les arrêts de votre justice. Et Jésus-Christ répondit : Ne voyez-vous pas à quel point l'on m'outrage? Et elle répondit : Ne vous livrez pas à l'impulsion de votre courroux, mon Fils, et prenez un peu de patience; car j'ai un fidèle serviteur et un champion courageux, qui parcourra toute la terre et qui la soumettra à votre domination. Et Jésus-Christ répondit : Puisqu'il en est ainsi, j'apaise mon indignation, mais je veux voir celui qui est destiné à un si grand emploi. Et la sainte Vierge lui présenta saint Dominique. Et Jésus-Christ dit : C'est un champion fidèle, et il accomplira fidèlement ce que vous m'avez promis de lui. »

Sur le panneau, on voit le Christ dans le ciel, le corps revêtu d'un manteau rouge qui laisse voir la plaie du côté. La main droite tient trois lances. Dans le bas, à droite, la sainte Vierge, couronnée, présente au Sauveur saint Dominique agenouillé, les mains étendues. A gauche, sont les trois concupiscences, chacune désignée par son nom : l'*Avarice* est représentée par un riche personnage en grand costume du XIVe siècle, tenant de la main droite une bourse fermée, et la main gauche plongée dans son escarcelle. Près de lui, la *Luxure,* sous la figure d'une femme vêtue d'un riche costume, très décolletée, tenant une rose de la main gauche. et dénouant de la main droite les rubans de sa ceinture. Enfin, l'*Orgueil* est représenté par un jeune homme portant une toque à plumes sur sa tête fièrement relevée, vêtu d'un brocart d'or à ramages, une longue épée au côté.

Dans le haut, à droite, un autre épisode représente le pape Innocent III, vêtu de la chape pontificale, la tiare en tête, une longue croix à trois branches à la main droite, assis dans une cellule ouverte, le coude appuyé sur une table et profondément endormi. Dans un songe mystérieux, il aperçoit l'église du Latran qui menace ruine, mais en même temps il voit saint Dominique soutenant de ses épaules cet édifice près de s'écrouler. Le peintre a représenté, en effet, le saint supportant vigoureusement l'édifice ébranlé. C'est à la suite de cette vision que le pape autorisa saint Dominique à fonder l'ordre des Frères Prêcheurs.

Le revers de ce panneau représente l'Annonciation.

BAS COTÉ (SUD)

1re CHAPELLE. — *Le Calvaire.* — Cette chapelle a été transformée en Calvaire par le père Germain, curé de l'église Saint-Pantaléon, à la suite des événements de la Révolution. Il fit construire une espèce de rocher en pierre rustique, dont la masse rocheuse monte jusqu'au tiers de la fenêtre de cette chapelle, aujourd'hui complètement murée; on a seulement ménagé une petite ouverture dans la partie ogivale de la fenêtre, destinée à jeter une lumière de demi-jour dans l'ensemble de cette chapelle.

Pour meubler ce rocher, le curé Germain est allé au dépôt de Saint-Loup, et il y recueillit seize statues abandonnées qui pouvaient figurer avec avantage dans ce décor.

Il est loin de notre pensée de faire l'éloge d'une semblable mise en scène; mais enfin nous devons reconnaître que ce joujou, enfantin de construction, a sauvé bien des statues qui étaient abandonnées faute de pouvoir payer les frais de transport.

La plupart de ces statues appartiennent à la fin du XVIe siècle; elles ont été distribuées avec assez de goût; quelques-unes qui appartenaient aux piliers de la nef ont été déplacées pour compléter les scènes douloureuses du Calvaire.

A droite de l'entrée de la chapelle est le groupe de Jésus présenté au peuple par Ponce-Pilate.

Le Sauveur a les mains liées, les épaules couvertes d'un manteau, une couronne d'épines sur la tête et un roseau à la main. Pilate met la main sur les épaules de Jésus, pour détourner le manteau et le faire voir dans toute sa nudité. Ce groupe, de grandeur naturelle, est de François Gentil; il était placé, avant les événements de la Révolution, au deuxième pilier, à droite, en entrant, en parallèle avec le groupe de saint Sébastien.

Sur la galerie on a placé deux grands prêtres ou deux pharisiens, peut-être Anne et Caïphe, qui assistent, sur leur balcon, aux scènes tragiques de la Passion.

Ces deux figures, bien posées, avec une certaine aisance d'attitude, produisent, pour la plupart du temps, une vive impression sur les dames visiteuses. Pour nous rendre compte de la valeur de leur exécution, nous sommes montés sur la galerie; hélas! quelle fut notre surprise de voir des bustes dont les corps ont été sciés et supprimés pour laisser libre le passage de la galerie.

Derrière le socle des statues de l'entrée est une sainte femme, les mains jointes, tout en larmes, affaissée par la douleur : statue de François Gentil.

Sur le mur de rocaille, une sainte Véronique tenant le linge miraculeux où fut imprimée la sainte face du Sauveur. Mauvaise statue du XVIIe siècle. Plus haut, sur la même pente du rocher, Jésus fléchissant sous le poids de sa croix.

A gauche de l'entrée de la chapelle, est la Vierge Marie accompagnée de Marie-Madeleine et de saint Jean le bien-aimé, reconnaissable à ses pieds nus. Ces figures tout en larmes sont sous l'oppression d'une profonde douleur. Saint Jean, à gauche, soutient la Mère de Jésus. A droite, Marie-Madeleine portant son vase de parfums.

Ce groupe, malgré toute son importance, est sans intérêt. Il était de ceux qui occupaient les piliers de l'église à l'entrée du chœur. Nous le croyons de l'école de François Gentil.

Au-dessus de ce groupe, une pierre en saillie formant console porte une mauvaise statue de Marie-Madeleine, le sourire sur les lèvres, drapée dans ses vêtements d'une manière assez rustique qui dénote la décadence de l'art, de la fin du xviie siècle.

Au-dessus de l'autel, sur le haut du rocher, est le groupe principal : Marie tenant sur ses genoux et dans ses bras le corps affaissé de son divin Fils.

Le corps du Sauveur est rendu dans la mort avec une souplesse extraordinaire et les membres sont remarquables d'étude et d'amaigrissement. La mère de Dieu, un peu jeune, belle et gracieuse au milieu de tant de peines et de douleurs, nous rappelle la Notre-Dame-de-Pitié du troisième pilier de la nef.

Rien n'est plus beau que cette tête inclinée dans une douce mélancolie sur le corps mort de son Fils.

Derrière ce groupe, la croix du Supplicié s'élève, recouverte d'un linceul tombant jusqu'à terre.

A gauche, debout contre les jambages de la fenêtre murée, est une statue de saint Jean et, à droite, celle de la mère de Dieu qui regarde la croix où le Christ n'est plus. Deux mauvaises statues de la fin du xviie siècle, que l'on aurait pu se dispenser de mettre là, en désaccord avec le sujet principal.

Il faut reconnaître que toutes ces statues, bonnes ou mauvaises, ont été adroitement distribuées, sans nuire à la décoration architecturale.

Le mur de refend de cette chapelle, à gauche, a conservé toute sa décoration. Elle se divise en trois étages. Le premier présente trois faces composées de colonnes et de pilastres avec chapiteaux surmontés de vases; ces colonnes reposent sur l'entablement qui déterminait la place de l'autel, aujourd'hui engagée dans la maçonnerie du rocher.

Au-dessus de cette première partie est un deuxième étage, de forme circulaire, dont l'entablement est porté par de petites colonnettes.

Puis s'élève un troisième étage plus petit, se rétrécissant à mesure qu'il s'élève pour se terminer par un socle portant un joli vase.

Ces deux dernières parties sont contre-boutées par des oiseaux quelque peu chimériques.

Rappelons que tous ces étages étaient destinés à recevoir des bas-reliefs ou des statues.

18. DÉTAIL DE LA TRIBUNE DU CALVAIRE.

A droite est le mur de la tour, dont l'entrée est dans l'angle de la chapelle; dans ce passage est agenouillée sur le sol une statue de saint Pierre, dans l'attitude d'une profonde douleur, les mains jointes, pleurant son parjure; ses clefs, qu'il ne croit plus avoir le droit de porter, sont déposées à ses pieds.

Cette figure, malgré sa simplicité, n'en est pas moins une œuvre intéressante : c'est une étude d'après nature exécutée avec tout le sentiment que comporte l'action représentée et dans laquelle nous reconnaissons le talent de notre compatriote François Gentil.

En montant quelques marches, on arrive a la galerie du

passage qui conduisait à la salle de réunion du conseil de fabrique.

Ce passage, construit en encorbellement sur le mur de la chapelle, est pourvu d'une clôture en pierre à hauteur d'appui, composée de seize arcatures cintrées portées par des colonnettes, divisant une suite de panneaux de la Renaissance, d'une grande finesse et d'une grande variété; son entablement est décoré de petits bustes en relief séparant les ornements courants de la frise (18).

A la rencontre de la courbe de l'entrée de l'escalier de cette tribune, une figure aux formes herculéennes soutient le fleuron de la voussure de la tribune. Une console décorée d'un petit chérubin en détermine la jonction. Sur la courbe de la corniche de l'escalier sont cinq médaillons représentant des courses de chevaux et des combats de gladiateurs. Le troisième médaillon renferme deux de ces ferrailleurs ou jouteurs luttant corps à corps, l'un solidement établi sur son cheval, l'autre se soutenant encore sur sa monture renversée. Dans le dernier médaillon, le vainqueur est couronné par l'empereur. Comme toute cette décoration rappelle bien l'œuvre d'un Italien!

Sur la bordure de la rampe de l'escalier, on lit ce vers hexamètre, qui peut s'appliquer aux Romains, dans son sens littéral, et à Jésus-Christ dans son sens spirituel :

PARCO PROSTRATIS DEBELLO QVOSQV⁹ SVPERBOS

Je pardonne à ceux qui sont humiliés, je combats ceux qui relèvent la tête. C'est une variante à peine modifiée du vers célèbre de Virgile : *Parcere subjectis et debellare superbos.*

Au-dessus de l'autel, était une sculpture en marbre[1], représentant la Sainte-Trinité d'une manière très remarquable par sa singularité, nous rappelant comme style les vieilles gravures d'Albert Dürer. Le Père Éternel est en chape, la couronne impériale sur la tête; le Saint-Esprit, en forme de colombe, est posé sur son épaule gauche.

1. Aujourd'hui ce n'est plus qu'un moulage en plâtre. Elle a subi cette transformation du temps de M. le curé Boulage.

Le Père Éternel tient dans ses bras le corps de Jésus-Christ dépouillé de ses vêtements, la tête couronnée d'épines, absolument comme la sainte Vierge quand elle reçoit le Sauveur descendu de la croix, avec cette différence que le Sauveur est vivant et que, regardant son Père pour implorer sa miséricorde, il montre de la main gauche la plaie de son côté. Ce sujet, placé dans une gloire rayonnante, est entouré de quatre anges qui portent les instruments de la Passion : les fouets et les verges, la colonne et la croix.

Au-dessus de la Sainte-Trinité, un petit groupe en albâtre représente Jésus-Christ venant juger le monde; il apparaît sur le firmament, un manteau sur les épaules, montrant de la main droite la plaie de son côté, et étendant la main gauche dans un geste de bienveillance pour accueillir les élus. A gauche, la sainte Vierge, à droite saint Jean-Baptiste, sont à genoux et prient. Au-dessous, Adam et Ève ressuscités, représentant le genre humain, sortent à moitié de leur tombeau, pour paraître devant le Sauveur.

Dans les angles de la chapelle sont les colonnes qui reçoivent la retombée des nervures de la voûte, dont les lignes capricieuses sont formées de liernes et de tiercerons.

L'ensemble de ce décor rustique mêlé à des richesses artistiques, et l'assemblage de ces seize statues distribuées avec agrément, ont pour effet d'impressionner de nombreux visiteurs.

2e CHAPELLE. — *Dite de Saint-Crépin et de Saint-Crépinien.*

Le mur de refend de cette chapelle est occupé par un retable avec entablement, sur lequel deux anges portent une couronne, aujourd'hui à moitié brisée, dans laquelle était le chiffre de Jésus et de Marie.

Sur cette console, qui comprend toute la largeur du mur, est un groupe en pierre des plus intéressants représentant saint Crépin et saint Crépinien : le premier coupant son cuir, debout devant son établi; le deuxième assis sur son escabeau, cousant la semelle d'un soulier. Deux soldats, en riche costume du temps (1550), viennent les arrêter.

Rien n'est plus naturel que ces deux saints artisans, travaillant sans agitation morale et sans inquiétude sur le sort qui les attend. Avec cette sérénité d'esprit, ils reçoivent les soldats qui viennent les appréhender pour les conduire devant l'empereur romain Maximien, avec la bonhomie d'un cœur aimant tout prêt à leur pardonner.

Les soldats se présentent devant eux avec une certaine hésitation; ils semblent impressionnés devant une attitude si simple et si recueillie, ils osent à peine porter les mains sur leurs prisonniers.

Pour donner plus de vérité à son sujet, le maître sculpteur a fait peindre les figures à la manière qui était en usage à cette époque pour certaines statues, ce qui donne un attrait de plus aux personnages, surtout aux soldats, avec leurs costumes à crevés aux brillantes couleurs.

Ce remarquable sujet a été exécuté par François Gentil, pour la corporation des cordonniers et des savetiers, communauté très ancienne qui avait sa chapelle au XVIe siècle dans l'église des Cordeliers, démolie vers 1836, et dont les bâtiments servent actuellement de prison.

Cette confrérie possède encore une tenture ancienne portant la date de 1553, qui mesure $1^{m},14$ de hauteur sur $2^{m},03$ de largeur [1]; son exécution est timide et ne brille pas par le dessin. Elle représente l'arrestation de saint Crépin et de saint Crépinien, en présence de l'empereur romain Maximien.

Sur le couperet à découper le cuir, que tient saint Crépin, on remarque un R accompagné d'un petit signe qui pourrait bien être la marque du tapissier brodeur (19).

Au-dessus de ce groupe sculptural est un dais gothique servant d'abri à toutes ces figures, se divisant verticalement en deux parties, et accompagné de deux annexes disposées de façon à recouvrir trois statues.

Le motif du milieu se compose d'une niche surmontée d'un pinacle à pans, en forme de tourelle, qui se termine en petit dôme.

1. Louis Morin, *la Communauté des cordonniers* (1895).

La statue centrale qui occupait cette niche était posée sur une console ornée de trois têtes de chérubins, ce qui pourrait donner à croire que c'était une statue de la Vierge immaculée.

Toute cette décoration est accompagnée de deux petits dais ajourés et sculptés avec la plus grande délicatesse. On remarque sur le mur des traces de meneaux qui devaient se réunir au joli cadre qui couronnait et enveloppait le pinacle.

19. TAPIS DE LA CORPORATION DES CORDONNIERS.

La voûte de cette chapelle est ornée d'un joli pendentif, relié aux nervures par des trilobes.

La fenêtre, qui occupe toute la largeur du mur, se divise en quatre parties par des meneaux trilobés ; son tympan se compose de lobes variés.

Elle est divisée horizontalement par sept panneaux dans toute sa hauteur. Toute la fenêtre est vitrée de verre blanc, à l'exception des deuxième et troisième rangées, où il reste quelques sujets en grisaille, d'une exécution très fine, ayant trait à la vie de la Vierge.

DEUXIÈME RANGÉE. — 1er *panneau.* — La naissance de la

sainte Vierge. Sainte Anne, dans son lit, entourée de ses suivantes, qui lui donnent des soins et procèdent à la toilette de l'enfant.

2e *panneau.* — Le mariage de la Vierge.

3e *panneau.* — L'Annonciation. L'ange, d'une laideur remarquable, tient une tige de lis fleurie et dit : AVE GRATIA PLENA.

4e *panneau.* — La visite à sainte Élisabeth. Deux suivantes marchent derrière la sainte Vierge. Zacharie est accoudé sur le perron de sa maison.

TROISIÈME RANGÉE. — 1er *panneau.* — La crèche; la Vierge et saint Joseph, en adoration devant l'Enfant Jésus; les bergers regardent par une petite fenêtre, l'un d'eux joue du hautbois. Dans le lointain paissent leurs troupeaux.

2e *panneau.* — La Présentation de Jésus au temple. Saint Joseph tient deux tourterelles, le vieillard Siméon tient l'Enfant Jésus dans ses bras. A côté de l'autel un cierge et un bénitier sont posés à terre.

3e *panneau.* — L'Assomption de la Vierge en présence des apôtres agenouillés.

Dans le premier panneau de la deuxième rangée, nous remarquons un blason peint sur émail et qui répond à l'exécution des sujets du vitrail : d'argent à un chevron d'azur accompagné de trois roses de gueules. Ce sont les armoiries de la famille Nevelet (20).

20.

Dans les trilobes du tympan de la même fenêtre, il existe deux blasons entourés d'une guirlande de feuillage et de fleurs, d'une facture plus ancienne, qui nous semblent ne pas appartenir au vitrail. Le premier à gauche, d'azur, à une fasce crénelée d'argent, accompagnée en chef d'une rose d'or et de deux croissants d'argent et un du même en pointe (Chantaloë) (21).

A droite, au 1 du même, au 2 d'azur à deux épées d'argent en sautoir, les pointes en haut, les gardes et les poignées d'or, en chef une étoile d'or (Angenoust) (22).

21.

Au centre de la partie ogivale de la fenêtre est un blason de gueules à deux étoiles d'or en chef et un croissant d'argent en pointe (Molé).

Ces trois blasons nous semblent bien être restés à leur place primitive. Probablement les panneaux de la vie de la Vierge ont été déplacés avec le blason qui appartient à la famille Nevelet.

Il existe dans cette chapelle plusieurs tableaux de diverses provenances. Celui qui est placé sous le retable représente la prière de Jésus au Jardin des Oliviers, peinture de Linet de Letin.

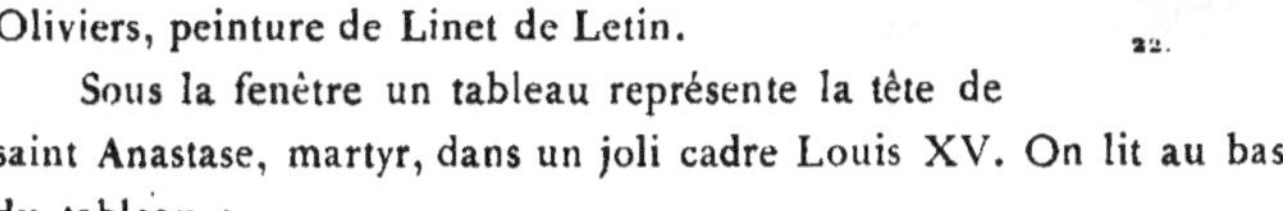

22.

Sous la fenêtre un tableau représente la tête de saint Anastase, martyr, dans un joli cadre Louis XV. On lit au bas du tableau :

Imago S^{ti} *Anastasij, persæ, monachi,*
et martyris, cujus aspectu
fugari Dœmones, morbosq' curarj.
acta 2^{i} *concilij nicœnj testantur.*
prototypus Romæ asservatur in ecclesiâ
SS. Vincent. et Anast. ad aquas Saluias.

Sur le mur ouest, un tableau représente saint Jérôme au désert. Il est assis, un linceul rouge lui couvre les reins.

Il tient l'index de la main gauche levé vers le ciel; il a le bras droit accoudé sur un livre ouvert, orné d'une miniature, dans lequel il lit attentivement. Un lion est couché au-dessous du livre.

Petite piscine cintrée, voussure à coquille, une tablette au centre pour les burettes; derrière, un pilastre soutenant l'entablement intérieur.

LES TRANSEPTS

Le transept nord se compose d'une seule travée, servant de passage aux bas côtés, et de deux murs de refend pour la clôture des chapelles latérales.

La fenêtre centrale ainsi que les deux fenêtres latérales sont simplement vitrées de verre blanc.

Dans la fenêtre au-dessus de la porte septentrionale sont deux blasons; le premier à gauche appartient à la famille Molé, de gueules au croissant d'argent, avec deux étoiles d'or en chef, et au 2, Hennequin, dont le chef est sénestré d'une rencontre de cerf d'or.

23.

24.

Ce sont les armoiries de Claude Molé, seigneur de Villy, et de sa femme, Barbe Hennequin, fille de Jean (23 et 24).

Le transept du midi est disposé dans les mêmes conditions.

La fenêtre centrale se divise en quatre jours; la grisaille qui est à gauche, dans la 2e lancette, représente saint François d'Assise, patron du donateur, en extase devant l'image du séraphin à six ailes, crucifié et sanglant. A droite, dans la 3e lancette, est sainte Agnès, vierge et martyre, âgée de treize ans. Elle tient une palme et un agneau. Sa légende rapporte qu'elle apparut à ses parents, près de son tombeau, avec un agneau plus blanc que la neige[1].

On lit au bas de la verrière cette inscription :

FRANÇOIS MONNOT
DIÇT GRESLE MARAND
CHARBONNIER DEMT
A TROYES A DONNÉ
CESTE VISTRE 1675

A gauche de cette inscription est un blason d'azur au chevron d'or, accompagné en chef d'une petite croix d'argent à dextre et d'une rose d'or à sénestre; en pointe d'une fleurette tigée d'or (25).

Dans les lobes de la fenêtre, une gloire céleste, et dans les écoinçons la date de 1675.

A l'est, la fenêtre se compose de trois lancettes seulement, avec une épitaphe et le blason des donateurs.

1. Le père Ch. Cahier.

Au bas de la fenêtre on lit :

HONORABLE HOMME
JEAN CHAPPELOT
MARC^D ET FRANÇOISE
DEMA.. SA FEMME
ONT DONNE CETTE
VITRE EN L'AN 1676

A droite était le blason du mari, qui a complètement disparu. Le blason de sa femme est parti, au 1, d'azur, à une tête de cerf représentée de profil de gauche à droite, entre les deux bois une étoile, de même en pointe; le tout d'or; au 2, d'azur, à une tête de biche de profil de droite à gauche, en regard du cerf, en tête et en pointe une étoile; le tout d'or (26).

25.

26.

27.

Ce blason, très mutilé par le vandalisme révolutionnaire, est resté en place, malgré les coups de marteau qu'il a reçus.

A l'ouest, la fenêtre offre les mêmes dispositions, et au bas du vitrail on lit cette inscription :

HONORĀ HOMME
IACQVES DVFOVR
MARC̄ A TROYES
NICOLE NEVELET
SA FEMME ONT
DONNE CETTE VIS
TRE EN L'AN 1675

La première lancette est occupée par le blason du mari, d'azur à un chevron d'or, accompagné de trois étoiles du même, deux en chef et une en pointe (27).

Le blason de Nicole Nevelet a disparu.

CHŒUR — COTÉ NORD

Première travée. — Le premier pilier du chœur, à gauche, est décoré d'une console circulaire ornée de moulures saillantes et de gorges profondes, dans lesquelles sont des fenestrages avec les blasons des donateurs, aujourd'hui martelés, qui ne laissent rien à la description de leurs émaux. Elle se termine à la partie inférieure par une petite ceinture de fenestrages sculptés à jour sur la saillie ondée du pilier.

Sur cette console s'élève une statue de saint Jean-Baptiste, vêtu d'une toison recouverte en partie par le vêtement de dessus. Il devait tenir de la main droite une grande croix avec son oriflamme portant ces mots : *Agnus Dei.*

Le dais qui couvre et abrite cette figure se compose de trois arcatures destinées à recevoir un groupe de plusieurs statues. Audessus, un petit fronton surmonté d'arabesques courantes se réunit à de petits contreforts, point de départ du couronnement qui fait corps avec la console du deuxième étage et la croix de consécration, où se trouve placée une statue de sainte Anne instruisant la Vierge enfant. Figures très remarquables, d'une attitude gracieuse dans leurs mouvements; sous les pieds de sainte Anne est un petit socle porté par deux têtes de chérubins. Au milieu, le blason du donateur, complètement effacé, œuvre du commencement du XVIe siècle.

La première fenêtre du chœur, à gauche, est disposée comme celle de la nef; elle est en quatre jours, avec lobes dans sa partie cintrée.

Cette fenêtre comprend une peinture en grisaille, genre sépia, occupant le milieu et toute la hauteur de la fenêtre et se divisant en deux parties.

Dans la partie supérieure est représentée la décollation de saint Jean-Baptiste. L'exécuteur, la main gauche appuyée sur une longue épée, tient par les cheveux la tête de saint Jean et la dépose sur un plat que présente Salomé.

Dans la partie inférieure, Salomé apporte la tête de saint Jean à

CH. FICHOT.

la table d'Hérode. Un vieux Pharisien enfonce un poignard dans les yeux du saint. Hérodiade regarde ce spectacle avec curiosité ; Hérode, lui, se détourne avec terreur.

La première et la quatrième lancette sont occupées par les blasons de la famille de Pierre Maillet, généalogie que nous trouvons complète dans la fenêtre qui fait face à celle-ci.

Deuxième travée. — Le pilier de la seconde travée est occupé par une console de la Renaissance composée de profils et de gorges dans lesquels sont sculptés des rinceaux disposés par enroulements courants et coupés de blasons aux armes de la famille Molé. Profils réunis à la forme du pilier ondé par une petite arcature ajourée et finement taillée.

Sur cette console est une autre statue de saint Jean-Baptiste. Cette figure est charmante d'attitude, la tête empreinte d'une expression de bonhomie, regardant le livre sacré que sa main gauche est en train de feuilleter. La main droite tenait une petite croix qui a été brisée. La tunique jetée légèrement sur les épaules est pleine de souplesse et de légèreté ; elle est relevée et laisse voir une jambe et un pied d'une remarquable finesse de forme. N'oublions pas le mouvement gracieux des bras et la beauté des mains. L'Agneau symbolique est aux pieds de la statue.

Ces deux statues sont très remarquables, mais elles ne nous rappellent pas le caractère classique de l'École italienne que nous trouvons dans les œuvres de Dominique, dont les formes humaines sont toujours nettement accusées pour en faire valoir toutes les beautés.

Pour nous, ces deux statues sont bien françaises, exécutées à la fin du XVIe siècle ou au commencement du siècle suivant. Nous regrettons vivement de ne pouvoir citer le nom de l'éminent sculpteur qui en est l'auteur.

Ces deux statues n'appartenaient pas à l'église de Saint-Pantaléon ; elles devaient faire partie des douze apôtres qui décoraient et accompagnaient les croix de consécration d'une des églises de Troyes ou des environs, qui ont été détruites à la Révolution.

Au XVIIIe siècle, l'église Saint-Pantaléon avait toutes ses statues et la place qu'elles occupaient était disposée pour recevoir des figures debout. C'est si vrai qu'il a fallu surélever celles qui y sont actuellement pour leur donner un aspect convenable.

Le dais qui abrite la seconde statue de saint Jean-Baptiste est un des plus simples qui existent dans cette église, mais il est d'une remarquable composition. Une corniche offre une partie de pentagone surmontée de frontons, sur les rampants des griffons ailés en partie brisés; dans les angles s'élèvent des vases qui servent d'appui aux serpentins qui contre-butent les arcatures du couronnement, composé de trois ouvertures aux cintres surbaissés maintenus par des pilastres portant l'entablement sur lequel sont des petits tympans à fronton et de jolis vases qui reposent à la rencontre des pilastres.

Au-dessus, pour couronnement, la console de la croix de consécration entourée d'une couronne portée par des anges d'une pureté d'exécution remarquable.

Sur cette console, est la statue de l'apôtre saint Philippe, tenant dans sa main la croix caractéristique. Jolie statue de l'École italienne, d'un bon style et pleine de noblesse.

Sous l'arcature ogivale de cette travée est suspendu un grand tableau signé, à gauche : L. HERLUYSON *pinxit.* Il représente l'ensevelissement du Christ. Une inscription, en majuscules renversées, au bas du tableau, à droite, nous apprend qu'il fut donné à l'église par Michel Fabvre, marchand à Troyes, en 1693; en voici la copie : *A la gloire de Dieu, ce tableau a été donné à cette église de Saint-Pantaléon par Michel Fabvre, marchand à Troyes, en l'année 1693.*

La fenêtre de cette travée se divise en cinq jours; dans les trois lancettes du milieu de la fenêtre sont représentés, à gauche, saint Nizier, évêque, tenant à la main gauche une croix à deux branches, à la main droite un livre ouvert; sainte Anne instruisant la Vierge enfant; saint Aventin, avec son ours légendaire, dressé devant lui: il a la main droite posée sur le dos de l'ours et tient de la main gauche un livre magnifique. Ces trois saints sont les patrons des donateurs et donatrices dont les armoiries et les inscriptions n'existent plus. On ne peut se tromper sur leurs personnalités, car les noms y sont : S. NICIER, STE ANNE, S. AVENTIN.

CHŒUR — COTÉ SUD

Première travée. — La console du premier pilier présente une composition de style gothique des plus simples, comprise dans des gorges profondes où se déroulent des branches de vigne avec leurs raisins; au centre, deux anges maintiennent un écu brisé au marteau.

La première moulure contient simplement une rose et de petits tillets, petits cadres où on inscrivait la date de l'exécution.

Sur cette console, du commencement du xvie siècle, on a placé une remarquable statue de la dernière moitié du xvie siècle, exécutée par Dominique le Florentin, représentant saint Joseph[1].

D'une physionomie douce et impassible aux tiraillements de l'enfant qu'il tient par le bras de la main droite, de la main gauche il paraît ramener sur ses épaules le vêtement qui s'en échappait. Le torse simplement couvert d'une étoffe légère, bordée d'un galon, laisse voir les formes et les mouvements du corps.

L'Enfant Jésus, puisqu'il faut l'appeler par son nom, est d'un réalisme un peu vulgaire; il semble résister aux injonctions de son père en se réfugiant avec un sentiment de mécontentement dans les plis de sa robe.

La noblesse dans la pose de cette grande et belle figure est au-dessus de toute expression.

Le dais gothique, qui abrite ces deux figures, surpasse l'imagination par la richesse de ses détails.

C'est une dentelle architecturale composée d'arcatures en contrecourbes, de fenestrages et de contreforts, combinaison bien raisonnée qui ne laisse rien à l'aventure.

Ce dais, qui date du commencement du xvie siècle et de la construction de l'église, nous paraît avoir été tronqué pour faire place au socle de la croix de consécration, exécutée vers la seconde

1. Nous avouons avoir été bien longtemps à reconnaître saint Joseph dans ce bel homme, à cause surtout de l'enfant qu'il tient par la main et qui nous rappelle l'enfant indiscipliné qui ne veut pas aller à l'école.

moitié du XVIe siècle; il en est de même pour le pinacle suivant au-dessus de saint Nicolas.

Au-dessus est la petite console de la dédicace de l'église portant une belle statue du commencement du XVIe siècle (époque Louis XII), tenant de la main droite un livre et de l'autre un vase brisé, probablement Marie-Madeleine, la tête couverte d'une coiffe d'où s'échappe une belle et longue chevelure.

Au-dessus un petit dais gothique composé de trois arcatures avec pinacle pour supports et comme couronnement une lanterne ajourée.

La grande fenêtre de cette travée comprend quatre lancettes avec un cercle et deux ovoïdes dans son tympan. La première et la quatrième lancette sont meublées de trente-deux blasons, non compris les cinq blasons qui décorent le haut et le bas de la fenêtre, tous appartenant à la famille du donateur[1].

Au bas de la fenêtre sont les armoiries de Pierre Maillet et celles des quatre femmes qu'il a épousées (1, 2, 3, 4, 5). Plus bas on lit cette inscription qui se répète à la fenêtre d'en face :

NOBLE HOMME M[RE] PIERRE MAILLET CONSEILLER DV ROY ET SON ADVOCAT AV
GRENIER A SEL DE CETTE VILLE ET S[R] DV PETIT BASTILLY A FAICT FAIRE CETTE VISTRE·1663.

DEUXIÈME TRAVÉE. — Le deuxième pilier de cette travée est décoré d'une console composée de trois gorges profondes : la première, très étroite, comprend des phylactères sans inscription. Dans la seconde, deux anges tiennent un blason complètement effacé, accompagné de rinceaux gothiques; il en est de même pour le troisième compartiment.

Sur cette console s'élève le plus admirable chef-d'œuvre exécuté par Dominique le Florentin. Il représente saint Nicolas ressuscitant les trois petits enfants dans la cuve.

Suivant Courtalon, cette statue était placée avant la Révolution au deuxième pilier de la nef, à gauche, sous un dais de la Renais-

1. Nous devons tous les noms de cette famille à l'obligeance de M. Louis Leclert.

BLASONS DE LA FAMILLE DE PIERRE MAILLET.

sance, composé par le Florentin, que couvre aujourd'hui la Notre-Dame-de-Pitié, en face la chaire à prêcher. Pour la placer sur la console qu'elle occupe actuellement, on a été obligé de couper le pendentif du pinacle du dais qui l'abrite.

Saint Nicolas est en grand costume sacerdotal, la mitre en tête, la crosse de la main gauche [1]; de la main droite il bénit et, sous l'action du signe de la croix, la cuve se détraque et les enfants sortent de la cuve dans un élan de reconnaissance.

Ce groupe est vraiment beau au delà de toute expression.

Sur la mitre du saint évêque de Myre est un sujet qui nous a bien surpris, au point de ne pas en croire nos yeux. Nous avons fait faire un moulage en plâtre pour nous assurer d'une manière certaine du sujet représenté. On se croirait en présence d'un sujet païen, et ce n'est qu'à la réflexion que l'on voit qu'il s'agit d'un sujet chrétien. Sur la face antérieure de la mitre est un autel surélevé d'un baldaquin porté par quatre colonnes. Au-dessous, sur un fleuron en forme de chapiteau, s'élève une statue de la Religion; de la main gauche, elle tient un bouclier qui la protège contre les attaques de ses ennemis. Le bras droit en avant et la main ouverte pour recevoir l'ex-voto qu'une femme lui présente, composé de fruits contenus dans une corbeille. A gauche, un soldat romain s'avance, jure et prête serment à la Religion, qu'il défendra jusqu'à la mort (28).

C'est un sujet très rare à rencontrer, surtout sur la mitre d'un évêque.

Au-dessus de la statue de saint Nicolas est un dais de style gothique du commencement du XVIe siècle, encore plus riche que le dais du pilier précédent, dont les combinaisons architecturales sont recherchées et exécutées avec la plus grande dextérité et la plus grande délicatesse.

La seconde console porte la croix de consécration, entourée d'une couronne de feuillage tenue par deux chérubins arqués sur leurs jarrets.

Sur ce socle s'élève une remarquable statue de saint Grégoire le

1. Nous avons changé la volute de la crosse restaurée, qui ne répond pas à l'œuvre exécutée vers 1560.

Grand, vêtu de sa chape épiscopale. Elle semble appartenir au talent du même auteur que le saint Nicolas. Le pape tient un livre ouvert de la main droite, et de l'autre il tenait la croix papale qui a été brisée par les événements.

La physionomie du pape est digne et pleine de mansuétude, et sa tête est couverte d'une tiare enrichie de perles et de brocarts.

28.

La statue du souverain pontife est abritée par un petit dais gothique surmonté d'un dôme à renflement avec nervures et crochets.

L'ogive de cette travée est occupée par une peinture non signée, représentant la Nativité. La Vierge, agenouillée, est en adoration devant son divin enfant, couché sur la paille, la tête environnée d'une lumière céleste. Deux bergers, l'un à droite et l'autre à gauche, se prosternent devant l'enfant, l'un les mains jointes, l'autre les bras croisés sur la poitrine, et le genou en terre.

Au second plan, à gauche, nous voyons un vieillard qui apporte un agneau et une jeune femme avec une paire de pigeonneaux dans une corbeille.

A droite, saint Joseph en contemplation, près de lui une femme tenant un enfant par la main. Au bas du berceau, un joli chien danois couché.

Dans le ciel, sur des nuages, des anges en adoration, et au milieu d'une gloire lumineuse des chérubins chantant *Gloria in excelsis Deo.*

Ce tableau doit être de la main de L. HERLUISON, comme celui qui lui fait face.

La fenêtre de cette grande travée se compose de cinq lancettes. Dans la première lancette est représenté saint Vincent, diacre, en dalmatique, une palme à la main gauche, un livre à la main droite. Sous ses pieds, on lit cette inscription :

INVICTISSIMO CHRISTI ATHLETÆ
VINCENTIO PERPETVO FAMILIÆ
PATRONO HANC MARTYRII SVI
PALMAM IN FIDELIS CLIENTELÆ
OBSEQVIVM CONSECRAT.

Au bas de cette inscription sont les blasons des donateurs et de leur famille.

Au 1 d'argent à un chevron d'azur accompagné de trois roses de gueules, et un chef du même chargé du lion léopardé d'or, passant (Nevelet). Au 2 d'azur à deux épées d'argent en sautoir (Angenoust). Support : deux lions (29, 30).

29. 30.

Le blason central du tympan (29) est surmonté d'un heaume à lambrequins, avec un lion issant pour cimier.

2e lancette. — *Sainte Catherine.*

Tenant un livre ouvert de la main droite et une palme de la main gauche, à ses pieds la roue de son supplice.

Sous ses pieds on lit cette inscription :

FORTISSIMÆ VIRGINI CATHARINÆ
ACERRIMÆ VERITATIS
PROPVGNATRICI HÆC INSIGNIA
MARTYRII APPENDIT

Toutes les lancettes de cette fenêtre sont en verre blanc et décorées de bordures d'un dessin varié sur fond d'or.

3e lancette. — *L'Assomption de la Vierge.*

Au bas du sujet, nous lisons :

VINCENTIVS NEVELET IN
SVPREMA REGNI CVRIA
SENATOR IN MAIORIBVS
SVBSELLIIS SEDENS AD
SVPREMI CONSESSVS[1] DIGNITATEM
ANNORVM DISPENDIO NON SVO
MERITO EVECTVS HANC VITREAM
TABELLAM IN ÆDE DIVO PATHALEONI
MARTYRI SACRA AD PIAM
AVORVM SVIQVE NOMINIS
MEMORIAM DAT DICAT
CONSECRAT ANNO REPARATÆ
SALVTIS M · D · C · LXV · KAL ·
IANVARIIS ·

Vincent Nevelet, conseiller au Parlement de Paris, où il occupa l'un des premiers rangs, élevé par droit d'ancienneté, et non par son propre mérite, à la dignité de président, donne et consacre cette verrière dans l'église de Saint-Pantaléon, martyr, en mémoire de ses ancêtres et pour perpétuer son souvenir, le 1er janvier de l'an du salut 1665.

Ceci est l'inscription générale de donation pour toute la verrière. Au-dessous, il y a la dédicace spéciale de la troisième lancette à la sainte Vierge.

Par maladresse, le vitrier qui jadis a remis en place les panneaux de cette lancette a mélangé les deux inscriptions, et il a mis la seconde partie de l'inscription générale à la suite de l'inscription spéciale à la sainte Vierge. Nous avons rétabli ces deux inscriptions dans l'ordre où elles doivent être lues.

1. Le peintre a écrit par erreur CONFESSVS.

VIRGINI DEIPARÆ HVMANI
GENERIS REPARATRICI SVPRA
THRONVM CHERVBIN SEDENTIS[1]
CŒLO TERRA MARIQVE TRIVPHATI
IN ADDICTISSIMÆ SERVITVTIS
NEXVM MANCIPAT

Consacré à la Vierge mère de Dieu, réparatrice du genre humain, assise au-dessus du trône des chérubins, triomphante au ciel, sur la terre et sur la mer, en gage de soumission très humble et très dévouée.

Au bas de cette inscription, un blason : au 1 d'argent à 2 fasces ondées de sable, qui est de Bouchet de Sourches (Et. Loyson, *Armorial universel,* p. 32); au 2 d'argent, à un chevron d'azur, accompagné de trois roses de gueules, deux en chef et une en pointe, au chef de gueules chargé d'un lion léopardé d'or, passant (Nevelet). Ce blason est surmonté d'une couronne de marquis, et il a deux lions pour supports (31). Les deux parties ont été interverties; le 1 devrait être de Nevelet, et le 2 de Bouchet de Sourches.

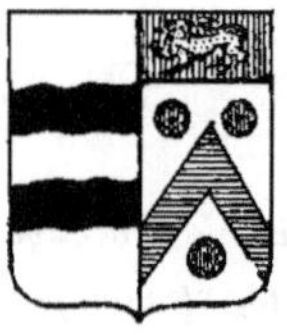
31.

4e lancette. — *Sainte Reine,* elle tient un livre fermé de la main gauche, et une palme de la main droite, avec une chaîne sur le bras droit.

Au bas de cette figure, on lit :

INCLYTÆ CHRISTI MARTYRI
REGINÆ TORMENTORVM PER
MIRACVLVM VICTRICI IN
OBTINENDÆ SANITATIS SPEM
PRO CHARISSIMA CONIVGE HANC
TRIVMPHI IMAGINEM VOVET.

1. SEDENTIS est une faute; il faudrait : SEDENTI.

A l'illustre martyre de Jésus-Christ, sainte Reine, miraculeusement victorieuse des supplices, cette image triomphale est dédiée pour obtenir la santé en faveur d'une épouse bien-aimée.

5e lancette. — *Saint Dominique,* tenant un lis de la main droite, et un livre fermé de la main gauche.

Au bas de cette figure, nous lisons cette inscription :

> GLORIOSISS° ILLVSTRISS° PREDICATORV̄
> ORDINIS PATRIARCHÆ S^TO DOMINICO
> HOC IN SANCTÆ FAMILIÆ MERITA
> TITVLO ADOPTIONIS ADSCRIPTVS
> SINGVLARE DEVOTIONIS SVÆ
> MONVMENTVM NVNCVPAT.

Au très illustre et très glorieux patriarche de l'Ordre des Frères prêcheurs, saint Dominique, le donateur dédie ce témoignage solennel de sa dévotion pour avoir été affilié à ce saint Ordre et rendu participant de ses mérites.

Dans la 5e lancette, au-dessous de saint Dominique, il y a le sommet d'un blason, un heaume à lambrequins, avec cimier au lion d'or issant; mais le blason a disparu.

32.

Dans le haut de la fenêtre, le lobe du milieu contient le blason Nevelet, ayant pour support deux lions.

Le lobe de gauche contient un blason parti : au 1, de Nevelet; au 2, d'argent à deux fasces ondées l'une de sable, l'autre d'azur (32)[1].

33.

Dans le lobe de droite, un autre blason Nevelet, d'argent au chevron d'azur, accompagné de trois roses de gueules, deux en chef et une en pointe ; au chef de gueules, chargé d'un léopard passant d'or. Accolé à un blason d'azur à la tour d'argent, au chef d'argent moucheté de 13 mouchetures d'hermine de sable (33).

1. La fasce qui est ici d'azur devrait être de sable, comme au bas de la 3e lancette. Elle n'est d'azur que par une erreur du vitrier.

Les Nevelets comptaient au nombre des bienfaiteurs de l'église Saint-Pantaléon; ils y possédaient une chapelle ornée à leurs frais. — Voici une pièce empruntée aux *Archives de l'Aube* (A I. 779) et qui donne la clef des armoiries figurées sur le vitrail. « Pierre Nevelet, seigneur de Dosches, du Russeau et de Montceaux, dont la tombe existe à Saint-Nizier (t. III, p. 535, *Stat. de l'Aube),* procureur de Vincent Nevelet, conseiller du Roi en sa Chambre de Parlement, demeurant à Paris, donne au nom de Maître Vincent Nevelet, auditeur en la Chambre des Comptes, père dudit Vincent Nevelet, conseiller en Parlement, une somme de 18,000 livres à l'Hôtel-Dieu-le-Comte, de Troyes, devant être employée à parfaire le payement du gagnage de la Loge-Madame, acquis le 24 mars 1659 à raison de 23,000 livres de M. Pierre Davanne, seigneur de Villiers-(le-Brûlé); à charge par le dit Hôtel-Dieu de faire dire en la chapelle de MM. Nevelet, en l'église Saint-Pantaléon, un service annuel pour l'âme du dit feu Vincent Nevelet et de sa femme Catherine Le Bret, père et mère, pour celle du dit fondateur Vincent Nevelet et de Marie Bernard son épouse, et aussi pour celle de feu Marie Nevelet sa sœur vivante femme de Jean du Bouchet, marquis de Sourches [1]. »

SANCTUAIRE

Le sanctuaire se composait jadis d'une seule travée, et les bas côtés du chevet communiquaient par un passage libre derrière le maître-autel, comme à l'église Saint-Jean.

En 1606, on y éleva un mur de clôture pour y recevoir le beau retable de Toussaint Concibert.

Après les événements de 1789, on recula le maître-autel près des piliers du chevet, en y plaçant un retable en bois dans le style grec, qui encadrait un tableau représentant la Résurrection du Sauveur.

En 1842 ou 1843, M. Boulage, alors curé de Saint-Pantaléon, reculait le maître-autel dans l'ébrasement de la fenêtre du chevet, qui

1. Nous devons cette note à l'obligeance de M. Louis Le Clert.

fut complètement murée, pour y placer un retable en bois sculpté, exécuté par M. Valtat, habile sculpteur troyen.

Ce retable, malgré toute sa richesse de sculpture et l'argent qu'il a dû coûter, est et restera sans effet dans l'emplacement qu'il occupe actuellement.

L'autel se compose d'un tombeau, qui se divise en trois parties par des colonnettes formant des retraits vitrés de glaces et renfermant des châsses modernes et du dernier siècle.

Sur les gradins de l'autel, le tabernacle et les chandeliers. Au-dessus s'élève le soubassement du retable, composé de trois abris; celui du milieu, plus élevé que les deux autres, est destiné à recevoir le soleil du Saint-Sacrement. Ensuite, sur une console, est la statue en bois peint de saint Pantaléon, vêtu d'un manteau cramoisi doublé d'hermine par-dessus ses vêtements de docteur. La tête est couverte de la toque professionnelle; il tient un livre ouvert de la main gauche et une palme de la main droite.

Les pieds sont nus, pourquoi? En iconographie chrétienne, il n'y a que le Christ et ses apôtres qui doivent être représentés les pieds nus.

Un manteau d'hermine et les pieds nus ne s'accordent guère. Il est aisé de voir que le sculpteur Valtat a copié le saint Pantaléon des tableaux de Carrey, auquel nous pardonnons toutes ces fantaisies. Quant à notre sculpteur troyen, il lui était facile de porter le regard sur le saint Pantaléon que l'on voit en costume de docteur, avec des chaussures et des bas, sur la verrière des grandes fenêtres, à gauche, au-dessus de l'autel.

Derrière le saint docteur-médecin se trouve la roue de son supplice.

Pour décorer les piliers du chevet qui encadrent si malheureusement le maître-autel, on décrocha les clefs de voûte de la chapelle des Molé, pour en faire des médaillons décoratifs. Ce qui nous a permis, il est vrai, de les voir de près, de les faire photographier par M. Lancelot et de les dessiner.

Les encadrements de ces clefs de voûte se composent de contre-courbes rubanées en forme d'accolade et enveloppant de leurs contours la petite figure du saint patron, pour se réunir à la base au blason des donateurs qui ont contribué à la construction et à la décoration de cette chapelle.

A gauche. — 1° La sainte Vierge portant l'enfant sur son sein, et tenant un bouquet de la main droite.

Aux pieds de la Vierge est le blason du bienfaiteur, aux armes des familles *Mauroy-Molé.*

2° Sainte Barbe, avec sa tour légendaire, tenant un livre ouvert de la main droite et une palme de la main gauche. Au bas, le blason *Molé-Hennequin.*

3° Saint Claude, évêque, tenant une crosse de la main droite et un livre ouvert de la main gauche. Blason : *Molé-Dorigny.*

Sur le pilier, à droite. — 1° Dans le haut, saint Michel, frappant de son épée le diable, terrassé à ses pieds. Blason : *Marisy-Molé.*

2° Sainte Catherine, tenant son livre ouvert de la main droite et une palme de la main gauche, la main appuyée sur la roue de son supplice. Blason : *Péricard-Molé.*

3° Saint Jean-Baptiste, montrant du doigt l'*Agnus Dei,* qu'il soutient de son bras gauche. Blason : *Clérey-Molé.*

C'est appuyé contre ces deux piliers que s'élevait le fameux retable de Concibert.

Les deux premiers piliers du sanctuaire sont dépourvus de leurs consoles du premier étage; jadis on les avait remplacées par des boiséries de chêne, ornées d'attributs du culte. Ces boiseries ont été enlevées par M. Boulage quand il fit poser le nouvel autel.

Sur le pilier, à gauche, est restée la console de consécration, sur laquelle s'élève la figure de la *Charité* qui décorait le jubé de l'église Saint-Étienne, par Dominique. Cette élégante figure tient sur son bras un enfant suspendu au sein de sa mère; de la main droite elle tient un autre enfant, et à ses pieds un troisième s'abrite sous ses vêtements pour se réchauffer.

Au-dessus est un petit dais gothique à trois faces, surmonté d'un pinacle.

Même disposition pour le pilier qui fait face à celui-ci. Sa console porte la figure de la *Foi,* de la même provenance et du même auteur.

Cette belle statue, les bras croisés sur sa poitrine, tient en même temps un calice à la main droite et une petite croix à la main gauche, en levant le regard vers le ciel.

Comme le dit M. Albert Babeau, dans sa remarquable notice sur Dominique Florentin : « La taille élancée de ces deux figures, leur tête petite et fine, leur col allongé, la noblesse de leur attitude, l'élégance des draperies, sont des signes caractéristiques de l'école à laquelle appartient Dominique.

« Ces deux statues sont exécutées avec une aisance qui dénote un homme maître de son art. »

Fenêtre, à gauche. — La fenêtre de cette travée se divise en trois jours ou lancettes, presque entièrement vitrés de verre blanc.

La première lancette représente saint Jean-Baptiste, patron du donateur, tenant de la main gauche un livre fermé, une oriflamme passée dans son bras gauche, ayant l'agneau symbolique qui se dresse contre lui. Son nom se lit dans la bordure.

A droite, dans la troisième lancette, est représenté saint Pantaléon, le même dont nous avons parlé plus haut, coiffé du bonnet de docteur, vêtu d'une soutane et d'un manteau à fourrure, une palme à la main droite, un livre ouvert à la main gauche.

Au bas de la deuxième lancette est une inscription incomplète, mais ayant encore son intérêt. Voici le texte exact des fragments :

CET	TE VIST	CELL
ESTE	DONNE	HATOT
HONOR	TEVE	R ET M
JEAN H	T M[R]. SEL	SA SŒ

Au-dessous de saint Jean-Baptiste est un blason d'azur au chevron d'or, surmonté en chef d'une rose d'argent accompagnée de deux étoiles d'or, et en pointe, d'une selle d'argent dans laquelle est une gerbe de blé d'or (34).

34.

Au-dessous de saint Pantaléon est un blason parti : au 1, comme le précédent; au 2, d'azur à un chevron d'or accompagné de deux étoiles d'or en chef et de 2 croissants d'argent en pointe (35). Dans les bordures de la deuxième et de la troisième lancette, on trouve plusieurs fois répétés les noms de JESVS MARIA et le chiffre IHS.

35.

Dans les écoinçons du tympan de la fenêtre, des anges adorateurs et cette date : 1662.

Au bas de la bordure de cette fenêtre, perdue dans les ornements, on lit, en petits caractères gothiques du XVIe siècle, une inscription relative au Romain Mucius Scævola, surnommé Cordus à cause de son intrépidité, lequel, ayant pénétré dans le camp des Étrusques pour tuer leur roi Porsenna, qui assiégeait la ville de Rome, refusa de répondre à l'interrogatoire que les ennemis lui faisaient subir, et, pour montrer que rien ne vaincrait sa résolution, étendit sa main au-dessus d'un brasier ardent et la laissa brûler sans ouvrir la bouche. Comment une inscription sur ce sujet païen se trouve-t-elle à Saint-Pantaléon ? Il nous est impossible de le deviner.

Voici cette inscription :

Mucius corde le couraigeux romain
par son couraige ⁊ tresgrande constance
devant porsene souffrit bruler sa main.

Fenêtre, à droite. — Cette fenêtre se divise, comme la précédente, en trois lancettes. Dans la première et la seconde lancette est représentée l'Apparition de Jésus-Christ à Marie-Madeleine. Un vase de parfum est aux pieds de la sainte, et le Sauveur lui dit le *noli me tangere.*

36.

Au-dessous de Madeleine est un blason d'azur au chevron d'or, accompagné en chef de trois étoiles, en pointe d'une pomme de calville, le tout d'or (Jacques Truelle) (36).

Au-dessous du Christ, dans la seconde lancette, on lit cette inscription :

HONORABLE HOM̄
IACQUES TRVELLE

MARCHAND A TROYES
ET MADELEINE
DV FOVR SA FEMME
ONT DONNE CESTE
VITRE EN L'ANNEE
· 1663 ·[1]

Dans la lancette de droite est la figure de saint Jacques le Majeur, tenant son bâton de pèlerin, et portant des coquilles sur son vêtement.

Au-dessous : le blason de la femme de Jacques Truelle. Au 1, Truelle ; au 2, Dufour, d'azur au chevron d'or, accompagné de trois étoiles d'or, deux en chef et une en pointe (37).

37.

En haut, dans les lobes, un soleil rayonnant, avec des nuages dans les écoinçons.

FENÊTRE CENTRALE

Cette fenêtre est divisée en trois lancettes. Dans la seconde, qui occupe le centre, est Jésus attaché à la croix.

Dans la première lancette, à gauche, la sainte Vierge en pleurs, regardant son fils crucifié.

Au-dessous de cette figure de la Vierge Marie, un blason de forme ovale. Au 1 d'azur, au chevron d'or accompagné de trois croisettes d'argent, 2 en chef et 1 en pointe. Au 2 d'azur, au chevron d'or accompagné en chef de deux étoiles d'or et d'un fer à moulin d'argent en pointe (38).

38.

1. Jacques Truelle, marchand à Troyes, né en 1630, épousa en 1658 demoiselle Anne-Madeleine Dufour. Il fut juge-conseil de Troyes. En 1676 il était marguillier de Saint-Pantaléon. Sur un tableau généalogique de la famille Truelle, dont les ancêtres remontent au XVIe siècle, que possèdent MM. Truelle-Saint-Évron et Auguste Truelle, ancien trésorier général de l'Aube, on lit que Jacques Truelle avait fondé à Saint-Pantaléon des vêpres du Saint Sacrement. Il est dit que la procession ira chanter un *Libera* et le *De profundis*, dans la chapelle des Moslé, lieu de la sépulture de Jean Truelle et de ses ancêtres.

Dans la troisième lancette est saint Jean le Bien-aimé, ayant la même attitude que la mère du Sauveur, et tenant un livre de la main gauche.

Au bas du panneau, un autre blason, parti au 1 d'azur, au chevron d'or accompagné de trois croisettes d'argent, comme ci-dessus. Au 2 d'azur, à un bourdon de pèlerin d'or chargé d'une coquille, accompagné de trois compas d'argent, deux en chef et un en pointe, ce dernier posé sur le pied du bourdon (39).

39.

Au bas de ces deux blasons, la date de 1662.

Dans le lobe circulaire, qui est au-dessus du Sauveur crucifié, on voit le Père éternel; dans les demi-lobes, qui sont de chaque côté, des anges. Le soleil et la lune sont dans les écoinçons.

BAS COTÉ DU CHŒUR (COTÉ NORD)

Première chapelle. — La voûte de la première travée de ce bas côté est composée de nervures diagonales, de liernes et de tiercerons, au croisement desquels il y avait jadis des clefs de voûte, sculptées en pierre avec une adresse remarquable. Le mérite et la richesse de leur exécution ont amené leur déplacement pour en décorer les piliers du sanctuaire, comme nous l'avons fait remarquer plus haut. Ce transfert est une maladresse regrettable, comme il s'en produit quelquefois dans nos monuments religieux.

A la rencontre de ces lignes géométriques de la voûte, sont restés en place deux tillets sur lesquels nous lisons la vieille devise des Molé : CVIDER DEÇOYT.

Sur la clef centrale est le blason de cette famille, seigneur de Villy-le-Maréchal : de gueules, à deux étoiles d'or en chef et un croissant d'argent en pointe.

La voûte de la chapelle est moins complexe que celle de la travée ; mais le constructeur a détaché ses nervures de la voûte, de manière à les suspendre dans le vide en les réunissant dans un pendentif qui renferme une petite statuette dans une niche.

Cette chapelle était certainement celle qui fut édifiée aux frais de la famille Molé, dont on retrouve la devise à la base du meneau central de la fenêtre.

Le mur de refend de cette chapelle est décoré d'un entablement dont la frise, presque entièrement détruite, n'a conservé qu'un écusson à gauche. Cet écusson, que surmonte une tête d'ange ailé et qui est attaché par des lacs de chaque côté, devait être celui des Molé, car on aperçoit encore dans le bas les traces d'un croissant.

La frise est surmontée d'un intéressant fronton triangulaire, qui n'appartient pas du tout à cette belle décoration. La corniche était destinée à recevoir un groupe de trois figures placées devant un fond de tapisserie peint sur le mur, qui devait en rehausser le mérite et la beauté.

Le dais monumental qui, dans le haut, occupe toute la largeur du mur de refend, se divise en trois étages, avec une saillie en retour sur les côtés.

Le premier étage est le dais qui abritait les trois statues; il est divisé en trois parties par des pilastres accouplés, se terminant en consoles, point de départ d'un cintre surélevé orné de cygnes fantaisistes, qui servent de support à de petits tillets, le tout ajouré et d'un grand effet décoratif; malheureusement ces détails sont en partie brisés sur la face principale. En retour, sur les côtés fuyants, ils ont résisté au vandalisme, ce qui nous a permis d'en faire la restitution complète sur la façade; il en est de même pour les têtes de chérubins du deuxième étage et les jolis vases du couronnement.

Au-dessus de cette ceinture d'arcatures s'élève la deuxième partie, composée de trois niches vides et de deux autres en retour. Très rapprochées entre elles, elles se divisent isolément par des colonnes et forment trois ouvertures cintrées qui devaient contenir des statuettes qui n'existent plus. Dans la partie cintrée des niches étaient suspendues dans le vide des têtes de chérubins, déployant leurs ailes.

Les colonnes portent un entablement à ressauts surmonté d'un fronton circulaire, et, à la rencontre des colonnes, sont des petits socles qui portaient jadis de jolis petits vases.

Au-dessus de ce riche entablement s'élève la troisième partie du retable. Elle se compose de trois dômes, celui du milieu plus important que les deux autres, qui n'en sont que l'accessoire. Ces dômes, portés par des colonnes isolées, sont accolés au mur de clôture de manière à ne présenter que trois demi-cercles. Sur le dôme central s'élève un autre petit dôme qui ne présente qu'une section de cercle portée par cinq colonnettes, dont la couverture est surmontée d'un vase de couronnement, vase final qui se perd à la pointe de l'ogive du mur de refend.

Sur la couverture écaillée du grand dôme, des cygnes arqués sur leurs pattes soutiennent le socle de ce petit dôme.

Nous donnons ici le dessin de ce curieux détail d'architecture, un peu lourd dans son ensemble, pour faire comprendre tout son mérite et toute son importance.

Le dais de la chapelle des Fonts et celui du Calvaire, que nous avons décrits aux pages 370 et 382, sont un diminutif de celui-ci. A partir de cette époque, Dominique se lance dans l'architecture classique qui appartient à l'antiquité grecque ou latine. Il n'en est pas moins le maître et le créateur de son œuvre.

Le fronton triangulaire qui a trouvé sa place sur l'entablement du retable de cette chapelle est une intéressante sculpture. Sur les rampants de ce fronton sont deux chimères dont la queue se termine en rinceaux, remarquables d'énergie et de désinvolture. Dans le tympan, il y a un buste d'empereur romain. Ce beau détail viendrait-il du vieux portail détruit et refait en 1635 pour l'agrandissement de l'église ? En tout cas, qu'il reste placé où il est; il complète un ensemble d'architecture qui plaît.

A gauche sous la fenêtre, une petite piscine à linteau droit porté sur deux colonnes. Dans le fond, deux autres colonnes et, sur les côtés, deux petites niches.

Au bas du retable et à la place de l'ancien autel, est un panneau de la fin du XVIe siècle, représentant la guérison du vieux Tobie. A gauche, l'ange Raphaël tient une petite cassolette, dans laquelle était renfermé le fiel du poisson que le jeune Tobie vient d'appliquer sur les yeux de son père aveugle.

Le vieillard, assis dans un fauteuil, ouvre les yeux à la lumière. Derrière lui, sa femme et la femme de son fils. A droite, le chien dont parle l'Écriture, dressé sur ses pattes et très attentif à ce qui se passe.

On voit, à droite, un petit sujet épisodique; la femme du vieux Tobie, assise sur un rocher, guettant le retour de son fils, dont on aperçoit dans le lointain la caravane de mulets et de chameaux.

En face, sur le mur, un tableau peint sur toile représente l'Enfant Jésus dans les bras du saint vieillard Siméon; celui-ci est en chape et en mitre; il tient Jésus sur un linge étendu. A gauche, la sainte Vierge et Anne la prophétesse qui tend, avec un ardent désir, les bras vers l'Enfant Jésus. Derrière Siméon, à droite, saint Joseph porte deux colombes dans un panier.

Deuxième chapelle. — La voûte de cette travée est plus simple que la précédente; elle se compose de nervures en diagonale et de tiercerons formant des losanges, à la jonction desquels sont des pendentifs ornés de niches, dont quelques-unes ont conservé leurs statuettes.

Sur le mur de refend, à droite, est une corniche formant retable, sur lequel se dresse un groupe monolithe en pierre de saint Joachim et de sainte Anne, malheureusement séparé en deux parties depuis son transfert de Saint-Loup à l'église Saint-Pantaléon.

Avant la Révolution, ce groupe se voyait adossé à un pilier de la nef, près du jubé de l'église collégiale de Saint-Étienne. Une inscription placée au bas, sur un socle, apprenait que cette belle sculpture avait été exécutée aux frais du chanoine Nicolas Clément, qui mourut le 9 novembre 1554, fut inhumé au-devant du même pilier, sous une tombe de marbre noir qui se trouve conservée dans la cour de la maison n° 8 de la rue Linard-Gonthier.

Le chanoine Clément, licencié ès lois, chanoine de Saint-Pierre et de Saint-Étienne de Troyes, avait une chapelle située dans le bas côté sud, la troisième près du jubé, vulgairement appelée chapelle Clément. Ses armes se voyaient sculptées à la clef et sur chacune des nervures de la voûte de cette chapelle. Sur les vitraux qui l'éclairaient, il était représenté à genoux et en costume. Au-dessous, on lisait le millésime de 1540, date de la pose de ces vitraux[1].

Ce groupe, attribué par nos historiens à François Gentil, nous paraît sortir du ciseau de son puissant rival, Dominique le Florentin.

Les figures, d'un réalisme si expressif, semblent avoir été prises sur le vif, au moment même de la rencontre, après une longue absence. Quelle douceur affectueuse dans ces deux belles figures si finement rendues !

Joachim et Anne se pressent les mains avec une expression de tendresse et d'attachement. Joachim, jeune encore, portant une barbe courte avec favoris, les pieds nus, comme un homme qui vient de la plaine où il gardait ses troupeaux, est vêtu d'un justaucorps fermé au cou par une attache de cuir, boutonné jusqu'à la ceinture, à manches étroites que serrent des lacets artistement disposés; il a un pardessus, manteau flottant, agité par un léger zéphyr. Il porte, suspendus à sa ceinture, une aumônière, un trousseau de clefs et un couteau. Sainte Anne a écarté son voile et laisse voir la régularité de ses traits et la douce expression de sa physionomie; ses vêtements simples et d'une étoffe légère se prêtent avec grâce à tous ses mouvements. Sur une robe sans ornements, elle porte un manteau brodé aux épaules, et dont le revers est semé d'étoiles. Elle a les pieds chaussés, et sous le talon droit on aperçoit les clous de sa chaussure.

Ce groupe est admirable à tous les points de vue. Il demanderait à être mieux éclairé; une des chapelles du côté sud lui serait plus favorable. M. l'abbé Aubert, curé de Saint-Pantaléon, qui s'intéresse à tous les merveilleux chefs-d'œuvre de son église, est tout disposé à faire ce déplacement.

Au-dessous de ce groupe est un tableau assez intéressant, du XVIIe siècle, représentant l'Adoration des Mages. A droite, la sainte

1. Arnaud, *Voyage archéologique*, p. 28. L'abbé Lalore, *Documents inédits*, p. 66 et 415.

Vierge, ayant saint Joseph derrière elle, tient l'Enfant Jésus debout sur ses genoux et le présente aux Mages. Le premier roi est à genoux et baise le pied de Jésus, qui lui pose la main droite sur la tête; il a près de lui un serviteur. Le second Mage, vêtu d'un manteau rouge dont un serviteur porte la longue traîne, s'incline devant Jésus. Le troisième roi est nègre.

De nombreux serviteurs et soldats se pressent pour contempler le Sauveur. Malheureusement, ce tableau a poussé au noir et est en mauvaise lumière.

Sur le mur du côté nord est une petite piscine triangulaire avec deux colonnettes sur le devant, une au fond et deux tablettes sur les côtés.

Cette chapelle a une fenêtre composée de cinq jours et qui est vitrée de verre blanc, avec quelques blasons de la famille Molé.

Dans la première lancette, nous remarquons un blason appartenant à Claude Molé, seigneur

40.

41.

42.

43.

de Villy-le-Maréchal (41), et un autre blason Molé surmonté d'une crosse d'abbé (40). Dans la troisième lancette est un autre blason de la même famille : aux 1 et 3, Molé; aux 2 et 4, d'or à la croix ancrée de sable, chargée en abîme d'un croissant d'or. Ce sont les armoiries de Molé Ménisson, bourgeois de Troyes (43).

Dans la cinquième lancette, deux blasons, l'un de la famille Molé et l'autre parti au 1 Molé et au 2 Ménisson (42).

Bannière. — Sur le mur de refend, à gauche, est placée une armoire contenant la jolie bannière peinte par Carrey, que l'on sort une fois par an, à la procession, le jour de la Fête-Dieu.

Face antérieure. — Sur cette bannière, d'une étoffe de soie cramoisie, est peinte la figure de saint Pantaléon. Le saint est représenté debout, la tête couverte de son bonnet de docteur; sur les épaules, son manteau d'hermine tombant jusqu'à terre ; il tient une palme de la main droite, et la main gauche est appuyée sur la roue de son supplice.

Cette figure se répète exactement sur la face postérieure de cette bannière.

Aux angles des deux faces de la bannière sont des médaillons peints, sortes d'esquisses traitées légèrement, avec habileté, représentant quelques scènes de la vie du saint docteur.

En haut, à gauche, saint Pantaléon ressuscite un enfant qui avait été mordu par un serpent.

A droite, la guérison de l'aveugle.

En bas, à gauche, saint Pantaléon guérit un paralytique en présence de l'empereur Maximin.

A droite, saint Pantaléon secourant de pauvres estropiés.

Face postérieure. — Le saint dans la même attitude.

A gauche, en haut, saint Pantaléon, attaché à un poteau, est flagellé.

A droite, il est flambé sur un gril et lardé par des fourches de fer.

A gauche, en bas, il est roué, et à droite, il est décapité.

Ces peintures intéressantes de Carrey ont échappé jusqu'à ce jour aux chroniqueurs.

Nous donnons ici un extrait du testament de Mme Françoise Carrey, tante du peintre Jacques Carrey, qui vient nous éclairer d'une manière complète sur la provenance et l'exécution des grands tableaux de la nef de l'église Saint-Pantaléon.

« Extrait du testament de Mme Françoise Carrey, fille majeure d'ans, en date du 10 octobre 1694, déposé es mains de Cligny lesnel (l'aîné), notaire, le 17 septembre 1700.

« Je lègue et laisse à la fabrique de Saint-Pantaléon la somme de douze cent livres, dont mille livres seront employées à faire peindre quatre tableaux chascun de mesme hauteur et largeur que cellui qui a esté donné à ladite fabrique de Saint-Pantaléon par le sieur Faure, marchand de cette ville, lesquels quatre tableaux représenteront, ou les principaux mistères de la vie de Notre-Seigneur, ou la vie de saint Pantaléon, au choix de Messieurs les Marguilliers, lesquels seront tenus de faire peindre lesdits quatre tableaux par Jacques Carrey, mon nepveu.

« Laquelle somme de mille livres sera pour la peinture, toile et faux cadres desdits tableaux, et les deux cents livres restant pour le prix des bordures, qui seront pareilles à celui de M. Faure, que mon dit nepveu fournira auxdits tableaux; et demeurera ledit legs au cas que Messieurs les Marguilliers voulleussent employer d'autres personnes que mon dit nepveu pour faire peindre lesdits tableaux, ou qu'ils refusent de luy payer ladite somme de douze cent livres pour peinture, façons et fourniture de bordure d'iceux, à condition que Messieurs les Marguilliers de ladite église laisseront gratuitement à mes dits nepveux leur vie durant, et aussi à leurs femmes leur vie durant, la place que j'ai dans ladite église, qu'ils soient d'une autre paroisse. » (*Archives de l'Aube*, 19 G. A. 1. 779[1].)

Troisième et dernière chapelle. — La dernière travée est beaucoup plus étroite que les deux premières; elle n'en fait qu'une avec la chapelle du chevet, dite de la Croix, dont elle est l'accessoire.

Il y a deux fenêtres, l'une au nord et l'autre à l'est.

La fenêtre nord se compose de quatre lancettes, vitrées totalement en verre blanc.

Dans la première lancette est le blason de la famille de Pleurs, seigneurs de Virloup, La Chapelle, Rhèges et Lhuître : d'azur à un chevron d'argent, accompagné de trois griffons d'or; les deux du chef affrontés (44). A droite, dans la quatrième lancette, un blason : au 1 de Pleurs, au 2 d'azur à un bélier dressé d'argent, au chef d'azur à une fasce d'argent surmontée de 3 croissants du même (45).

44.

45.

1. Communiqué par M. Louis Le Clert.

La chapelle du chevet est la chapelle de l'Invention de la Sainte-Croix.

Autel moderne, exécuté en bois par M. Valtat, intéressant comme habileté d'exécution. Le retable, trop élevé, cache malheureusement et sans utilité les deux premiers panneaux de la belle verrière qui décore la fenêtre du chevet.

L'autel, comme tout le retable, est en bois sculpté; dessous, repose le corps inanimé de Jésus-Christ. Sur l'autel, au centre, est un tabernacle en arc trilobé renfermant une Notre-Dame de Pitié, le corps de Jésus couché sur les genoux de sa mère.

Au-dessus s'élève un dais gothique sous lequel est représenté le Christ en croix, accompagné des deux larrons. Ceux-ci sont placés sur les faces fuyantes de la niche à trois pans. Enfin, sur ce dais est placé un *Ecce homo* assis.

Aux extrémités du retable sont deux pinacles décorés de petites niches, dans lesquelles reposent deux petites statuettes de sainte Madeleine et de saint Jean. A la pointe des pinacles, un ange pleurant et l'autre priant.

La clef de voûte de cette chapelle est d'une grande richesse de sculptures et de dorures. Aux quatre angles du carré posé au centre de la voûte, sont de jolies rosaces. Les angles se réunissent au point central où devait être placé Dieu le Père, qui est actuellement à la pointe de l'ogive du sanctuaire. Dans les angles du carré, de riches ornements courants.

La fenêtre du chevet de cette chapelle est divisée, par un meneau central, en deux lancettes qui se terminent en arc surbaissé et légèrement trilobé. Contre ce meneau est appliquée une grande croix en bois avec un Christ, pour rappeler que cette chapelle est consacrée à la sainte Croix.

La verrière de cette fenêtre est très remarquable par son caractère artistique et par sa belle ordonnance. Elle se compose de deux rangées horizontales, de trois panneaux chacune, plus deux lobes circulaires dans le haut de la fenêtre.

PREMIÈRE RANGÉE, 1er *panneau*. — Un ange apporte à Seth, fils d'Adam, un petit rameau de l'arbre de vie, en lui disant de le planter sur la sépulture de son père. L'ange a la figure et le corps d'un rouge ardent comme le feu; il est vêtu d'une robe blanche. Le rameau qu'il présente à Seth est légèrement feuillé. Planté sur la fosse d'Adam, ce rameau devait devenir un jour l'arbre de la Croix et assurer ainsi la résurrection et la vie éternelle au père du genre humain et à toute sa postérité.

Seth, les bras et les jambes nus, est vêtu d'une tunique violette.

La scène se passe contre une muraille très solidement bâtie, qui empêche les hommes de rentrer dans le Paradis terrestre, d'où ils ont été bannis. Mais, par-dessus le mur, on aperçoit encore le jardin de délices, avec une superbe fontaine jaillissante, d'où s'échappent les quatre fleuves qui sortaient du Paradis pour arroser et féconder la terre.

L'inscription qui était au bas du panneau a disparu; mais on en retrouve une partie dans la légende du panneau supérieur, et cette partie étant semblable à l'inscription du même sujet à Saint-Martin-ès-Vignes, on peut la compléter sans crainte de se tromper.

Lange de **Padis terrestre dōna a** *Septh fils de Adam ung rameau de l'arbre de vie.*

Pour **plater sur la sepulture** *dudict Adam qui estoit prochien.*

A l'angle supérieur gauche de ce panneau, un petit fragment rapporté représente saint Edme, évêque de Cantorbéry, en mitre et en chape, une croix à la main gauche. Près de sa tête, on lit... **edme**.
Ce fragment est en grisaille dorée.

2e *panneau.* — Seth revint à la maison de son père, et trouva Adam mort, étendu tout de son long sur la terre, la face tournée vers le Ciel. Il planta sur sa sépulture le rameau fleuri qu'il avait reçu de l'ange.

A gauche, on voit un jardin peuplé d'animaux de toutes sortes, qui prennent leurs ébats : un cerf, sa biche et son faon ; deux dromadaires; trois petits lapins.

L'inscription peut, comme la précédente, être complétée à l'aide de celle de Saint-Martin :

Seyth *trouva son père Adam mort* **Au lieu du mont de calvaire Sur la sepulture**

duquel *il planta le rameau* **Quil avoit apporte de paradis terrestre.**

Deuxième rangée, 1er *panneau.* — Le rameau étant devenu un grand arbre, Salomon ordonna de le couper et d'en faire emploi pour la construction du temple. On voit, en effet, Salomon, entouré des seigneurs de sa cour, donner l'ordre de couper l'arbre qui s'élève dans le voisinage du temple; l'architecte reçoit cet ordre en soulevant son chapeau; le bûcheron lève sa hache (46).

La construction du temple est déjà fort avancée, et, sur l'ordre d'un conducteur des travaux, trois ouvriers s'efforcent de placer l'arbre parmi les pièces de la toiture. Mais, suivant la légende, il fut impossible d'y réussir, car tantôt l'arbre était trop long et tantôt, au contraire, il était trop court.

N'en pouvant tirer parti, les ouvriers le mirent au rebut et le jetèrent sur un ruisseau pour servir de pont aux passants. Cet épisode de la légende est représenté dans le fond du panneau, à gauche.

Voici l'inscription relative à ce sujet :

Apres que le rameau fut grãdemẽt creu Salomon le fist couper po^r *servir a son édifice.*

Mais **pour ce qu'il ny fut propice Il le fist mettre sur ung ruysseau pour servir** *de planche.*

2e *panneau.* — Attirée par la renommée de la sagesse de Salomon, la reine de Saba vient à Jérusalem pour le voir. Elle arrive accompagnée de ses suivantes; Salomon, le sceptre en main, vient avec empressement à sa rencontre, avec deux officiers de sa cour, que suit un serviteur tenant une hallebarde. Mais, au moment de franchir le ruisseau qui la séparait du roi, la reine de Saba connut, par inspiration divine, que la planche qui servait de pont servirait un jour à crucifier le Sauveur du monde, et elle refusa d'y poser le pied. La légende ajoute que Salomon fit enfouir la planche mystérieuse dans les entrailles de la terre.

La scène a de nombreux spectateurs. Au fond du panneau,

46.

un vieillard semble donner à un jeune homme l'explication de ce mystere.

Au bas, on lit l'inscription suivante :

La royne sabba ne voulut passer et marcher Sur la dicte plāche porce quelle fut inspiere
Que sur Icelle bois seroit crucifie le redempteur des humains.

TROISIEME RANGEE, 1ᵉʳ *panneau.* — Plus tard, à l'endroit où cette planche avait été enterrée, fut creusée la piscine probatique.

A cette époque, la planche fut retrouvée, et l'on ne tarda pas à s'en servir pour faire la croix où fut attaché le Sauveur.

Sur le panneau, on voit un prêtre juif et deux docteurs de la loi qui s'entretiennent avec vivacité, pendant que des ouvriers retirent la planche de la piscine probatique.

A gauche, des ouvriers préparent le bois de la croix ; l'un tient la hache, l'autre enfonce sa tarière dans la planche ; à terre, on voit tous les instruments du charpentier, le marteau, le compas, l'équerre, etc.

Au-dessous du panneau, on lit :

La dicte planche fut prinse et trouvee au fondz de la piscine Probaticque de laquelle fut lors faicte la croix pour crucifier nre segne^r.

2e *panneau.* — Invention de la croix par sainte Hélène. Un terrassier, tenant sa bèche, vient d'ouvrir la fosse au fond de laquelle on aperçoit les trois croix du Calvaire. Sainte Hélène est là, avec le juif Judas, qui de la main lui montre la fosse et les croix. A droite, plusieurs seigneurs assistent à cette découverte, et l'un d'eux, mettant le genou en terre, se penche curieusement sur la fosse pour examiner les croix.

L'inscription suivante se lit au bas du panneau :

S^te^ helenne longtemps apres la passion nre segnieur trouva La saincte croix par la revelation de judas le sainct hōme

Dans le premier trilobe des lancettes, à gauche, est le blason du donateur : d'azur, à une pomme de pin d'or, au chef de gueules chargé de trois étoiles d'or (47).

47.

48.

Dans le deuxième trilobe, à droite, est un blason parti : au 1, comme ci-dessus; au 2, d'azur à la croix double d'or (Pyon) (48).

Tympan de la fenêtre, lobe de gauche. — Dans ce lobe est

représenté, en grisaille coloriée, l'empereur Héraclius, qui, ayant reconquis la vraie croix sur le roi des Perses Chosroès, arrive à Jérusalem pour restituer à la ville sainte cette précieuse relique. Monté sur son cheval de bataille richement caparaçonné, accompagné de ses officiers, il est aux portes de la ville, tenant la croix dans ses bras; mais son cheval s'arrête, immobile, refusant d'avancer, et un ange qui lui apparaît lui dit que ce superbe appareil ne convient pas au souvenir de Jésus-Christ portant sa croix avec humilité.

Lobe de droite. — Le lendemain, Héraclius se présente de nouveau aux portes de Jérusalem, mais en chemise et les pieds nus, suivi de tous ses officiers en pareil costume. Il a seulement la couronne en tête, pour marquer la dignité impériale, et il porte respectueusement la croix. Devant lui, ainsi abaissé, les portes de la ville s'ouvrent d'elles-mêmes.

Trilobe du haut de la fenêtre. — Au milieu d'une gloire lumineuse entourée de nuages, est représenté Dieu le Père, bénissant.

BAS COTÉ SUD

Première chapelle. — Le mur de refend de cette chapelle a perdu l'entablement de son retable. Au-dessous est un tableau du XVIIIe siècle, non signé, représentant les filles de Raguel, prêtre de Madian, tout éplorées auprès de la fontaine où elles étaient venues puiser de l'eau pour abreuver les troupeaux de leur père. Des bergers survinrent et chassèrent les jeunes filles, en emmenant leurs troupeaux. Moïse, qui s'était réfugié, pour échapper à Pharaon, dans la terre de Madian, survint et prit leur défense. Levant son bâton sur un des ravisseurs, il chassa les bergers et fit boire les troupeaux des jeunes filles. On voit, à gauche, les moutons qui boivent, un bouc couché et un taureau que les bergers emmenaient. Au bas, on lit : EXODE. C. 2e.

Au-dessus, et à la place de l'entablement, sont restés les trois dais, du style de la Renaissance, qui recouvraient jadis les trois statues du retable.

Ces trois dais étaient surmontés de riches pinacles, que les événements ont fait disparaître.

La belle fenêtre qui vient d'être restaurée, et qui occupe toute la largeur de la chapelle, se compose de quatre jours, surmontés de trilobes et de contre-courbes d'une remarquable élégance, qui se rattachent à la première construction.

Cette fenêtre est décorée d'une merveilleuse grisaille rehaussée d'or, se divisant horizontalement en trois parties et renfermant douze panneaux représentant l'histoire du prophète Daniel, que nous allons décrire dans toutes ses parties, en commençant par le bas, à gauche.

PREMIÈRE RANGÉE, 1er *panneau.* — Le festin de Balthasar. Le roi est assis devant une table bien servie, entre deux de ses épouses; celle qui est à droite porte une couronne royale; celle de gauche, un simple bandeau en guise de diadème. Cette dernière montre au roi une main traçant sur le mur ces mots : MANE THETHEL PHARES. Le roi semble frappé de stupeur.

Sur le premier plan du tableau, sont deux musiciens; celui qui est à gauche pince de la viole, et celui de droite laisse tomber sa harpe pour regarder l'inscription mystérieuse. Derrière la table, des serviteurs; sur la table et sur un dressoir, sont les plats et les vases apportés du temple de Jérusalem et profanés dans les festins du roi.

2e *panneau.* — Les Mages de Babylone, réunis en assemblée, discutent cette inscription entre eux sans en trouver l'explication. L'un d'eux montre du doigt l'inscription bien visible, à droite. En haut, à gauche, dans un médaillon, la date 1546, époque de la première restauration de cette verrière.

3e *panneau.* — Le roi Balthasar sur son trône, et deux Babyloniens près de lui. Au-dessus d'eux, l'inscription. Devant le roi, Daniel, la main levée, donne l'explication vainement cherchée par les Mages. Derrière lui, la reine et une suivante.

4e *panneau.* — Le roi, assis et tout pensif, a donné l'ordre de vêtir Daniel de pourpre, de lui mettre son collier d'or au cou, et

de proclamer qu'il a le troisième rang dans le royaume. Daniel est debout devant lui, une couronne de laurier sur la tête, un collier d'or au cou, le sceptre à la main droite, le parchemin qui lui confère ses titres à la main gauche; un serviteur lui met aux pieds de riches chaussures. A droite, sur une tour, des hérauts d'armes proclament à son de trompe sa dignité nouvelle et la foule écoute avec admiration.

Deuxième rangée, 1er *panneau*. — Daniel, encore très jeune, est accusé par les satrapes des Mèdes, devant le roi Darius, d'avoir violé l'édit qui défendait, sous peine d'être jeté dans la fosse aux lions, d'adresser aucune demande, pendant trente jours, à tout autre qu'au roi.

Daniel a reconnu qu'il avait prié le Dieu d'Israël, et le roi, les mains sur la poitrine, semble protester des regrets qu'il a de le condamner et de l'impossibilité où il est de faire autrement. Daniel est emmené par des soldats et conduit à la fosse aux lions.

2e *panneau*. — Ce panneau contient deux sujets. La première partie représente trois juges chargés de discuter la culpabilité de Daniel. Faute de place, ces personnages ont été représentés à mi-jambes ou accroupis sur leurs talons. A droite, trois autres personnages assistent à cette discussion. A gauche, sujet épisodique : un soldat emmène Daniel (49).

La deuxième partie nous montre Daniel dans la fosse, agenouillé, les mains jointes, entouré par tous les animaux féroces, qui le regardent avec calme et sans la moindre intention hostile (49).

Il est à regretter que, dans une restauration aussi importante et aussi coûteuse, on n'ait pas trouvé moyen de mettre une tête à Daniel, qui l'avait perdue depuis de longues années, par le motif qu'il n'y avait pas la place nécessaire à cette addition.

Cependant, en calquant la photographie de ce vitrail pour l'exécution de notre dessin, nous avons trouvé sans difficulté la place qu'il fallait pour faire cette intéressante restitution.

3e *panneau*. — Daniel, vêtu de blanc, les mains jointes, est en prière au milieu des lions dont les uns sont couchés aux genoux du prophète, et les autres debout dans le calme de la défensive (50).

Sur le mur d'enceinte, Darius vient le lendemain voir ce qui se passait. Émerveillé de trouver Daniel sain et sauf, il reporta toute sa colère contre les satrapes, les fit arrêter et précipiter dans la fosse aux lions. Le peintre en a représenté deux qui se sauvent à toutes jambes, mais deux soldats, lancés à leur poursuite, les rattrapent par leurs vêtements (50).

4e *panneau.* — Par ordre du roi, les satrapes coupables furent jetés dans la fosse, où les lions les dévorèrent à belles dents. Daniel fut mis en liberté (51).

Troisième rangée, 1er *panneau.* — Suzanne à la fontaine, sollicitée au mal par deux vieillards.

2e *panneau.* — Les vieillards sont convaincus de mensonge par Daniel et déclarés coupables. Suzanne comparaît en accusée devant le tribunal.

Sur un tillet, on lit la date de M.D.XXXI, date de l'exécution de cette verrière.

3e *panneau.* — Les vieillards sont lapidés près des murs de la ville. Un cavalier les regarde en passant, et la foule sort par la porte du rempart. Au bas du panneau, un tillet porte la date de cette verrière : M.D.XXXI.

4e *panneau.* — Daniel, en présence du roi, fait renverser l'idole d'or de Bel, aux pieds de laquelle on voit la corbeille de pain et les vases de vin que les prêtres portaient au dieu, en faisant croire au peuple que Bel s'en nourrissait chaque nuit.

Dans le fond du tableau, on voit Daniel jetant une boule faite de poix, de graisse et de poil, dans la gueule du dragon, réfugié dans une grotte voisine de Babylone. Après l'avoir absorbée, l'animal ne tarda pas à crever.

Sept panneaux de cette verrière ont été refaits en 1546 et sont bien plus colorés que les panneaux suivants, portant la date de 1531, répétée deux fois, pour qu'on ne s'y trompe pas, dans les seconde et troisième lancettes, et une troisième fois dans le haut de ces lancettes, sur un large tillet, où on lit 1531.

Les trilobes des lancettes sont décorés de cornes d'abondance.

A gauche, à la pointe de la contre-courbe du tympan, est le

51.

52.

49.

DANIEL DANS LA FOSSE AUX LIONS

blason de Pierre Dorigny, d'azur à 3 chandeliers d'or, surmontés d'une étoile d'or en chef. Il était seigneur de Fouchères et de Bligny (52).

A droite, celui de sa femme, Nicole Molé : au 1, Dorigny; au 2, de gueules à un croissant d'argent en pointe et deux étoiles d'or en chef. Ils vivaient en 1531, et possédaient l'hôtel du Dauphin, situé près de l'église Saint-Pantaléon (53).

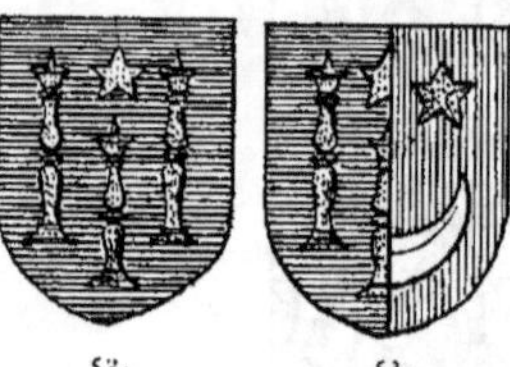

52. 53.

Au centre, dans les trilobes, assis sur des rochers, la sainte Vierge et saint Jean l'évangéliste assistent, comme sur le Calvaire, à la mort de Jésus crucifié, qui se trouve en haut, dans le trilobe final, où sont représentés le soleil et la lune. Dans les écoinçons, des anges en adoration.

Cette belle verrière a été nouvellement restaurée et remise en plomb par M. Félix Gaudin, peintre verrier à Paris; on a profité de ces travaux pour réparer les meneaux de cette fenêtre.

Au bas de la fenêtre est un joli tableau du dernier siècle, représentant, au milieu d'un paysage, sous les arbres, la Vierge avec le petit Jésus, et sainte Élisabeth avec le petit saint Jean, tenant une banderole où se lit : ECCE AGNUS DEI.

A gauche de ce tableau est une piscine au cintre surbaissé, accompagné de deux colonnes portant un entablement que surmonte un fronton triangulaire où était un petit buste, aujourd'hui brisé.

Sur le mur de refend, à droite, un tableau peint sur toile représentant Moïse sauvé des eaux. On voit la fille de Pharaon, un doigt sur les lèvres, recommandant le silence à Marie, sœur de Moïse, pendant qu'une suivante retire l'enfant du Nil. Dans le fond, à droite, des temples et autres édifices. A gauche, en bas, on lit : EXODE. C. 2e.

La voûte de cette chapelle ne manque pas d'intérêt; les nervures diagonales se réunissent à une clef en pendentif et aux nervures longitudinales par des trilobes.

Sur les deux faces de ce pendentif, sont des petites niches avec dais, renfermant des petites statuettes, saint Henri et saint Jean l'évangéliste, patrons des bienfaiteurs de cette chapelle.

Au pied du trumeau central de la fenêtre, le blason des Dorigny, fondateurs de cette chapelle, posé sur la base et richement orné, et se reliant à un socle d'où s'échappaient en relief des cygnes aux ailes déployées pour supports, le tout malheureusement brisé et difficile à restaurer. L'emploi des cygnes comme supports pour l'écusson des Dorigny explique cette profusion d'oiseaux aquatiques si souvent représentés dans la décoration des retables de cette église, et dont l'ingénieux sculpteur a su tirer un si bon parti.

Deuxième chapelle. — Le retable de cette chapelle s'écarte un peu de l'école de Fontainebleau ; c'est une décoration minuscule de la Renaissance, que nous avons souvent rencontrée dans les monuments civils et religieux du diocèse de Langres.

Aux deux extrémités de la corniche de ce retable s'élèvent deux pilastres portant le cadre de l'ancien retable, sur lequel sont posés trois dais délicatement sculptés, surmontés de pinacles non moins riches, ornés de petites figurines intéressantes, mais trop élevées pour en saisir les détails.

Les pinacles des trois dais ont été brisés, et les figures qui décoraient le pinacle central ont disparu depuis bien des années.

Sur ce retable, une sainte Vierge immaculée, entièrement dorée, à l'exception du visage et des mains, qui sont de couleur naturelle, décoration répandue au commencement du XVIIIe siècle.

Sur le mur de l'emplacement de l'autel est un tableau sans cadre, représentant, à droite, un empereur sur son trône, devant lequel on amène un guerrier vêtu et coiffé à la façon d'Alexandre le Grand ; le corps est nu, revêtu d'un manteau rouge; son casque est couvert d'une couronne de laurier. Un rayon lumineux, qui part du ciel, nous indique que c'est un saint personnage que l'on conduit devant son juge. Il tient un bâton de commandement de la main droite. Par son geste et son regard levé vers le ciel, on sent qu'il parle et qu'il répond avec assurance à l'empereur.

A droite du tableau, un personnage, costumé en juif, crie, ainsi qu'on le voit sur une banderole : AVGVSTE CHRISTIANI TOLLANTVR. Celui qui est devant le saint porte de même une banderole avec ces mots : AVGVSTE CHRISTIANI NON SINT.

Derrière l'empereur et autour du trône, des officiers et des juges, et, au pied du trône, un personnage prenant des notes. Derrière le prisonnier, beaucoup de soldats, et derrière eux un temple circulaire à colonnes et couvert en forme de dôme. Dans la plaine, un camp peuplé de nombreux soldats.

Ce tableau représente probablement le martyre de saint Maurice et de la légion thébaine, sous l'empereur Maximien.

La fenêtre de cette chapelle est plus large que la précédente : elle comprend cinq lancettes et se divise en trois rangées horizontales.

Elle est décorée d'une remarquable verrière en grisaille et or, comprenant quinze panneaux, qui représentent toutes les douleurs de la Passion de Jésus-Christ.

1re RANGÉE, 1er *panneau*. — Un riche cadre, renfermant un blason ancien, de gueules à trois bandes d'or avec une étoile d'or en chef entre la première et la deuxième bande (54) ; il a pour support une décoration toute moderne, représentant deux têtes terminées par des ornements, sur un fond blanc ouvré du même temps. Jadis ce panneau devait être occupé par le donateur et son patron.

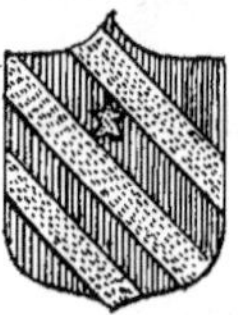
54.

2e *panneau*. — Entrée de Jésus à Jérusalem ; il est accompagné par une foule d'hommes et de femmes. Des enfants précèdent le Sauveur, les uns portent des rameaux d'or, et les autres étendent des vêtements sur son passage.

Jésus, monté sur un âne, suivi par ses apôtres.

3e *panneau*. — Une sainte Barbe, qui devait assister la donatrice, dont on ne voit plus que le bas de la robe. Près de la sainte, qui tient une palme, sa tour légendaire, sur laquelle est la date de M.D.XXXVIII [1].

1. Cette verrière, comme celle de la première chapelle, vient d'être restaurée avec l'argent souscrit par une grande partie des paroissiens ; cette restauration a coûté près de 3,000 francs. Il est regrettable que l'on n'ait pas débarrassé ce

4e *panneau.* — Jésus au Jardin des Oliviers.

Un ange, au milieu d'une gloire lumineuse, présente à Jésus la croix sur laquelle il devra racheter le genre humain.

Sur le premier plan, Pierre, Jacques et Jean sommeillent. Pierre tient entre ses jambes son épée au fourreau. Dans le fond du tableau, les soldats entrent par la porte du jardin, conduits par Judas, qui marche en tête du groupe et leur montre le Sauveur.

5e *panneau.* — Autrefois la place de la donatrice. Ce panneau est actuellement occupé par un blason entouré d'un cordon de veuvage, au 1 d'azur à trois chandeliers d'or (Largentier, seigneur de Vaucemain, baron de Chapelaines); au 2 d'or, au chevron d'azur accompagné de trois têtes de paon du même (Marie Le Mairat, sa femme, qu'il épousa en 1567. Veuve en 1610, elle décéda en 1628).

Ces armoiries, très bien composées par Vincent-Larcher, d'après une plaque de cheminée conservée au Musée de la ville, ne pouvaient figurer sur une verrière datant de 1531, par la raison qu'à cette date les deux conjoints étaient à peine au monde, et que rien ne justifie que Marie Le Mairat fit faire des réparations dans cette fenêtre, pendant son veuvage.

Mais elles nous révèlent, en même temps, que le blason du premier panneau n'appartient pas à cette verrière et qu'il occupe la place du blason de Dormans, donateur de cette verrière, comme nous le verrons plus tard.

2e RANGÉE, 1er *panneau.* — Le baiser de Judas.

Le traître Judas baise le Sauveur sur la joue. Saint Pierre terrasse Malchus, dont la lanterne est renversée, et lui coupe une oreille d'un violent coup de sabre. Les soldats s'emparent de Jésus, l'un d'eux lève au-dessus de lui la corde pour le lier. Dans le fond du tableau, Judas profite du tumulte pour s'enfuir par la petite porte du jardin.

panneau des pièces rapportées, qui déshonorent le sujet. A gauche et à droite, on voit des fragments de donateurs. En les supprimant, on obtenait un vide qui rendait facile de mettre la donatrice à la place qu'elle devait occuper. Nous verrons plus tard que ce panneau n'appartient pas à ce vitrail.

2e *panneau.* — Jésus conduit devant Anne. Sur les marches du tribunal, on lit : IESV ANTE ANNAM. Un juif l'accuse devant le pontife. Au premier plan, sur un petit bloc de pierre, la date de 1531.

3e *panneau.* — Jésus, attaché à une colonne, est flagellé par deux bourreaux, dont l'un tient un fouet à trois lanières à nœuds, et l'autre tient des verges. Un troisième, qui tient un fouet, lassé de frapper, s'est assis pour se reposer.

4e *panneau.*— Jésus, la couronne d'épines sur la tête, est bafoué et insulté par ses bourreaux. L'un d'eux lui tire la langue et se dispose à lui mettre un roseau dans la main. Un autre sonne de la corne, et plusieurs autres, levant la main pour le frapper, se moquent indignement de lui.

5e *panneau.* — Jésus devant Caïphe. Sur le socle du tribunal où est assis le grand prêtre, on lit : CAYPHE. Le pontife déchire ses vêtements et prend Dieu à témoin que Jésus a blasphémé.

Un valet frappe le Sauveur au visage, pour le punir d'avoir mal répondu au grand prêtre.

3e RANGEE, 1er *panneau.* — Jésus couronné d'épines. Un valet, armé d'un long bâton, enfonce la couronne d'épines sur la tête de Jésus. Un autre lève avec violence un bâton pour le frapper. Un troisième, à genoux, lui met à la main le roseau, symbole dérisoire de sa royauté.

2e *panneau.* — L'*Ecce homo.* Pilate présente à la foule amassée le Sauveur, tenant le roseau dans ses mains enchaînées, et lui dit cette parole écrite sur le mur : ECCE HOMO. La foule demande que Jésus soit crucifié.

3e *panneau.* — Jésus est condamné à mort. Des soldats l'emmènent, pendant que Pilate se lave les mains; un valet verse l'eau et un autre tient le bassin. Sur le socle du tribunal, on lit : JESVS A PILATO MORTI ADIVDICATVR. ELEGIA.

4e *panneau.* — Jésus tombe sous la croix. Un soldat le frappe pour l'obliger à se relever. Le Cyrénéen, ayant à la ceinture sa panetière et son couteau, comme un homme qui revient des champs, soulève péniblement le pied de la croix. — Au second plan, saint Jean et les saintes femmes.

5e *panneau.* — Jésus cloué à la croix. Il est étendu sur la croix; les pieds et le bras gauche sont déjà cloués; un bourreau perce la croix pour y attacher le bras droit. A terre, un panier tressé contient un marteau, des clous et des cordes. — Au second plan, assis, dans la douleur, saint Jean et les saintes femmes.

Dans les trilobes des lancettes. — Des médaillons avec rosaces. Dans celui du milieu, le chiffre J. D., que voici (55).

En 1837, un effondrement du sol eut lieu dans cette chapelle; c'était le caveau funéraire qui s'affaissait. A cette époque, cette cha-

55.

56.

57.

pelle était encore pavée de carreaux émaillés. Dans le nombre, nous avons trouvé et calqué le chiffre qui se répète dans les trilobes de la fenêtre, et les armoiries, qui sont certainement les armes des donateurs de cette belle verrière dont les corps reposaient dans ce caveau, et dont nous avons vu les restes.

Ces blasons (56 et 57) portent trois têtes de léopards lampassées de gueules, avec une brisure de cadet, à un chevron et un croissant à la pointe du chevron.

Il en résulte pour nous que le chiffre et les blasons appartiendraient à la famille Dormans, seigneurs de Nozay, Saint-Remy-sous-Barbuise et Saint-Martin.

Ce qu'il y a de particulier, c'est que le chiffre peut s'attribuer de même à la famille Dorigny.

Nous en concluons que les armes des Dormans étant supprimées à la Révolution, M. Vincent-Larcher, le premier restaurateur de cette verrière, s'est autorisé de ce chiffre pour mettre les armoiries de la veuve Largentier, née Le Mairat.

Dans le tympan de la fenêtre. — Le Jugement dernier. Les trilobes inférieurs en contre-courbes renferment, d'un côté, les élus qui viennent de ressusciter; de l'autre côté, les pécheurs, voués aux flammes de l'enfer.

A gauche et au-dessus, est le blason moderne des Largentier, d'azur à trois chandeliers d'or, surmonté d'un heaume à lambrequins avec un aigle issant sur le cimier; support, deux aigles (58). A droite, au-dessus de l'enfer, sont les armoiries des Le Mairat, au 1 Largentier, au 2 d'or au chevron d'azur, accompagné de trois têtes de paons du même (59).

58.

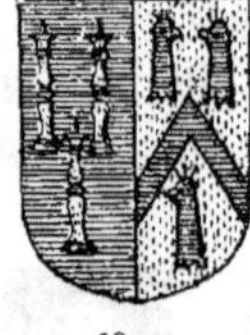
59.

A la pointe de l'ogive. — Dieu le Fils, assis sur un arc-en-ciel, dont les extrémités retombent dans les deux lobes inférieurs sur la Vierge et saint Jean-Baptiste; il a les pieds sur la boule du monde et il prononce sa sentence.

Au-dessous, à gauche, la sainte Vierge, à droite, saint Jean-Baptiste prient pour ceux que Jésus-Christ vient juger.

Dans les écoinçons. — Des anges sonnent de la trompette pour la résurrection des morts.

Au bas de cette fenêtre, une peinture sur toile, qui représente saint François d'Assise tenant un crucifix et les yeux levés au ciel. Il a les mains stigmatisées. Assez bon tableau du XVIIe siècle, genre espagnol.

A côté de ce tableau, jolie piscine de la Renaissance, réduite à sa plus grande simplicité.

Elle est composée d'un plein cintre à coquille; deux colonnes portent un entablement, avec une tête en relief au centre de cette inscription, qui va très bien au-dessus d'une piscine :

SORDES · MĒTALES · PRIVS · ABLVE
Q̊ · MANVALES ·

Lavez les souillures de votre âme avant de laver celles de vos mains.

A la voûte, joli pendentif, composé de deux niches renfermant saint Nicolas et saint Jean-Baptiste, patrons des fondateurs de cette chapelle.

Troisième chapelle. — Cette travée comprend la chapelle du chevet.

La fenêtre qui occupe tout le côté sud est divisée en quatre lancettes avec trilobes variés à son tympan.

Belle grisaille, fort mal restaurée, il y a quelques années.

PREMIÈRE RANGÉE, 1er *panneau.* — L'Annonciation. La sainte Vierge est debout. Au-dessus de sa tête, plane l'Esprit Saint, d'où s'échappe un rayon lumineux qui arrive jusqu'à elle.

L'ange Gabriel, agenouillé devant elle, tient une banderole portant ces mots : AVE MARIA.

2e *panneau.* — La Visitation. Sainte Élisabeth est agenouillée devant la mère de Dieu. Derrière elle, saint Joachim.

3e *panneau.* — La Crèche. La sainte Vierge est agenouillée devant l'Enfant Jésus, couché dans un berceau. Derrière elle, saint Joseph, debout et priant, tient de ses deux mains son chapeau. Un ange est au ciel, deux autres près de la tête de l'Enfant Jésus, au-dessous duquel on voit le bœuf et l'âne.

Panneaux neufs en grande partie.

4e *panneau.* — Les bergers gardant leurs moutons, et, dans le ciel, un ange annonce la naissance du Sauveur. Plus haut, au milieu des nuages, le concert des anges.

DEUXIÈME RANGÉE, 1er *panneau.* — La Circoncision de Jésus par le grand prêtre. L'Enfant Jésus est tenu sous les bras par un vieillard, au-dessus d'un bassin préparé sur l'autel pour recevoir le sang de la circoncision. Au-dessus de l'autel est l'arche d'alliance, surmontée elle-même des Tables de la Loi.

2e *panneau.* — Arrivée des rois Mages. Les chameaux et les chevaux sont arrêtés ; les serviteurs préparent les présents, qu'ils retirent des malles, pour les offrir à l'Enfant Jésus. Le troisième mage est à droite.

3e *panneau.* — Adoration des mages. Deux d'entre eux offrent leurs présents, le premier est aux pieds de Jésus, assis sur les genoux de sa mère et bénissant. Derrière la Vierge, saint Joseph, debout, son chapeau à la main. Au-dessus, l'étoile miraculeuse.

4e *panneau.* — La Présentation au temple. Le saint vieillard Siméon contemple avec amour l'Enfant Jésus, qu'il tient dans ses bras. Près de lui est la prophétesse Anne. Devant lui, la sainte Vierge, tenant dans ses mains les deux petites colombes; elle est suivie de saint Joseph et de deux femmes.

TROISIÈME RANGÉE, 1er *panneau.* — Saint Joseph, endormi dans son atelier de charpentier; près de lui, sa hache et sa besace. Un ange lui apparaît en songe et lui ordonne de fuir en Égypte. Devant lui, à gauche, son âne, prêt à partir.

2e *panneau.* — La fuite en Égypte. La sainte Famille est en route à travers une forêt. La sainte Vierge, assise sur l'âne, tient l'Enfant Jésus sur son bras gauche; elle a un petit rameau d'arbre à la main droite, pour exciter sa monture. Saint Joseph mène le baudet par la bride.

3e *panneau.* — Jésus enfant est assis sur un gradin inférieur, au milieu d'un groupe de docteurs, les interrogeant et leur répondant. Dans le fond du tableau, à gauche, la Vierge et saint Joseph, à la recherche de Jésus, arrivent au temple et le retrouvent.

4e *panneau.* — Les Noces de Cana. La sainte Vierge à table, à côté de la mariée, qui se tient avec la plus grande modestie. Devant la table, cinq vases, que présente l'échanson. Jésus bénit l'eau et la change en vin. A gauche, dans le haut, des musiciens sonnent de la trompe.

Dans les quatre lobes des lancettes, des tillets avec ces mots : ECCE MARIA GENVIT NOBIS SALVATOREM.

Dans les lobes du tympan, partie ogivale de la fenêtre, les Apôtres sont réunis autour du tombeau vide de la sainte Vierge, saint Jean tient la palme d'immortalité. D'autres regardent le ciel, où ils aperçoivent la triomphante Assomption de la Vierge.

A la pointe de l'ogive, l'Assomption de la Vierge Marie, élevée par les anges au-dessus des nuages.

Dans les écoinçons, des têtes de chérubins.

Chapelle de la sainte Vierge *(Chevet sud).* — Autel médiocre, exécuté en carton-pierre, avec toute sa décoration, vers 1837, époque où ce genre d'ornement était en grande considération ; il n'a produit que de mauvais résultats.

Au-dessus du tabernacle s'élève une niche surmontée d'un pinacle gothique, sculpté en bois par Valtat.

Cette niche renferme une statue de la sainte Vierge portant l'Enfant Jésus sur son bras gauche, et nouvellement peinte d'une couleur éclatante. Cette sainte Vierge, du XIVe siècle, pourrait bien provenir d'un moulage des ateliers de Vendeuvre. Il y a une soixantaine d'années, nous n'avons jamais vu, dans cette église, une statue de cette époque, surtout à la place qu'elle occupe actuellement. La verrière était entièrement découverte, et les panneaux de la deuxième lancette, qui avaient un caractère très intéressant au point de vue mystique, ont été en partie supprimés par l'établissement de cette niche pyramidale.

La verrière comprend trois lancettes, composées de remarquables vitraux, genre sépia, rehaussés d'or. Elle est d'un merveilleux effet.

Vitrail de l'Immaculée Conception. — Le sujet de la verrière est le mystère de l'immaculée conception de la sainte Vierge.

Dans la seconde lancette, aujourd'hui presque entièrement cachée par le pinacle qui domine l'autel, la sainte Vierge était représentée dans une auréole de rayons d'or, sur champ d'azur semé d'étoiles. L'auréole reste, et les étoiles aussi ; mais la sainte Vierge a disparu.

Les six panneaux de la première et de la troisième lancette sont tout entiers consacrés aux prophéties de l'Ancien Testament relatives à l'Immaculée Conception.

PREMIÈRE LANCETTE, 1er *panneau.* — Le prophète Ézéchiel. A gauche, sur un siège de bois garni de cuir, d'une très riche et très fantaisiste ornementation Renaissance, le prophète Ézéchiel est assis. Il a la tête couverte d'une coiffure ronde, qui se termine en pointe et est entourée d'un turban ; une broderie légère agrémente le bas de sa robe.

En face de lui, le portique et les tours, couvertes d'herbes et d'arbustes, du temple abandonné. Par terre, des tronçons de colonnes détruites. Mais, dans la cour, un arbre s'élève dans une motte de terre qu'enferme soigneusement un mur de pierre où il n'y a pas la plus légère fissure.

Ézéchiel, superbe vieillard à la figure vénérable, explique, du geste et de la voix, ce qu'il a vu et qui se lit sur une banderole :

Vidi et Implevit gloria dñi domum domini. Ezechi. 44°

Je vis, et la gloire du Seigneur remplit la maison du Seigneur.

Cette maison, ce temple du Seigneur, c'est Marie. L'ancien temple de Jérusalem est abandonné par Dieu, et il tombe en ruine ; mais Dieu s'en est préparé un autre dans l'âme immaculée de Marie, et ce nouveau temple a été rempli de la plénitude de la grâce sanctifiante, en attendant que le Fils de Dieu fait homme vienne, au jour de l'Annonciation, établir sa demeure dans le sein virginal de Marie [1].

L'arbre plein de sève que le prophète a sous les yeux exprime la même idée. Au milieu d'une cour semée de pierres et de débris, il est soigneusement protégé par un mur et plonge ses racines dans une terre féconde. Ainsi Marie, au milieu de la déchéance du genre humain, est protégée par la grâce divine, qui ne laisse pas approcher d'elle l'ombre même du péché, et elle puise en abondance la vie surnaturelle dans l'inépuisable fécondité de Dieu.

Dans la bordure qui est au-dessous de ce panneau, de petits génies maintiennent un tillet où se lit la date 1533.

TROISIÈME LANCETTE, 1er *panneau.* — Judas Machabée. A droite,

1. Les paroles du prophète sont tirées du chapitre relatif à cette mystérieuse porte orientale du temple, qui devait rester fermée à tous les hommes, parce que le Seigneur Dieu d'Israël y avait passé ; le prince seul, c'est-à-dire Jésus-Christ, devait y établir son trône. Dans l'office de l'Immaculée Conception, l'Église applique ce symbolisme à la sainte Vierge, que nul homme ne devait connaître, parce que Dieu avait opéré en elle le mystère de l'Incarnation et que son sein virginal était le trône du Prince éternel, Jésus-Christ.

sur un siège assez rustique, surmonté d'un baldaquin à rideaux et à double pente, est assis Judas Machabée. Il est jeune encore, imberbe, la tête nue ; son casque à panache, avec les courroies qui servent à l'attacher sous le cou, est déposé sur le socle du siège. Il est vêtu d'une robe longue, boutonnée sur la poitrine ; mais les bras et les jambes sont revêtus de fer avec ornements d'or.

Toute la largeur du panneau est occupée par un édifice à coupoles, qui représente probablement le temple de Jérusalem.

Judas Machabée tient une banderole avec ces mots :

Absit a nobis rē ista facere
ut inferamus macula ī glia nra.
Prim. Machab. 9.

A Dieu ne plaise que nous commettions jamais cette faute, d'admettre une souillure dans notre gloire.

Cette parole que Judas Machabée adressait à ses soldats avant de livrer sa dernière bataille aux troupes de Démétrius Soter, roi de Syrie, le peintre verrier l'applique à la sainte Vierge. C'est elle qui est notre gloire, la gloire du peuple chrétien, par sa pureté sans tache, et le peuple chrétien ne peut pas admettre qu'il y ait eu en elle la plus légère souillure. Elle est la Vierge immaculée.

PREMIÈRE LANCETTE, 2e *panneau.* — Gédéon. A gauche, abrité par un grand chêne, Gédéon est à genoux. Il porte par-dessus sa cotte une cuirasse d'argent, damasquinée d'or. Il a la tête découverte ; son casque et son bouclier sont à terre, près de lui, avec sa trompe et un vase d'argile de forme très élégante, orné de rinceaux dorés[1]. Plus loin, à droite, une gerbe de blé, sur laquelle est un fléau ouvert, pour rappeler qu'il battait le blé quand il reçut la mission de délivrer le peuple hébreu du joug des Madianites.

1. La trompe et le vase d'argile rappellent que les trois cents soldats de Gédéon portaient, pour envahir pendant la nuit le camp des Madianites, des trompettes et des vases d'argile dans lesquels étaient des lampes allumées. Sonnant de la trompette et brisant leurs vases, ils effrayèrent leurs ennemis, qui, en voyant un si grand nombre de lumières éparses, se crurent aux prises avec une immense armée et prirent la fuite en s'entre-tuant les uns les autres.

Il tient sa lance entre ses bras, qui se lèvent vers le ciel ; sa belle et mâle figure regarde un ange qui lui apparaît au milieu des nuages et lui annonce la mission que Dieu lui a confiée.

Le fond du panneau est occupé par trois tentes rondes, à toiture conique, et par une autre beaucoup plus grande, en forme de carré long, dont le rideau s'ouvre pour laisser passer cinq guerriers israélites, cuirassés, coiffés de casques à panaches ; le premier tient sa trompette, les autres portent des lances. Devant les tentes est une vaste plaine, au milieu de laquelle une brebis est couchée.

Des nuages où l'ange apparaît à Gédéon, tombe une rosée abondante, en forme de pluie, qui mouille la toison de la brebis et laisse à sec tout le reste de la terre.

Une banderole, qui s'échappe des mains de Gédéon, porte ces mots :

Si ros in ſolo vellere fuerit ē ī ōi terra
ſiccitas ſciā q̇ p manū meā liberabī iſrael.

Judicu. 6.

Si la rosée ne couvre que la toison et que tout le reste de la terre soit sec, je saurai que vous voulez par ma main délivrer Israël.

L'âme de la sainte Vierge fut inondée de la grâce sanctifiante, de même que la toison était couverte de la rosée du ciel ; et de même que le reste de la terre était sec et aride, ainsi le genre humain tout entier, desséché par le péché originel et ne recevant pas la rosée purifiante et féconde de la grâce divine, demeurait stérile en fruits de vertu.

D'après le symbolisme de l'Église, la rosée tombant sur la toison figure aussi le Fils de Dieu descendant du ciel dans le sein de Marie. On lit dans l'office de la Chandeleur : *Quando natus es ineffabiliter ex Virgine, tunc impletæ sunt Scripturæ : sicut pluvia in vellus descendisti, ut salvum faceres genus humanum.* « Quand vous êtes né miraculeusement d'une Vierge, alors les Écritures furent accomplies ; vous êtes descendu en elle comme la pluie sur la toison (de Gédéon), afin de sauver le genre humain. »

TROISIÈME LANCETTE, 2e *panneau*. — Moïse et le buisson ardent. A gauche, dominant les arbres d'une forêt, s'élève le buisson ardent, qui brûle sans se consumer, et au milieu duquel Dieu apparaît, la tête enveloppée de rayons, et le bras droit étendu pour parler à Moïse.

A droite, Moïse est assis sur un tertre, sa houlette passée dans son bras gauche, sa panetière au côté, vêtu d'une robe avec pèlerine dentelée sur les épaules. Son chien est près de lui et ses moutons paissent au côté gauche du panneau.

La tête découverte, il contemple le spectacle qu'il a sous les yeux et il se déchausse pour obéir à l'ordre de Dieu, afin de ne pas fouler d'un pied profane la terre sanctifiée par cette apparition. Déjà il a retiré de sa jambe droite sa chaussure, négligemment jetée à terre; et il déchausse sa jambe gauche, croisée par-dessus le genou droit.

Le fond du panneau, derrière Moïse, est la montagne de l'Horeb, à double sommet, couverts l'un et l'autre de grands édifices.

Sur une banderole qui part du front de Moïse, on lit :

Vadā et videbo visionē hāc magnā
quare non comburat^r rubus. Exodi. 3°

J'irai et je verrai cette extraordinaire vision, pourquoi le buisson ne se consume point.

Le buisson ardent, que les flammes ne peuvent consumer, représente, dans le symbolisme de l'Église, la perpétuelle virginité de Marie, ainsi que l'expliquent les vers suivants d'une tapisserie du XVe siècle :

Comment Moyse fut très fort esbahi,
Quant aperceut le vert buisson ardant,
Dessus le mont Oreb ou Sinay,
Et n'estoit rien de la verdeur perdant.
Pareillement la pucelle eut enfant,
Sans fraction ni aucune ouverture [1].

1. Dans l'office de la Chandeleur, on lit : *Rubum quem viderat Moyses incombustum conservatam agnovimus tuam laudabilem virginitatem, Dei genitrix.*

Dieu qui apparaît et se révèle au milieu du buisson ardent, c'est Jésus-Christ dans le sein de Marie, où il vient pour se faire connaître aux hommes, et pour constituer le peuple chrétien en l'arrachant à la servitude du démon, de même que, dans le buisson ardent, il chargeait Moïse de constituer le peuple juif en le délivrant de la captivité d'Égypte.

PREMIÈRE LANCETTE, 3e *panneau.* — David. A droite est un magnifique trône en pierre, chargé de rinceaux dorés; le dossier est porté par des colonnes et surmonté d'un fronton triangulaire. David y est assis. Le saint roi, à la belle et énergique figure, porte un vêtement orné d'une légère broderie dans le bas, avec une fourrure sur les épaules; il est coiffé d'un turban, sur lequel est posée une couronne à dents de scie; sa harpe est posée à terre près de lui; à la main droite, il tient un sceptre d'or, et de la main gauche une banderole qui porte ces mots :

Queretur peccatum illius
et non invenietur. Ps°. 9°.

On cherchera un péché en elle, mais on n'y en trouvera point.

Devant le roi prophète, un palais forme le fond du panneau; on y accède par un escalier assez élevé, et le bas de la muraille est percé d'un soupirail de cave ou de prison, muni d'une forte grille. Dans la cour, un singe est assis, la figure tournée du côté de la sainte Vierge (60).

Ce singe est la figure du démon, qui cherche vainement dans l'âme de Marie, ainsi que le prédisait David, la plus légère trace de péché. La sainte Vierge en fut préservée dès l'instant même de sa conception.

Volontiers aussi nous croirions que la prison souterraine est le symbole de l'humanité captive sous la tyrannie du démon, et ne pouvant pas plus s'en affranchir que les captifs ne peuvent sortir d'une prison si bien fermée. Comme le singe qui veille sur cette

« O mère de Dieu, dans le buisson que vit Moïse, brûlant sans se consumer, nous reconnaissons votre admirable virginité. »

prison, le démon veille sur sa proie. Le palais, au contraire, figure la sainte Vierge, qui fut, au jour de l'Incarnation, le palais splendide du Roi éternel.

TROISIÈME LANCETTE, 3e *panneau.* — Salomon. Sur un trône en pierre à dossier, dont le dais seul est orné de têtes et de rinceaux dorés, Salomon est assis, vêtu d'une robe simple bordée dans toute sa longueur d'une épaisse fourrure. Il porte une coiffure à large visière, sur laquelle est placée une couronne à dents de scie, comme celle de son père David. Il tient de la main droite un sceptre d'or et une banderole où nous lisons :

60.

Nondum erant abissi et ego iam concepta eram. Proverb. 8°.

Les abîmes n'existaient pas encore et déjà j'étais conçue.

Ces paroles sont appliquées par l'Église à la sainte Vierge, dans l'office de l'Immaculée Conception, pour faire voir que, de toute éternité, avant même la création du ciel et de la terre, la Vierge très pure existait dans la pensée de Dieu, comme devant être la mère immaculée de son Fils.

Lobes du tympan. — Dans les lobes du tympan, deux docteurs de l'Église catholique prennent la parole après les prophètes de la loi mosaïque, pour proclamer, eux aussi, mais en termes clairs et formels, l'Immaculée Conception de la sainte Vierge.

Ce ne sont plus seulement des symboles mystérieux, ni des prophéties encore enveloppées d'une demi-obscurité ; c'est un enseignement précis et dogmatique.

Les deux docteurs doivent être saint Thomas d'Aquin et saint Bonaventure, le premier, Dominicain, le second, Franciscain, tous deux docteurs et professeurs à l'Université de Paris. Le peintre verrier leur a donné de belles et expressives figures.

Ils sont élevés au-dessus des nuages, d'où ils sortent à mi-corps.

Ils portent l'un et l'autre le bonnet de docteur. Le visage tourné, non pas vers la sainte Vierge placée au-dessous d'eux, mais vers l'extérieur, une main levée, l'autre baissée pour désigner Marie, ils semblent parler à l'Église entière et lui distribuer leur enseignement.

Le premier, à gauche, est vêtu de blanc, avec une pèlerine de fourrure; la manche étroite de son vêtement intérieur se laisse voir dans la manche plus large de sa robe, bordée de fourrure.

Nous croyons que c'est saint Thomas d'Aquin, sous sa robe blanche de Frère Prêcheur[1].

Sur une banderole, on lit sa doctrine, dont la netteté ne laisse rien à désirer :

Maria originale p̄ctꝫ
non habuit.

Marie n'a pas eu le péché originel.

Le second docteur, à droite, est saint Bonaventure, portant la

1. Si la fourrure qui orne la robe du docteur pouvait faire douter que ce fût saint Thomas d'Aquin, dont le costume religieux ne se serait pas accommodé de cette recherche, nous aimerions à voir dans notre verrière un de nos plus illustres compatriotes, Pierre Comestor, doyen de Saint-Pierre de Troyes, chancelier de l'Université de Paris, dont l'enseignement sur l'Immaculée Conception est tout à fait conforme à celui de saint Thomas et de saint Bonaventure.

robe de bure et la ceinture de corde des Frères Mineurs. Lui aussi parle en termes positifs :

Maria fuit Immunis
a culpa originali

Marie a été préservée de la faute originelle[1].

Dans le trilobe à la pointe de l'ogive, au milieu d'une gloire lumineuse entourée de nuages, le Saint Esprit, vu de face, les ailes éployées, les pattes couleur de feu écartées, plane au-dessus de la sainte Vierge, réalisant ainsi ce qu'on lit sur une banderole :

Sub umbra alarum
mearū protexi eam.

Je l'ai protégée (contre le péché) à l'ombre de mes ailes.

Dans les deux petits lobes qui touchent au lobe terminal, deux anges dans l'attitude de l'admiration. Celui de gauche dit :

Parata ſedes tua
ex tūc. Pſ. 92°.

Votre trône (ô Fils de Dieu) est préparé dès maintenant.

Celui de droite :

Ab eterno ordinata
ſū et ex antiquis. Pverb. 8°

J'ai été préparée de toute éternité et dès le commencement des jours.

Nous doutons qu'il soit possible de trouver, dans la peinture sur verre, une page plus complète et plus admirablement ordonnée en l'honneur de l'Immaculée Conception. Quel dommage que trois panneaux de cette merveilleuse verrière, si bien conçue et si bien

1. Cette phrase se trouve en propres termes dans les œuvres de saint Bonaventure, *Serm. II de B. M. Virgine.*

exécutée, aient disparu pour faire place à l'immense pinacle qui couvre tout le milieu de la fenêtre!

Les armoiries des donateurs ont été placées au sommet de la première et de la troisième lancette.

Dans la première est le blason de la famille Hennequin de Vaubercey : vairé d'or et d'azur, au chef de gueules chargé de trois aiglons d'argent (61).

61.

62.

Dans la troisième est le blason des époux, mais les deux moitiés du blason ont été mises à l'envers : parti au 1 Hennequin; au 2 d'azur à trois chardons tigés d'or, au chef d'or chargé de trois roses de gueules (62).

Ces blasons sont accompagnés de rinceaux portant un médaillon avec de belles figures d'empereurs romains. Au-dessus, comme couronnement, tout à la pointe de la lancette, deux génies, dont les corps se terminent en rinceaux dorés et portent des vases.

Les bordures qui séparent les panneaux sont aussi des plus intéressantes. Elles sont composées de petits génies et de rinceaux dorés. L'une d'elles représente deux griffons affrontés et séparés par un calice.

Dans les petits écoinçons qui surmontent la lancette du milieu, on lit la date 1533.

CHAIRE A PRECHER

Vers 1831 ou 1832, on remplaça le vieux mobilier de l'église Saint-Pantaléon. On établit des bancs et des boiseries sur toute la surface du monument, les piliers, les murs et les plus petits recoins, le tout en bois de chêne.

Cet aménagement peu décoratif, assemblage de menuiserie exécutée avec soin, il faut le reconnaître, eut pour effet de détruire toutes les belles proportions de l'édifice, si léger et si riche en sculpture.

La vieille chaire disparut dans ce tourbillon de poussière. Celle qui s'élève aujourd'hui dans la nef n'offre rien d'intéressant, à l'exception de ses bas-reliefs en bronze exécutés sur les modèles donnés par l'illustre Charles Simart, Troyen, sculpteur, membre de l'Institut, à cette époque élève des Beaux-Arts.

Par une disposition toute nouvelle de la chaire, le garde-corps est disposé en quatre panneaux représentant les trois vertus théologales. Simart dut ajouter un quatrième bas-relief représentant, avec des modifications, le sujet de la Charité.

1er *panneau.* — La Foi tenant un calice surmonté d'une hostie.

2e *panneau.* — L'Espérance tenant l'ancre symbolique et élevant le regard vers le ciel.

3e *panneau.* — La Charité regardant avec tendresse un enfant qu'elle porte sur son sein.

4e *panneau,* même sujet. La Charité s'inclinant avec la même sollicitude sur un enfant auquel elle présente une pièce de monnaie.

Le 14 septembre 1833, le jeune artiste obtenait le prix de Rome[1].

SACRISTIE

Avant la Révolution de 1789, l'église possédait un grand nombre d'objets d'or et d'argent, d'une grande valeur, servant au culte.

De toutes ces richesses, il ne reste plus actuellement qu'une croix-reliquaire d'autel, de la seconde moitié du XIVe siècle.

Élégante de forme, elle se compose d'une tige à deux croisillons inégaux, aux extrémités desquels sont des quadrilobes contenant des reliques et surmontés de trèfles en accolade.

Toute la croix est en vermeil et couverte de rinceaux fleuris soudés sur les deux faces.

Au croisement de la tige centrale et du premier croisillon est une petite figure en relief de Jésus crucifié.

A la rencontre de la seconde branche est un quatrefeuilles où se trouvent renfermés deux fragments de la vraie croix.

Sur la face postérieure de la croix, dont nous donnons le détail

1. Gustave Eyriès. Simart, *Étude sur sa vie et ses œuvres.*

presque grandeur d'exécution, est un médaillon représentant l'*Agnus Dei* (63).

1° Le premier quadrilobe en haut de la croix contient une parcelle : Du linceul dont il lava les piez de ses apostres.

2° A gauche, sur le premier croisillon : Des cheveux de Nostre Dame.

3° Même croisillon, à droite : Du sepulchre Nostre Dame.

63. DÉTAIL DU REVERS DE LA CROIX

4° Deuxième croisillon, à gauche : De la colonne ou Nostre Seigneur fut batu et flagelle.

5° A droite : De la pierre qui fendit du sang de Nostre Seigneur.

6° Au bas de la croix : De saincte Katherine.

Voici comment l'église Saint-Pantaléon est entrée en possession de la relique de la vraie croix.

Le 1er mai 1807, Mgr de la Tour du Pin, archevêque-évêque de Troyes, étant allé donner la confirmation à Sens (qui faisait alors partie du diocèse de Troyes), fit la reconnaissance canonique de diverses reliques qui lui furent présentées par M. Louis de Formanoir, curé de Saint-Étienne de Sens.

Ces reliques provenaient de l'ancienne église Saint-Jacques de l'Hôpital, rue Saint-Denis, à Paris, où M. de Formanoir avait été,

CROIX RELIQUAIRE
en vermeil

avant la Révolution, vicaire et sacristain pendant vingt-quatre ans.

Sur l'invitation de M. de Formanoir, Mgr de la Tour du Pin prit deux fragments de la vraie croix, et, le 4 septembre suivant, il en donna deux parcelles à l'église Saint-Pantaléon où étaient solennellement célébrées chaque année les fêtes de la sainte Croix. Il renferma ces deux parcelles dans une croix de vermeil à deux croisons, où cette relique est encore aujourd'hui.

Cette belle croix s'emmanche sur un pied d'argent massif, se développant avec une base de 0^{m},26. Tout compris, cette croix mesure en hauteur 0^{m},50 (64). La pointe de la croix qui s'adapte dans la douille du pied porte la marque de l'orfèvre, que voici :

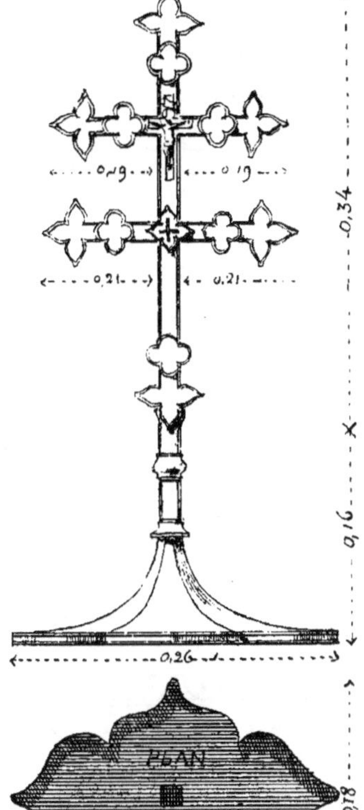

64.

INSCRIPTIONS FUNÉRAIRES
ET DALLES TUMULAIRES

Les tombes de l'église Saint-Pantaléon ne sont pas nombreuses. Avant l'établissement du plancher des bancs, qui couvre toute la nef et les chapelles latérales, nous n'avons pas conservé le souvenir qu'il y eût des tombes sous le parquet. Si la quantité nous fait défaut, il y en a une dans le passage de la nef qui, par sa valeur historique, peut à elle seule nous dédommager.

Cette tombe en marbre noir nous rappelle la famille Le Bé, originaire de Troyes au XIVe siècle. Nous la reproduisons dans toute sa simplicité. Ce sont des entrelacs en contre-courbes qui servent de cadre au texte et aux blasons qui la décorent. En haut, au milieu, était l'écu royal; à gauche et à droite (65), les armoiries de Jacques Le Bé et celles de sa femme. Elles se répètent au bas de la tombe; ici nous avons le dessin (66-67).

65. TOMBE DE FRANÇOISE LE BÉ

Hauteur, 2m,06; largeur, 1m,10.

Jacques Le Bé et Françoise Le Bé, *sa femme.* — Jacques Le Bé était facteur d'orgues, organiste, né à Troyes vers 1575, probablement petit-fils de Pierre Le Bé, papetier à Troyes, qui tenait au XVe siècle le premier rang parmi les papetiers jurés de l'Université.

Jacques Le Bé fut d'abord organiste à Saint-Jean; ensuite, il fut chargé de la réparation de l'orgue de la cathédrale, celui qui existait avant la Révolution. Il reçut pour son ouvrage la somme de II^c livres. Le blason et le nom de la femme Le Bé nous confirment que Jacques Le Bé épousa sa cousine. Jeune encore, Françoise Le Bé fut choisie à l'âge de dix ans pour présenter au roi Henri IV, à son passage à Troyes, le 30 mai 1595, au nom des habitants, un cœur d'or, qu'il accepta avec beaucoup

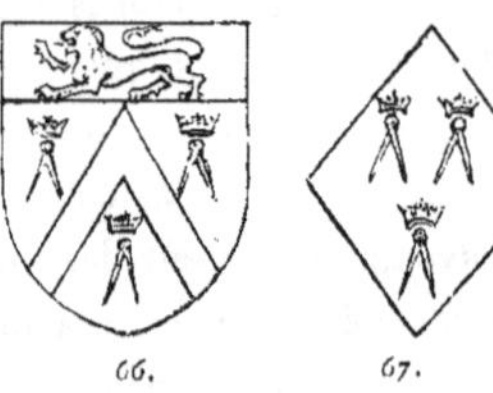

66. 67.

d'affection. Elle mourut à l'âge de vingt-deux ans[1]. Ce qui explique les beaux vers gravés au bas de l'épitaphe[2].

Inconnu. — La deuxième tombe en suivant est une simple dalle tumulaire portant aux quatre angles un blason parlant, timbré d'une grenade.

Dans la bordure du cadre, on lit cette inscription en caractères gothiques du XVIe siècle.

Icy ma faict mettre. . . .
. . . . t Jehanne sa feme en so vivant maistre esperonnier
Et forbiseur et maistre Joueur
Despee. Qui trespassa · L'an Mil · vc.

Hauteur, 2m,05 ; largeur, 1m,05.

BAS COTÉ NORD

Anne Levert, veuve Michel Fabvre. — Anne Levert était la femme de Michel Fabvre qui donna à l'église le beau tableau d'Herluison, représentant l'ensevelissement de Jésus-Christ. Cette tombe, très simple, occupe la deuxième travée. Dans le haut de la pierre, on lit cette épitaphe funéraire :

DESSOUS CETTE TOMBE
GIST LE CORPS D'HONNÊTE
PERSONE ANNE LEVERT FEMME
D'HONORABLE HOMME MICHEL
FABVRE MARCHAND A TROYES
DÉCÉDÉE LE 11. FEVRIER 1682.
EN LA 36e ANNÉE DE SON AGE

Pierre, hauteur, 1m,85 ; largeur, 0m,96.

Au bas de la pierre : *Requiescant In Pace.*

1. Courtalon, Ier vol., p. 164.

2. Nous formons des vœux pour que ce marbre, du plus haut intérêt historique, soit relevé et dressé contre un mur des bas côtés avant que l'inscription disparaisse complètement.

François Fabry et **Marguerite Le Grain**, *sa femme.* — Cette dalle tumulaire se trouve sur la ligne du transept du bas côté nord.

L'épitaphe des défunts est renfermée dans un ovale qui occupe toute la surface de la pierre, avec une réserve dans les écoinçons de la partie supérieure où se trouvent, à gauche, les armes du mari, à un marteau accompagné de 2 croissants avec une étoile en chef, et, à droite, celles de sa femme, dont quelques traits indiquent deux lions ou levrettes; entre deux, une tête de chérubin. Au-dessous, le soleil et la lune.

Le haut du cadre de l'épitaphe est décoré de rubans roulés, ainsi que les cartouches des armoiries.

Au bas de la pierre et en dehors du cadre de l'épitaphe, on lit : *Requiescant in pace.*

Nous donnons ici le fac-similé de cette tombe, qui ne manque pas d'intérêt (68).

68.

Pierre, hauteur, 1m,90; largeur, 0m,88.

BAS COTÉ SUD

Dans ce bas côté, il reste, à droite, près des bancs de la nef, une petite tombe portant en hauteur 0m,62 et en largeur 0m,42.

Au centre de cette pierre sont deux blasons, dont on ne voit plus que les contours.

Le cadre qui entoure la pierre avait une inscription funéraire, où l'on voit qu'il s'agit d'un Marchant Pappetier, peut-être de la papeterie de Saint-Julien, qui mourut lan 159.. — Dans le cadre est mentionné le nom de sa femme, probablement Jehanne, et on lit ensuite : priez dieu pour eux. Requieſcant in pace.

Avant de terminer notre travail sur l'église Saint-Pantaléon, nous sommes monté à la tour pour voir les inscriptions des quatre cloches. Emmanché avec difficulté dans la charpente du beffroy, ce n'est pas sans difficulté que nous avons pu lire les dates de 1856 et 1858.

Quant aux inscriptions, elles n'offrent rien de bien intéressant; elles nous apprennent que les cloches furent fondues, sous l'épiscopat de Mgr Pierre-Louis Cœur, par MM. Goussel frères.

L'ancienne cloche, fondue en 1705, pesait 384 kilogrammes. Elle portait cette inscription :

SIT NOMEN DOMINI BENEDICTUM

IHS · MARIA · IOSEPH · ANNA · JOACHIM ·

J'AI ÉTÉ BENITE LE 18 JUILLET 1705. AI EU POUR PARRAIN NOBLE HOMME NICOLAS LYON, CONSEILLER DU ROY, MAIRE PERPETUEL DE CETTE VILLE DE TROYES ET PROCUREUR DE SA MAJESTÉ EN LA PRÉVOTÉ ROYALE DE LADITE VILLE; ET POUR MARRAINE DAMOISELLE CATHERINE BOILLETOT, ÉPOUSE DE M. TOUSSAINT-NICOLAS GOUAULT, MARCHAND DE CETTE VILLE. PAR LES SOINS DE NOBLES HOMMES JACQUES CARREY, JEAN DE LA ROTHIER ET CHARLES LANGLOIS, MARGUILLERS DE CETTE PAROISSE DE SAINT-PANTALÉON.

ÉGLISE SAINT-NICOLAS

L'église Saint-Nicolas n'était autrefois qu'une simple chapelle dépendant du château de la Vicomté, jadis appelée *Sanctus Nicolaus in castro*.

Suivant Courtalon, le Calvaire aurait été érigé en 1504, sur les dessins et avec les libéralités de Jacques Collet[1], vicaire de cette paroisse, qui aurait fait le voyage de Jérusalem, de Saint-Jacques, de Rome et de Saint-Nicolas-du-Port, en Lorraine.

Il faudrait croire que l'incendie de 1524 aurait complètement détruit de fond en comble l'église, le Calvaire et le Saint-Sépulcre, car plus tard nous voyons que le Calvaire fut élevé en 1530 (Grosley), fut achevé en 1552, suivant la date de son ancien carrelage (voyez pl. 3).

L'église Saint-Nicolas n'avait pas de façade à l'occident ; cette partie de l'édifice s'appuyait au rempart du Beffroy.

Depuis l'élection de M. Argence, maire de la ville de Troyes, celui-ci fit démolir le rempart et combler les fossés.

L'édifice, étant complètement dégagé, compromettait singulièrement le Calvaire ; on avisa, et sous la direction de l'architecte de la ville, M. Fléchey, on donna plus de saillie aux contreforts pour appuyer le Calvaire et on pratiqua dans le mur du rez-de-chaussée deux grandes ouvertures cintrées pour servir d'entrée principale à la grande nef (1).

Il est absolument certain pour nous que ce Calvaire est une annexe à la vieille église, construite en 1550, construction mieux entendue et plus soignée que l'église elle-même.

1. Jacques et Jean Collet étaient frères et furent l'un après l'autre curés de Rumilly-les-Vaudes, dont la magnifique église fut construite par les soins de Jean Collet.

ENTRÉE PRINCIPALE

En entrant par la porte principale de l'église Saint-Nicolas, on se trouve sous le rez-de-chaussée du Calvaire, actuellement le narthex de la nef.

Ce vestibule comprend quatre travées, celles des extrémités beaucoup plus petites.

Sur le pilier qui sépare les deux entrées de la nef, est un bénitier

1. ENTRÉE PRINCIPALE

en pierre, du XVIIe siècle, portant un blason aux initiales C. R. et I. L., surmontées de deux roses (2).

Il y a quinze ou seize ans, on s'aperçut que l'arc-doubleau du rez-de-chaussée, au-dessous du Calvaire, fléchissait ; on s'empressa d'échafauder la voûte et on construisit une colonne centrale pour sauver le rez-de-chaussée et pour porter le poids du *Christ à la colonne* qui était au Calvaire et qui correspondait à la clef de l'arc-doubleau du rez-de-chaussée. Ces travaux furent terminés assez promptement.

La première travée du narthex, à gauche, est fermée par le mur du Saint-Sépulcre, dans lequel on a ménagé de petites ouvertures pour aérer l'intérieur.

Sur ce mur est une peinture assez médiocre de la fin du XVIe siècle, représentant : 1° saint Charles en cardinal, vêtu d'un rochet à dentelles aux poignets et au bas, portant la soutane rouge avec la mosette et la barrette de même couleur, le col de chemise rabattu sur la soutane ; 2° saint Sébastien, attaché à un arbre dont les branches sont encore garnies de feuilles ; 3° saint Roch et son chien ; 4° saint Adrien portant une cuirasse d'écailles et les jambes bardées de fer, un manteau rouge sur les épaules, la tête couverte d'une toque à rebords et à plumes ; son casque par terre, à ses pieds ; de la main droite, il tient une épée la pointe en l'air ; il a une enclume à la main gauche ; ses pieds sont posés sur un lion couché.

2.

Le fond du tableau représente une vue générale de la ville de Troyes ; on reconnaît à droite l'église Saint-Nicolas, et à gauche la porte Saint-Jacques.

En face le mur du Saint-Sépulcre, sous le porche, était la porte d'entrée conduisant au Jardin des Oliviers qui existait entre le rempart et le mur du calvaire.

Au-dessus de cette porte est un mauvais tableau représentant l'Annonciation, saint Jacques le Majeur et saint Étienne. Entre l'ange et la sainte Vierge est un vase de roses, de lis et de tulipes. Saint Jacques le Majeur, la tête nue, porte une barbe majestueuse ; revêtu d'une cuirasse de fer et d'un manteau rouge, son casque déposé à ses pieds, il tient de la main gauche un bouclier et de la main droite une lance à laquelle flotte sa bannière timbrée d'une croix. Saint Étienne est en diacre ; à la main droite, il tient un livre ouvert ; sa main gauche relève un pan de sa dalmatique où sont placées les pierres de la lapidation.

Au-dessous du tableau, l'on remarque les restes d'une inscription en caractères gothiques, très difficiles à déchiffrer.

En voici le texte :

Amour et craicte au chretien donne vie
La foi divine Attraict et bonne fin
La mesme foi lesperit sanctifie
Pour avec dieu avoir Joye sans fin.

A droite du narthex, à la première travée, est un médiocre tableau représentant la Sainte Trinité.

En face était la porte de sortie du Jardin des Oliviers.

FACE SEPTENTRIONALE

La première travée septentrionale de l'église est occupée exterieurement par une configuration du Saint-Sépulcre établi à l'intérieur, avec une retraite en biais dans le mur aux deux extrémités des contreforts de la travée. Trois colonnes isolées, dont les bases reposent sur un banc, portent un entablement, et sur la frise on lit cette inscription :

CHRISTVS · MORTVVS · EST · PRO · PECCATIS · NOSTRIS·
SEPVLTVS · EST · ET · RESVRREXIT · i · cor. 15°.

Dans les écoinçons des arcatures sont les attributs de la Passion, les trois clous et le marteau, la colonne avec les cordes, les verges et le martinet, la lance, l'éponge et les tenailles.

Dans le mur de clôture du Saint-Sépulcre, une petite fenêtre pour éclairer l'intérieur.

La troisième travée est consacrée à l'entrée du transept. Cette entrée de l'église est presque abandonnée depuis la construction des maisons avoisinantes qui ne laissent qu'un passage très étroit pour le service de l'église.

Cette porte est décorée dans le style de l'architecture gothique de la seconde moitié du XVIe siècle. Elle offre, dans son ensemble, une simplicité décorative qui est le résultat d'un bon raisonnement.

Deux pilastres décorés de pinacles s'élèvent des deux côtés de la porte et se divisent en trois parties. A la seconde division, deux griffons qui se raidissent sur leurs pattes sont le point de départ du grand arc ogival de la voussure qui accompagne la porte d'entrée. Au-dessus de l'ogive, deux contre-courbes s'élèvent sur le champ du mur et se perdent en flèche jusqu'à la corniche du bas côté. A la rencontre des deux courbes sont deux griffons qui se tordent en grimaçant. Sur leurs rampants sont des choux frisés.

Au-dessus de l'ogive, la surface du mur est remplie de chaque côté par des meneaux appliqués et réunis par des trilobes au couronnement de la corniche.

Le linteau de la baie de la porte d'entrée se dessine en arc surbaissé avec une gorge profonde où se développent des rinceaux de sarment brisés à leurs points de départ.

De fines moulures contournent le linteau et les jambages de la porte sans avoir perdu de leur finesse.

Dessus le linteau de la porte, qui est très saillant, des lignes se contournent en accolade pour supporter une vigoureuse console qui s'applique à la base d'une petite fenêtre qui éclaire le transept. Cette console était destinée à porter une statue qui a disparu à la Révolution.

La gorge des jambages de la porte se continue et contourne la voussure du tympan; elle est occupée par un cep de vigne où s'ébattent des petits oiseaux en partie brisés.

A la pointe de l'ogive est un petit dais qui correspond avec le socle de la statue. Des deux côtés sont des trilobes qui s'échappent des moulures pour encadrer la petite fenêtre du tympan.

Les jambages de la fenêtre sont flanqués de petits contreforts et fenestrages qui s'élèvent au-dessus du linteau de la porte et dont la saillie circulaire était destinée à porter deux statues. La niche vide est surmontée d'un pinacle qui se heurte aux pendentifs des trilobes. La grande voussure qui fait suite aux deux dais a été dépouillée de sa riche sculpture par le marteau révolutionnaire.

Il est vraiment regrettable que cette jolie porte, presque

inconnue des paroissiens, soit depuis une vingtaine d'années envahie par des constructions qui la déshonorent et menacent les détails de sa fine exécution.

La première travée qui suit est occupée par la nouvelle sacristie construite en appentis sur le passage.

Au-dessous de la dernière fenêtre de ce bas côté est une fondation, dans le style de la Renaissance, composée de deux pilastres portant un dôme en saillie et de forme conique. Entre ces pilastres est une longue croix, accostée de deux cadres à contre-courbes, où sont représentés les corps décharnés des fondateurs.

Au bas, sur un rouleau de parchemin qui enveloppe le bâton de la croix, on lit en caractères gothiques :

> **P^r ceux qui reposent cy**
> **Noblies pas de prier dieu**
> **Et que. . . . . soit** (*en ce lieu*)
> **En toute hõneste** (*aussy*)

FACE MÉRIDIONALE

Dans le mur du rempart qui fermait la rue Saint-Nicolas, on voyait les restes de l'ancienne porte d'Auxerre qui était enfouie dans la construction.

La première travée du narthex ou porche de la nef était ouverte par une grande porte qui servait aux grandes cérémonies religieuses et aux enterrements.

Cette entrée a eté supprimée depuis l'ouverture des portes de la grande façade. Elle a été remplacée par un mur dans lequel on a ménagé une petite fenêtre.

Sur le deuxième contrefort et sur la face orientale est la tourelle de l'escalier donnant sur les terrasses du bas côté, soutenue à sa base par une colonne ionique que l'on a cru devoir poser il y a trois ans pour sa consolidation.

Dans le mur de clôture de cette travée on a ménagé une petite fenêtre qui éclaire la petite sacristie placée sous le grand escalier du Calvaire. La baie de cette fenêtre suit la pente de l'escalier et forme

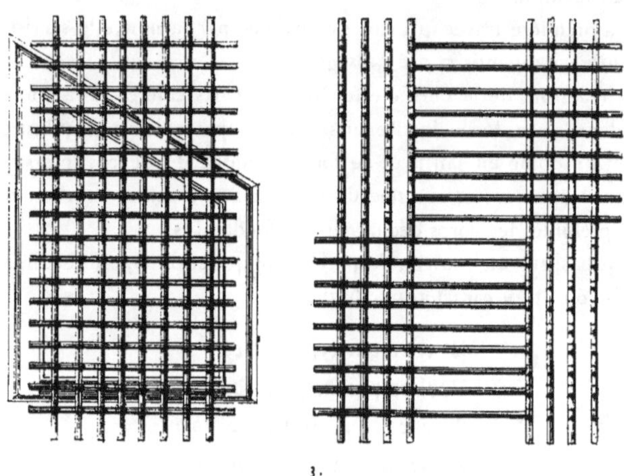

3.

une plate-bande rampante ; elle est protégée à l'extérieur par une grille qui défie par l'assemblage de ses barreaux tous les amateurs de serrurerie, et les passants s'y arrêtent très souvent pour en discuter et saisir l'assemblage, combinaison des plus simples qui s'explique par la figure ci-contre (3). La même grille existe au petit château de Saint-Julien appartenant à Mme veuve Vivien (voyez le Ier vol., page 270). Mais l'auteur, plus avisé, a couvert ces joints sur un cadre par des petites roses repoussées au marteau et établi sa grille en ligne diagonale (4).

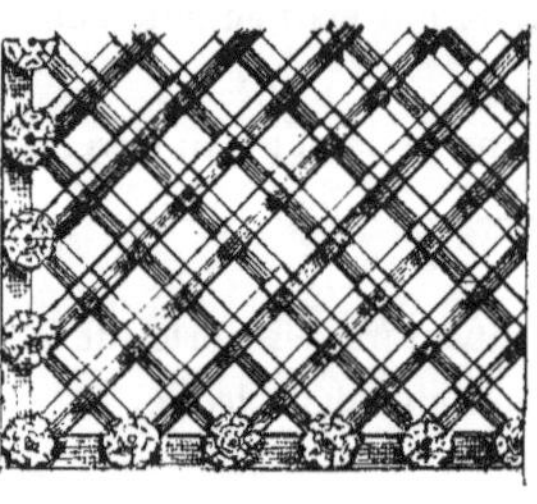

4.

Le troisième contrefort porte sur le côté occidental une petite inscription trouvée dans le mur et rapportée ici pendant les derniers travaux de 1886.

Voici cette inscription, qui nous rappelle la construction des contreforts et d'une partie des bas côtés.

Elle est surmontée d'un blason à un chevron, surmonté d'une coquille accompagnée de deux roses et, en pointe, d'un croissant.

PORTAIL MÉRIDIONAL

Ce portail, construit vers 1550, est attribué, par nos historiens, à Faulchot, maître maçon, architecte, né à Troyes.

L'ordonnance des dispositions architecturales de cette façade, si simple et si bien observée, dénote un homme de talent, maître de son œuvre.

Cette façade occupe toute la travée du transept et se compose de deux ordres d'architecture. Elle se divise en trois parties : au centre, la grande porte du transept; à gauche et à droite, deux niches qui l'accompagnent; elle est divisée par des pilastres doriques portant l'entablement du rez-de-chaussée, composé de triglyphes, de bucrânes et de roses.

Les niches, sur les côtés de la porte, ont perdu leurs statues pendant les événements de la Révolution.

Au-dessus, sont des panneaux avec ces deux inscriptions en caractères gothiques.

A gauche :

Foy

Sans foy ne peult nul avoir saulveme[1]
Et avec foy charite esperance
Foy catholique est le vray fondement
Pour des sainctz cieulx avoir la Jouyssāce[1].

A droite :

Esperance

Esperance lame conduyt et maine
Du bon fidelle par foy et charite
En paradis en leternel demaine
Pour assister devant la trinite[2].

Le premier étage est composé dans les mêmes conditions, avec cette différence que l'ensemble architectural appartient à l'ordre ionique et que les niches ont conservé leurs statues, attribuées à Christophe Molu, sculpteur troyen.

Dans la première niche, à gauche, est représenté le roi David, pénitent, avec son nom : David. psalmo 50.

A droite, est le prophète Isaïe, avec son nom Esayi.

Au-dessus des deux niches est l'inscription suivante :

A gauche :

Foy prendra fin sy fera esperance
Mais charite qui est aimer son dieu
Charite

1. On ne peut être sauvé sans la foi, et il faut en outre, avec la foi, l'espérance et la charité. La première condition pour aller au ciel, c'est la foi catholique.

2. La vertu d'espérance, fondée sur la foi et vivifiée par la charité, conduit l'âme au ciel, la demeure éternelle de la sainte Trinité.

A droite, continuant l'inscription de gauche :

> **De tout ſon cœur par divine puiſſance**
> **En paradis aura touſiours ſon lieu**
> **Charite[1].**

Au centre du premier étage est la grande fenêtre qui éclaire tout le transept. Celle-ci est divisée en deux parties par une croix qui en occupe toute la hauteur, où est représenté Jésus crucifié, dont le pied de la croix prend naissance dans une cuve qui reçoit le sang des plaies et du cœur du divin Sauveur.

Avant les événements de la Révolution, il y avait dans cette cuve trois figures nues regardant avec reconnaissance Jésus qui meurt sur la croix pour racheter les hommes qu'Adam et Ève avaient perdus par leur désobéissance.

Aux deux côtés de la croix, sont deux inscriptions placées au-dessus des niches supérieures.

A gauche :

> **Pauvres pecheurs venez tous de randon**
> **Pour vous laver dedans ceſte fontaine**
> **Car vray confes en gaingnant le pardon**
> **Rend ſon ame de peche nette et ſaine[2].**

A droite :

> **En la fontaine te viens diligement**
> **Laver pecheur pour te mondifier**
> **Car elle eſt plaine du pur sang ppem^{et}**
> **De Jeſucriſt qui fut crucifie.**

1. La foi prendra fin, quand les élus verront Dieu face à face ; l'espérance finira de même, quand ils seront en possession du bonheur promis ; mais la charité règnera éternellement dans les âmes.

2. Pécheurs, venez tous avec empressement (*randon*, élan, mouvement impétueux) vous laver dans la fontaine où coule le sang du Sauveur ; car tout pécheur qui se confesse avec les dispositions requises obtient le pardon de ses péchés.

3. Pour te purifier, du latin *mundus, pur*.

Toutes ces inscriptions expriment des idées théologiques en un français

Au-dessous de la cuve est une console très saillante, incrustée dans le centre de l'entablement, sur laquelle reposait une grande figure qui montrait du doigt le mystère qui s'accomplissait.

Les pilastres ioniques de cet étage portent une corniche à la hauteur de ce bas côté, surmontée d'un fronton triangulaire qui en fait le couronnement.

CHEVET DE L'ÉGLISE

La fenêtre du chevet de l'église qui était destinée à éclairer le sanctuaire est une reconstruction de la fin du XVIe siècle, qui n'a aucun rapport architectural avec les deux fenêtres des bas côtés.

La baie de cette ouverture, aujourd'hui murée, est coupée en deux parties verticales par une espèce de trumeau central. Ensuite, on construisit une plate-bande horizontale et un petit mur décoré de deux pilastres des deux côtés.

Il résulte de cette disposition que cette grande baie, au début de sa construction, fut réduite de moitié; dans ces conditions, on se demande ce qu'on pouvait faire avec ces deux petites ouvertures carrées pour éclairer convenablement le sanctuaire. Enfin, on prit le parti de les murer.

Au XVIIIe siècle, on coupa la tête de ce gros trumeau pour établir un trou correspondant au triangle trinitaire qui se trouve placé au centre d'une gloire en bois doré qui rayonne au-dessus du maître-autel. On plaça dans ce trou un verre au reflet doré pour imiter la lumière céleste!...

Dans le mur, aux deux côtés de la fenêtre, sont deux petites niches sans statues, où étaient des *ex-voto* de l'ancien cimetière.

Au-dessus du bandeau de la base du monument, sous la fenêtre centrale, est une croix sculptée en relief, indiquant aux pèlerins la place du tabernacle où repose le Saint-Sacrement.

tellement bizarre que, dans la crainte qu'on ne les comprît pas, nous avons eu recours à l'obligeance de M. l'abbé Ch. Nioré, vicaire général, secrétaire de l'Évêché, qui a bien voulu nous adresser ces notes explicatives.

Aux deux extrémités du chevet, à gauche et à droite, sont les deux fenêtres ogivales des bas côtés complètement murées. Les meneaux, encore visibles, se divisent en trilobes ; ils sont surmontés d'un trilobe en contre-courbe. Des deux côtés des fenêtres, de petites niches vides. Hélas ! les *ex-voto* n'y sont plus.

Sur l'angle septentrional du chevet, une grande niche de forme circulaire ; la partie supérieure de son fronton est entièrement brisée. De sa frise martelée s'échappe une draperie qui en couvre presque entièrement le fond.

La console qui supportait la statue est soutenue par deux têtes de chérubins entourées de nuages.

La statue, aujourd'hui disparue, représentait la sainte Vierge écrasant la tête du serpent, ainsi que le fait voir une inscription gravée en creux sur le pourtour de la console entre les filets et les gorges. Voici cette inscription :

IPSA CONTERET CAPVT TVVM. GEN[1].
CELLE QVI DE SES PIEDS ECRASA LE SERPENT
ARRETA LA FVRIE DV PLVS FIER ELEMENT.
AN 1686

Cette inscription rappelle le terrible incendie qui se déclara, le 10 septembre 1686, pendant la nuit, à l'hôtellerie de l'Écu de Bourgogne, tout près de l'église Saint-Nicolas. Cet incendie dura plusieurs jours ; il dévora plus de soixante maisons et, en particulier, les hôtelleries du Laboureur et du Mulet.

L'église n'échappa aux flammes que par un véritable miracle[2].

L'ESCALIER DU CALVAIRE

Le grand escalier conduisant au calvaire prend naissance dans l'église, près du pilier de la seconde travée du côté méridional. On monte trente marches d'une largeur de trois mètres pour arriver au palier de l'entrée de la chapelle. La voûte de l'escalier se divise en

1. Elle te brisera la tête. *Genèse*.
2. Courtalon, I, 206.

deux travées; la première est formée de liernes et de tiercerons; la seconde se compose de quatre losanges à six pans, formant la croix, avec des compartiments carrés aux angles.

Sur la plate-forme, à gauche, est la petite porte de la tourelle des combles des bas côtés (5).

Une ouverture à linteau droit, arrondi à ses extrémités, donne accès au calvaire.

Sur le montant de la porte, à droite, une petite peinture du

5. LE GRAND ESCALIER DU CALVAIRE.

temps représente Jésus sur la croix. Au bas, on lit : Icy est le tronc de la Croix. Au-dessous, un bénitier.

A gauche, sur un socle, une petite statue en pierre (hauteur, 0^{m},48), représentant un Dieu de Pitié dont la tête est brisée. Le Sauveur est assis, les bras liés, la jambe droite repliée sous la jambe gauche.

Sur la face intérieure de l'entrée sont deux pilastres avec chapiteaux Renaissance, portant un entablement surmonté d'un fronton en arc de cercle.

CHAPELLE DU CALVAIRE

Comme au rez-de-chaussée, le calvaire se compose de quatre travées; les deux du milieu occupent toute la largeur de la nef de l'église. L'arc-doubleau de ces deux voûtes repose sur deux piliers isolés. Cet arc est décoré d'un pendentif orné de niches, le tout nouvellement restitué.

Les voûtes sont croisées de liernes et de tiercerons avec petits pendentifs accompagnés de contre-courbes à la rencontre des lignes diagonales. Il en est de même pour les petites travées.

En face de l'entrée du calvaire est l'ancienne porte du Jardin des Oliviers, aujourd'hui murée, depuis la démolition des remparts.

Cette porte est décorée de pilastres avec chapiteaux portant un entablement surmonté d'un fronton triangulaire dans le tympan duquel est un *Agnus Dei*. Sur le côté droit du fronton, dans l'axe du pilastre, est un joli vase, dans le style de la Renaissance.

Au côté gauche du fronton, le vase est remplacé par la console de la retombée des voûtes qui est ornée de deux griffons dont les queues se réunissent au centre de la console, dans un anneau.

6.

Près du pilastre de la porte, à droite, est un joli petit tronc dans le même style, qui a encore conservé toute sa décoration et tous les ferrements utiles à la conservation de son contenu. Il était destiné à recevoir l'obole des pèlerins visiteurs du Jardin des Oliviers, et il porte cette inscription :

DONNES AVEC JOIE (6).

Le Jardin des Oliviers était compris entre le rempart et le mur de clôture du vestibule du rez-de-chaussée. Le rempart étant plus élevé que les fenêtres du calvaire, il a bien fallu construire un mur en retraite à une certaine distance de l'église; il en résultait une espèce de fossé dont on avait fait un petit jardin; les murs, avec le temps, s'étaient tout couverts de ronces et d'épines. C'est ce qu'on appelait le *Jardin des Oliviers*. On y entrait en foule le vendredi saint; dès le matin on lui faisait sa toilette, on sablait le sol en ajoutant çà et là des fleurs dans les feuillages. Des consoles accolées aux murs portaient de petites statuettes données par les pèlerins, lesquelles se trouvent actuellement dans le calvaire, le caveau du Saint-Sépulcre et les bas côtés de l'église.

Le rempart de Saint-Nicolas était antérieur à la construction des remparts de François Ier; il dépendait des fortifications du château de la vicomté et se prolongeait jusqu'à la porte d'Auxerre attenante à l'église.

En entrant par la porte du calvaire, on descendait plusieurs marches pratiquées dans l'épaisseur des contreforts, passage que l'on peut voir encore aujourd'hui, et on sortait par la porte opposée à l'entrée, située dans le sanctuaire de la chapelle aujourd'hui murée.

Ce jardin était disposé de façon qu'en entrant par le narthex on montait les marches et qu'en entrant par le calvaire du premier étage on descendait d'autres marches, ayant en outre deux entrées et deux sorties particulières, deux dans le calvaire et deux autres dans le porche.

En entrant dans la chapelle du calvaire, on trouve à gauche deux fenêtres, entre lesquelles est actuellement placé le Christ à la colonne. Ces fenêtres sont à trois baies cintrées, celle du milieu plus haute que les deux autres, et le tympan forme un demi-cercle à cinq rayons.

Dans chacune des baies se trouve un médaillon du XVIe siècle.

Première fenêtre, 1re baie. — Médaillon circulaire, en grisaille dorée, représentant une Notre-Dame de Pitié.

2e baie. — Médaillon en forme de cadre dont le haut est trilobé; grisaille dorée représentant La divine berge[re] marie. La sainte Vierge est assise, sa robe largement étalée, un livre ouvert sur ses genoux; ses longs cheveux tombent sur ses épaules et elle est couronnée de roses. Près d'elle, à droite, est l'agneau divin, portant le nimbe crucifère.

Dans le lointain, à gauche, est une cabane montée sur des roues, servant sans doute de bergerie.

3e *baie.* — Curieux médaillon circulaire, en grisaille dorée, représentant l'étable de Bethléem. L'Enfant Jésus est à terre, sur la paille; l'âne et le bœuf le réchauffent de leur haleine. Marie est à droite, saint Joseph à gauche. Tout ce sujet est peint au trait sur un verre presque entièrement blanc, avec une grande délicatesse de touche.

Deuxième fenêtre, 1re *baie.* — Médaillon circulaire, à moitié effacé, représentant saint Jean-Baptiste au désert. De la main gauche, il tient sa croix; de la main droite, il montre l'agneau de Dieu, qui apparaît derrière un quartier de rocher.

2e *baie.* — Très joli médaillon circulaire, en couleur, entouré d'une bordure de grisaille dorée. Blason : d'azur, à un chevron d'argent, accompagné de deux anseaux d'or en chef et d'un massacre de cerf d'or en pointe.

3e *baie.* — Médaillon circulaire en grisaille, représentant saint Yves dans les galeries du palais de justice, vêtu de sa robe d'avocat et portant le bonnet carré de docteur. Il argumente, comme on le voit par son geste, la main droite posée sur sa main gauche.

LE CHRIST A LA COLONNE DE FRANÇOIS GENTIL

En entrant dans le calvaire on voyait, il y a une quinzaine d'années, au centre de la chapelle, la grande et belle statue de Jésus attaché à la colonne, une des plus remarquables statues de François Gentil, sculpteur troyen.

Cette figure fut exécutée et posée trois ou quatre ans après la construction du calvaire, vers 1554-55. Pour la placer dans un jour convenable, on supprima le pendentif qui décorait l'arc-doubleau des deux voûtes centrales, et on posa la statue de manière que les arcs en contre-courbes vinssent se reposer d'aplomb sur le chapiteau de la colonne.

Ce point d'appui et de résistance en même temps pouvait-il compromettre le monument? Tout est là. Trois cent quarante ans se sont passés sans la moindre rupture.

Tout à coup, après les grands travaux de consolidation du grand portail occidental, par suite de la démolition du rempart sur lequel s'appuyait le rez-de-chaussée, on s'aperçut que l'arc-doubleau du narthex fléchissait et qu'un léger décollement se produisait à l'arc-doubleau du sanctuaire du premier étage, où était placé le Christ de Gentil. Alors on jeta l'éveil et de suite la fabrique intervint. On s'empressa de consolider l'arc-doubleau du rez-de-chaussée qui était chargé d'un poids considérable; on prit le parti d'établir au rez-de-chaussée une colonne solide en pierre dure, en juillet 1883, destinée à porter l'arc-doubleau et surtout le poids considérable du Christ à la colonne du premier étage et en même temps on chercha à paralyser le devers des voûtes. Les travaux se firent rapidement et avec succès par l'entrepreneur, M. Vital père, à la satisfaction des paroissiens.

Deux années plus tard, un rapport urgent fut adressé à l'État sur la situation des voûtes du calvaire, soi-disant à la veille de tomber sur le Christ à la colonne.

On envoya M. Selmersheim avec un inspecteur des beaux-arts; celui-ci fit déplacer le Christ, et les travaux commencèrent immédiatement sans s'inquiéter de ce que deviendrait cette statue.

L'architecte répara une partie importante des voûtes et reconstruisit le pendentif que François Gentil avait supprimé au XVIe siècle pour élever sa belle statue.

Après l'achèvement des travaux, il fallut mettre cette belle et grande figure quelque part. Pour en finir, on s'avisa de la placer entre deux fenêtres devant la grande lumière du soleil qu'elle reçoit par derrière pendant toute la journée. Il résulte de cet emplacement que la face antérieure de ce chef-d'œuvre de sculpture se trouve plongée dans une pénombre qui enveloppe tout le corps du Christ, en détruit tout le mérite et défigure le modelé des chairs que l'éminent artiste avait su lui donner. Elle est si mal placée qu'il est impossible de la dessiner, encore moins de la photographier.

Mais que se passa-t-il avant de prendre cette belle détermination, digne d'un chef-d'œuvre de l'école de Troyes, si vanté par les artistes et les historiens accrédités?

On passa la statue à la lessive!...

Depuis plusieurs années, cette belle figure avait été entièrement repeinte par celui qui avait déjà souillé la peinture du chevet. La chevelure du Christ et sa barbe furent peintes d'un beau noir d'ébène et le corps couvert de détails sanguins qui prêtaient au ridicule.

Il fallut enlever cette mauvaise peinture, et celle de dessous, la bonne, en subit les conséquences.

Enfin on passa cette remarquable figure à la potasse; on prit des brosses et des spatules en bois pour arracher la peinture où elle résistait, tout cela avec des eaux préparées qui attaquent et usent la pierre et la fleur du modelé de la forme qui faisait la richesse de l'œuvre.

Ce lessivage terminé, on se trouva en présence de la pierre de Chatillon, dont le ton mat et sans transparence enlève la partie éclatante de l'œuvre, sa magnificence et sa splendeur.

Résultat déplorable, qui nous confirme cependant que les statues en pierre étaient peintes par les sculpteurs eux-mêmes, le plus souvent par nécessité et par contrainte, suivant la qualité et la teinte de la pierre.

Et c'est après avoir subi cette profanation qu'on a bien voulu la présenter aux fidèles dans cet emplacement si peu fait pour apprécier le mérite de ce grand artiste.

La statue, d'une hauteur de $2^{m},18$, s'élève sur un socle de $1^{m},02$.

Le Christ est appuyé contre une colonne de l'ordre toscan, dont le chapiteau en marbre blanc dépasse la tête d'une hauteur de $0^{m},76$[1]; il était destiné à recevoir la retombée des deux contre-courbes du doubleau de la voûte.

Jésus est simplement debout avant l'arrivée de ses bourreaux, qui vont l'attacher, le couronner d'épines, le couvrir d'insultes et d'ignominies.

Quel calme dans cette belle physionomie et quelle résignation à la volonté de son Père!...

1. Nous donnons la reproduction photographique de cette remarquable statue, qui a été exécutée, avant son lessivage, par M. Gustave Lancelot (7).

Sur la face antérieure du socle de la statue, on lit :

A gauche.	ECCE HOMO	A droite.
VIDIMUS VIRUM DOLORUM	PASSUS EST PRO NOBIS	NON EST SPECIES EI NEQUE DECOR

Sur le socle de la colonne :

A gauche.	A droite.
CHRISTUS FACTUS EST OBEDIENS USQUE AD MORTEM MORTEM AUTEM CRUCIS	POSUIT DOMINUS IN EO INIQUITATEM OMNIUM NOSTRUM[1]

A l'occident, et en retraite sur les deux grandes travées du calvaire, est un petit bas côté qui prenait jour sur l'ancien rempart de la Vicomté et qui occupe toute la largeur de ces deux travées.

Il est éclairé par deux vastes fenêtres cintrées, à quatre baies, comprenant toute sa surface.

A gauche, contre le mur de clôture, est un petit banc en pierre, où se trouvent placées et rangées en file toutes les statues que la Fabrique n'a pas encore pu replacer.

En voici la nomenclature : 1° sainte Anne donnant une leçon de lecture à la Vierge Marie (fin du XVIe siècle) ; 2° une mauvaise statue de sainte Madeleine, agenouillée en contemplation devant le Jésus crucifié qui décore le devant du pilier du calvaire du côté de la nef (XVIIIe siècle) ; 3° une ravissante figure de sainte Agnès, avec son agneau dressé devant elle, telle qu'elle apparut à sa famille après sa mort (8). De sa main droite, elle égrène son rosaire et porte sous son bras un livre d'heures; de sa main gauche, elle tient la palme des martyrs (fin du XVe siècle) ; 4° une sainte Vierge portant

1. Voilà l'homme. — Il a souffert pour nous. — Nous avons vu l'homme de douleurs. — Il n'a plus de beauté ni d'apparence. — Le Christ s'est fait obéissant jusqu'à la mort et à la mort de la Croix. — Le Seigneur a mis en lui toutes nos iniquités.

7. LE CHRIST A LA COLONNE
PAR FRANÇOIS GENTIL.
(Hauteur, 2m,18.)

l'Enfant Jésus, trop maniérée (XVIIe siècle); 5° une sainte Agathe portant, à la main gauche, un livre ouvert, placé sur le voile qui servit, après sa mort, à faire cesser un incendie menaçant la ville de Catane (Sicile), et tenant la main droite appuyée sur la poitrine (XVIe siècle); 6° une statue de berger portant un agneau à l'étable de Bethléem; 7° une donatrice agenouillée, les mains jointes, un rosaire à sa ceinture. A sa droite, sainte Madeleine tenant un vase de parfums. Derrière la donatrice, un saint moine lui met la main sur l'épaule en signe de protection: sa tête n'existe plus, elle a disparu depuis longtemps; derrière ces deux figures, sainte Marguerite avec son dragon à ses pieds, sainte Catherine et sainte Barbe avec sa tour légendaire.

Ce groupe de six figures taillées dans la même pierre est très intéressant, autant par l'exécution que par l'ajustement des costumes.

Avant les travaux du calvaire, ce groupe était placé sur une console encastrée dans les colonnes du pilier du sanctuaire, à droite. C'est ce qui explique le mouvement gracieux de la donatrice qui se penche en avant pour adresser sa prière au sacrement de l'autel.

Ce petit sujet si charmant nous conduit tout naturellement au pied du pilier gauche du sanctuaire, où nous trouvons le groupe qui faisait pendant à ce dernier.

Celui-ci est resté en place, sur une console délabrée. Il représente le donateur, mari de la donatrice; agenouillé comme elle, il s'incline, priant et regardant le maître-autel.

Il est vêtu d'une houppelande ouverte sur l'épaule droite; à ses genoux, sur un coussin, est son livre de prières, fermé. Près de lui, saint Christophe, son patron, portant l'Enfant Jésus sur son épaule; il tient un bâton de ses deux mains, comme un homme au repos. Derrière ces deux figures sont quatre autres personnages debout; leurs pieds nus montrent que ce sont des apôtres protecteurs de la famille du donateur. L'un des deux derniers est saint Jacques, son bourdon à la main droite, égrenant son chapelet de la main gauche; l'autre, près de lui, regarde sur un parchemin déroulé, où était sans doute le plan de la chapelle.

Nous le répétons, ces deux sujets, du plus haut intérêt, nous donnent à penser que ces deux groupes de personnages ont été donnés par les donateurs qui ont contribué à l'édification ou à la décoration du calvaire.

Dans l'embrasure de la fenêtre à droite, derrière un mauvais tableau de l'Ange gardien, se trouvent les restes d'une peinture murale du XVIe siècle, représentant la Cène. Dans l'angle supérieur du tableau, à gauche, on voit encore le Sauveur lavant les pieds à saint Pierre.

LE SANCTUAIRE

Le sanctuaire est fermé par une grille moderne, scellée dans les deux piliers de l'entrée.

Le maître-autel est élevé d'une marche; il est en marbre gris, de forme ballonnée du dernier siècle, surmonté d'un gradin qui porte les vases de fleurs et les flambeaux et au milieu duquel est placé le tabernacle.

8. SAINTE AGNÈS (hauteur, 1m,25).

Des deux côtés de l'autel sont deux meubles insignifiants, portant deux cages en verre qui renferment des châsses où sont des reliques : à gauche, de sainte Pompéienne, martyre; à droite, de saint Benoît, martyr. Sur la châsse, sont deux statuettes en bois doré : la première d'une vierge martyre, la seconde d'un martyr.

L'ajustement de ces deux meubles a pour effet de cacher une grande partie de la peinture du chevet. On devrait les transporter ailleurs.

Peintures du sanctuaire. — Le mur du chevet du calvaire est totalement couvert d'une peinture murale représentant le Calvaire : Jésus crucifié entre les deux larrons.

Au milieu de la scène sont représentés les Juifs et les Pharisiens à cheval. Dans le nombre, nous remarquons le vieux Longin, à cheval, cherchant, malgré sa cécité, à percer le côté de Jésus d'un coup de lance; un soldat tient la lance des deux mains et l'aide à frapper le Sauveur. Longin porte la main gauche à son œil éteint.

A gauche de la croix, la sainte Vierge s'affaisse, entourée des saintes femmes éplorées. Saint Jean est debout, près d'elle, regardant la croix. Plus à gauche, la plèbe des bourreaux qui jouent aux dés pour se partager les vêtements du supplicié. L'un d'eux tient la robe de pourpre du Sauveur; un autre est coiffé d'un bonnet de fou. A droite, des soldats insultent Jésus ; ils sont au pied de la croix du mauvais larron. Près d'eux, le centurion à cheval, et des Pharisiens, dont l'un porte sur sa coiffure les deux lettres J. G., qui sont peut-être une marque de l'artiste.

Les édifices de la ville de Jérusalem forment le fond du tableau.

Cette peinture a été exécutée, vers 1525, par Nicolas Cordonnier II, peintre, né à Troyes vers 1495, qui fut le collaborateur de Dominique le Florentin pour la décoration du palais de Fontainebleau.

Il y a soixante ans, M. le curé Gigault, premier du nom, fit restaurer cette belle peinture par un peintre de Paris, nommé Raynauld, qui, sans respect de l'œuvre ancienne, la couvrit de peinture de haut en bas. Il était accompagné de sa femme et de son fils âgé de quinze ans; tous trois, la palette en main, s'en donnèrent à cœur-joie, à qui ferait le plus de besogne.

Ceci s'est fait en notre présence, en 1837-1838. On peut juger, par soi-même, du talent et du mérite des auteurs qui détruisaient, par leur ignorance, une œuvre capitale qui devait passer à la postérité, en regardant la peinture qui décore actuellement le côté droit du sanctuaire et qui représente Jésus au jardin des Oliviers, peinture monstrueuse qui déshonore le calvaire.

A gauche, sur le mur du sanctuaire, est une peinture divisée en deux compartiments. La partie supérieure représente les bourreaux clouant le Sauveur à la croix.

Cette croix est couchée par terre, et Jésus y est étendu. Un bourreau, le marteau levé, lui enfonce un clou dans la main droite. Un autre lui allonge violemment les jambes au moyen d'une corde, et un troisième, à genoux, s'apprête à lui clouer les pieds. Trois Pharisiens président au supplice et donnent leurs ordres aux bourreaux. Près de Jésus, Madeleine, à genoux, le couvre de son voile. Aux pieds du Sauveur, Marie et deux saintes femmes agenouillées. Par terre, la robe de pourpre et l'échelle du bourreau.

Ce sujet est bien conçu et bien exécuté.

La partie inférieure représente quatre saintes femmes se rendant, le dimanche matin, au sépulcre, où elles trouvent l'ange de la Résurrection, assis sur la pierre qui fermait le tombeau.

Ces deux peintures ont été exécutées par Émile Piot, fils de M. Piot de Courcelles, élève de M. Léon Coignet, peintre, membre de l'Institut, et de l'École des beaux-arts, décédé à Troyes, chez sa mère, à l'âge de vingt-quatre ans. Œuvre d'un élève qui promettait un brillant avenir.

M. le curé de Saint-Nicolas, vers 1835 à 1840, fit démolir la galerie du calvaire, qui était en pierre, pour la remplacer par une légère balustrade en bois [1].

M. Selmershem a rétabli cette balustrade comme elle était primitivement.

Le Christ en croix, avec la sainte Vierge et saint Jean, fut alors placé sur le pilier central du côté de la nef en supprimant sainte Madeleine qui était sur une console au pied de la croix.

1. Voir notre *Album de l'Aube*.

LE CHRIST CHARGÉ DE SA CROIX
ŒUVRE DE FRANÇOIS GENTIL

Le Christ portant sa croix avait été placé au calvaire, par M. le curé Gigault, sur une longue console encastrée dans le pilier d'angle du sanctuaire à droite, à la hauteur de la naissance des nervures des voûtes. Ce qui pouvait compromettre l'édifice.

9. LE CHRIST CHARGÉ DE SA CROIX, ŒUVRE DE FRANÇOIS GENTIL.

La première chose que devait faire l'architecte diocésain, c'était de le transférer dans un emplacement plus convenable.

Les travaux terminés et n'ayant pas de place à lui donner, on abandonna cette belle statue, brisée en plusieurs morceaux, dans un coin du chantier. Elle fut, de là, transportée dans la cour de la maison des Frères de la rue Jeanne-d'Arc, où elle pouvait être complètement détruite.

M. l'abbé Brisson, supérieur des Oblats, qui s'intéresse aux beaux-arts, remarqua un jour cette belle statue et, prévoyant son anéantissement, il demanda cette œuvre de François Gentil au curé de Saint-Nicolas qui lui en fit abandon. M. Brisson la fit restaurer et la plaça dans la chapelle de la maison de campagne du collège Saint-Bernard, à Foissy.

Plus tard, on s'inquiéta de ce qu'étaient devenus plusieurs statues et bas-reliefs de l'église Saint-Nicolas.

L'administration civile fit des recherches, et la statue reprit sa place dans l'église où nous la voyons aujourd'hui.

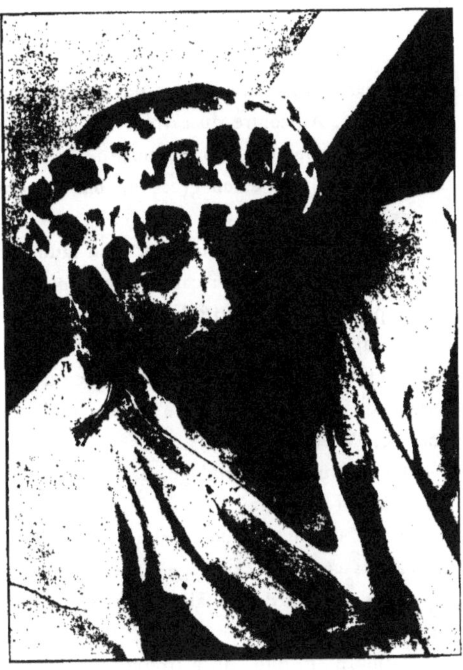

10. LA TÊTE DU CHRIST PORTANT SA CROIX.

Cette remarquable figure du Christ paraît, au premier aspect, avoir une pose un peu gauche dans le mouvement que le Sauveur fait pour retenir sa croix, au moment de son affaissement. Mais il ne faut pas oublier que le Christ est vêtu d'une robe de bure grossière, très dure, se prêtant très mal aux mouvements du corps (9). Effet qui s'oublie bien vite, quand le regard se porte sur cette belle physionomie qui endure ses peines physiques et morales avec tant de patience; figure si douce et pleine de mansuétude, même pour les bourreaux qui le conduisent au Calvaire (10).

Anciennement cette statue avait été offerte à une des églises de Troyes ou des environs par la corporation des peigneurs de laine.

Pour perpétuer leur offrande, les intéressés avaient prié le statuaire de suspendre au cordage qui sert de ceinture à la robe du Sauveur l'outil principal de leur métier, ce qui donne un grand intérêt de plus à cette figure qui mérite actuellement une habile et soigneuse restauration.

L'ANCIEN CARRELAGE DU CALVAIRE

Ce carrelage était composé de carreaux émaillés, se divisant en cinq parties. Au centre du carré était un cercle découpé, décoré de blasons des donateurs, des attributs de la Passion, du monogramme du Christ en latin et en grec; au bas du chiffre on lisait la date de 1552.

Tous les attributs étaient sur fond jaune.

Les quatre angles du carré étaient couverts d'arabesques variées, ce qui permettait de multiplier la décoration à l'infini.

En ajustant les angles sur le cercle central, le carré formait un tout complet. Alors rapprochés entre eux, on obtenait sur toute la surface du sol une mosaïque remarquable et de la plus grande richesse. (Voyez le dessin.)

La bordure du carrelage, par sa grande simplicité, ajoutait de l'éclat à l'effet général.

Notre dessin original porte la date de 1837; à cette époque, nous avons copié ce carrelage dans la travée centrale du calvaire; depuis les travaux du portail, exécutés en 1852, il n'est rien resté de toutes ces richesses.

Aujourd'hui que l'on a trouvé une terre très résistante, il était facile de renouveler cette brillante tapisserie avec l'argent dépensé pour un dallage insignifiant.

Nous avons souvent parlé, dans nos deux premiers volumes, de cette industrie; nous n'avons plus à y revenir, parce qu'elle est complètement morte dans nos contrées. (Voyez t. II, page 332.)

LA GRANDE NEF

Sous le narthex de l'entrée principale, deux arcs surbaissés donnent entrée à la grande nef; sur la face antérieure du pilier central de cette entrée, est une belle statue de saint Bonaventure, d'un beau caractère et d'une grande simplicité de style. Sa belle figure exprime un sentiment de douceur évangélique (11).

11. SAINT BONAVENTURE.

Le saint docteur debout sur un socle portait la crosse de la main droite; il tient de la main gauche, appuyé sur sa poitrine, un livre ouvert qu'il présente au spectateur. Il est vêtu d'une robe de moine à capuchon et à larges manches sous lesquelles on aperçoit les manches étroites et boutonnées du vêtement intérieur; il a pour ceinture le cordon franciscain, qui tombe jusqu'au bas de son vêtement; ses pieds nus sont chaussés de sandales. Sur la tête, il porte une mitre couverte de perles.

Par-dessus sa robe monacale, il porte la chape épiscopale, en étoffe précieuse assez mal restaurée, toute semée de séraphins qui rappellent qu'il appartient à l'ordre séraphique de saint François et qu'il porte lui-même le titre de Docteur séraphique. L'agrafe qui sert de mors de chape représente un nom de Jésus entouré de rayons, dévotion chère à l'ordre de Saint-François et propagée surtout par un Franciscain, saint Bernardin de Sienne. Les orfrois de la chape sont couverts de figurines exquises. A gauche, en commençant par le haut, Jésus-Christ, saint Pierre tenant sa clef et un livre ; puis les quatre grands docteurs de l'Église latine : saint Ambroise, saint Augustin, saint Jérôme en cardinal, saint Grégoire le Grand ; enfin, dans le bas, saint Bernardin de Sienne. A droite, quatre religieux franciscains sans nimbe, ce qui permet de croire que ce sont des docteurs de l'ordre Saint-François : peut-être Alexandre de Halès, maître de saint Bonaventure, Duns Scot et autres ; autour du col, de chaque côté, un évêque (hauteur de la statue $1^{m},95$).

D'où vient cette belle statue ? Peut-être des Cordeliers de Troyes, dont saint Bonaventure était le plus illustre docteur ; il était certainement très honoré chez les Cordeliers, comme saint Thomas d'Aquin chez les Jacobins. Saint-Nicolas pourrait bien avoir été chercher cette statue, après la Révolution, dans les magasins de Saint-Loup.

Au-dessus de ce pilier est celui du calvaire, qui en fait comme le prolongement. Il est décoré d'un calvaire représentant Jésus-Christ crucifié, accompagné des statues de la sainte Vierge et de saint Jean. Ces statues du XVIIe siècle sont trop maniérées.

Chacun des piliers de la grande nef porte, à la naissance des voûtes des bas côtés, une statue debout sur une console de consécration et abritée par un petit dais Renaissance qui n'offre pas grand intérêt.

Une partie de ces figures provient d'anciens couvents de la ville et des environs de Troyes.

1er *pilier, à gauche.* — Le premier pilier à gauche représente un saint Abbé, peut-être saint Benoît, tenant sa crosse de la main gauche et un livre ouvert de la main droite. A ses pieds, une mitre. Bonne statue du XVIe siècle.

2e *pilier.* — Saint Phal, jeune encore, tenant une crosse de la main gauche et un livre ouvert de la main droite, ayant une mitre à ses pieds. Cette statue nous rappelle celle de l'église de Saint-Phal. (t. II, page 160).

3e *pilier.* — Une Immaculée Conception, debout sur le globe et écrasant le serpent. Médiocre statue du XVIIe siècle.

Toutes les fenêtres de ce côté gauche de la nef ont perdu leurs verrières. Les deux premières fenêtres sont actuellement vitrées en verre blanc. Il reste seulement, avec les chiffres IHS, MA, SN, la date 1728.

La troisième représentait quelques scènes de la vie de saint Jean-Baptiste ; mais il n'en reste que peu de chose. Dans la partie inférieure de la fenêtre, on voit encore la naissance du saint précurseur, son père, saint Zacharie, et les parents qui s'émerveillent des faits extraordinaires qui ont accompagné cette naissance.

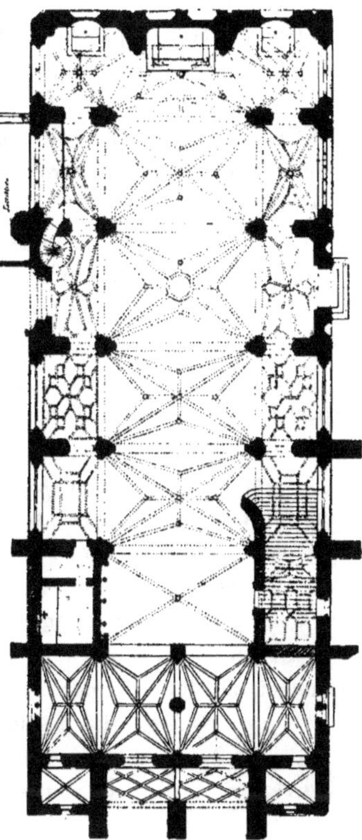

Échelle de 5 centimètres par mètre.

Dans la partie supérieure est représenté le baptême du Sauveur ; saint Jean est dans la 2e baie, tenant sa croix à banderole ; Jésus, les mains jointes, est dans la troisième baie et, au-dessus de lui, le Père éternel disant : HIC EST FILIVS MEVS DILECTVS. Les baies des extrémités renferment deux grands anges.

1er *pilier, à droite.* — Saint Yves, portant pour vêtement une tunique qui lui vient jusqu'aux genoux ; sa tête nue est couverte d'une chevelure abondante. Sa longue robe d'avocat est retenue sur ses épaules, une chaînette double es suspendue à son cou.

Il pose la main droite sur la tête d'un pauvre plaideur agenouillé à ses pieds, qu'il prend sous sa protection.

2e *pilier.* — Un saint Cordelier, la main droite brisée ; de sa main gauche, il tient un livre fermé. Sous son pied droit, qui fait saillie sur la console, est une tête de chérubin pour support.

Ces deux statues sont très remarquables, et nous avons le regret de ne pas en connaître les auteurs.

3e *pilier.* — Ève, vêtue d'un corsage et d'une jupe comme les femmes en portaient au XIVe siècle. La tête nue, avec une exubérance de chevelure qui lui couvre les épaules et lui tombe à la ceinture.

Elle tient dans les plis de sa longue robe le fruit défendu, avec sa tige. De la main gauche, elle tient sa robe.

Cette statue nous semble un composé de différents morceaux dont on a fait une figure d'Ève complètement vêtue.

Enroulé autour d'un arbre qui est à sa gauche, un serpent à tête humaine lui adresse la parole, et l'on voit qu'elle prête l'oreille à ses suggestions.

Comme les deux premières fenêtres à gauche, celles de droite n'ont pas conservé leurs vitraux.

Dans la troisième fenêtre, nous voyons une très belle verrière représentant l'Adoration des Bergers et des Mages.

Dans la seconde baie de la partie inférieure, l'Enfant Jésus est couché entre le bœuf et l'âne, et deux anges agenouillés l'adorent; saint Joseph et la sainte Vierge le contemplent avec amour.

Dans la première baie, à gauche, un ange éveille un berger, et une superbe bergère apporte sur sa tête une corbeille de fruits. Dans la 3e baie, à droite, un berger arrive à la crèche, conduit par un ange.

Dans la 4e baie, encore un berger et une bergère, et, en outre, les donateurs à genoux devant leur prie-Dieu.

La partie cintrée des quatre ouvertures renferme des anges qui chantent, sur des livres notés, le *Gloria Deo in altissimis*.

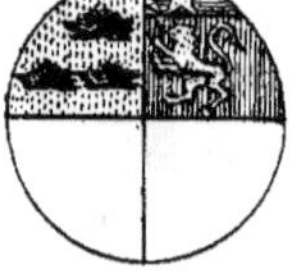

12.

La partie supérieure du vitrail représente l'Adoration des Mages. Marie est assise dans la 3e baie et tient l'Enfant nu sur ses genoux. Saint Joseph est debout près d'elle. Le troisième roi, tenant un vase d'or, est debout derrière la sainte Vierge.

Dans la seconde baie, le premier Mage est représenté agenouillé, sa couronne et son sceptre sont posés à terre, et il offre son présent. Le second, debout derrière lui, tient aussi son vase d'or et soulève sa coiffure.

Dans la première et la quatrième baie étaient des blasons; il ne reste plus que celui de droite; c'est un blason à quatre quartiers. Au 1 et 4, d'or à trois hures de sable (Deheurle, de Troyes). Au 2 et 3, de gueules à un lion rampant d'or, au chef d'azur à trois étoiles d'or (12). Tout en haut, à l'écoinçon qui termine la fenêtre, l'étoile miraculeuse, dominant tout le vitrail.

BAS COTÉ SEPTENTRIONAL — LE SAINT SÉPULCRE

Le Saint Sépulcre fut construit en 1530 aux frais de Michel Oudin, paroissien de Saint-Nicolas, qui avait fait le voyage de la Palestine, et sur le plan qu'il en avait rapporté. Suivant Grosley, son manteau et son chapeau de pèlerin étaient suspendus à côté de la porte du Sépulcre. Ils existaient encore en 1735.

Le peuple disait que, à chaque fois que le sonneur de Saint-Nicolas avait osé enlever ce manteau et ce chapeau, il avait, la nuit suivante, été excédé de coups de bâton par le pèlerin. (Grosley, t. II, p. 323.)

La première des travées du bas côté gauche est occupée par la chapelle du Saint Sépulcre. La clôture du Saint Sépulcre se compose de deux arcatures reposant sur trois colonnes, aux riches chapiteaux composites. Ces colonnes en saillie et dégagées du mur reposent sur un petit banc formant socle. Aux deux extrémités de cette façade, un renfoncement prend la forme d'un sarcophage.

Le mur est décoré d'arcs plein cintre, portés par des pilastres aux chapiteaux corinthiens et correspondant aux colonnes.

Ce mur est percé d'un trou rond pour donner de l'air à l'intérieur du Saint Sépulcre.

Les écoinçons des arcatures sont décorés : 1° de la tunique sans couture du Christ, accompagnée des trois dés qui servirent à jouer les vêtements de Notre Seigneur; 2° de la lanterne que portait Malchus à son entrée au jardin des Oliviers et du sabre dont saint Pierre se servit pour punir Malchus; 3° de la bourse et des deniers d'argent, prix de la trahison de Judas. Il y en a 15, probablement des doubles deniers; 4° enfin, du roseau de la Flagellation.

Tous ces attributs de la Passion sont peints et sculptés en relief.

Au-dessus des arcatures, les deux pilastres des extrémités du tombeau portent un entablement de l'ordre ionique.

Sur la frise nous lisons, entre deux croix de Jérusalem, cette inscription en une seule ligne :

✠ ECCE · LOCVS · VBI · POSVERVNT · CHRISTVM · DOMINVM · MARC xvi° cap^e ✠

A l'Occident, faisant face au bas côté nord de la nef, est l'entrée du Saint Sépulcre. Deux arcatures et demie, coupées par le mur de la chapelle des fonts, reposent sur des pilastres, avec de jolis chapiteaux corinthiens finement exécutés. A l'arcade centrale est la porte du saint lieu, qui n'est accessible au public que le jour du Vendredi Saint.

Dans le tympan de la porte est le monogramme du Christ, entouré de la couronne d'épines.

La frise de la corniche porte l'inscription suivante alternée à chaque mot par une croix de Jérusalem.

✠ FORMA ✠ DOMINICI ✠ SEPVLCHRI ✠

Dans les écoinçons des arcatures, des palmes sculptées en relief.

INTÉRIEUR DU SAINT SÉPULCRE

En entrant dans l'intérieur du Saint Sépulcre, on se trouve complètement dans l'obscurité.

Il existe bien deux petites ouvertures pour aérer l'intérieur, mais absolument insuffisantes pour éclairer le caveau.

Le jour du Vendredi Saint, on y ajoute une petite lampe, qui rend ce caveau d'un effet mystérieux.

Le Saint Sépulcre est divisé en deux parties; la première comprend le narthex ou vestibule portant la date de 1565 gravée à gauche sur le mur en entrant; au-dessus de la porte, ces deux lettres gravées A. R.

Un grand nombre de statuettes provenant du jardin des Oliviers encombrent ce vestibule.

A droite, en entrant, la statue d'un des soldats du Saint Sépulcre, de taille presque gigantesque, vêtu en soldat romain, le casque en tête et le bouclier à la main gauche.

Sur un fragment en pierre de la scène de la Résurrection, mais de petite dimension, on voit un beau sépulcre à arcades trilobées; à gauche, un soldat est appuyé sur le tombeau, un autre tombe à la renverse; à droite, un troisième soldat à moitié brisé.

Par terre, un beau buste de Nicodème, l'un des personnages de la Mise au tombeau.

En suivant, petit bloc en pierre représentant saint Jérôme au désert, à genoux, une pierre à la main droite pour se frapper la poitrine, un livre fermé à la main gauche. Près de lui, un lion dans sa grotte.

Jolie statuette en bois de saint Louis, sur un socle. Le saint, tête nue, porte le collier de Saint-Michel sur une pèlerine d'hermine. Ses deux mains tenaient un objet qui a disparu, le sceptre ou la couronne d'épines.

Un petit groupe en bois, laid et en mauvais état, représente la Sainte Maison de Lorette, surmontée d'une Vierge-mère et transportée par deux anges.

Petite *Pieta* en bois.

Une très belle sainte Madeleine en pierre, agenouillée, d'un caractère très modeste, la main droite sur la poitrine, la main gauche sur son vase de parfums, posé à terre (XVIe siècle).

Un piédestal en forme d'autel antique, marqué d'une grande croix de Jérusalem, est appuyé contre le mur qui sépare les deux chambres du Saint Sépulcre. Il porte :

1° Une statue de femme, en bois, un manteau sur les épaules;

2° L'Ange de la Résurrection, les ailes éployées;

3° Un groupe en bois, fort intéressant, représentant un pèlerin coiffé d'un chapeau à cordons pendants, une pèlerine sur les épaules, enveloppant dans un linceul le corps de Jésus. Près de lui, sa femme, les mains jointes. Aux pieds du Sauveur, la sainte Vierge regarde avec douleur, soutenue par saint Jean (XVIe siècle).

A gauche de la porte qui donne accès dans la chambre du Saint Sépulcre, sont deux grandes statues en pierre de la sainte Vierge et de saint Joseph (XVIe siècle).

Une grande partie de ces statuettes proviennent du calvaire. Il en résulte que ce narthex est converti en magasin faute d'une bonne direction.

Enfin nous pénétrons dans le sanctuaire du tombeau par une petite porte si basse qu'il faut se courber en deux pour y entrer.

A droite, en entrant, est un autel avec ses croix de consécration ; au-dessus et en retraite dans un enfoncement, est le corps de Jésus-Christ, couché dans son tombeau sur un linceul maintenu par deux anges aux extrémités de la voussure, avec ces deux vers léonins :

VITA MORI VOLVIT ET IN HOC TVMVLO REQVIEVIT ⁜
MORS QVIA VICTA FVIT MORTEM VICTRIX ABOLEVIT.

La vie (Jésus-Christ) a voulu mourir, et elle a été déposée dans ce tombeau. La mort a été vaincue, et la vie, par cette victoire, a détruit la mort.

Dans l'enfoncement du mur, qui forme voûte au-dessus du Christ, on lit cette devise : TOVT EN PAIX.

Sur la frise qui est au-dessus du Christ, est un joli groupe en bois doré, représentant le Sauveur tombé sous la croix. Devant lui, sainte Véronique lui présente son voile. Derrière lui, un soldat le frappe. Simon le Cyrénéen soulève la croix (XVIe siècle).

Contre le mur occidental de cette même chambre mortuaire, est un petit groupe en bois, posé sur un socle fleuri. Marie tient sur ses genoux le cadavre de son Fils ; à gauche, saint Jean essuie ses larmes ; à droite, sainte Madeleine avec son vase de parfums.

Dans une gracieuse piscine en accolade, on a placé une très jolie statuette de saint Bruno, un capuchon pointu sur la tête, son scapulaire religieux posé par-dessus sa robe. Un chapelet est attaché à sa ceinture. De la main droite, il tient un livre fermé. A la main gauche, il tenait un crucifix qu'il contemplait avec amour et douleur.

LE CHRIST RESSUSCITÉ

M. le curé Gigault, vers 1838-1839, établit un buffet d'orgue à la hauteur des fenêtres de la nef, avec une tribune en char-

13. LE CHRIST RESSUSCITÉ, PAR FRANÇOIS GENTIL.

(Hauteur, 2^{m},10.)

pente qui longeait toute la largeur du monument [1]. Le buffet d'orgue, par son importance, cachait la belle rosace occidentale et, par son poids assez considérable, compromettait le mur de clôture de toute la façade.

Lors de la reprise du calvaire en 1881, M. Selmersheim, architecte du gouvernement, avec juste raison supprima l'orgue et ses dépendances. La fabrique, désolée de ce déplacement, chercha un endroit convenable qui pût servir à l'établissement du buffet d'orgue.

Au-dessus du Saint Sépulcre, il y avait une belle place que MM. les fabriciens enviaient depuis longtemps. Ils projetaient de percer une porte dans le mur du calvaire, pour servir de passage à l'organiste.

Mais cette place était occupée par la grande figure du Christ ressuscité, de François Gentil. La hauteur de cette figure est de 2m,10; elle s'élève sur un socle de 25 centimètres.

L'auteur, pour donner à son œuvre un caractère plus religieux, y avait construit un édicule en pierre porté par six colonnes, dont les jolis chapiteaux décorent actuellement le jardin de M. le curé. La voussure était ornée de caissons allant en se rétrécissant jusqu'à la clef; dans ces conditions, la figure du Christ, avec son mouvement ascensionnel, produisait une impression qui portait au recueillement et à la prière.

Enfin, malgré les égards et le respect que l'on devait garder à la grande figure du Christ et à l'œuvre d'un grand artiste notre compatriote, le Christ fut déplacé et le dôme démoli par ordre du président de la fabrique sans en avoir donné connaissance à l'architecte. Ceci se passait en 1885.

Autrefois le Sauveur portait dans sa main gauche l'étendard de la Résurrection, qui expliquait parfaitement le mouvement de la statue; actuellement la statue de François Gentil s'élève derrière une balustrade, qui lui coupe les jambes à la hauteur des tibias, si bien placée que les visiteurs se demandent quelle est cette figure académique qui exécute de si jolis mouvements (13).

1. Voyez la lithographie de notre *Album de l'Aube*, p. 23.

BAS COTÉ NORD

Deuxième travée. — Elle est occupée par la chapelle des fonts. La cuve baptismale est une œuvre de la Renaissance qui ne manque pas d'un certain intérêt.

Elle est de forme octogone et, en retraite sur un plan carré, s'élèvent quatre pilastres qui la supportent. Dans les angles du carré sont des niches vides qui contenaient les quatre évangélistes, disparus depuis la Révolution.

Cette cuve, finement profilée, est décorée d'une frise composée de dauphins dont la queue se termine en rinceaux. Sur la face antérieure, une guirlande de grains de chapelet s'échappe de la bouche d'un mascaron. A gauche et à droite sont les armoiries des donateurs (14).

Le blason de gauche a été gratté, celui de droite est parti : au 1, à la croix dentelée; au 2, à un chevron.

Nous donnons le plan de cette cuve baptismale pour en faire comprendre toute la disposition (15).

L'ÉTABLE DE BETHLÉEM

Au-dessus de cette cuve baptismale est incrusté dans la muraille, sous la fenêtre, un splendide bas-relief en marbre, d'une grande beauté d'exécution, chef-d'œuvre de la Renaissance italienne, provenant sans doute des anciens couvents de Troyes ou des environs.

Ce bas-relief, placé dans un faux jour, perd considérablement de son effet. Il est question depuis dix ans de le placer dans le porche, près d'une fenêtre.

Mais la fabrique, obérée par les importants travaux de restauration qu'elle a dû faire exécuter, est obligée de répondre qu'elle n'a pas d'argent pour réparer les dégâts qu'amènerait son déplacement.

Ce bas-relief représente l'étable de Bethléem, avec l'Adoration des bergers et des mages.

L'étable est un palais en ruine, dont les pilastres supportent un toit de lattes, recouvert de chaume.

Au centre, l'Enfant Jésus est couché dans un berceau d'osier tressé. Il n'a pas encore de langes, et ses petites jambes sont croisées l'une sur l'autre. Le bœuf et l'âne, la tête posée près de la sienne, le réchauffent de leur haleine. Il tend les bras vers sa mère qui, à genoux devant lui, les mains jointes, le contemple avec amour. Derrière la sainte Vierge, un ange, incliné, tient respectueusement de ses deux mains le lange qui doit couvrir l'Enfant-Dieu.

14. Hauteur de la cuve, $1^{m},10$.

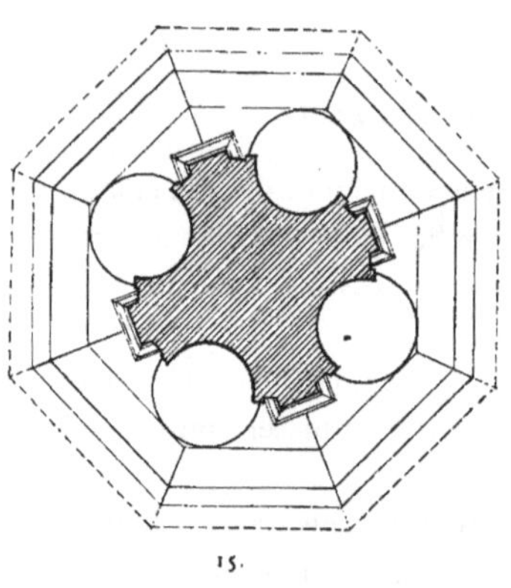

15.

Dans le haut, sous la toiture de l'étable, deux anges, les ailes éployées, accompagnés d'une multitude d'esprits célestes, tiennent une banderole et chantent le *Gloria in excelsis Deo*. Saint Joseph, debout derrière la sainte Vierge, vêtu d'un costume d'artisan, lève la tête vers les anges et les écoute avec ravissement.

Le fond de la scène, dans les compartiments de gauche et du milieu, est occupé par plusieurs bergers et bergères; trois bergers tiennent leurs houlettes. Un autre, dans le compartiment central, porte sur ses épaules un agneau dont il tient les pattes de la main droite; près de lui est une bergère, coiffée d'un large chapeau de jonc tressé. Dans le fond, au bas de la montagne, on aperçoit un berger jouant de la cornemuse. Plus haut, sur la montagne, des bergers arrivent avec leurs troupeaux.

La partie droite est occupée par les Mages. Le premier, en costume de voyageur, s'avance derrière le bœuf vers l'Enfant Jésus ; il est découvert et respectueusement incliné et, de la main droite, il tient un vase rempli d'or. Deux autres sont derrière lui, apportant aussi leurs présents ; ils ont encore la tête couverte ; l'un d'eux porte son vase sur un linge. Ils ont des chaînes d'or au cou et le cimeterre au côté. Derrière eux est un quatrième roi, nègre, la couronne sur la tête ; la main droite tendue vers le ciel, il montre du doigt l'étoile miraculeuse qui projette ses rayons pour guider leurs pas vers Bethléem.

Le fond de ce compartiment est occupé par deux serviteurs qui tiennent les chameaux des rois mages. L'un d'eux tient une malle où étaient les présents, l'autre porte une lance sur l'épaule. Au milieu, dans le fond, sur les hauteurs, des soldats regardent l'étoile lumineuse.

Aux deux extrémités du bas-relief s'élèvent des colonnes à chapiteaux corinthiens, qui portent, au milieu du fût, des médaillons ovales suspendus par un ruban à une tête de lion et entourés de guirlandes de feuilles et de fruits.

Ces médaillons portaient autrefois des figures ou des blasons qui ont été grattés (hauteur du bas-relief, $1^{m},25$; largeur, $2^{m},12$).

Au-dessus de ce bas-relief, dans l'ébrasement de la fenêtre, trois mauvais tableaux à peine bons à décorer une église de village : 1° la Nativité ; 2° le Baptême de Jésus-Christ ; 3° la Résurrection.

A droite, sur le mur de refend, une petite niche plein cintre, couronnée d'un fronton triangulaire. Dans la niche, une statuette du Sauveur, assez bonne.

Toute cette chapelle est éclairée par une grande fenêtre à trois baies cintrées, surmontées de deux lobes circulaires. La fenêtre est entièrement vitrée en verre blanc.

Troisième travée. — Le retable de cette chapelle est décoré d'une médiocre peinture représentant un saint martyr. Par les détails, on voit que ce saint était un soldat romain.

Le tableau est signé : C. Dusaulchoy, 1841. Nous nous rappelons que cette peinture a été exécutée par une dame, ainsi que celles qui portent le même nom, et qu'elles sont dues à la générosité de M. le curé Gigault.

Le retable, adossé au mur de refend, est soutenu par deux pilastres portant un entablement aux fines moulures, dont la saillie retourne sur le mur de refend et sur le passage du bas côté.

Au-dessus de l'entablement s'élève une petite niche où repose une statue de sainte Anne instruisant la Vierge enfant. Marie a la tête couverte d'un voile très court et ses cheveux sont largement étalés sur le dos. Avec un stylet, elle suit de la main droite sa lecture sur le livre que tient sa mère (hauteur, $1^{m},25$).

Des deux côtés de la niche, deux pilastres supportent un dais circulaire d'une grande saillie, surmonté de deux frontons triangulaires sur lesquels s'élève une coupole ronde portée par trois colonnes, avec entablement et fronton circulaire accompagnés de vases, le tout appliqué au mur de refend.

La voûte surbaissée avec nervures plates se divise en losanges et compartiments variés.

La grande fenêtre qui éclaire cette chapelle se distribue, de même que dans la travée précédente, en trois baies cintrées, surmontées de deux lobes circulaires.

Elle est décorée d'une verrière en grisaille du plus haut intérêt, représentant le Miracle de la sainte hostie. Cette belle verrière, assez bien conservée, nous paraît de la seconde moitié du XVIe siècle.

Nous allons faire notre possible pour mettre un peu d'ordre dans les panneaux du bas de la fenêtre qui ont été passablement bouleversés et brisés.

1re RANGÉE, en commençant par le bas. — 1er *panneau.* — A gauche, un saint évêque en mitre, crosse et chape, assis sur un trône dont l'accoudoir est décoré d'un énorme griffon doré. De la main gauche, il tient un livre d'heures notées, sur lequel on lit son nom : S. FLEVRANTIN.

Devant lui, une sainte, patronne de la donatrice, qui est agenouillée devant elle sur un joli coussin, au pied d'un autel, dont le retable représente le Calvaire. Cette donatrice est d'un âge assez avancé ; elle porte la coiffe plate des femmes du XVIe siècle. Au-dessous du panneau est une invocation qu'elle adresse à Jésus mourant sur la croix :

Post mortem queso sis michi vita salus.

Après ma mort, soyez, je vous en conjure, ma vie et mon salut.

2e *panneau.* — Ce panneau devait être occupé par un magnifique ostensoir porté par deux anges et contenant la sainte hostie. Il est occupé aujourd'hui par un donateur, agenouillé devant son prie-Dieu, portant un blason parti, au 1, de gueules, au besant d'or, au chef d'or chargé de 3 molettes d'éperon de sable (Le Tartier) ; au 2, d'azur, à 6 macles d'or, posées 3, 2 et 1 (Marisy) (16).

16.

Derrière ce personnage, la donatrice, agenouillée devant son prie-Dieu blasonné ainsi : au 1, comme le précédent ; au 2, d'azur à un chevron d'or, accompagné de 3 couronnes royales d'or (de Mauroy) (17).

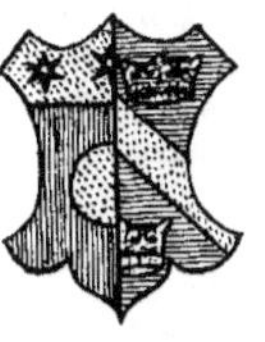
17.

Les têtes de ces deux personnages sont trop petites pour le corps où elles ont été rapportées.

Entre le donateur et la donatrice, est leur fille à genoux.

Plus haut, dans le même panneau, une petite grisaille, merveilleuse d'exécution, provenant, avec les donateurs ci-dessus, d'une autre fenêtre.

Elle représente, sous une forme symbolique, la vocation religieuse d'une fille de la famille Le Tartier.

La scène se passe dans une église, dont les cinq fenêtres forment le fond du tableau.

Sous un baldaquin attaché à la voûte, est assis le Sauveur, le buste et les bras nus, couvert seulement d'un linge qui cache le bas du corps, pour indiquer la pauvreté et le dépouillement de la vie religieuse.

Devant lui, une jeune fille, parée de ses plus beaux atours, la tête ornée d'une riche coiffure, tient de la main gauche un cierge, de la main droite un petit panier qui contient ses joyaux de mondaine. Elle est suivie d'une femme d'âge mûr, probablement sa mère, qui porte également un cierge.

Deux suivantes l'accompagnent, et l'une d'elles présente au Sauveur un anneau d'or qu'il devra passer au doigt de sa future épouse pour signifier l'union mystérieuse qu'il va contracter avec elle.

Près du Sauveur, une femme âgée, représentant l'Église ou la supérieure de la communauté qui recevra la nouvelle religieuse, tient des colliers d'or brisés. De même, sur une table recouverte d'une longue nappe, placée devant le Seigneur, sont placés des fragments de chaînes d'or et de parures mondaines.

D'une main, le Sauveur montre toutes ces vanités à la jeune fille, pour lui faire voir qu'il faut y renoncer désormais; de l'autre, il accentue par un geste expressif les enseignements que sa bouche lui adresse.

Un autel est près du Seigneur, pour rappeler que la vie religieuse est à la fois une vie de prière et de sacrifice.

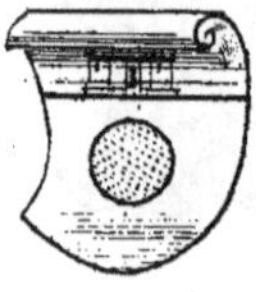

A l'autre extrémité de la scène, le blason des Le Tartier (18) (à 1 besant d'or, au chef chargé d'un château), branche cadette des Le Tartier. Ce blason est accroché à une colonne, derrière la jeune fille, pour montrer qu'elle renonce à sa famille et à son nom.

18.

Les bordures qui encadrent ce délicieux épisode sont ornées de médaillons, avec une tête de chevalier, une tête de noble dame, et un casque de profil, à la visière levée : souvenirs de la noble famille à laquelle appartient la jeune religieuse.

On a eu le tort de rapporter dans cette scène un petit fragment d'un dessin plus mou et d'une couleur moins nette, qui représente Job sur son fumier, recevant les objurgations de sa femme irritée, dont on voit encore la main tendue vers lui.

3e *panneau.* — A gauche, saint Nicolas; près de lui, saint Jean-Baptiste, ayant à ses pieds son agneau qui lève la tête pour le regarder. Devant eux, un donateur, agenouillé sur son prie-Dieu, ayant pour blason : d'azur à 1 coq d'or, crêté et membré de gueules, sur une terrasse d'argent (Le Boucherat) (19). Au-dessus du prie-Dieu, est une

19.

image de la sainte Vierge, les mains jointes, les pieds posés sur un croissant.

Ce malheureux panneau, tout mutilé et tout bouleversé par de mauvaises additions, nous semble se rapprocher, dans l'exécution de ces deux figures, de la légende de la sainte hostie, qui se déroule sous nos yeux.

Nous devons en conclure que cette intéressante verrière a été donnée par Nicolas Boucherat et Jeanne, sa femme.

2e RANGÉE. — 1er *panneau. — Le marché sacrilège.* — Un juif, nommé Jonathas, fait promettre à une pauvre femme de lui apporter l'hostie qu'elle recevra à la communion le jour de Pâques. Il lui rendra pour ce fait ses habits remis en gage et les trente sols parisis qu'il lui a prêtés.

Le sujet de ce panneau se divise en deux parties. A gauche, sous une espèce de vestibule attenant à la boutique du juif, on voit une femme accompagnée, à gauche, par un ange et, à droite, par un diable à cornes de bélier, qui lui applique sa griffe sur l'épaule. On voit qu'elle hésite entre les deux; mais le diable la tient et, par son astuce et sa fourberie, il la décide à venir conclure avec le juif son marché sacrilège.

Dans la seconde partie est une riche et somptueuse boutique. A droite, sous un riche baldaquin, est le juif, personnage à fortes moustaches, vêtu d'une robe à col de fourrure, coiffé d'un turban, qui porte au milieu du front un médaillon surmonté d'un croissant. De la main gauche, il tient une bourse, et sur le comptoir des pièces d'argent sont étalées. Près de lui, sa femme, la tête parée d'une coiffure à croissant, tient le parchemin du contrat sacrilège.

Devant le juif, à gauche, est la femme avec laquelle il conclut le marché. Elle porte de la dentelle au cou et un joyau superbe, en forme de chaînette de verroterie, à la ceinture.

Le juif, la main tendue, lui dicte ses conditions, et l'on voit qu'elle les accepte (20).

2e *panneau. — La messe du jour de Pâques.* — Sur un autel à nappe frangée, un prêtre, portant la tonsure, vêtu d'une chasuble dont l'orfroi brodé forme la croix sur le dos, vient de consacrer la sainte hostie. Il la tient dans ses mains et fait la génuflexion. Au-dessus de l'hostie, et pour montrer la présence réelle, deux anges soutiennent le corps de Jésus-Christ déposé de la croix. Tout en haut, le Père Éternel assiste au saint sacrifice.

Deux clercs, en dalmatique dont les manches et le collet sont garnis de franges, portent des torches de cire; l'un d'eux soulève la chasuble du célébrant; l'autre regarde l'apparition du Sauveur avec une surprise profonde.

A gauche de l'autel, deux évêques, dont l'un porte la crosse et l'autre la croix, et un cardinal tenant un livre ouvert. A droite, deux autres évêques et un cardinal tenant une tiare à deux couronnes. Les évêques sont mitrés et les cardinaux portent le chapeau. Près de l'autel, à droite, est un personnage à moustaches, qui pourrait bien être le juif.

Sur l'autel, il y a deux chandeliers; le calice, court, à coupe godronnée, est posé sur un corporal. Le retable représente, à gauche, un saint moine, à droite un saint évêque. Un joli tapis est sous les pieds du prêtre qui fait la génuflexion.

3e *panneau. — La communion sacrilège.* — Un prêtre, vêtu d'un surplis, tenant le saint ciboire à couvercle, donne la communion à la mauvaise femme, vêtue avec élégance et portant son superbe joyau à la ceinture. Derrière elle, d'autres femmes et des hommes, tous à genoux, se préparent à recevoir la communion.

Sur l'autel, surmonté d'un retable où sont représentés un évêque et une martyre, on voit le calice posé sur le corporal; à gauche, le missel sur un coussin à houppes; aux extrémités, deux chandeliers.

Dans le haut du panneau, on voit d'abord la femme criminelle amenée par le juif, puis cette même femme sortant de l'église en emportant la sainte hostie dans sa robe relevée.

3e RANGÉE. — 1er *panneau. — Remise de la sainte hostie à l'évêque*[1]. — Une femme, nommée Martine, faisant semblant d'aller chercher du feu dans la maison du juif, avait rapporté l'hostie qui

1. Ce panneau n'est pas à sa place, il devrait occuper l'emplacement du 3e panneau.

était venue se poser sur le petit vase qu'elle portait à la main. Le panneau la représente apportant, avec son mari, l'hostie à l'évêque, qui, assis sur son trône, en mitre et en chape, les pieds posés sur un coussin, lui dit d'aller trouver le curé de Saint-Jean-

20. LE MARCHÉ SACRILÈGE.

en-Grève. Dans le fond, deux soldats amènent à l'évêque le juif, qui arrive l'air piteux et abattu.

2ᵉ *panneau.* — *La profanation.* — La femme coupable se présente au juif et dépose l'hostie sur son comptoir, où l'on voit un sac plein d'or et des pièces de monnaie étalées.

Le misérable s'empare d'un canif et frappe l'hostie, d'où le sang jaillit en abondance; de la main gauche, il remet à la femme sacrilège les pièces d'or qu'il lui avait promises. La femme du juif lève les bras au ciel avec une expression d'horreur; furieux de ce qui se passe, il jette l'hostie dans une chaudière d'eau bouillante. Elle en sort environnée d'une gloire lumineuse et surmontée du Sauveur crucifié. Le fils du juif et un de ses camarades, émerveillés et terrifiés, regardent avec épouvante les effets d'un pareil miracle.

Un soldat, armé d'une lance, entre à ce moment chez le juif pour l'arrêter.

3e *panneau.* — *La sainte hostie recueillie par une femme.* — Le juif Jonathas et sa femme assis. Au bas, les deux enfants. Devant eux, la cheminée dans laquelle la sainte hostie est au milieu d'un brasier ardent. Une femme, nommée Martine, recueille la sainte hostie, tandis que la femme du juif le raisonne et lui montre du doigt ce qui se produit devant eux. Mais le juif, affaissé, regarde sans mot dire, serrant sa bourse dans ses deux mains. Près de lui, sur son comptoir, sont des pièces d'or, un petit vase et un joyau.

LE TYMPAN DE LA FENÊTRE. — *La justice et le châtiment.* — Cette fenêtre se termine par deux cercles, renfermant deux grisailles qui font suite à cette légende.

Le premier, à gauche, représente un évêque sur son trône. Devant lui, à gauche, le juif, richement vêtu, son turban sur la tête, cherche avec assurance à se disculper de son crime. Derrière lui, un homme qui l'accompagne. A droite, des gens de justice qui s'entretiennent de l'affaire.

Dans le cercle à droite, est la voiture sur laquelle le juif est conduit au bûcher; on voit une roue, dont les rais sont environnés de flammes. A droite, un soldat conduit la voiture; un jeune homme marche près de la roue. La femme du juif, tournée vers lui, le regarde avec angoisse, tandis que le prévôt semble l'exhorter au repentir.

Dans le département de l'Aube, nous avons rencontré plusieurs verrières représentant l'histoire de la sainte hostie. Nous devons citer, dans l'arrondissement de Bar-sur-Seine, Ricey-Bas, Bar-sur-

Seine et Longpré, et, dans l'arrondissement d'Arcis, Lhuître et Monsuzain.

Pour la description de notre verrière de Saint-Nicolas, nous avons eu recours à la savante notice des verrières de Lhuître, par M. l'abbé Bernard, curé de cette paroisse. Elle nous a permis de débrouiller l'état de confusion où se trouvent plusieurs panneaux de cette verrière.

BAS COTÉ MÉRIDIONAL

La première travée de ce bas côté n'a pas de chapelle. Le mur de refend est complètement lisse.

L'escalier du Calvaire en occupe la plus grande partie.

La fenêtre, comme celle du nord, se compose de trois jours et renferme une grisaille des dernières années du XVIe siècle. Verrière très compromise par l'ignorance des vitriers que l'on employait pendant ces dernières années.

Elle représente l'histoire de Tobie et elle se divise en deux rangées de trois panneaux chacune. La lecture de cette verrière commence par la rangée du haut.

1er *panneau.* — Tobie refuse d'adorer les idoles. Sur un autel est installé le veau d'or, qui est adoré par un homme à gauche et par une femme à droite. La partie supérieure du panneau manque ; au bas, on lit l'inscription suivante :

Salmanasar roy des assyriens voulu thobie faire adorer les veaux
Ce nō obstāt disme et agneaux siens offroit a dieu cōme prestes tres beaux.

2e *panneau.* — Mariage de Tobie. On voit, à gauche, la partie inférieure du corps de la femme de Tobie ; à droite, le bas du corps de Tobie lui-même. Manque tout le haut du panneau. Inscription :

Thobie print fēme de sa lingnee pour espouser anne nōmee en somme
De laquelle eut apres lōgues añees thobie le Jeune en perfin tres preudhōme

Dans le haut, à l'angle droit, un épisode représente la naissance du jeune Tobie ; la mère est au lit, une servante reçoit l'enfant.

3e *panneau.* — Tobie devient aveugle. Tobie est assis par terre, appuyé à une maison sur le pignon de laquelle est une hirondelle. Il a perdu la vue, et sa femme, debout devant lui, s'emporte en reproches amers. A gauche et à droite, plusieurs personnages complètent le panneau. Dans le bas, on lit :

**Thobie estāt captif et vieulx dormoit ung iour allors une arōdelle
Estā pres luy fiēta sur les yeulx perdit la veue sāt estre a dieu rebelle**

RANGÉE DU BAS. — 1er *panneau.* — Le jeune Tobie et le poisson du Tigre.

Le fleuve, passant sous un pont, se précipite avec violence. Le jeune Tobie est presque submergé, la tête seule s'élève au-dessus des flots. A droite, l'ange Raphaël vient à son secours. Le panneau est tellement endommagé qu'on ne voit plus le poisson qui se précipitait sur Tobie pour le dévorer.

A gauche, au bas d'un escalier d'une vingtaine de marches qui descend du pont au fleuve, le jeune Tobie tient le poisson, et l'ange lui dit d'en arracher le foie, le fiel et le cœur.

En haut de l'escalier, le peintre a mis un puits à manivelle recouvert d'une toiture ; sur le pont, il a construit une véritable maison forte.

Au bas du panneau, un fragment d'inscription qui se rapporte au dernier panneau de cette rangée.

2e *panneau,* très endommagé. — Mariage du jeune Tobie.

La femme du jeune Tobie, Sara, dont le démon avait fait mourir les sept premiers maris, est dans un lit très riche, entouré de magnifiques rideaux. Le jeune Tobie a disparu, à moins que ce ne soit le jeune homme qui se trouve dans le bas du panneau ; il serait alors en prière.

A droite, est une cheminée à crémaillère, garnie de contrehâtiers, où brûle le cœur du poisson, dont la fumée doit chasser le démon.

Plus à droite encore, l'ange Raphaël enchaîne le démon Asmodée.

Dans le bas de ce panneau, on voit la partie inférieure du corps de saint Sébastien, entre deux soldats dont il reste les jambes, l'arc et l'épée.

3e *panneau.* — Martyre de saint Sébastien. Ce panneau était probablement consacré au donateur et à son patron.

Dans la partie inférieure, on voit saint Sébastien le corps percé de deux flèches. A gauche, deux archers tenant leurs arcs ; à droite, deux autres, dont l'un tient sa flèche posée sur la corde et prête à partir.

Au-dessus des archers de gauche, l'ange Raphaël indique au jeune Tobie ce qu'il doit faire de la vésicule de fiel du poisson, qu'il tient dans sa main.

Dans la partie supérieure du panneau, sous un baldaquin conique, le vieux Tobie aveugle, que son fils embrasse au retour de son voyage. Derrière le jeune Tobie, deux assistants se communiquent leurs réflexions.

Il faut mettre au bas de ce panneau la partie d'inscription qui se trouve au premier panneau de la même rangée :

Bastien | de fleches tor (*menté*). . . . .
Mais co | eux ne delaisse. . . . .

Il est certain que ce dernier tableau provient d'une autre fenêtre.

Lobe du tympan, à gauche. — Ce lobe renferme un superbe écusson : d'azur à la fasce d'or, accompagnée de trois étoiles d'or en chef et d'un besant du même en pointe (21). Deux grands anges assis, le dos appuyé à l'écusson, servent de supports. Au-dessus, une devise : **Bien en advienne.**

21.

Lobe à droite. — Autre écusson, avec les mêmes supports. Écartelé : au 1, comme le précédent; au 2 d'azur à trois fers de faulx d'argent en pal ; au 3 de gueules au chevron d'or, accompagné de trois étoiles (ou couronnes?) d'or, deux en chef, une en pointe ; au 4, d'or, à trois alérions de sable posés 2 et 1 (22).

2e TRAVÉE. — La fenêtre de cette travée, divisée comme la précédente en trois baies, comprenant chacune deux panneaux en hauteur, renferme une remarquable grisaille dorée qui représente la vie de saint Yves.

22.

Actuellement cette verrière est en caisse pour la préserver de la ruine qui la menaçait.

1re RANGÉE. — 1er *panneau.* — Ce panneau est entièrement vide; mais on remarque, dans la bordure, une jolie miniature épisodique, représentant le palais de justice, et, dans la galerie supérieure, qui forme tribune, un personnage, accoudé sur le rebord, qui regarde saint Yves vêtu de sa robe de procureur.

Ce panneau était probablement consacré aux donateurs.

2e *panneau.* — Ce panneau devait représenter saint Yves exerçant la charité à l'égard des pauvres. Il est actuellement presque tout entier en verre blanc. L'inscription, qui est au bas, n'a plus que les premiers et les derniers mots :

Ses bleds.............. Pauvre
esbays Plu............ umoit.

Dans le haut, à gauche, une pancarte renferme ces mots :

In egentium
Obseruantia
multa merces
Est[1]

3e *panneau.* — Saint Yves délivre un possédé. Malgré beaucoup de remplissage, on voit un possédé, debout, à moitié nu, hurlant de douleur, faisant des gestes désespérés et regardant saint Yves qui lui apparaît dans le haut du panneau à droite, le corps drapé dans un linceul et qui, étendant sa main droite vers le malheureux qui

1. Ceux qui soulagent les pauvres auront une abondante récompense.

l'implore, lui dit : **Audivi gemitũ tuum** : *J'ai entendu vos gémissements.*

Derrière le possédé sont plusieurs personnages qui le regardent avec compassion ; il semble que l'un d'eux le soutenait sous les bras pour l'empêcher de tomber. — Dans le haut, sur une banderole, on lit ces mots qui doivent être du possédé : **Ad quid dem** *(on)* . . . . [1]

Au-dessous du panneau, l'inscription dit :

Sur les diables puicãce (*puissance*) **avoit par** (*fervente interce* **ssion**
Les expulsoit et envoyoit Au Go (*uffre*) **de** (*perdi*) **tion.**

2e RANGÉE. — 1er *panneau.* — Saint Yves donne l'hospitalité aux religieux. Le sujet est très confus. A gauche, on voit saint Yves tenant à la main gauche un plat de nourriture avec une fiole et une coupe ; à droite, devant lui, un moine.

Dans le haut, à gauche, on lit sur une pancarte :

Asylum est
dñs pauperi
et refugium [2]

Les fragments d'inscription qui sont au bas du panneau ne se composent que de mots sans suite et sans signification.

2e *panneau.* — Saint Yves, juge official. Le saint nimbé, ayant sur la tête l'Esprit saint en forme de colombe, est assis sur son tribunal ; le geste de son bras droit indique qu'il prononce une sentence.

Au bas du panneau, on lit :

. . . . **Quand siege tenoit de verite**
Les vefve et orphelins gardoyt De estre presse par faulse iniq̃te.

Tout en haut, à gauche, est une pancarte brisée qui se composait de quatre lignes, mais dont on ne voit plus que les dernières

1. Pourquoi, démon, me tourmentes-tu ?
2. Le Seigneur est l'asile et le refuge du pauvre.

syllabes. Au milieu du panneau, on voit une indication de l'Évangile qui ne se rapporte pas à ce sujet.

3e *panneau.* — Saint Yves sollicité par deux plaideurs. Presque tout a disparu. Dans le haut, au milieu, la tête de saint Yves. A droite, tête du riche plaideur, dont la main semble prête à puiser dans une bourse pour chercher à corrompre le saint. A gauche, le pauvre plaideur, qui, le buste nu et les mains jointes, se retourne pour regarder saint Yves.

Dans une pancarte, à gauche, il y a une citation du livre des *Proverbes* :

Decerne quod
Justum est
et vindica
Jnopem[1]

Dans une autre, à droite :

. . . . nid eam
. . . . palis
. . . . siccam
. . . . sleceeris

Au bas du panneau, on lit :

*(Saint Yves l)*es causes plaidet Du peuple Pauvre et Jndigent
(Et toujours) leur droict entendoit Sans prendre deulx or ny argt.

1. *Jugez ce qui est juste et défendez l'indigent* (Prov. XXXI, 9).

Lobe du tympan, à gauche. — Un grand écusson, d'azur à deux cimeterres d'argent en sautoir, la pointe en haut, les poignées et les gardes d'or (23). Les supports devaient être deux génies nus sonnant de la trompe.

23.

24.

Lobe de droite. — Écusson parti au 1 de gueules au lion d'or rampant; au 2, comme le précédent (24).

Écoinçon gauche. — Sur une banderole, en gros caractères : **Filii hominum.**

Écoinçon droit. — Il ne reste plus rien. Il y avait probablement le complément du texte commencé dans l'écoinçon de gauche : **recta judicate.** *Fils des hommes, jugez selon la justice* (Ps. LVII, v. 2).

Écoinçon du haut. — Sur une banderole : **De vultu tuo judicium meum prodeat domine.** *Que mes jugements sortent de vos lèvres, Seigneur* (Ps. XVI, v. 2).

LES TRANSEPTS

La largeur des deux transepts, par leurs dispositions intérieures, ne dépasse pas les chapelles latérales du monument.

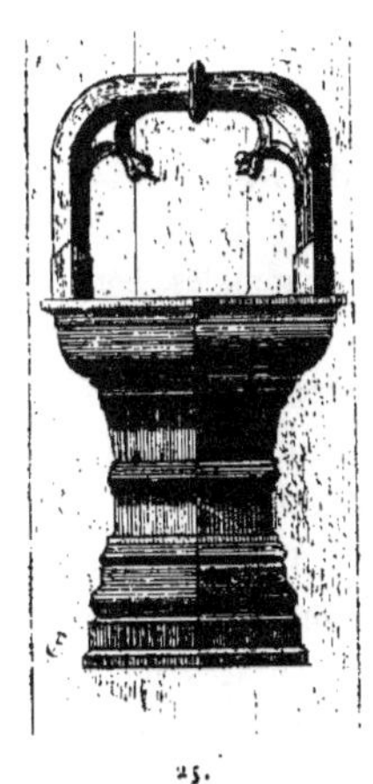

25.

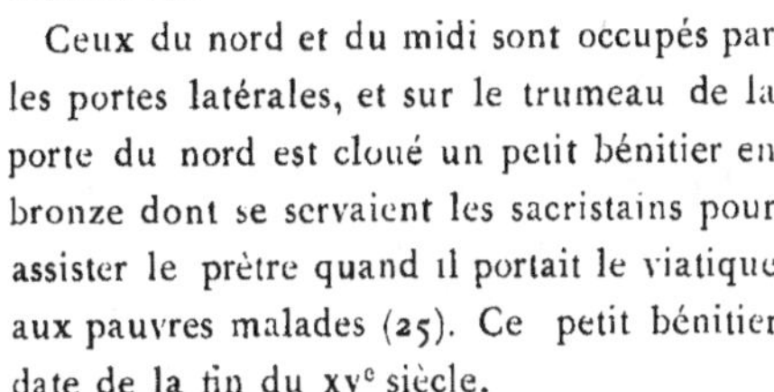

Ceux du nord et du midi sont occupés par les portes latérales, et sur le trumeau de la porte du nord est cloué un petit bénitier en bronze dont se servaient les sacristains pour assister le prêtre quand il portait le viatique aux pauvres malades (25). Ce petit bénitier date de la fin du XVe siècle.

Près de cette porte, à droite, est l'escalier de la tourelle des combles. Un grand arc en contre-courbe prend naissance sur le pilier de la porte d'entrée, puis s'élève pour s'appuyer et se perdre dans le premier pilier des bas côtés du chœur.

Ce grand arc en encorbellement avait permis d'y installer, dessous, une sculpture unique et du plus haut intérêt, représentant saint Jérôme presque nu, agenouillé devant le Christ, se frappant la poitrine avec ardeur, figure admirable par le rendu de l'action et la contraction des muscles, d'un réalisme que nos grands sculpteurs savaient apprécier et admirer.

Tel était cet incomparable chef-d'œuvre, dû au ciseau de notre compatriote François Gentil.

Cette belle sculpture provenait de l'église des Jacobins. Voici ce qu'en dit Courtalon, page 189 de son deuxième volume :

« On remarque dans l'église des Jacobins une statue de saint Jérôme qui, tenant en main une pierre, paroissoit s'être frappé l'estomach.

« La plaie que l'on a remarqué être capable de faire illusion n'étoit que l'effet de la couleur que l'artiste avoit sçu adapter à l'endroit où le saint est censé s'être frappé. »

Cet effet, dont parle notre historien Courtalon, était si saisissant et si terrible pour une personnalité de la fabrique de saint Nicolas, qu'on prit le parti de briser la statue et de jeter les débris aux gravois, prétextant que cette figure n'était que du plâtre; comme si l'œuvre du maître pouvait s'amoindrir avec la matière dont elle est constituée [1].

VERRIÈRE DU TRANSEPT (COTÉ GAUCHE)

La fenêtre du nord se divise en deux rangées horizontales, composées chacune de cinq baies.

RANGÉE DU HAUT. — La première et la cinquième baie contenaient des écussons dont il ne reste que des fragments indéchiffrables, et qui étaient surmontés de guirlandes de fruits et de légumes.

Les trois autres baies représentent l'Annonciation. L'ange Gabriel est à gauche; il a la main droite levée et tient de la main gauche un sceptre autour duquel s'enroule un phylactère portant ces mots : *ave gratia plena*. Devant lui est un vase de lis. Dans la baie du milieu

1. Nous déclarons avoir dessiné cette statue pendant notre jeunesse; elle était bien en pierre, comme l'atteste la tête de saint Jérôme conservée dans le cabinet d'un amateur de Troyes.

devait être représenté l'intérieur de la maison de Nazareth. A droite, la sainte Vierge, agenouillée sur un prie-Dieu que surmonte un baldaquin, se retourne vers l'ange avec un étonnement plein d'admiration. Au-dessus d'elle plane le Saint-Esprit, entouré de nuages. Le livre ouvert sur le prie-Dieu porte ces mots :

Deus in adjutorium meum intende domine ad
adjuvandum me festina. Gloria patri et filio.

RANGÉE DU BAS. — Toute cette rangée est occupée par la mort de la sainte Vierge. Marie est étendue sur son lit de mort, tenant un cierge dans ses mains jointes. Près d'elle, saint Pierre tient une croix, et saint Jean lève vers le ciel des yeux pleins de larmes. Dans la partie de gauche, un apôtre ranime de son souffle le feu dans l'encensoir.

Avec les apôtres sont quelques autres personnages, entre autres, dans le dernier panneau de droite, une femme et une figure qui pourrait être celle du peintre verrier.

Dans le bas du troisième panneau, la donatrice, richement vêtue, une large fraise au cou, est agenouillée sur un prie-Dieu timbré d'un écusson en losange. Derrière elle, ses trois filles, dont la première tient un livre sur lequel on lit : Pater vester qui est in celis.

Toute cette rangée forme une très belle page de peinture sur verre.

Fenêtre à droite. — Elle se partage de la même manière que la précédente.

RANGÉE DU HAUT. — *Dans la première baie,* à gauche, était un écusson aujourd'hui brisé. Un fragment d'inscription en gothique minuscule, et rapporté d'ailleurs, concerne l'histoire de Job :

Et quand Job entendit
De ses enfans la mort
par terre se estendit
Avec grand desconfor.

La deuxième et la quatrième baie sont entièrement vides.

Dans la troisième, est représenté saint Nicolas avec les trois enfants. Le haut du corps manque.

Enfin, dans la cinquième baie, deux anges supportent un écusson qui paraît avoir pour cimier une tête d'homme à cornes de bœuf.

26.

Le blason est parti au 1 d'azur (brisé); au 2 d'azur à une fasce bretessée d'argent avec un croissant d'argent en chef, et une rose de gueules en pointe (Drouot) (26).

RANGEE DU BAS. — Elle représente les quatre grands docteurs de l'Église latine.

Première baie, à gauche. — Saint Grégoire, pape, en tiare et en chape, une croix à la main gauche, un livre à la main droite.

Deuxième baie. — Saint Jérôme, en cardinal, chapeau rouge en tête, un livre ouvert à la main gauche, une croix papale à la main droite. Au-dessus de lui, son nom : S. HIEROSME.

Troisième baie. — Ramassis de verres de couleur. Il y avait probablement une Vierge-Mère, entourée d'une auréole dont il reste des fragments.

Quatrième baie. — Saint Ambroise, en chape richement ouvragée, tenant sa crosse de la main droite, la main gauche appuyée sur sa poitrine. Son nom est au-dessus de lui : S. AMBROISE.

Cinquième baie. — Saint Augustin, un livre à la main gauche, sa crosse à la main droite. Au-dessus, son nom : SA : AVGVSTIN.

Près de lui est un fragment d'inscription qui vient d'une autre fenêtre, peut-être du vitrail de saint Sébastien :

Guerissāt toute maladie
Du cruel mal depidemie.

LE CHŒUR

Les piliers du chœur, comme ceux de la nef, sont décorés de statues très remarquables, ayant pour abris des pinacles gothiques du XVIe siècle.

Sur le premier pilier, à gauche, est une belle statue de saint

Pierre, tenant ses clefs de la main gauche et un livre énorme de la main droite. Elle est posée sur un socle et abritée par un joli pinacle du commencement du XVIe siècle. Cette figure, d'une fière allure et d'une grande énergie, sied bien à l'homme fort entre les mains duquel le Seigneur a remis son Église (27).

27. SAINT PIERRE.
Statue de Dominique le Florentin.

Cette statue décorait autrefois, avec celle de saint Paul (qui n'est pas la statue qui lui fait face aujourd'hui), une chapelle de la cathédrale, à gauche de la nef. Toutes deux faisaient partie d'un retable d'autel, que décoraient deux figures de femmes, couchées sur le fronton qui terminait l'œuvre architecturale [1].

C'est donc en sortant des magasins de Saint-Loup que cette belle statue, que j'attribue à Dominique le Florentin, est venue s'échouer à Saint-Nicolas, où elle occupe la première place. Le socle, plus ancien que la statue, est décoré de la croix de consécration soutenue par deux anges. Il se termine par un petit pendentif, orné d'un petit ange tenant des enroulements du XVIe siècle. Le dais qui abrite la statue est du même style. C'est un pinacle gothique assez riche de détails.

Le premier pilier, à droite, est occupé par une statue de saint Paul, qui ne nous paraît pas du tout de la même main que le saint

1. Grosley, *Mémoires historiques*, t. II, p. 275.

Pierre. La tête s'ajuste mal sur le corps. C'est probablement une statue composée pour faire pendant à saint Pierre. Saint Paul tient une épée abaissée de la main droite. De la main gauche, qui est cassée, il devait tenir un livre.

Le socle et le pinacle sont dans le style gothique du XVIe siècle, un peu lourds, mais très bien composés.

FENÊTRES DU CHŒUR

Les fenêtres de cette première travée ont été refaites après l'incendie de 1524. Elles se composent, comme celles de la nef, de quatre arcatures cintrées.

A gauche. — Quatre lancettes, divisées en deux rangées. Elles devaient contenir la légende de saint Nicolas.

RANGÉE DU BAS. — 1re *lancette.* — La donatrice, une coiffure élégante sur la tête, une large fraise autour du cou, vêtue d'une robe à manches très ornées, est à genoux sur un prie-Dieu ; sur son livre, on lit : **In manus tuas domine comēdo spiritū meum redem** (isti)....

Derrière elle, son patron saint Jean-Baptiste ; son agneau, à ses pieds, se dresse contre lui, et sur une banderole on lit : **Ecce Agnus dei.**

2e *lancette.* — Entièrement vide, sauf un fragment d'inscription qui nous apprend que **Nicolas et Jeanne sa femme ont donné** cette verrière.

Il devait y avoir, dans ce panneau, la naissance de saint Nicolas.

3e *lancette.* — Éducation de saint Nicolas. Le saint est debout et lit sur un livre que tient son maître, assis devant lui. Derrière est le père, un bâton à la main et une escarcelle au côté.

4e *lancette.* — Le donateur, à genoux sur un prie-Dieu. Derrière lui, saint Nicolas, son patron, en chape et en mitre.

RANGÉE DU HAUT. — 1re *lancette.* — Rien que des morceaux de verre de couleur.

2e *lancette.* — Les trois filles dotées par saint Nicolas. Celle de gauche file et tient le fuseau de la main droite. Celle de droite est assise. Tout le haut de ce panneau est brisé.

3e *lancette.* — Il n'en reste qu'une tête nimbée, probablement saint Nicolas s'enfuyant après avoir jeté dans la maison du vieillard la dot de ses filles.

4e *lancette.* — Restes d'anges qui devaient porter un écusson.

Fenêtre de droite. — Elle représente la légende de saint Joachim et de sainte Anne. Elle se compose de quatre lancettes, divisées en deux rangées.

La lecture de cette verrière commence par en haut.

Rangée du haut. — 1re *lancette.* — Un ange qui tenait un écusson aujourd'hui brisé.

2e *lancette.* — Devait représenter le grand prêtre refusant l'offrande de saint Joachim et de sainte Anne. On ne voit plus que trois têtes, le panneau étant presque entièrement en verre blanc.

Au-dessous, on lit : **Priez Dieu pour..... perſonne..... le boucher(at) Maiſtre En Théologie.**

3e *lancette.* — Un ange apparaît à saint Joachim qui, retiré à la campagne, gardait les troupeaux en compagnie d'un serviteur.

4e *lancette.* — Un ange tenant un écusson en losange, d'azur à trois cygnes d'argent, deux et un (Ravault).

28.

Rangée du bas. — 1re *lancette.* — Rencontre de saint Joachim et de sainte Anne sous la Porte Dorée.

2e *lancette.* — Naissance de la sainte Vierge.

3e *lancette.* — Saint Joachim et sainte Anne en contemplation devant la sainte Vierge.

4e *lancette.* — Présentation de la Vierge Marie au temple, où elle est reçue par le grand prêtre.

LE SANCTUAIRE

1er *pilier, à gauche.* — Une statue de saint Nicolas, du milieu du XVIe siècle, un peu lourde, mais ne manquant pas d'une certaine distinction de style. Le saint évêque est vêtu de sa chape. Il bénit, en se penchant d'un léger mouvement à gauche, les enfants dans la petite cuve qui est à ses pieds.

Celle-ci porte les armoiries du donateur, d'azur au coq d'or (Boucherat) (29).

La console de la croix de consécration sur laquelle il est placé est décorée sur les côtés de cygnes aquatiques comme supports, coupant une couleuvre en deux parties par un coup de bec.

29.

Ces cygnes rappellent les armes de Ravault, que nous avons vues à la verrière de la fenêtre droite du chœur, donnée par maître Le Boucherat. Ce qui prouverait un déplacement de la statue ou de la verrière. Au milieu, deux anges portant la croix de consécration; au-dessous, des rinceaux gothiques.

Le dais, du même temps, est assez riche de détails et ciselé avec soin.

1er *pilier, à droite.* — Une statue de saint Edme, en chasuble, ressuscitant un enfant mort à ses pieds.

Cette statue, de même facture que celle de saint Nicolas, appartient à l'école de Troyes du XVIe siècle.

FENÊTRES DU SANCTUAIRE

Fenêtre à gauche. — Dans cette fenêtre à trois jours est représentée la Transfiguration. Dans la lancette centrale, le Sauveur au milieu d'une auréole d'or entourée de nuages; ses vêtements sont blancs comme la neige et son visage resplendissant comme le soleil; il a les bras levés et les mains étendues. Autour de sa tête se développe une banderole avec ces mots : HIC EST FILIVS MEVS. Dans la lancette gauche, Moïse tenant les tables de la loi et disant au Sauveur: **Vulneraberis propter Iniquitates** (nostras), vous serez couvert de blessures à cause de nos iniquités.

Dans la lancette de droite, Élie, les mains jointes, dit à Jésus : **Facie tuā non avertas a Cōfitentibus te**, Ne détournez pas votre visage de ceux qui vous reconnaissent pour leur Dieu.

Dans le bas du vitrail, les apôtres : saint Pierre à gauche, saint Jean au milieu, saint Jacques à droite, les regards levés et les bras tendus vers le Sauveur. Saint Pierre tient ses clefs, et sur une banderole on lit : **Domine Bonū Est nos hic esse faciamus hec tria** (tabernacula), Seigneur, il nous est bon d'être ici, faisons-y trois tentes.

Dans le haut des lancettes de gauche et de droite, au dessus de Moïse et d'Élie, sont des anges assistant à la Transfiguration. Dans les écoinçons, deux autres anges jouent de la flûte.

Le lobe ovoïde qui termine la fenêtre contient un écusson : d'azur au chevron d'or, accompagné de trois roses d'or, deux en chef et une en pointe. Ces armes sont celles des familles Doé et de Vittel (30). L'écusson a pour supports deux anges soufflant dans des trompes recourbées.

30.

A gauche et à droite, chaque demi-lobe renfermait un écusson sur lequel s'appuyait un ange nu. L'écusson de gauche a disparu. Celui de droite est parti, au 1 d'azur à un chevron d'or, accompagné en chef de deux roses d'or et d'une coquille du même, et en pointe d'un croissant d'argent (Courcier) (31) ; au 2 d'azur à trois massacres de cerfs d'or, posés 2 et 1 (32). Ce dernier blason, qui forme actuellement la seconde partie de l'écu, appartient à d'autres armoiries et est entouré d'un cordon de veuvage.

31.

Fenêtre à droite. — Elle contient une verrière qui représente la Résurrection.

Dans la baie du milieu, le Sauveur, entouré d'une auréole, sort du tombeau, tenant la croix pascale.

32.

Dans les deux autres lancettes, sont les soldats qui regardent avec le plus vif étonnement Jésus ressuscité.

A gauche, dans le haut de la lancette, on voit les saintes femmes qui viennent au sépulcre. A droite, le Sauveur cheminant avec les pèlerins d'Emmaüs.

Dans le lobe terminal de la fenètre, l'apparition du Seigneur à Marie-Madeleine.

Dans le demi-lobe de gauche, un ange tient un écusson, pareil à celui que nous avons déjà vu dans le vitrail de la Transfiguration :

d'azur, à un chevron d'or, accompagné en chef de deux roses et d'une coquille d'or, et en pointe d'un croissant d'argent (Courcier).

Dans le demi-lobe de droite, autre écusson aussi porté par un ange ; parti, au 1 de Courcier, au 2 d'azur à un chevron d'or, accompagné de 2 étoiles d'or en chef et (brisé) en pointe.

Fenêtre centrale. — La fenêtre centrale du sanctuaire renferme, dans la lancette du milieu, un Christ en grisaille. Sainte Madeleine embrasse le pied de la croix.

Dans les lobes supérieurs du tympan, Dieu le Père, en tiare. Dans les autres lobes et dans les écoinçons, des anges.

Toute la voûte du sanctuaire, celles du chœur et de la nef, ont été voûtées en nervures plates avec diagonales, liernes et tiercerons du commencement du XVIIe siècle.

LE MAITRE-AUTEL

L'autel est décoré de boiseries sans valeur, du commencement du siècle; il est surmonté de statuettes représentant des anges en adoration; à ses extrémités sont les statues de saint Pierre et de saint Paul.

Ce retable est orné d'une peinture sur panneau, qui représente à gauche, Notre-Dame-de-Lorette; à droite, saint Nicolas apparaissant à deux navires en détresse et calmant la fureur des flots.

33.

Au-dessus de l'autel et du tabernacle, est une exposition, style genre rocaille du dernier siècle, surmontée d'une couronne royale portée par deux anges.

Derrière le tabernacle, une remarquable peinture du XVIIe siècle, attribuée à Simon Vouet, représentant le sacre de saint Nicolas, évêque de Myre, donnée par la famille Huez, dont on voit le blason au bas à droite : d'azur, à un oiseau d'or sur une terrasse, accompagné de 3 étoiles d'or (33).

Nous ne serions pas surpris que ce tableau, attribué à Vouet, fût l'œuvre de Ninet de Lestin.

Au-dessus de l'arc de cercle de la bordure du cadre, on a ménagé une petite ouverture pour éclairer, par un effet céleste, le triangle trinitaire qui brille au milieu de rayons lumineux et de têtes de chérubins.

Au-dessus des pilastres en plâtre qui dissimulent la forme des piliers du sanctuaire, on a placé sur les corniches des anges adorateurs qui nous rappellent les fantaisies modernes des premières années du siècle. Et encore plus haut, sur le mur plein, entre l'arc ogival et la fenêtre, est un Saint-Esprit au milieu d'une grande gloire lumineuse, dont les rayons sont noyés dans des nuages et coupés de place en place par des têtes de chérubins. Décoration en bois doré, très goûtée au commencement du siècle.

Dans la fenêtre du sanctuaire, composée de trois jours, dont la verrière devait représenter le Calvaire, il ne reste plus dans les lobes que le Père Éternel et deux têtes d'anges.

BAS COTÉ DU CHŒUR (COTÉ NORD)

1re *travée.* — Voûte intéressante avec riches pendentifs à la clef, nervures diagonales, tiercerons en quart de cercle, ornés de trilobes qui se réunissent au pendentif central. Celui-ci est décoré de niches, de consoles et de pinacles pour recevoir et abriter de petites statuettes qui ont disparu dans la tempête des mauvais jours.

A la jonction des petites nervures en arcs de cercle, sont aussi des petits pendentifs et niches vides attendant des jours meilleurs.

Toutes ces richesses de dentelle se détachent de la voûte et dans le vide avec une finesse merveilleuse et comme un léger tissu nébuleux.

Cette voûte et celle du bas côté sud ont résisté à l'incendie de 1524, le foyer s'étant concentré dans le milieu de la nef.

Le mur de cette travée a été ouvert pour établir à l'extérieur une sacristie, construite en appentis, de manière que la couverture vient boucher la moitié de la grande fenêtre de cette travée, sans aucun souci d'une verrière vraiment admirable à en juger par ce qui reste dans son tympan.

Cette destruction fut opérée vers le commencement du siècle. Ce qui reste représente la grande scène du Jugement dernier.

Panneau central. — Le panneau du milieu représente Adam et Ève complètement nus, accompagnés et présentés devant le Souverain Juge par deux anges.

1er *lobe, à gauche.* — Des âmes, représentées par des figures nues, sont accompagnées d'anges qui les emportent dans leurs bras pour les conduire au ciel. Au-dessus d'elles, deux évêques et trois laïcs, représentant les élus.

1er *écoinçon, à gauche.* — Un empereur et un pape agenouillés sur des nuages, les mains jointes.

2e *lobe, à droite.* — Trois âmes emportées au ciel par les anges, et trois saintes femmes au-dessus d'elles.

2e *écoinçon, à droite.* — Trois saintes femmes agenouillées sur des nuages, les mains jointes et le regard vers le ciel.

A la pointe de l'ogive. — Jésus-Christ sur des nuages au milieu d'une gloire lumineuse, bénissant les élus de la main droite et montrant de la main gauche la sentence des damnés. Plus bas, dans le même panneau, la sainte Vierge, à gauche, et saint Jean-Baptiste, à droite, tous deux prient pour le genre humain. C'est bien là la grande page du Jugement universel.

Devant ce magnifique sujet et cette belle verrière, on a placé trois médiocres tableaux signés C. Dusaulchoy, 1838, *copiés d'après des gravures allemandes,* qui nous rappellent en même temps les bienfaits du curé Gigault.

Sur le mur de clôture de la sacristie est une peinture sur panneau de la fin du XVIe siècle, qui se divise en trois parties :

1° *Le Baptême.* — Un prêtre baptise un enfant que la marraine tient au-dessus de la cuve, en présence de toute la famille réunie. On lit au bas du sujet, dans la bordure : LE S. SACREMENT DE BAPTESME.

2° Un magnifique ostensoir porté par deux anges. Au bas, on lit : LE S. SACREMENT DE L'AVLTEL.

3° *La Confirmation.* — Sacrement que l'évêque administre au donateur. On lit, au bas : LE SACREMENT DE CONFIRMATION.

Contre le pilier de la chapelle du chevet : à gauche, une jolie statue de saint Gilles, retirant une flèche du corps de sa biche dressée devant lui ; il tient un livre de la main droite, et dans le bras, sa crosse avec son velum portant ces mots : **anima mea delectabitur in Domino**, *Mon âme se réjouira dans le Seigneur.*

A droite, sur le pilier qui fait face à ce dernier, un saint Nicolas bénissant et tenant sa crosse. XVIIe siècle.

Sur l'arc cintré qui donne entrée dans la chapelle des Béatitudes, on lit la date 1785, qui indique une restauration de cette partie de l'église.

BAS COTÉ DU CHŒUR (COTÉ SUD)

1re TRAVÉE. — Joli pendentif et jolies nervures composés avec le même esprit et le même goût que ceux de la première travée du bas côté nord.

La fenêtre occupe toute la travée et se divise en cinq lancettes vitrées en verre blanc dont les morceaux sont disposés en losanges.

Toutes ces lancettes ont perdu leurs verrières jusqu'à la hauteur des trilobes.

Dans toute la surface de cette fenêtre était représenté l'arbre de Jessé. L'église Saint-Nicolas a perdu, nous ne savons pour quelle cause, la racine si vigoureuse de cet arbre, une des parties intéressantes du sujet : les branches fleuries où s'étageait toute la lignée des ancêtres du Sauveur, et le cœur de la tige, qui en était l'âme et la vie.

Cet arbre de Jessé offre un caractère tout à fait particulier. D'ordinaire, nos vitraux reproduisent la lignée des rois de Juda, d'après la généalogie du Sauveur donnée par saint Mathieu.

Le peintre verrier de Saint-Nicolas, au contraire, a reproduit d'une part la généalogie de saint Luc, et de l'autre la généalogie de saint Mathieu. On a ainsi, dans un même vitrail, les deux séries des patriarches issus de Jessé, l'une comprenant les ancêtres de la sainte Vierge, l'autre les ancêtres de saint Joseph.

Dans la première lancette sont trois patriarches, l'un qui n'a plus de nom, les deux autres portent les noms de **Elyud** et **Jose** ; à l pointe de la lancette, **Levi**.

Dans la seconde lancette, Semei (pour Simon) et Eliachin; à la pointe, Colam.

Troisième lancette, Iose et Zorobabel; le patriarche qui était à la pointe de la lancette a disparu.

Quatrième lancette, Ioram et Orias (pour Ozias); à la pointe, Eliud.

Dans la cinquième lancette, Ietonias (pour Jechonias), et Sadoche, à la pointe.

Entre les lancettes, dans le tympan, il y a quatre écoinçons, où sont représentés Melchi, Barpanther, Mathan et Eleazar.

Deux autres écoinçons portent les noms de Ioachim et de Iacob.

Dans les lobes supérieurs, se trouve, à gauche, la sainte Vierge portant l'Enfant Jésus avec les noms de Maria et Cristus; à droite, Ioseph tenant une branche de lis fleurie, et, au sommet, un très beau Père éternel.

Barpanther, qui ne figure dans aucune des généalogies du Sauveur, serait, d'après saint Jean Damascène, le père de saint Joachim et, par conséquent, l'aïeul de la sainte Vierge.

On remarquera que les ancêtres directs de la sainte Vierge ont tous été placés dans les lancettes et écoinçons de gauche, et les ancêtres de saint Joseph dans les lancettes et écoinçons de droite.

Contre le pilier de cette travée, à droite, est une jolie statue du XVIIe siècle, haute de 0^m.95, représentant sainte Savine, un livre ouvert à la main gauche, son bourdon de pèlerine à la main droite, sa besace en bandoulière, tête nue et pieds nus. A ses pieds sont agenouillés les donateurs, le mari et la femme, les mains jointes.

CHAPELLE DU CHEVET (BAS COTÉ NORD)

Cette chapelle est consacrée à saint Nicolas, patron de l'église. Autel de la plus grande simplicité, composé d'un retable en bois et d'un tableau assez médiocre représentant la mort de saint Joseph. Jésus bénit son père nourricier, que soutient la sainte Vierge. Dans le ciel, des anges, dont un joue de la harpe, l'autre tient un lis et une couronne blanche.

A droite de ce tableau, encastré dans la muraille, est une niche renfermant l'évangéliste saint Jean, tenant une banderole avec ces mots : Quod Scribe. A ses pieds, un aigle. A droite, dans la niche, saint Mathias, apôtre, les pieds nus, tenant une hache, instrument de son martyre.

Au-dessus du retable disposé dans l'ébrasement de l'ancienne fenêtre du chevet, est une grande niche à coquille, où est renfermé saint Nicolas, assis sur un trône, vêtu de sa chasuble sacerdotale avec un pallium tombant sur le devant de sa poitrine et coiffé de la mitre, bénissant de la main droite avec un élan de componction. A gauche, une maison environnée de flammes, parce que le saint évêque avait arrêté les ravages d'un incendie.

A gauche, saint Pierre debout sur une console gothique de la fin du xvᵉ siècle, ainsi que le pinacle qui lui sert d'abri. A droite, une jolie statue de saint Roch, son chien à ses pieds, ayant un petit pain dans ses dents; le saint est debout et posé sur une console du même temps, qui représente un ange dans une coquille entre deux griffons. Sur les côtés, deux anges tenant des guirlandes de perles.

Ce retable est une avalanche de statues et de détails d'architecture qui ont été adroitement distribués pour arriver à un ensemble décoratif intéressant, exécuté au commencement du siècle, après les événements de la Révolution.

La voûte de cette chapelle est un assemblage de nervures croisées avec liernes et tiercerons auxquels s'ajoutent des fleurons en pendentifs.

LES HUIT BÉATITUDES

La fenêtre à trois jours qui éclaire cette chapelle est occupée par une remarquable verrière dont l'exécution peut rivaliser avec les plus beaux émaux du xvıᵉ siècle.

Malheureusement elle a beaucoup souffert et les sujets sont tellement bouleversés qu'il semble impossible à première vue de s'y reconnaître, presque toutes les inscriptions ayant disparu.

Première rangée, 1ᵉʳ *panneau,* en commençant par le bas. — A gauche, trois anges, armés de massues, luttent contre trois démons pour défendre les hommes qui se trouvent en arrière. Les hommes sont représentés par neuf personnages, entre lesquels on remarque un moine, un guerrier, un magistrat en robe rouge et toque bleue, un bourgeois et une femme.

Dans le ciel, neuf anges contemplent la scène d'en bas. L'un d'eux porte un petit étendard avec ces mots : **S. Angeli.**

En haut du panneau on lit dans un cartouche : **Beati mites.** *Bienheureux ceux qui sont doux.*

2e *panneau.* — Il représente la lapidation de saint Étienne, dont une partie considérable se retrouve dans le premier panneau de la seconde rangée. Nous restituons la scène d'après les fragments qui se trouvent disséminés dans ces deux panneaux.

Le saint était au milieu ; on voit encore le bas de sa robe et de sa tunique.

A gauche, un bourreau vêtu de violet, les manches retroussées, tient de la main droite une pierre qu'il s'apprête à lancer. Derrière lui, sont deux Pharisiens, la tête coiffée d'un turban, et un autre personnage tête nue.

A droite, un autre bourreau, le buste en chemise, les bras nus, lance une pierre sur le saint. Trois Pharisiens et d'autres spectateurs sont derrière lui.

Dans le haut, sont placés divers groupes de martyrs, formant de petits épisodes en grisaille claire ou sur verre de teinte bleuâtre. Un groupe de martyrs, à gauche, représente saint Sébastien percé de flèches, saint Denis portant sa tête mitrée dans ses mains, saint Thomas Becket, la tête fendue par une épée, un moine ayant la poitrine percée d'un épieu. Un autre groupe représente un martyr, la meule au cou, jeté dans un lac par un bourreau en présence d'un juge. Un autre martyr est empalé. Les deux derniers groupes représentent des moines que les bourreaux décapitent.

Il faut donner pour inscription à ces panneaux celle qui se trouve au sommet du premier panneau de la seconde rangée. **Beati qui persecutionē patiuntur propter justiciam.** *Bienheureux ceux qui souffrent persécution pour la justice.*

3e *panneau.* — Il représente Joseph recevant ses frères en Égypte.

Dans le bas, un des frères de Joseph charge un sac de blé sur un âne, à côté du palais ou du grenier d'abondance. Deux cavaliers s'avancent, et un personnage dont la tête manque vient à leur rencontre.

Plus haut, un autre frère de Joseph avec deux ânes qu'il conduit.

A droite, salle à manger; plusieurs personnages sont assis à table; l'un d'eux verse sur la table des pièces d'or, probablement le prix du blé que les frères de Joseph venaient acheter.

Ce panneau doit avoir pour inscription le **Beati misericordes**, *Bienheureux les miséricordieux,* qui se trouve au deuxième panneau de la deuxième rangée.

DEUXIÈME RANGÉE, 1er *panneau.* — Les apôtres, représentant le **Beati pauperes**, *Bienheureux les pauvres.* La scène se passe au bord du lac de Tibériade. Jésus était au milieu; on voit encore le bas de sa robe violette et ses jambes nues. La barque des apôtres est arrimée à un pieu au moyen d'une corde. L'un d'eux, vêtu d'une tunique bleue, retire ses filets en se retournant vers le Sauveur. Un autre est vêtu d'une robe rouge. Deux autres, armés de perches, conduisent la barque. Enfin, à droite, il semble qu'on voit des fragments de saint Mathieu le publicain, tenant dans ses mains une bourse pleine, à cordons d'or.

L'inscription de cette scène a été transportée dans le vitrail de saint Claude, qui se trouve dans la chapelle de Lorette, dans le bas côté sud de l'église. On lit, en effet, au bas du troisième panneau de la première rangée de ce vitrail :

> **Bien heureux sont qui de vouloir sõt pauvre**
> **Contempnans biens esquelz** (*gist vanité*)
> **Ainsin que ont faict les glorieux apostres**
> **Delaissans tout pour choisir** (*pauvreté*)[1].

2e et 3e *panneaux.* — Le martyre de sainte Agnès, par lequel est

1. Les mots *Bienheureux* et *Ainsin que* se trouvent dans une bordure du vitrail de l'arbre de Jessé.

rendu le **Beati mundo corde,** *Bienheureux ceux qui ont le cœur pur.*

Dans le deuxième panneau, l'empereur, assis sur un trône, la couronne en tête et le sceptre en main, accompagné d'un garde qui porte un bouclier, envoie au lupanar sainte Agnès, debout devant lui, vêtue seulement de ses longs cheveux. Deux soldats emmènent la sainte.

Au-dessus, un chœur de neuf vierges portant des palmes d'or, avec cette inscription sur une bannière : **S. Virgines.**

Dans le panneau suivant, un héraut d'armes annonce qu'Agnès va être livrée aux insultes des libertins.

Au milieu d'un jardin, le pavillon d'ignominie. Agnès arrive à la porte d'entrée, s'agenouille et se met en prière. Au-dessus d'elle, une main divine sort des nuages pour la bénir et la protéger.

Sur le seuil de la porte, un jeune homme gît inanimé. C'est Procope, le fils de Symphronius, préfet de Rome, qui, recherchant Agnès en mariage et furieux de son refus, venait en ce lieu pour la déshonorer.

Près de lui, son père debout, dans l'attitude du désespoir. Au pied de l'entrée de ce pavillon, complètement vitré de manière à laisser voir ce qui se passe à l'intérieur, on lit : **S. Agnes,** et au-dessus de la corniche ce lieu est désigné par ce nom : **Le bourdeau** (34).

TROISIÈME RANGÉE, 1er *panneau.* — Cette rangée ne se rapporte plus au vitrail des béatitudes, mais à la vie de saint Roch. Un joli paysage, un bois à gauche. Au bas, saint Roch assis sur la verdure, son bourdon à la main gauche. La main droite prend le pain que porte, dans sa gueule, le chien placé devant lui. Le haut-de-chausses relevé laisse voir à la jambe une plaie qu'un ange guérit. Au bas du panneau cette inscription :

Ce bon saint fut pſcute (*persécuté*) · **En la cuysse......**
Mais de lange fut visite · **Qui le rendit....**

A la pointe de la lancette on lit, sur un tillet, la date de 1534.

2e *panneau.* — Deux saints évêques assis, en mitre et en chape, l'un tenant sa crosse et un livre ouvert, l'autre une croix et un livre fermé.

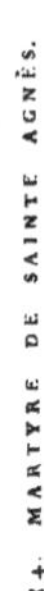

34. MARTYRE DE SAINTE AGNÈS.

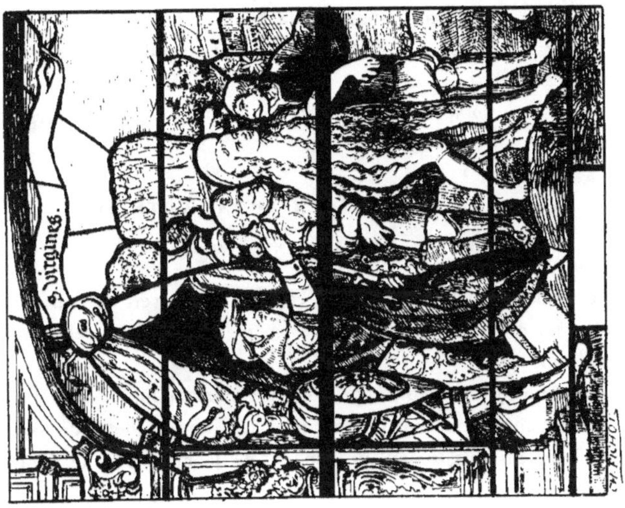

3e *panneau.* — Mort de saint Roch, couché sur la paille dans une prison. Un personnage est assis à terre au pied de sa couche funèbre; son oncle, qui l'avait fait enfermer, et son aïeule entrent dans la prison et le reconnaissent avec stupéfaction. Deux anges emportent son âme et un autre descend du ciel pour la recevoir. Au bas du panneau on lit :

Par cinq *(ans)*.... **douleurs paciẽment**
puis en........ A dieu miraculeusement.

Au-dessus du panneau dans la bordure, on lit la date de 1534.

Dans le trilobe de la lancette centrale est un blason : au 1 Le Tartier, au 2 d'azur à trois poissons d'argent, au 3 de gueules à la croix d'argent (35).

35.

Dans le tympan, lobe à gauche, Dieu le Père en chape, sur un trône entouré par des séraphins.

A droite, l'âme de saint Roch, représentée par une petite figure nue, est portée par des anges devant Dieu, qui la bénit.

A la pointe de l'ogive. Le Saint-Esprit au milieu d'une gloire et d'une auréole lumineuse.

Dans les écoinçons, des anges, les mains jointes et le regard au ciel.

CHAPELLE DU CHEVET — BAS COTÉ SUD

AUTEL DE LA SAINTE VIERGE

Comme l'autel saint Nicolas, celui-ci est couvert de sculptures de diverses provenances. Ce sont les mêmes richesses et les mêmes dispositions.

Le tableau du retable représente l'Annonciation.

A gauche, dans une petite niche, est une statuette de sainte Jule, les pieds nus, tenant une chaîne de la main gauche, l'autre main est brisée.

A droite, dans la niche, est sainte Tanche, tenant un voile de la main droite.

Au-dessus du retable est représentée la maison de Nazareth où demeurait la sainte famille, portée par des anges et soutenue par des nuages, et transportée en Italie. Au-dessus de la maison est posée, sur la toiture, une grande statue de la sainte Vierge, portant l'Enfant Jésus, qui tient une petite banderole de la main gauche.

Cette intéressante composition artistique est certainement de la fin du XVe siècle. Elle a été transportée ici depuis les premières années du siècle avec toute la décoration sculpturale qui l'environne.

A gauche du retable, dans une petite niche, est placée une sainte Madeleine, levant les yeux au ciel, pressant une croix sur sa poitrine et tenant un rosaire dans sa main droite (fin du XVIIIe siecle).

A droite, une sainte Catherine, tenant une épée dans sa main droite, ayant à ses pieds la roue de son supplice.

Ces deux statues sont dressées sur des consoles de la fin du XVe siècle, ornées de rinceaux; celle de droite représente un blason lisse, porté par deux anges.

Piscine à droite sous la fenêtre, dont les pilastres Renaissance ont été coupés; dans les écoinçons sont des médaillons avec figures fantaisistes.

Voûte de la travée de cette chapelle, disposée en nervures diagonales de liernes et de tiercerons réunis par des petits culs-de-lampe à leur jonction.

La fenêtre de cette chapelle se compose de trois lancettes. Elle est décorée d'une belle verrière genre sépia, rehaussée de quelques colorations qui donnent à cette grisaille un peu d'éclat chatoyant.

Cette verrière se compose de neuf tableaux représentant toute la vie et la légende de saint Claude.

PREMIÈRE RANGÉE, 1er *panneau*. — Représente la donatrice assistée de son patron, saint Henri, empereur, couvert d'une cotte de mailles et d'un manteau vert, la couronne sur la tête, l'épée nue à la main droite, de la main gauche il porte la boule du monde.

La donatrice est agenouillée, les mains jointes, devant son prie-Dieu, qui était décoré de son blason.

Au-dessus d'elle se déroule un phylactère avec ces mots : Anima mea (*exultabit et*) delectabitur in domino.

Sous le panneau est une inscription qui doit se rapporter, une partie à saint Roch, une partie au vitrail des béatitudes :

Dedans la vil	de pelerī Voulā	ſaincte vie	gens humb	heureux
Et.	begnin Les be	ytalie. . . .	des ſaīcts	qui

2e *panneau.* — Naissance de saint Claude. La mère dans son lit: deux servantes l'assistent. A la tète du lit, une femme au repos causant avec la servante qui tient l'enfant. A gauche, un personnage en robe rouge, l'escarcelle au côté, la main dans sa ceinture, la tète couverte d'un bonnet vert. Avec un geste impératif il semble donner des ordres à la personne assise près du lit. C'est sans doute le père de l'enfant; près de lui, une servante vêtue avec élégance porte l'enfant dans ses bras.

Au-dessous du panneau, on lit :

De noble et excellent lignage - Sainct claude fut a ſalins ney
Lequel fut en ſon petit aage - Begnim et bien moriginey.

3e *panneau.* — Intérieur d'un oratoire. A gauche, on voit le jeune saint Claude priant devant une statue de la sainte Vierge mère. A droite, on le voit assis devant un pupitre, tenant deux livres ouverts, sur l'un desquels sont écrits les premiers versets du psaume *Miserere* avec une orthographe un peu libre :

MISERERE
MEI DEVS
SECONDON
MAGNAM
MISERICOR
DIAN TVAN

ET SECON
MVLTVDIN
MISIRATI
ONEN TVA
DELE INIQ

AMPLIVS LAVA
ME AB INQV
TATE MEA
ET A PEC
CATO MEO
CONTRA ME
EST SEMPE

TIBI SOLI
PECCAVI &
MALVM CORAMT
TE FECI

L'inscription qui est au-dessous du panneau se rapporte au vitrail des béatitudes, *Beati pauperes spiritu.*

DEUXIÈME RANGÉE, 1er *panneau.* — Saint Claude élu chanoine en présence de l'archevêque de Besançon.

Celui-ci, sur un trône, en costume épiscopal, tenant une grande croix. Autour de lui, plusieurs chanoines, tous en surplis, assistent à la nomination de saint Claude.

Au bas de ce panneau, on lit :

A vingt ans fut de Bezansson — Esleu chanoine sans seiour
En assistans par curansson (procuration) **A tous les services du iour.**

2e *panneau.* — Saint Claude, en chanoine, se rend à l'église pour l'office.

Dans le haut, à gauche, l'archevêque de Besançon, malade, est assisté par un prêtre.

A droite, trois chanoines viennent offrir l'archevêché à saint Claude.

Au-dessous de ce panneau, on lit :

Larchevesque malade fut — A sainct claude......
Quen sa charge cōmis ne fust — De quoy.......

3e *panneau.* — Saint Claude, élu archevêque de Besançon par les chanoines, sur l'ordre d'un ange descendu du ciel qui porte une banderole avec ces mots : **Eligite Claudiū servum dei** :

Un chanoine, son compétiteur, se retire avec deux de ses partisans.

On lit au-dessous du panneau :

Larchevesque lors trespassa — Par quoy de par lange de dieu
Au gens du clergey anonca — Que claude fut mis en se lieu.

TROISIÈME RANGÉE, 1er *panneau.* — Saint Claude est sacré archevêque de Besançon par quatre évêques, en présence des chanoines. A gauche, on voit le saint, aux portes de la ville, entouré de trois personnages tête nue.

On lit au bas du panneau :

Il fut sacrey de bezanson — Archevesque reveremment
Puis a tous prescha la facon — De vivre salutairement.

2e *panneau.* — Saint Claude se fait religieux. Il est agenouillé devant l'abbé du couvent et entouré de plusieurs moines.

A gauche, dans une petite retraite, son père et sa mère regardent la cérémonie.

En haut du trilobe, dans une cellule, saint Claude, encore vêtu en évêque, est agenouillé devant un prie-Dieu. Un ange lui apparaît tenant une banderole qui porte ces mots : Accipe religionem.

On lit au bas :

Vire luy vint lange des cieulx — Qui laissast de prelat loffice
Et prandre estat religieulx — Pour faire a dieu meilleur service.

3e *panneau.* — Saint Claude est sacré abbé du couvent. Il est assis sur un trône, la crosse en main. Deux évêques lui posent la mitre sur la tête, entourés des moines du couvent.

Au bas du panneau, on lit :

Labbey du lieu lors deceda — Dont sainct claude fust en sō lieu
Sacrey abbey qui proceda — De tant mieulx a servir a Dieu.

Dans le premier trilobe du tympan, à gauche, mort de saint Claude. Il est couché sur son lit, vêtu de ses habits religieux, sa crosse près de lui ; plusieurs moines en prière, dont un debout, en extase; un autre, priant, se jette sur le cadavre. Dans le haut du panneau, des anges emportent son âme au ciel.

On lit au-dessous :

Luy priant dieu devotement
A genoux esleuāt les yeux
Trespassa glorieusemēt
Present les siens religieulx.

Dans le trilobe à droite, miracles au tombeau du saint.

Au milieu d'une chapelle, plusieurs estropiés arrivent, d'autres prient autour du sarcophage du saint ; l'un d'eux s'en retourne guéri, emportant ses béquilles sur son épaule.

Au-dessous de ce sujet, on lit :

> **Gens desolez ayans langeur**
> **Qui visitent sa sepulture**
> **Ou qui le servent de bon cueur**
> **Recouvrent tous guerison pure.**

Dans les écoinçons de la fenêtre, des anges en contemplation. A la pointe de l'ogive, Dieu, vêtu en pape, bénissant.

LA CHAIRE A PRECHER

La chaire de saint Nicolas est une œuvre remarquable de sculpture, de la fin du XVIe siècle. Nous parlons du garde-corps qui seul est ancien et a tout le caractère de cette époque. Les sujets et les ornements de l'escalier, du dossier et de l'abat-voix sont en pâte de carton et datent du commencement du siècle.

Le garde-corps offre un plan hexagonal dont les cinq panneaux visibles sont sculptés avec beaucoup de soin et de richesse de détails. Ils sont séparés par des colonnes cannelées, ornées de guirlandes de fruits et surmontées de chapiteaux de l'ordre composite.

Voici, en commençant par le côté gauche, les faits de la légende de saint Nicolas représentés sur cette chaire :

1er *panneau.* — La naissance de saint Nicolas. Dans un lit à pieds faits au tour, surmonté d'un baldaquin à pentes et à rideaux, la mère de saint Nicolas est sur son séant, appuyée sur deux oreillers dressés derrière elle. Elle a la tète nue et les cheveux bien arrangés. Elle porte une espèce de camisole boutonnée; sous le drap, on distingue la forme des jambes. Une servante, vêtue d'une robe très ouverte, lui parle en emportant une assiette vide dans laquelle est une cuiller. Derrière cette servante, sous les rideaux, le père de l'enfant. Au bas de la scène, les figures sont beaucoup plus grandes. Le nouveau-né est debout dans le bassin où l'on vient de le laver, et deux servantes se préparent à l'envelopper dans des langes.

Près de la tête du lit, est une table de nuit avec une aiguière. A l'autre extrémité, la cheminée avec crémaillère, et un foyer où brûlent quatre morceaux de bois.

Au-dessus du panneau et dans les écoinçons sont deux femmes couchées sur la saillie du cintre; celle de gauche, qui représente la Foi, tient une petite croix de la main droite et une branche d'olivier à la main gauche; l'autre représente l'Espérance et tient une ancre de la main gauche et un rameau de la main droite.

Au-dessous du panneau est une plate-bande décorée de guirlandes et d'ornements en forme de palmettes.

2e *panneau.* — Il représente saint Nicolas dotant trois filles pauvres.

Un vieillard pensif est assis près d'une petite fenêtre, dans le fond de la pièce. En avant, sur le premier plan, sont trois jeunes filles. La première tient des ciseaux et coupe une pièce d'étoffe; la seconde a replié son métier à tisser et réfléchit tristement; la troisième file, la quenouille à la main gauche, le fuseau à la main droite; près d'elle, est une corbeille d'osier avec trois fuseaux.

C'est le soir : une lampe est accrochée à la cheminée; un pot est placé dans le foyer éteint; sur une table est une chandelle, avec un verre à pied retourné.

Par une petite fenêtre, saint Nicolas, encore laïque, jette une bourse pleine à côté du vieillard et se dérobe ensuite à la reconnaissance de ceux qu'il vient de sauver du déshonneur et du désespoir.

Au-dessus, dans les écoinçons du panneau, deux anges tenant une couronne et une palme.

Au bas, dans la frise, de jolis rinceaux.

3e *panneau.* — Ce panneau est celui qui fait face aux assistants. Au bas du panneau, la donatrice est agenouillée, les mains jointes sur un livre qui est ouvert sur son prie-Dieu; elle porte une coiffe plate avec une large fraise autour du cou.

Devant elle, debout, est saint Nicolas, son patron, en chape, la mitre en tête, bénissant de la main droite les enfants dans le saloir. L'évêque de Myre est adossé contre le chevet de son église et tient sa crosse de la main gauche.

Derrière la donatrice, un magistrat, coiffé d'un bonnet pointu avec un turban, donne l'ordre à deux soldats d'arrêter le boucher et sa femme, qui ont massacré les trois enfants. Cette scène se passe en plein air.

Dans les écoinçons, deux Victoires, trompette à la main, soutiennent le blason de la donatrice, gratté et tailladé, mais où l'on distingue encore, au 1, une plume d'autruche avec deux roses en chef; au 2, deux marteaux affrontés et des tenailles en pointe (36).

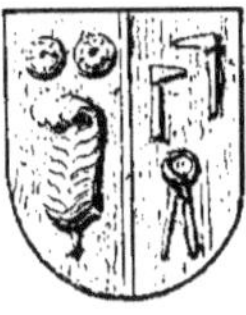

36.

Au bas, sur la frise, une tête d'ange ailée, d'où part une guirlande de fleurs enfilées dans un cordon.

4e *panneau.* — Saint Nicolas sauve de la mort trois officiers.

Sur le premier plan de ce bas-relief sont trois officiers condamnés à mort, agenouillés, les mains attachées, la tête en avant et le cou à découvert, attendant avec résignation le coup fatal. Saint Nicolas intervient et, d'un geste plein d'autorité, il saisit par la poignée l'épée déjà levée du bourreau. Un palais à coupole avec maisons à pignon forme le fond de la scène.

Au-dessus du panneau, deux anges tenant un écusson; au 1, aux flammes ardentes, avec deux fers à cheval en chef; au 2, à un chevron accompagné de trois couronnes posées 2 et 1, avec une rose en chef et une étoile en pointe (Mauroy) (37).

37.

5e *et dernier panneau.* — Celui-ci occupe tout le panneau de la porte d'entrée du garde-corps; il est caché par l'escalier de la chaire.

Dans le port de Myre, un navire avec tous ses agrès est à l'ancre. Sur le bord de la mer, un riche marchand a débarqué trois sacs de grain. Saint Nicolas en chape, la crosse en main et coiffé de sa mitre, se présente devant le marchand pour lui acheter ces trois sacs, afin d'en distribuer le contenu aux malheureux.

Le marchand vante sa marchandise. Il porte toute sa barbe qui tombe sur sa poitrine; sa tunique est boutonnée et son manteau ne

38. PORTE D'ENTRÉE DU GARDE-CORPS

dépasse pas les genoux. Il porte des jambières couvertes d'ornements avec médaillons; sur sa tête, un bonnet de loutre (38).

La pose de l'évêque et du marchand indique que le marché est en train de se conclure.

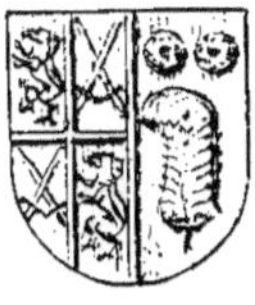

Dans les écoinçons du cintre, deux enfants nus accompagnent un écusson parti; le 1 est écartelé : aux 1 et 4 à un lion rampant, aux 2 et 3, à deux épées en sautoir. Le 2 est à une plume d'autruche avec deux roses en chef (39). L'enfant qui est à gauche tient une palme de laurier et une sphère céleste; de même celui qui est à droite porte une branche de laurier et une sphère terrestre.

39.

Au bas, dans la frise du panneau, des guirlandes de fleurs avec riches palmettes[1].

Il serait difficile de trouver, dans les églises du diocèse de Troyes, sauf dans l'église de Villemaur, un morceau de sculpture sur bois qui surpasse cette chaire de Saint-Nicolas. L'artiste a très habilement distribué ses personnages et rempli, soit avec des fonds d'architecture, soit par des accessoires bien agencés, le cadre que lui traçaient les panneaux; son ciseau délicat a su mettre en relief, avec un réalisme fort ingénieux, les plus menus détails de ses intéressantes compositions.

BAS-RELIEF EN PIERRE

FIN DU XVIe SIÈCLE

Hauteur, $2^m,25$; — Largeur, $1^m,30$.

La Présentation de la sainte Vierge au temple.

Ce bas-relief, qui n'a pas encore repris sa place dans l'église depuis les grands travaux de restauration, est déposé provisoirement dans la chapelle qui est à droite du vestibule, en entrant dans l'église.

Il était dans la chapelle du Calvaire, dans le petit bas côté, contre le mur du côté nord.

Nous l'avons vu, durant notre jeunesse, rue de la Petite-Tannerie, dans la maison des Bains Chanté, n° 28. Cet établissement

1. Disons seulement pour mémoire que, sur les panneaux de l'escalier, on a figuré les trois vertus théologales, et, sur le dossier, la Résurrection du Sauveur.

appartenait à M. Chanté, ancien entrepreneur, qui avait acheté la démolition des églises Saint-Jacques et Notre-Dame-aux-Nonnains.

Dans le jardin des bains, il y avait beaucoup de statues et de fragments de sculpture qui en faisaient la décoration. Le bas-relief que nous publions aujourd'hui était placé dans le jardin, au fond, faisant face à l'entrée. Sous la verdure fleurie qui l'ombrageait, il faisait impression aux enfants que les mamans conduisaient aux bains.

Douze ou quinze ans plus tard, je le retrouvai à Saint-Nicolas dans la chapelle du Calvaire, sans savoir par quelle voie il y était arrivé.

Ce bas-relief intéressant nous offre la Présentation de la sainte Vierge. Marie vient de monter les marches du temple, et elle arrive, les mains jointes, aux pieds du grand prêtre qui, d'un geste très noble, étend les bras pour la recevoir.

Marie est vêtue d'une robe dont le corsage est lacé sur le côté gauche. Le grand prêtre est vêtu de sa robe et de sa tunique, sur sa poitrine est le rational où sont gravés les noms des douze tribus d'Israël. Le pontife a la tête couverte de sa tiare.

Près de lui, à droite, sont deux assistants, dont l'un, vêtu d'une robe à pèlerine et portant un gros livre sous le bras, paraît être un dominicain, peut-être le prieur du couvent des Jacobins, qui aurait commandé ce bas-relief pour son église ; à gauche, derrière le grand prêtre, un troisième personnage regarde la sainte Vierge.

Derrière le grand prêtre est l'arche d'alliance, sous un ciel à rideaux qui doivent fermer l'entrée du sanctuaire.

Au pied des marches du temple, on voit, à droite, saint Joachim et sainte Anne, se regardant avec émotion ; derrière eux, deux personnages que l'on pourrait prendre, à la finesse de leur physionomie, pour les artistes qui ont exécuté ce remarquable travail.

A gauche, deux juifs contemplent la scène principale. Le premier a perdu le bras droit qui se dégageait dans le vide.

Ce bas-relief a été scié en deux parties pour faciliter son transport à la chapelle du Calvaire. Il est question de l'installer prochainement dans la chapelle basse où il se trouve actuellement, au-dessus de l'autel qui est appuyé au mur de refend. Emplacement très obscur où on ne le verra pas.

LA PRÉSENTATION DE LA SAINTE VIERGE, AU TEMPLE

BAS-RELIEF EN ALBATRE

ATTRIBUÉ A JULIOT, TAILLEUR D'IMAGES, AU XVIe SIÈCLE

Ce bas-relief comprend deux sujets ayant trait à la vie de saint Joachim et de sainte Anne. Chaque sujet a $0^{m},28$ de hauteur et $0^{m},31$ de largeur.

1er *panneau.* — Ce panneau représente le grand prêtre à l'autel, expliquant avec beaucoup d'animation à sainte Anne qu'il ne peut recevoir les deux agneaux qu'elle venait offrir au Seigneur. Déjà l'offrande de saint Joachim a été repoussée, et il se retire précipitamment, d'un air très peu satisfait, emportant sur son dos l'agneau refusé par le grand prêtre.

A droite, derrière saint Joachim, sont trois jeunes femmes dont deux portent de jeunes enfants sur leurs bras et qui attendent leur tour pour les offrir à Dieu.

Deux acolytes assistent le grand prêtre; l'un d'eux tient une torche allumée.

Au plafond en caissons, est suspendue une très jolie lampe, aussi allumée.

2e *panneau.* — Saint Joachim, après son expulsion du temple, se retire dans la montagne où il va garder ses troupeaux. Trois bergers le reçoivent, l'un d'eux se découvre, un autre fléchit le genou, le troisième s'appuie sur sa houlette.

Ce bas-relief était placé au Calvaire, accolé à la colonne d'un pilier. M. Selmersheim le fit déplacer au commencement des travaux et déposer chez M. le curé actuel, en attendant la place qui lui est due.

Vers 1540, la fenêtre centrale du chœur était en partie murée, probablement pour y placer au-dessus du maître-autel un retable en albâtre représentant les mystères de la Passion du Sauveur, ou bien plusieurs sujets de la vie de la sainte Vierge. A cette époque, la sculpture avait le pas sur la peinture, toutes les églises voulaient un retable en albâtre. Saint-Jean, Saint-Urbain et Saint-Nizier avaient le leur, et ce genre de sculpture se répandait partout, même à l'abbaye de La Rivour, où étaient représentées la vie de saint Joachim et celle de la sainte Vierge.

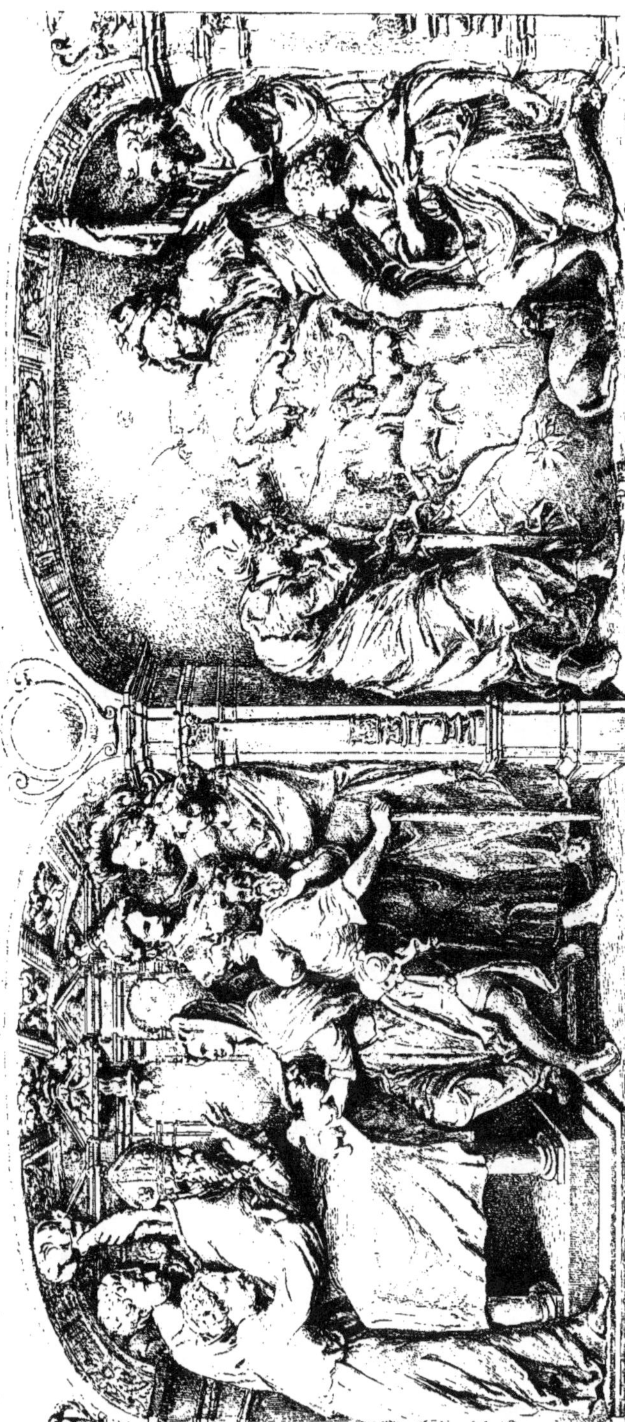

Serait-ce de l'une de ces églises que proviendrait notre bas-relief?...

LES DALLES TUMULAIRES

Depuis le renouvellement de l'ancien carrelage du narthex et de la nef, toutes les tombes ont été relevées et déposées à l'intérieur contre le mur de ce portique, près d'une fenêtre au nord.

La plus ancienne date de 1531. Nous allons les décrire suivant leur ancienneté.

Pierre Belier, marchand épicier, à Troyes.

Cette tombe était située sous le narthex, devant la porte de l'entrée principale.

Pierre Belier, décédé le 9 novembre 1521, et sa femme Nicole Le Cornuat, le 7 juillet 1531.

Cette pierre relate en même temps la mort de son fils Christophe, qui lui succéda dans son commerce, et le décès de sa femme Jehannette Michelin. L'usure de la pierre ne nous a pas permis de connaître la date de leur décès. Voici l'inscription en fac-similé.

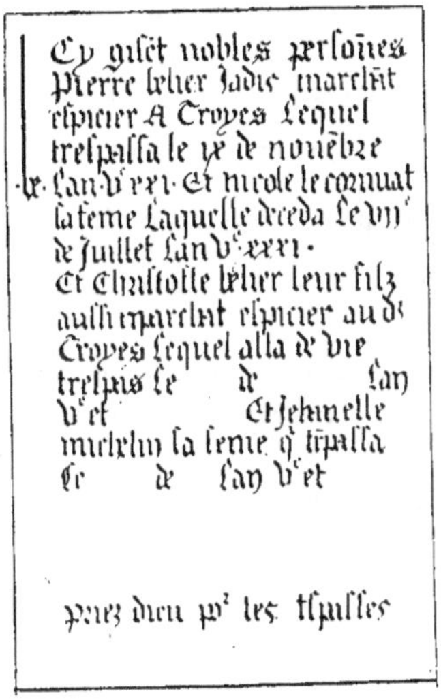

Cy gisét nobles persõnes
Pierre belier jadis marchãt
espicier a Troyes Lequel
trespassa le ix de novẽbre
l'an v xxi Et nicole le cornuat
sa feme Laquelle deceda le vii
de juillet lan v xxxi
Et Christofle belier leur filz
aussi marchant espicier au dit
Troyes lequel alla de vie
trespas le de lan
v et Et Jehannette
michelin sa feme q trespassa
le de lan v et

Priez dieu p les trespasses

Pierre, hauteur, $1^{m},96$; largeur, $0^{m},90$.

Edmon Rondot, marchand à Troyes, et.....
Thierriot, chirurgien à Troyes, probablement parent de Rondot.

Épitaphe gothique, sur le pourtour de la pierre, qui date du XVIe siècle.

Cette dalle tumulaire était placée dans le bas côté; voici son épigraphe :

Cy gist hõn hõe Edmon Rondot
en sõ viuãt marchant a Troyes lequel deceda le zz **Feburer**
15..

Cy gist hon hõe........ thierriot
en sõ viuãt Chirurgien demã a Troyes lequel deceda le...

Pierre, 1^{m},55 sur 0^{m},82. Bas côté sud.

Pierre Simon, marchand à Troyes, décédé en 1663.

Épitaphe en cinq lignes, sur le haut de la pierre on lit :

CY GIST HONORABLE
HÕME PIERRE SIMON
VIVANT MARCHAND
A TROYES QVI DECEDA
LE 23^{E} IVIN · 1663 ·

Pierre, haut. 1^{m},55 sur 0^{m},82.

Cette pierre était placée dans le bas côté sud.

Claude Brassot, prêtre, probablement curé de Saint-Nicolas, au XVIIe siècle.

Inscription latine dans une bordure cintrée sur le haut de la pierre. Une grande croix occupe le milieu de la tombe. Au pied de la croix est un ovale où était renfermée une petite inscription, dont il ne reste plus que ces mots : IN PACE.

On lit dans le pourtour du cadre ces mots :

HIC IACET CLAVDIVS BRASSOT SACERDOS

Le reste de l'inscription a complètement disparu.

Pierre, haut. 1^{m},76 sur 0^{m},73.

Il y a environ cinquante ans que nous les avons copiées avec beaucoup de soin.

Depuis que nous nous occupons de la description de cette église, nous n'avons pu vérifier nos copies et nous avons perdu le souvenir de leur décoration.

Dans les travaux qui s'exécutent en ce moment au chevet de l'église, on a retrouvé une pierre qui contient la moitié d'une inscription en lettres d'or; le commencement et la fin des lignes manquent. Voici ce qui en reste :

Ces co. . . . .
. . . . viateur ie te prie. . . . .
Cy ceste breve escri (*pture*)
z graces excellentes
lant tres chere compa (*gne*)
ier medecin : et tille. . . .
quelle soustit dies. . . . .
z'iesme iour dAoust
ant vescu en vraye
laissa trois petitz filz

ce que iavoys a te d (*ire*)
nimee en ceste devo (*tion*)

Hic jacet in tum ulo mulier florentibus a (*nnis*)
vamur clarus uterque
materno lacte reliquit
magnum pignus am (*oris*)

Autrefois pour avoir sa sépulture dans l'église de sa paroisse, il fallait enrichir son église de ses deniers, et avoir fait des legs pour des bonnes œuvres.

Aujourd'hui, les temps sont bien changés, on élève contre les murs une table, couverte d'inscriptions en lettres d'or, qui rappelle toutes les transformations de l'église qui ont détruit les œuvres d'art et la sépulture des anciens bienfaiteurs.

CLOCHES

Les quatre cloches de Saint-Nicolas ont été bénies par Mgr de Noé, évêque de Troyes, le 13 août 1802. Elles ont été fondues par Jean-Baptiste Cochois.

La première a eu pour marraine Mme la comtesse de Bavière, grande d'Espagne de 1re classe, à qui appartenait avant la Révolution le château de Villacerf.

Il y a, en outre, trois cloches pour l'horloge, qui ont été refondues à Metz en 1866 et 1869.

Sur la première, on a reproduit l'inscription gothique de l'ancienne cloche ; nous n'avons pu déchiffrer que la date et ces mots :

1597 Genet alexandre patron p. p... genet...
S. Roch ora pro nobis.

NOTES RECTIFICATIVES DU TOME IV

Page 313, ligne 1, et page 314, lignes 3 et 9, au lieu de *Champgarayt*, lire *Champgirault*.

Jacques de Roffey, lieutenant général du bailli de Troyes, et bailli de Pont-sur-Seine pour le duc de Nemours, avait épousé Guillemette de Champgirault, fille de N... de Champgirault et de Marguerite Raguier. Il était, par sa femme, seigneur en partie du Mesnil-les-Pars, près de Romilly, et il acheta, le 21 avril 1475, une autre partie de cette seigneurie à Pierre de Richebourg, écuyer, demeurant à Troyes.

Page 404. — Le Pierre Nevelet, dont la tombe existe à Saint-Nizier, ne saurait être celui dont il est question à la page 404 du 4e volume de la *Statistique monumentale de l'Aube*. — Il mourut en 1640, et celui dont parle la note de M. Le Clert vivait encore en 1659.

Ce serait plutôt Pierre de Nevelet, fils de Vincent, conseiller au Parlement de Paris en 1655, dont Grosley a vu un portrait de la main de Nanteuil (*Troyens célèbres*, t. II, p. 236).

Ce Vincent Nevelet, conseiller au Parlement de Paris dès 1629, était le chef de la branche des Nevelet fixée à Paris. Son portrait se trouve dans le Catalogue des portraits joint à la nouvelle édition de la *Bibliothèque historique* du P. Le Long; on y a joint le portrait de sa femme, par le marquis de Sourches (Grosley, *Ibid.*).

TABLE

Pages.

Église Sainte-Madeleine

Église Saint-Pantaléon

Église Saint-Nicolas 454

18809. — Lib.-Imp. réunies, MOTTEROZ, Directeur
7, rue Saint-Benoit, Paris.

EGLISE SAINT PANTALEON

CH. FICHOT del et aqua Imp. par Porcabeuf

ASPECT GENERAL DE LA NEF ET DU SANCTUAIRE

CH FICHOT del et aqua | Imp par Porcabeuf

ASPECT GÉNÉRAL DE LA NEF ET DU SANCTUAIRE

Stat. Mon.le de l'Aube

TROYES - ÉGLISE S.te MADELEINE

CH. FICHOT del. & sc.

Imp. Porcabœuf

LE JUBÉ - FACE POSTÉRIEURE

VUE PRISE DU CHŒUR

CHEMINÉE DE LA GRANDE SALLE

TROYES ÉGLISE SAINTE MADELEINE

CH. FICHOT del & sculp. Imp Porcabeuf

LE JUBÉ FACE ANTÉRIEURE

VUE PRISE DE LA NEF

www.ingramcontent.com/pod-product-compliance
Lightning Source LLC
LaVergne TN
LVHW011937220826
846092LV00001B/21

* 9 7 8 2 3 2 9 5 5 4 9 9 0 *